LES MOUVEMENTS DU SOL

CHATEAUROUX. — TYP. ET STÉRÉOTYP. A. MAJESTÉ.

CARTE
du Golfe Normanno-Breton

Echelle de 1 : 1.100.000

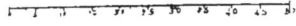

Extrait de la Carte du Dépôt des fortifications

Les liserés ocre jaune bleu et carmin donnent le tracé du Littoral actuel et du Littoral géologique dans l'hypothèse d'un soulèvement de 10 et de 20 mètres. Les lignes bleues donnent la courbe des fonds marins de 10, 30, 40, 50, 70, 80 et 100 mètres

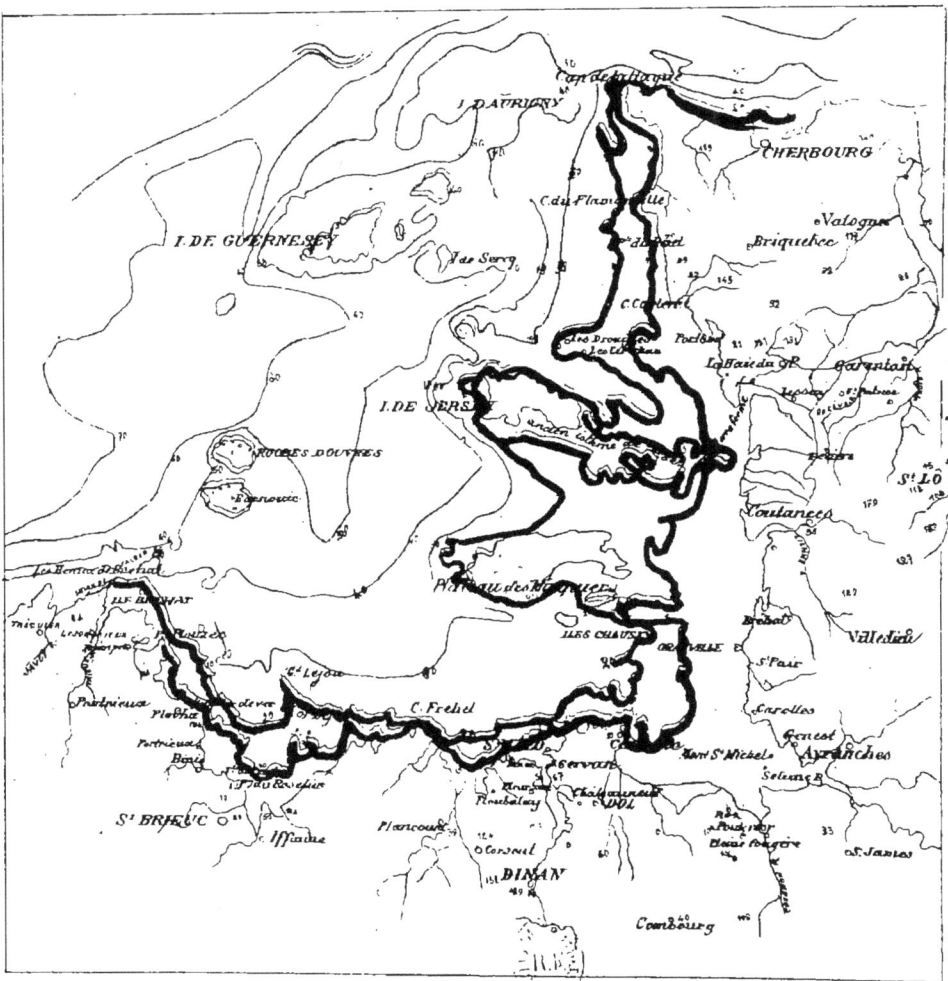

ALEXANDRE CHÈVREMONT

LES
MOUVEMENTS DU SOL

SUR

LES CÔTES OCCIDENTALES DE LA FRANCE

ET PARTICULIÈREMENT

DANS LE GOLFE NORMANNO-BRETON

[Ouvrage honoré d'une récompense par l'*Académie des sciences*
et d'un rapport favorable de M. *Alfred Maury*, de l'Académie des Inscriptions
et Belles-Lettres

ILLUSTRÉ DE 14 PLANCHES EN COULEUR

PARIS

ERNEST LEROUX, ÉDITEUR

LIBRAIRE DE LA SOCIÉTÉ ASIATIQUE,
DE L'ÉCOLE DES LANGUES ORIENTALES VIVANTES, ETC.

28, RUE BONAPARTE, 28

1882

DU MÊME AUTEUR

POUR PARAITRE PROCHAINEMENT

ÉTUDES
SUR LA CITÉ D'ALETH

(CIVITAS DIABLINTUM)

LITTORAL MÉRIDIONAL DU GOLFE NORMANNO-BRETON

DIVISIONS DE L'OUVRAGE

TABLE DES PLANCHES.

INTRODUCTION

Dans sa séance du 10 mars 1879, l'*Académie des sciences* a proposé pour sujet du *prix Gay*, la question suivante de Géographie physique :

« Étudier les mouvements d'exhaussement et d'abaissement qui se sont produits sur le littoral océanique de la France, de Dunkerque à la Bidassoa, depuis l'époque romaine jusqu'à nos jours. — Rattacher à ces mouvements les faits de même nature qui ont pu être constatés dans l'intérieur des terres. — Grouper et discuter les renseignements historiques, en les contrôlant par une étude faite sur les lieux. — Rechercher, entre autres, avec soin, tous les repères qui auraient pu être placés à diverses époques, de manière à contrôler les mouvements passés et servir à déterminer les mouvements de l'avenir. »

L'auteur de l'ouvrage qui va suivre s'occupait depuis deux années de réunir et de coordonner les éléments d'un travail ayant de grandes analogies avec celui que l'Académie a eu en vue dans le programme qui précède. Le sien était à la fois plus étendu dans le temps et plus resserré dans l'espace : pour lui, il s'agissait d'exposer et de suivre pas à pas les révolutions dont le golfe normanno-breton, de Brest à Cherbourg, y compris l'archipel anglo-normand, a été le théâtre depuis le milieu de l'époque tertiaire. Ce qui lui avait fait choisir pour ses études cette région et ce point de départ de préférence à tous autres, ce n'était pas seulement la familiarité dans laquelle il vit avec les aspects de cette partie intéressante du littoral, et la grandeur des phénomènes qui commencent dès lors à se dérouler dans leur majestueuse impassibilité, mais aussi et surtout la succession non interrompue désormais des témoignages du sol dans le golfe, en attendant ceux de l'histoire. Parvenu à l'ère de la conquête romaine de la Gaule, l'auteur interrogeait les monuments écrits et figurés qui, de

1 *

cet instant solennel de nos annales, viennent se joindre aux constructions de la nature pour jeter quelque lumière sur la plus
récente des révolutions du sol, celle dont le cours, ouvert bien avant
les temps historiques, se poursuit sous le regard inconscient des
générations modernes.

Théorie et faits observés, tout l'avait amené de bonne heure à
voir dans les transformations du golfe normanno-breton, non
l'effet d'oscillations toutes locales et comme de hasard, trop facile
moyen d'expliquer des mouvements dont on ne saisit ni la portée
ni les liaisons, mais bien des incidents, de simples incidents d'un
drame beaucoup plus général, d'une action engagée sur une aire
beaucoup plus étendue. Sans s'élever jusqu'à la loi elle-même de
ces mouvements, loi qui se dérobe encore sous de mystérieuses inconnues, l'auteur, empruntant à cette loi sa manifestation la
plus prochaine et la plus sûrement entrevue, s'appuyait de la donnée à peu près acquise à la science de la réalité d'une zone d'oscillation ayant son centre, sa ligne nodale, sa charnière à la hauteur
de la Suède méridionale, et comprenant dans ses deux plans solidaires de soulèvement et de subsidence l'intervalle de la Mer glaciale
à la Méditerranée. L'effort principal de l'auteur a été dans la tentative de rattacher à travers les époques géologiques les mouvements
lents et bornés de la région contemplée, à ceux de cette grande
vague de l'écorce flottante du globe.

Une fois sur cette voie, il a bien fallu s'arrêter à considérer cette
partie au moins de la zone générale d'oscillation qui subit en commun avec le golfe normanno-breton des changements synchroniques et du même sens dans le rapport de la terre et des eaux,
c'est-à-dire le littoral de la mer du Nord, de la Manche et du golfe
de Gascogne. Par ce côté, l'auteur entrait à l'avance dans le programme de l'Académie.

Ce programme ne lui a été connu que très tardivement, moins
de deux mois avant le délai, fixé au 1er juin 1880, pour le dépôt
des mémoires. Pour répondre autant qu'il était en lui à cet appel
aux hommes d'étude, il a fait des extraits de son travail, travail dès
lors entièrement terminé mais encore inédit. Il ne se dissimulait

pas le désavantage d'un tel procédé de composition : l'enchaînement logique y fait trop souvent défaut, et le décousu des idées
risque de compromettre l'adhésion du lecteur aux solutions obtenues ou en voie de l'être.

L'Académie des sciences ne s'est pas laissé rebuter par cet
obstacle ; elle ne s'est pas arrêtée davantage à l'inobservation in-
volontaire du programme. Sur le rapport de l'une de ses commis-
sions [1], elle a pris une décision qui est rapportée en ces termes dans
le discours prononcé à la séance publique annuelle, le 14 mars
1881, par M. Edmond Becquerel, président :

« La question proposée pour sujet du prix Gay était l'étude des mouvements
d'exhaussement et d'abaissement qui se sont produits sur le littoral océanique de
la France depuis l'époque romaine jusqu'à nos jours, ainsi que de leurs rapports
avec les faits de même nature, qui ont pu être constatés dans l'intérieur des
terres »

« Plusieurs mémoires ont été adressés à l'Académie ; tous portent la trace
d'efforts très sérieux faits par leurs auteurs afin d'éclairer cette question si intéressante pour la géologie et la géographie physique, mais la commission a particulièrement distingué comme très dignes d'encouragement les mémoires inscrits
sous les n°s 1 et 3 du concours. »

« M. Delage, auteur du mémoire n° 1, a spécialement porté son attention sur
les phénomènes géologiques, et il a montré par l'examen des dépôts observés
dans des sondages, que les côtes du nord de la Bretagne ont subi un affaissement
dans les temps préhistoriques, puis se sont exhaussées et ont été recouvertes de
tourbières et de forêts ; un second affaissement a eu lieu et a amené un dépôt de
couches maritimes postérieures à Jules César, et un second exhaussement a
relevé ces couches au-dessus du niveau des marées. Ce double mouvement oscil-
latoire à longue période a donc modifié à diverses reprises les côtes du nord de la
Bretagne. »

« M. Alexandre Chèvremont, auteur du mémoire n° 3, a présenté une étude très
détaillée de tout le golfe compris entre Cherbourg et Brest, et notamment le
Mont-Saint-Michel et le Marais de Dol, ainsi que celle des mouvements d'exhaussement et d'abaissement de ce littoral. »

« L'Académie, sur la proposition de la commission, accorde des récompenses
à M. Delage et à M. Chèvremont. »

Cette décision avait été précédée d'un rapport de M. Delesse,

---

1. Cette commission était composée de MM. Daubrée, Delesse, Hébert, de la Gournerie
et Perrier. M. Delesse ; rapporteur.

l'un des membres de la commission, rapport d'où nous extrayons
ce qui concerne particulièrement notre mémoire :

« M. ALEXANDRE CHÈVREMONT (n° 3) présente une étude très détaillée de tout le
golfe normanno-breton compris entre Cherbourg et Brest. S'attachant surtout à
discuter les nombreux documents historiques qui se rapportent à cette partie de
notre littoral, il cherche à les contrôler par les observations faites sur les côtes.
Il traite spécialement avec de grands détails tout ce qui concerne le Mont-Saint-
Michel et le Marais de Dol. Partant ensuite des données que le golfe normanno-
breton fournit sur l'exhaussement et l'abaissement alternatifs de nos rivages, il
les généralise, les étendant non seulement à toutes les côtes de France dans
l'Océan et dans la Méditerranée, mais encore aux côtes des Iles britanniques, des
Pays-Bas, de l'Allemagne, de la Scandinavie, et en définitive à celles de l'Europe
entière. Il nous a paru que cette généralisation était au moins prématurée, car
les côtes sur lesquelles des observations sérieuses ont été faites sont encore peu
nombreuses et souvent très éloignées. En outre, les exhaussements comme les
abaissements sont extrêmement variables d'une côte à l'autre et peuvent même
s'exercer en sens inverses ; de plus, sur des points très rapprochés, ils diffèrent
par leur amplitude et quelquefois par leur nombre. »

« Une critique semblable doit être adressée au synchronisme que l'auteur
cherche à établir entre les dépôts, d'ailleurs si peu importants, du marais de Dol,
et les diverses époques que les géologues distinguent en Europe pendant la période quaternaire. Les dépôts qui se sont formés sur notre littoral pendant cette
longue période sont encore bien peu étudiés, en sorte qu'il est prudent de ré-
server ce travail de synchronisme pour l'avenir. »

« En ce qui concerne la partie historique du travail de M. Chèvremont,
un juge des plus compétents, M. ALFRED MAURY, de l'Académie des Inscriptions,
a bien voulu en faire l'examen ; il y a constaté une érudition de bon aloi, une
connaissance étendue des sources et une critique exercée. Quelques réserves lui
paraissent cependant nécessaires. En particulier, l'auteur admet, sans la justifier suffisamment, une tradition confuse d'après laquelle, au moyen âge, l'île de
Jersey (*Insula Cæsarea*) n'était encore séparée du continent que par une grève
et un peu d'eau, qu'une simple planche permettait de franchir. »

« Si l'on étudie les cartes hydrographiques, leurs courbes de niveau montrent
bien que des presqu'îles réunissaient autrefois Jersey et les îles anglo-normandes
au Cotentin. Ces presqu'îles existaient sans doute pendant les âges préhistoriques ; mais même pour Jersey, elles devaient avoir été détruites par la mer, bien
avant l'époque gallo-romaine. »

« M. Chèvremont s'est, du reste, proposé la solution d'une question à la fois
plus étendue dans le temps et plus resserrée dans l'espace que celle posée par
l'Académie, car il a cherché à faire l'histoire des révolutions dont le golfe qui
s'étend de Cherbourg à Brest, a été le théâtre depuis le milieu de la période tertiaire. C'est de ce travail, encore inédit, qu'il a extrait les chapitres répondant au
programme du prix Gay. »

Notre déférence est trop profonde, et nous nous sentons trop honoré de l'attention que l'Académie des sciences, et nous pourrions presque dire l'Académie des inscriptions et belles-lettres dans la personne de l'un de ses plus illustres représentants, a bien voulu prêter à notre travail, pour avoir la pensée de contester les réserves qu'elle a mises à son approbation. Un souvenir cependant nous revient, et nous ne croyons manquer ni au respect ni à la gratitude dont nous sommes pénétré, en le rappelant ici. Pas plus avant dans le passé que l'année 1845, Elie de Beaumont parlant des hypothèses auxquelles donnait alors lieu l'immersion actuelle croissante du littoral des Pays-Bas, indiquait comme explication du phénomène l'alternative d'une compression du sol sous le poids des dunes, ou d'un affaissement en grand de la Hollande par rapport au niveau de la mer[1]. Tout en se rangeant à cette dernière opinion, le savant professeur reconnaissait qu'on pouvait, au premier abord, la trouver TRÈS HARDIE. Trente-cinq ans seulement se sont écoulés, et ce qui paraissait une hypothèse presque audacieuse, a passé dans l'enseignement universel de l'école et est devenu une vérité triviale !

Au temps présent, on ne fait de même qu'entrevoir la coordination possible des mouvements isolément avérés du sol ; les observations sont clairsemées sur l'aire immense du globe ; quelques-unes à peine, celles qui concernent la baie d'Hudson, le Groënland, la Scandinavie, le Danemark, l'Angleterre et l'Écosse, la Hollande, le Nord-Africain, certaines îles de l'Océanie et la côte orientale de l'Amérique du Sud, ont un caractère de précision scientifique. Toute tentative de généralisation peut donc, à bon droit, sembler prématurée. Pourtant, avant la fin du siècle, et ce ne sera pas l'une de ses moindres conquêtes, peut-être les observations se seront-elles multipliées, les faits en apparence contradictoires seront-ils rentrés dans la règle ; peut-être la courbe des grandes oscillations du sol aura-t-elle pu être tracée d'une main sûre d'un pôle à l'autre, comme l'est dès maintenant celle des grandes ondes océani-

1. *Leçons de géologie pratique*, page 317. Un vol. in-8°. Paris, 1845.

ques. C'est alors et alors seulement, nous le reconnaissons, que les mouvements rhythmés de l'écorce terrestre apparaîtront dans leur grandiose et harmonique ensemble.

La mission des concours académiques est d'ouvrir un large et libre champ aux conceptions nouvelles des faits. Nous ne serions pas en peine pour en justifier par de grands exemples ; notre embarras serait dans le rapprochement de ces exemples et de notre modeste effort. Heureuses les idées qui semblent, dès le début, n'avoir contre elles qu'une éclosion trop hâtive ! L'avenir leur appartient, et ce sera un jour leur honneur de l'avoir devancé [1].

La Rive, 30 mars 1881.

---

[1]. Parmi les savants qui ont aperçu, dans ces derniers temps, l'éventualité d'une synthèse des mouvements du sol européen, il nous sera permis de citer ici, M. Desor, dont le nom fait si justement autorité dans cette branche de la science géologique. « On conçoit facilement, dit-il, que lorsque la mer Adriatique baignait les flancs des Alpes, au pied des rochers de Côme, à 213 mètres, la mer Méditerranée, à plus forte raison, ait pu pénétrer jusqu'à Lyon (161 m.). Si jamais ce fait venait à être établi, il pourrait nous fournir un point de repère pour rattacher le soulèvement des Alpes à l'exhaussement du plateau nord de la France et des côtes de la Grande-Bretagne et de la Scandinavie. »

PREMIÈRE PARTIE

APERÇU GÉOLOGIQUE.
CONSTITUTION DU SOL DES DEUX PRESQU'ILES ARMORICAINE ET
CONSTANTIENNE ; LEUR SOULÈVEMENT INITIAL.

CHAPITRE PREMIER

I. — Si vous venez à porter les yeux, ne fût-ce qu'un instant,
sur une carte figurant dans un même cadre les rives septentrionales de la péninsule bretonne et les rives occidentales de la
presqu'île normande, aussitôt la profonde et large indentation que
vous voyez se dessiner à angle droit dans l'intervalle des deux rives,
depuis le Sillon de Talber, près de Tréguier, jusqu'au cap de
la Hague, près de Cherbourg, se révèle à vous dans une irrésistible évidence comme une conquête relativement récente du flot sur
le domaine des terres. Tout porte encore l'empreinte de cette conquête. D'une extrémité à l'autre de la rive, de l'entrée au
fond du golfe, l'ancien littoral, sans cesse en retraite devant les
assauts et les retours offensifs de la vague atlantique, a marqué
sa place par des ruines dans chacune des positions où la terre a
tenté de se défendre *(Planche n° 1.* Frontispice).

Le golfe fait face au N. O. et s'ouvre en plein vers les espaces
et les profondeurs de la mer océane. Sur le front qu'il oppose à
la propagation de la lame, et de place en place en arrière, s'éta-
gent trois groupes de grandes îles et plusieurs plateaux rocheux.

Disposés en triangle comme un gigantesque bastion, ces massifs couvrent la partie la plus avancée du golfe ; Jersey et Aurigny en forment la base, Guernesey le saillant. Quant aux plateaux rocheux, les uns, comme Chausey, sont devenus des archipels bas et pour ainsi dire émiettés ; les autres, comme les Minquiers, plus avancés dans leur évolution vers l'abîme, ne laissent voir qu'à mer basse le plus grand nombre des sommets de leurs collines primitives ; à mer haute ce sont plus guère que des récifs sur lesquels blanchit la lame. Tous concourent à amortir le choc de cette onde monstrueuse que les influences combinées de la lune et du soleil évoquent deux fois le jour de l'immensurable étendue, et qui sent doubler sa puissance quand elle vient s'angustier dans l'étroit entonnoir de la Manche (*Planche n° II*, ci-contre).

Le plateau de Chausey, celui de tous qui attire le plus l'attention, compte à lui seul, de mer haute, dans les temps modernes, cinquante trois îlots; plus de trois cents, à mer basse, comme le Morbihan. « Lorsque la mer se retire, les uns se rejoignent, les autres se découvrent, et de tous côtés ce ne sont que des écueils innombrables, formés d'énormes blocs de granite entassés les uns sur les autres et offrant souvent les apparences les plus bizarres... Il faut supposer que des commotions violentes se sont fait sentir dans ces parages, ou bien que jadis ces blocs informes étaient unis et soutenus par des roches moins résistantes, qui, détruites par l'action des eaux et des autres agents atmosphériques, les ont laissés retomber sans aucun ordre [1]. »

Aux temps modernes, le littoral montre deux branches qui se rencontrent au pied du Mont-Saint-Michel, éminence isolée qui se pose là comme une borne colossale pour marquer le fond du golfe et la limite de deux provinces. Entre le Sillon de Talber et le cap de la Hague qui dessinent les deux autres pointes du triangle, on mesure 130 kilomètres ; la profondeur dont le golfe s'enfonce dans les terres est à peu près la même. Si l'on déduit un dixième pour certaines saillies des rives, que ne compensent pas les parties con-

---

1. Audouin et Milne-Edwards. *Recherches pour servir à l'histoire naturelle du littoral de la France.* Un vol. Paris, 1837.

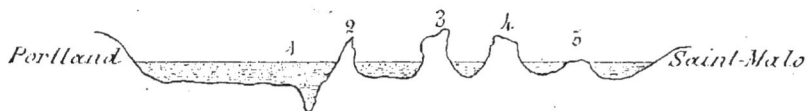

Portland — Saint-Malo

Figure N°1 Coupe de la Manche de Portland à Saint Malo, d'après
David Ansted (The Channel Islands 1862) faisant voir les positions relatives
des principales îles et des plateaux rocheux

1. La Fosse du Hurd : 2. Aurigny : 3. Guernesey : 4. Jersey
5. Les Minquiers

Longueur de la coupe 209 Kil.

Figure N°2. Coupe de la Manche entre les Minquiers et Granville
d'après David Ansted

1. Plateau des Minquiers, 2. Archipel de Chausey : 3. Granville

Longueur de la coupe 48 Kil.

caves, la surface totale comporte environ 7,605 kilomètres carrés. C'est celle de nos grands départements français [1].

Sur la rive bretonne, moins bien défendue que celle du Cotentin, des anfractuosités multipliées, dont trois très étendues, assez du moins pour mériter le nom de baies, celles de Cancale, de l'Arguenon et de Saint-Brieuc, augmentent les contacts de la terre avec la mer. C'est une cause de richesse pour les populations riveraines, en raison des ports et abris ainsi ouverts au commerce, et des dépôts d'engrais et des amendements marins qui sont rapprochés des cultures de l'intérieur. Par un contraste dont la géologie et l'hydrographie donnent l'explication, la côte du Cotentin ne se creuse nulle part, sauf à Granville, de manière à former des ports à profondeur d'eau un peu importante et naturellement protégés ; ceux qui servent aux relations de voisinage et à un échange réduit de denrées et de matières premières, sont pour la plupart des anses foraines et à faible mouillage : Goury, Diélette, Carteret, Port-Bail et Regnéville ; tous assèchent vers la mi-marée. Tandis que le *Tableau officiel des ports maritimes* ne contient entre Cherbourg et le Vivier pour 160 kilomètres de côtes, que sept ports classés, il en compte trente-six pour 280 kilomètres, entre le Vivier et Argenton près Brest : un port pour 23 kilomètres, dans le premier cas ; un port pour 7 kilomètres dans le second.

II. — Au large des grandes îles, dans la direction du N. E. au S. O., se dessine, tantôt sous les eaux, tantôt émergé, le premier littoral dont il soit resté à travers les âges d'incontestables témoignages.

Si l'on suit la ligne des fonds maintenant couverts de 50 mètres d'eau, à mer basse, il est facile de jalonner la vieille rive géologique avec ses accidents divers : pointes s'avançant sous les flots au gré des contreforts des chaînes montagneuses d'Alençon et Saint-Lô à Pontivy, courbes s'ouvrant au débouché des fleuves, saillies verticales dénonçant des renflements subits du sol, masses

---

1. Moyenne des départements français avant 1871 : 6,135 kilomètres carrés.

d'écume révélant la cime de ces saillies. En avant, le fond se
dérobe sous des tranches d'eau de 100 mètres ; la Fosse du Hurd
(*Hurd's deep*), parallèle à la face du golfe, marque la place d'une
dislocation profonde du sol. En arrière, sur une longueur de cent
kilomètres, des pentes de plus en plus rapides font passer d'une
hauteur d'eau de 50 mètres, à celles de 40, 30, 20 et 10 mètres,
jusqu'au zéro qui donne la laisse des plus basses mers d'équinoxe. L'inclinaison moyenne du fond marin est cependant, en
somme, peu sensible : 0 m. 0005 par mètre. C'est bien là le
profil normal d'un rivage à très faibles reliefs, converti en plages
et en fonds de mer par la subsidence du sol, l'invasion des flots
et l'érosion constante des roches.

Au delà des profondeurs de 50 mètres, il serait sans intérêt,
alors même qu'on le croirait possible, de chercher à relever de
plus anciennes démarcations temporaires entre la terre et le eaux.
En deçà au contraire, les amorces et les principaux points de passage de la rive perdue depuis bien des siècles, sont demeurés reconnaissables ; la suite de ce travail ne laissera aucun doute, nous
l'espérons, sur son ancienne existence. La suivre pas à pas, comme
nous allons le faire, n'est donc pas sans intérêt, ne fût-ce qu'au
point de vue de l'histoire, objectif spécial des présentes études.

C'est aux Héaux de Bréhat, à la pointe de la Bretagne la plus
avancée vers le nord, que la plus vieille rive connue s'enracinait à
la presqu'île armoricaine. Le Sillon de Talber, cette longue levée de
galets et de cailloux roulés, qui s'est accumulée depuis le creusement du golfe, à la rencontre du flot océanien et de son remous,
le Sillon de Talber en donne la direction : presque exactement
celle de la côte de Brest à Tréguier, la corde de l'angle droit que
forme le golfe. De Bréhat, deux vastes plateaux rocheux, recouverts alors sans doute de cette vigoureuse végétation dont les grèves
voisines ont enseveli les trésors, conduisaient aux Roches-Douvres
(*Les Roches du fleuve*)[1]. Ces roches surplombaient alors, à gauche, sur une large et profonde vallée, rendez-vous de tous les
fleuves de la région. A droite, le groupe de Jersey et les falaises

[1]. Voir la note A, à la fin du présent chapitre.

abruptes de Guernesey marquaient en vigueur la dépression sur
son autre bord, et protégeaient l'embouchure. Par leur double flux
et reflux journalier, les marées de l'entrée de la Manche (15 m. 91
à l'observatoire du Pont-Aubaut, maximum du golfe normanno-
breton), balayaient les fonds et maintenaient comme à présent
l'intégrité du thalweg. De Guernesey, la rive allait s'appuyer aux
groupes des Casquets et d'Aurigny, alors confondus dans une
même saillie du continent, et enfin venait se souder au cap de la
Hague par un long et étroit plateau, élevé de 34 m., à mer basse, sur
le niveau des eaux.

Rappelons ici un synchronisme dont on nous verra plus tard
tirer un utile parti pour l'éclaircissement de la géographie physique
du pays : au même moment où l'Océan, dans sa lente mais implacable avance, se préparait à franchir en face de nous ces premiers
et formidables obstacles, le double lien qui retenait l'Angleterre
unie à la France, d'un côté par les formations jurassiques du
Devonshire et du Cotentin, de l'autre par le banc crétacé de
Varnes, entre Calais et Folkestone, ce double lien allait se rompre,
et par sa rupture donner naissance au canal actuel de la Manche[1].
L'isolement de la Grande-Bretagne (2ᵉ *période insulaire de Lyell*)
a donc eu pour pendant l'insularisation des groupes rocheux les
plus avancés du golfe, ceux d'Aurigny, de Serq et de Guernesey[2].

A mesure que la mer pénétrait plus avant dans les terres, elle
se heurtait à de nouvelles lignes de défense ; on peut en citer
jusqu'à trois qui l'ont arrêtée, et qu'elle a eu à franchir de vive
force l'une après l'autre.

Longtemps, par exemple, le fouillis inextricable des roches de
Paimpol et de Bréhat, le plateau visiblement correspondant des
Minquiers[3], les pierres du Lecq, les escarpements de la Hague
la continrent dans les fonds actuels de 30 mètres, sauf les dépres-
sions intermédiaires qu'elle occupait sans coup férir. Grossie du
Coesnon, de l'Arguenon et de la Sélune, la Rance avait alors son

1. Cf. avec *l'Histoire géologique du canal de la Manche*, par M. Hébert. Paris, 1881.
2. Note B.
3. Note C.

débouché à l'accore méridionale des Minquiers, à l'endroit où venait expirer la ligne de faîte de Vire, Villedieu et Granville. Quant à l'Aÿ ou rivière de Saint-Germain, il se jetait directement à la mer, et avait son lit dans la fosse, en ce temps peu accusée, qui est devenue le Passage de la Déroute [1]. Comme de notre époque, la masse imposante de Jersey, principal appui contemporain du littoral, couvrait la région moyenne du Cotentin. Plus loin, dans le nord, les schistes durs de Rozel et le dôme granitique de Flamanville résistaient victorieusement à l'assaut des vagues.

Sur la série des fonds de 20 mètres, atteinte à son tour, la mer rencontra la limite des reliefs qui se révèlent, à gauche, par les deux Léjon, le Robinet, les avancées de Fréhel, et, à droite, par le massif épais mais peu élevé de Chausey, celui plus bas encore des Minquiers, Jersey, les Ecréhous, le Nez de Jobourg [2] et par les accores abruptes de la Hague. Quand enfin, vers le début, croyons-nous, des temps proto-historiques de la Gaule (XXe siècle av. J.-C.), la mer en vint à miner les fonds actuels de 10 m., la terre ferme trouva une dernière et bien précaire protection dans les roches de Plouzec, de Harbour, de Saint-Quay, de Rohein, les fronts de Fréhel, les chaînes granitiques des Ebihens et de Césembre, le Groin de Cancale, l'isthme des Bœufs, prolongement du rameau montagneux de Saint-Lô, Saint-Sauveur et Coutances, les saillies de Taillepied et les derniers hauts-fonds actuels de la Hague.

Ces retranchements emportés pour la plupart, et ils l'étaient déjà, nous le démontrerons, pendant l'ère de la domination romaine, le littoral moderne du golfe était, à son tour, à découvert : il n'allait plus trouver de salut que dans les contreforts de la chaîne centrale et dans le massif de Cherbourg.

III. — Tout fait présumer que l'emplacement du golfe, quand la mer commença à l'entamer, était comme on le voit encore pour le bassin de Dol, le monticule de Lillemer, le flanc sud-ouest du

---

1. Les cartes anglaises ne donnent ce nom qu'au seul canal entre Jersey et les Écréhous.
2. *Scandinave*, *Nefs* Pointe; altéré, en *Nez* sur tout le littoral français de la Manche et, à S. Malo, en *Nay*, depuis le XVIIe siècle.

Mont-Dol, la région orientale de Jersey et la rade de Cherbourg, recouvert en entier d'un manteau de dépôts argileux, de schistes plus ou moins cristallins. D'une faible cohésion pour la plupart, surtout dans les parties relevées et fracturées par les expansions souterraines, les strates sédimentaires n'opposèrent aux vagues qu'une faible résistance, quand, après une première immersion pendant la 2° époque glaciaire, elles durent y plonger de nouveau. Triturées à l'extrême par l'agitation des flots, elles ont fourni la matière principale de ces marnes bleues qui ont servi de support à la splendide végétation du littoral quaternaire. Comme roches consistantes, ces formations ont presque partout disparu, laissant à nu, sur les points arasés par les flots, le squelette granitique de la contrée.

Ce qui a préservé la côte nord de la péninsule bretonne de plus profonds ravages, ce qui, par contre, a le plus contribué à faire reculer la côte occidentale du Cotentin, c'est la prédominance des vents d'ouest qui correspondent avec la direction de la vague atlantique [1]. Par le règne de ces vents, la rive bretonne, au fond du golfe, n'a guère à souffrir que des remous déterminés par l'incidence de la lame sur les falaises de la presqu'île voisine. Cette incidence est le résultat de la dérivation qu'éprouve, à un certain moment du flot (deux heures de montée), la vague du large, à sa rencontre avec l'île de Jersey et les Minquiers, déviation qui lui fait atteindre la rive de Granville suivant une ligne légèrement inclinée au S. E. Tels qu'ils sont, ces remous ont suffi, avec l'aide des chocs directs venant du nord, pour que, sur l'ancienne rive géologique et particulièrement entre Cancale et Granville, des anfractuosités de plus en plus profondes et plus larges suivant la nature et la conformation des dépôts argileux et arénacés, se soient enfoncées au sein des terres, et qu'à la longue, sous l'empire de l'affaissement du sol, le golfe ait pris sa forme actuelle.

IV. — Dans l'assaut mené contre le littoral par la vague atlantique et par les masses de galets qu'elle ameute contre lui, les cinq sillons alternes de roches granitiques et de roches argileuses

1. Note D.

qui, du cap Fréhel à Granville, viennent de l'intérieur des terres
aboutir aux bords du golfe, se sont trouvés exposés l'un après
l'autre aux coups de la mer (*Planche n° III* ci-contre). Ils ont
eu des sorts bien différents : les uns ont été à peine entamés,
les autres ont cédé sur toute la ligne, et ont laissé à découvert les
cuvettes granitiques dans lesquelles ils s'étaient déposés et mou-
lés. Seuls parmi ces derniers, les schistes quartzifères d'Avranches
à Granville ont opposé quelque résistance.

La zone de schistes et de grès argileux (*n° 1 du dessin*) qui, de
Pléneuf s'étendait aux îles, sans autre interruption que celle de
certaines crêtes de porphyre, de granite et de gneiss, fut emportée
la première, dans toute sa région septentrionale. Le massif de
Guernesey fut naturellement bien plus maltraité que celui de Jersey ; sur cette dernière île, des lambeaux du revêtement schisteux
se sont conservés dans la partie orientale. Quant aux plateaux des
Minquiers et de Chausey, il n'en reste que le substratum de granite.
Les baies de la Frénais, du Guildo, de Trégon et de Saint-Malo se
creusèrent dans les terres aussi loin que le permirent les saillies
résistantes de Saint-Cast, des Ébihens, de Césembre, de Cancale
et du Herpin [1]. Même résultat pour la zone de Matignon (*n° 3*).

La troisième bande de roches argileuses, celle de Jugon à Avranches, par Corseul, Plouer et Dol (*n° 5*), que le désastre des premières et la dépression malheureusement si marquée des formations granitiques entre Cancale et Chausey livraient sans défense
sur tout le front de Cancale à Granville, fut atteinte à son tour, à
mesure que la subsidence du sol la faisait entrer plus avant dans la
sphère active de la lame. La baie du Mont-Saint-Michel se creusa
tout entière dans ses strates. Ce travail de démolition était en train
de s'achever dès le temps de la domination romaine ; les médailles, les poteries et autres épaves archéologiques trouvées dans les
premières alluvions maritimes et dans les couches supérieures de la
tourbe, là où la mer prenait possession des nouveaux estuaires de la
Sélune et du Guyoul, en sont un précieux indice. Ce même travail

---

[1]. *Ar-pen*, celte, la Pointe. Cette roche forme la partie la plus avancée de la chaîne.

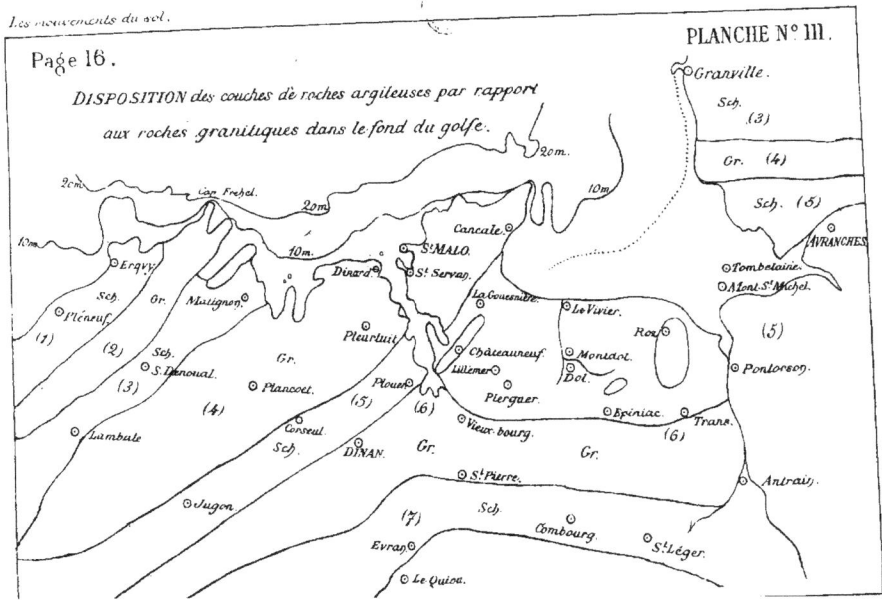

Page 16.

DISPOSITION des couches de roches argileuses par rapport aux roches granitiques dans le fond du golfe.

a pris au cours du moyen âge seulement ses proportions actuelles. Les monticules granitiques ou métamorphiques de Lillemer[1], du Mont-Dol, de Tombelaine et du Mont-Saint-Michel se montrèrent impuissants à mettre un frein aux progrès de la mer. Par bonheur se trouva sur cette ligne, un peu en arrière, l'énorme dôme granitique de Roz, qui tint tête à l'assaut, et sauva d'une destruction plus complète la courtine de schistes comprise entre lui et le bastion formé par les granites, les micaschistes et les phyllades de Cancale. Le flot n'a pu jusqu'à présent ni le tourner ni l'entamer.

Dans les temps modernes, sur toute l'étendue de l'estran[2], et jusque sur la plaine liquide, aussi loin que le regard peut sonder l'horizon, s'étendent en lignes mornes, ou se dressent isolés et couverts d'écume les rocs dénudés et démantelés des anciens rivages, squelettes des vaincus de la grande bataille des éléments, ossements blanchis que le linceul de varechs, de sables et de galets n'a pu ensevelir qu'à demi. N'est-ce pas là un spectacle émouvant pour l'observateur le moins attentif de cet éternel conflit, sur l'un de ses théâtres les plus grandioses, un sujet de contemplation pour le philosophe qui mesure la fragilité des constructions les plus orgueilleuses, un objet d'étude pour l'homme de science qui, du haut de la rive instable et précaire sur laquelle il s'appuie, voudrait, à la vue de tant de ruines, d'une part, de l'autre, de tant de richesses accumulées, de tant d'œuvres du génie humain élevées en défi des flots, arracher au passé le secret d'un avenir plein d'angoisses !

V. — Quelles forces sans cesse en action ont ainsi amené, au cours de siècles qui échappent au calcul, ces envahissements de la mer : c'est ce grave problème que nous avons en vue quand nous ouvrons la présente enquête ; c'est à en dégager les inconnues redoutables que nous mettrons tous nos soins. La méthode historique, pour les temps mêmes où il n'y a pas encore d'histoire, nous servira de fil conducteur. Rétablir la filiation et l'enchaînement

1. Anciennement, *Enez-maur*, Grande Ile.
2. Plages laissées à découvert par la marée descendante.

des faits, à défaut de dates qui échapperont presque jusqu'à la fin à nos supputations même les plus lointaines, sera notre préoccupation soutenue. Sur notre chemin nous rencontrerons l'opinion prévenue en faveur d'explications et de systèmes faits pour engendrer une sécurité trompeuse ; nous aurons le devoir de les combattre. Nous le ferons avec la mesure due au savoir ou à la bonne foi des hommes qui les ont produits ou qui les soutiennent, mais avec la fermeté d'une conviction arrêtée et la conscience émue des éventualités qu'on peut prévenir, rien qu'en se mettant virilement en face du péril.

Mais auparavant, il faut connaître le terrain qui sera la matière, l'étoffe des événements ; il faut savoir comment se sont formées les roches que nous allons voir en butte aux coups de la mer ; il faut s'être rendu compte de leur nature et de leur succession à travers les périodes géologiques. Nous en ferons l'objet d'une revue rapide, pressé que nous sommes d'en venir à ce qui peut faire l'intérêt de ce livre : les révolutions du sol, une fois constitué, et, accessoirement, les vicissitudes du climat, de la flore et de la faune dans la contrée normanno-bretonne.

NOTES DU CHAPITRE PREMIER

Note A, page 12 «... aux Roches-Douvres (*les Roches du fleuve*) ».

1. *Dour*, celt., eau, et par extension, cours d'eau. Exemples : la *Dur*-ance, la *Dor*-dogne (le *Dur*-anius des latins), l'A-*dour* (?), les deux *Doires*, le *Dour*-o, le *Dour*-on, le *Dour*-dû, le *Dour*-dent, etc.

Nous ne donnerons d'étymologies que celles qui, comme la présente, éclairent l'ancienne condition des lieux, et deviennent ainsi de véritables témoignages historiques.

Note B, page 13 «... d'Aurigny, de Sercq et de Guernesey. »

1. Le canal de la Manche s'est creusé des deux côtés du détroit du Pas-de-Calais à la manière des golfes, sous le double effort de la mer du Nord et de l'Océan. La moindre profondeur correspond au détroit ; elle n'est que de 40 mètres sous la rive anglaise. A la rencontre de Dieppe, se trouve la courbe très allongée des fonds de 50 m. ; il faut arriver à l'entrée même de la Manche pour trouver, avec le *Hurd's deep* (la Fosse du Hurd) les fonds de 100 m. En somme d'après M. Delesse la profondeur moyenne est de 45 m. — Lire dans les *Comptes rendus* de l'Académie des sciences, 1880, 1er semestre, l'*Histoire géologique du Canal de la Manche*, par M. Hébert, membre de l'Institut.

Note C, page 13 «... les Minquiers... »

1. Nous suivons ici, comme nous serons toujours obligé de le faire quoi qu'il nous en coûte, l'orthographe officielle, qui a été défigurant de plus en plus les noms bretons. — *Men-Ker*, Village des Pierres ; peut-être, mais moins probablement, *Men-Kaër*, Belles-Pierres. — Au XVIIIe siècle, la Carte de Cassini écrivait encore, par un souvenir plus rapproché du véritable sens, les *Men-quées*.

Note D, page 15 «... la direction de la vague Atlantique. »

1. « La direction du N. O. est celle du maximum d'intensité des vents (*dans le port de Granville*). On remarque généralement, en effet, que les tempêtes commencent par des vents très forts d'entre le S. et le S. O. , qui remontent au N. O. où ils atteignent une violence extrême pendant la tourmente. .» *Ports maritimes de la France*, 3e. vol., page 134. Impr. Ne , 1878.

CHAPITRE II

I. — Le plan des études qui vont suivre, appliquées comme elles le sont, non au globe dans son ensemble, mais aux seules côtes occidentales de la France, n'exige pas que nous remontions aux temps cosmiques de notre planète, et que nous la considérions à l'état de nébuleuse, alors qu'elle vient de se former aux dépens de l'un des anneaux échappés à l'équateur solaire [1]. Cette époque appartient à l'astronomie plus qu'à la géologie. Il faut bien cependant en tenir compte au début de ces pages : elle est le point de départ et l'explication des époques postérieures. Bornons-nous à y faire l'allusion qui précède, et, la supposant connue, prenons la modeste région que nous avons à considérer, au moment où le

---

[1]. Cette hypothèse de Laplace est maintenant contestée par le savant astronome, M. Faye.

travail de condensation de la nébuleuse est opéré. Un coup d'œil rapide sur le sol que nous a légué la période primordiale nous mènera jusqu'aux mers primitives et aux formations qui s'y sont accumulées, puis à l'émergement de la région qui nous intéresse, et aux premières fluctuations dont elle a été le théâtre [1].

« L'état de nos connaissances, dit M. l'ingénieur Ch. Lenthéric [2], nous permet d'affirmer presque avec certitude que, dans le principe, la température de notre globe était sensiblement plus élevée. La plupart des matières minérales dont il est formé étaient alors en fusion et constituaient une sorte de sphéroïde pâteux et incandescent, entouré d'une épaisse atmosphère de gaz et de vapeur d'eau. La forme définitive de notre planète a été la conséquence de son mouvement de rotation et de l'état semi-fluide dans lequel se trouvaient les matières minérales qui entraient dans sa composition. Le refroidissement de cette masse a eu lieu très lentement, mais d'une manière continue ; les gaz et les vapeurs de cette lourde atmosphère se sont condensés en pluie et précipités isolément en déluges d'eau sur la surface brûlante du sol. Il s'est formé d'abord un mince épiderme solide, puis une enveloppe épaisse qui, à plusieurs reprises et par suite du bouillonnement intérieur des matières en fusion et du rétrécissement du noyau central, a éprouvé des fractions, des dislocations et des convulsions correspondantes aux grandes époques géologiques...Notre frêle enveloppe solide flotte, pour ainsi dire, au-dessus du noyau central de notre globe, auquel elle n'adhère pas, et peut être soumise à chaque instant à des oscillations ou des dépressions dont la conséquence doit être de bouleverser de fond en comble la surface de nos continents et de nos mers. »

Les catastrophes dont parle l'honorable et savant auteur des lignes qui précèdent, sont sans doute possibles et devraient même paraître toujours imminentes. L'ancienne école géologique, celle qui s'honore des noms de Buffon et de Cuvier, a expliqué à leur aide les transformations qu'a éprouvées la surface du globe. La

1. Note A.
2. *Les Villes mortes du golfe de Lyon.* Un fort volume in-18. Paris, 1876.

nouvelle école incline à croire que la croûte solide enveloppe, non un noyau de matières en fusion dans toute son épaisseur, mais seulement une nappe liquide reposant sur un noyau pâteux. Elle professe que les forces désordonnées du foyer interne trouvent dans d'autres forces leur contre-poids habituel, et concourent même pour leur part au maintien de l'ordre providentiel, au progrès soutenu, à l'harmonie générale. Sans nier certains grands accidents, certains cataclysmes même arrivés dans les dernières périodes, elle attribue à des causes lentes, encore en action, les changements qui se sont produits dans la constitution et la configuration de l'écorce terrestre. C'est en conformité de cette perception des choses, que nous commençons à entrevoir les matières en fusion à l'intérieur du globe soumettant leurs mouvements tumultueux à des lois, et transformant ces mouvements en pulsations rythmées, en ondulations régulières et cadencées.

II. — Support de tous les sols, quelle que puisse être leur puissance en profondeur et en altitude, le granite repose ou plutôt flotte sur les couches supérieures de la pyrosphère. Lui-même à l'état incandescent, dans le principe, il a été ramené par la réaction du froid intense des espaces célestes (50 à 60 degrés au-dessous de zéro) à l'état de pellicule comparable à celle qui enveloppe l'œuf des oiseaux. Avec les couches sédimentaires qu'il est venu à soutenir, le granite soit solide, soit encore pâteux, descend jusqu'à des profondeurs de 40 kilomètres au-dessous du niveau des mers [1].

« Une première couche granitique, lisons-nous dans un ouvrage récent [2], n'a pu se former sur une surface aussi agitée qu'à la manière dont la glace se forme sur nos fleuves, c'est-à-dire par la juxtaposition et la soudure de glaces flottantes d'abord isolées [3]. C'est sans doute pour cela que les terrains granitiques se présentent à nous, non comme une nappe continue, mais comme une succession irrégulière de diverses masses d'aspect, de contexture et même de composition quelque peu variables. »

1. 32 à 36 kilomètres, d'après Humboldt ; 163, suivant l'astronome Hopkins.
2. M. Ch. de Cossigny : *La terre, sa formation et sa constitution.* Paris, 1874.
3. Note B.

III. — Comme illustration de cette théorie, de nombreux exemples passeront sous les yeux de l'observateur dans le contour seul des baies qui s'étendent entre le cap Fréhel et la pointe de Cancale, — et, de nouveau, de la Pointe du Rozel à Cherbourg [1]. Là, les mouvements, les bouillonnements même de la surface, au moment où elle tendait à se congeler, à se solidifier, peuvent être étudiés, non seulement dans les contournements capricieux des couches sédimentaires qui commençaient par endroits à les recouvrir, mais dans la pénétration des gneiss et des micaschistes par le granite éruptif ou récent, sous ses diverses textures et couleurs, depuis la roche à gros éléments distincts jusqu'à la leptynite en apparence homogène, et depuis le blanc grisâtre jusqu'au bleu le plus sombre [2].

Parmi les variétés les plus remarquables de nos roches granitiques, nous signalons les syénites du cap de la Hague, des environs de Coutances, du cap Fréhel et de Lan-meûr, et les pegmatites de Coutances et de Lamballe. Toutes appartiennent au granite porphyroïde, postérieur, au moins dans la région, au granite à grains fins [3] si généralement répandu sur nos côtes. Parmi les premiers nommons les beaux granites roses de l'Aber-Ildut, près Brest ; dans la catégorie du dernier, les granites de Flamanville, de Chausey et de Bécanne, qui alimentent les travaux maritimes de Cherbourg et de Saint-Malo de ces énormes blocs, seuls propres à résister à l'effort des vagues ; enfin, les granites d'un blanc jaunâtre du Mont-Dol, où le feldspath et le quartz sont mêlés en cristaux peu distincts et peu apparents.

IV. — Soumis à l'influence d'un air chargé en excès d'acide carbonique, et plus tard au choc des vagues, quand le progrès du refroidissement eut amené la condensation des vapeurs atmosphériques et l'accumulation des eaux dans les premières dépressions,

---

1. Recommandons tout particulièrement les accidents des falaises de Plou-manach, de Plouha, de Pléhérel, de Plévenon, de Saint-Lunaire, de Saint-Coulomb et de Flamanville.
2. Note C.
3. Dufrénoy et E. de Beaumont : *Explication de la Carte géol. de Fr.*, 1er vol., page 194. Paris, 1844.

Page 25.

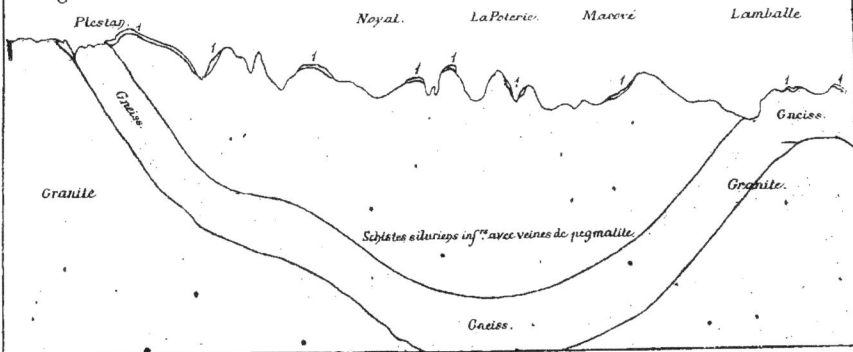

Plestan.   Noyal.   La Poterie.   Marové   Lamballe

Gneiss

Granite

Schistes siluriens inf.es avec veines de pegmatite.

Gneiss.

Granite.

Gneiss.

Longueur de la coupe : 10 Kilomètres.
Echelles :
Longueur, 1:40,000.
Hauteur, 1:2,000.
1. Argile et sables avec galets de quartz.
(Terrain de transport).

COUPE GÉOLOGIQUE DU TERRAIN ENTRE PLESTAN et LAMBALLE.

Extrait du profil géologique du Chemin de fer

de Rennes à Brest,

par M. Mille, ingénieur en chef. 1865.

le granite ne tarda pas à voir ses plans extérieurs se désagréger. Ses éléments, quartz, feldspath et mica, fournirent les matériaux des premières couches neptuniennes.

Le gneiss, la plus ancienne des roches de ce genre, contient tous les éléments du granite ; seulement, au lieu de se présenter en masses compactes, la formation est stratifiée en feuillets plus ou moins tranchés, sans toutefois être réellement fissile. Roche la plus répandue sur nos côtes, le gneiss repose sur le granite, auquel il passe par des transitions souvent insensibles (*Planche n° IV* ci-contre).

Même observation pour le micaschiste ; les parties constituantes du granite y sont plus confuses et dans d'autres proportions et textures.

Soulevés et entraînés par le flot, ces mêmes matériaux se divisèrent suivant leur pesanteur spécifique et leur ténuité ; ils formèrent ainsi, en s'étageant au loin, des dépôts qui s'étendirent en nappes sur les fonds de l'océan naissant. Au hasard des pentes, des courants et des abris, ils constituèrent toutes les variétés de sédiments argileux, argilo-siliceux et arénacés. Là où les eaux étaient le plus profondes et le plus éloignées des rives et des plateaux en voie de désagrégation, s'épaississaient les couches de schistes ; dans la zone littorale s'aggloméraient les grauwackes (grès argileux), les grès et les sables.

La *Planche n° IV* donne un exemple de l'allure qu'affectent par rapport au granite les couches sédimentaires des gneiss et des schistes cumbriens. Nous ne donnons aucun spécimen de l'intercalation des roches calcaires ; il y en a peu d'exemples dans le golfe (Mont-Martin-sur-Mer, Gahard, Brest). Leur origine première est aussi toute différente de celle de nos roches.

V. — Une partie des quartz provenant de la décomposition des granites, triturée et lavée par le flot, s'amassa par places, et fut cimentée par l'acide silicique, à l'état naissant, en grès de diverses nuances. Nous en avons un exemple dans les assises des grès siluriens d'Erquy, prolongement des roches de même origine du massif central de Bretagne. Les lignes sinueuses et diversement colorées, du rouge vif au rose pâle, que la pierre présente sur des directions presque horizontales, rappellent les sillons que le flot imprimait à la surface des dépôts à mesure qu'ils s'effectuaient dans une mer peu profonde. La variété des nuances tient peut-être à la décomposition inégale de plantes ferrifères, accumulées à certaines époques sur les sables de l'estran, comme on voit, après les tempêtes, les algues marines de nos jours.

Des masses d'autres sables, résidu de désagrégations plus récentes[1], sont restées apparentes sur nos grèves. La vague, en les remaniant incessamment, les a purgés des éléments étrangers, à l'exception des minces lamelles de mica qui ont surnagé malgré leur densité, et qui miroitent en longs sillons dorés, argentés ou brunis. Mobile à l'excès sous le triple effort du vent, des courants et des marées, ce sable fin et brillant fait l'ornement et le danger de nos rivages : l'ornement, quand il se déroule au loin en bandes d'un jaune éblouissant, en tapis moelleux sous les pieds des baigneurs de nos stations estivales ; le danger, quand la lame perpendiculaire au rivage l'accumule sur la rive, et que le vent du nord, le fatal Borée des Anciens, reprenant ces matériaux laissés à sec et sans cohésion par le jusant, les transporte de proche en proche sur les terres cultivées.

VI. — C'est en veines et en nappes ou bien encore en masses compactes que l'acide silicique s'est figé dans le quartz si abondamment répandu au sein de nos roches, quand il ne les constitue pas tout entières[2]. Sous ses différentes formes, il affecte la couleur blanc laiteux ou opalin de ces cailloux roulés que l'on ramasse sur les grèves, ou de ces rognons qui se trouvent dans les grès verts de la formation crétacée. En masse, il est rarement à cet état pur, limpide et cristallin parfait du quartz hyalin, qui fait rechercher le cristal de roche. Son origine doit être demandée

1. Rappelons que la géologie classe les sédiments suivant leur ordre d'ancienneté dans la période primaire, en terrains : Laurentien (*non représenté dans la région*), Cumbrien, Silurien, Devonien et Carbonifère.

2. Note D.

aux eaux thermales, aux salses et aux geysers du monde primitif, peut-être aussi à la résolution du feldspath des vieux granites. Humboldt était disposé à y voir une transformation des grès, due à la chaleur [1]. Cette interprétation s'appliquerait avec plus de raison encore, à cause de leur texture grenue et presque saccharoïde, à nos nombreux bancs de quartzites, à ceux du moins qui sont en contact avec les roches plutoniques.

La montagne de Garrot, en Saint-Suliac, est constituée en entier par ces deux roches. Cette éminence isolée atteint une hauteur de 72 m. au-dessus des marées moyennes de la Rance. Le flot l'enserre à ses deux extrémités, sur une longueur de deux kilomètres et une largeur de 500 mètres. C'est un dos d'âne très allongé, courant dans la direction du S. O., avec pointe aiguë sur l'une des plus larges dépressions de la vallée. Formée au sein des eaux, dans un milieu géographique très différent de celui actuel, elle doit son altitude apparente et son isolement, partie à un soulèvement local, partie à la dénudation et à l'ablation d'assises argileuses auxquelles elle était subordonnée. Les quartz et quartzites reposent au niveau de la haute mer sur les micaschistes de la contrée. On y trouve la roche tantôt à l'état d'énormes blocs, comme ceux dont on a fait aux temps préhistoriques les mégalithes semés sur ses pentes [2], tantôt à l'état d'émiettement, tel qu'auraient pu le produire des trépidations multipliées du sol.

VII. — Les roches métamorphiques, gneiss, micaschistes et schistes cristallins, n'ont pas différé d'abord des premiers sédiments, presque tous purement mécaniques. Un travail moléculaire ayant pour moteur des affinités spéciales, l'imprégnation des couches par des eaux thermales ou par les eaux ambiantes surchauffées, comme l'étaient celles des mers primitives sous l'énorme pression de l'atmosphère contemporaine, telles sont les principales causes qui, jointes à l'action du foyer central, alors dans tout

1. Cf. Dufrénoy et E. de Beaumont, *Explication de la carte géog. de France,* 1er vol., p. 194. Paris, 1844.
2. Note E.

son rayonnement, ont réussi à modifier les assises sédimentaires dans leur structure, leur ténacité, leurs couleurs et même leur composition chimique. On doit aussi invoquer la chaleur propagée au sein des dépôts encore peu consistants, par les roches d'intrusion, et attribuer, avec M. Daubrée [1], un grand rôle à la chaleur développée par les actions mécaniques, soulèvements, affaissements, frottements et pressions, auxquelles l'écorce du globe était encore en proie. De là cette texture cristalline, cette apparence tantôt satinée tantôt grenue, cette fissilité, ces combinaisons variées qui les caractérisent.

Une autre cause de transformation a pu leur venir des vapeurs et des sublimations qui accompagnent la sortie de certaines matières à l'état de fluidité ignée [2], ainsi que celle des métaux et métalloïdes dont les traces sont restées interposées dans les strates. Un refroidissement lent a fait le reste.

Léopold de Buch va jusqu'à regarder les gneiss et les micaschistes comme des schistes et des grauwackes transformés. Cette opinion n'a rien que de conforme à l'origine détritique de ces dernières roches et à la représentation que l'on y trouve, sous des proportions très diverses, de tous les éléments du granite.

Le travail métamorphique a dû se faire au sein de mers très profondes et sous de colossales pressions. On sait qu'à 4,000 m. de profondeur le poids de la colonne d'eau équivaut à 375 atmosphères ! Proportionnellement, la chaleur n'était pas moindre, mais l'eau, même surchauffée, en tempérait les effets. Sur beaucoup de points où nous l'avons observé, le contact du granite avec la roche susjacente ou encaissante a laissé à peu près intacte la paroi de cette roche. On peut s'en assurer dans la plupart des enchevêtrements de granites, de gneiss, de micaschistes, de quartz et de trappit es du plateau rocheux que surmonte le fort du Petit-Bé, à Saint-Malo.

Est-ce cette action hydrothermale qui a pu mériter aux granites, au lieu du caractère purement pyrogène qu'on s'accorde à leur attribuer, les noms de « roches ignéo-aqueuses, roches pseudo-

1. *Études de géologie expérimentale.* Un fort volume in-8°, Paris, 1880.
2. Alex. de Humboldt, *Cosmos.*

Page 29.

PLANCHE N.º V.

N.º 1. Exemple de soulèvement en dôme des roches amphiboliques.

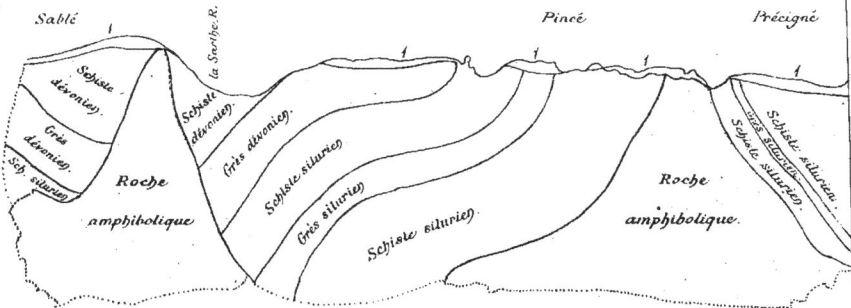

Sablé

la Sarthe.R.

Pincé

Précigné

Schiste dévonien.

Schiste dévonien.

Grès dévonien.

Grès dévonien.

Sch. silurien.

Roche amphibolique.

Grès dévonien.

Schiste silurien.

Grès silurien.

Schiste silurien.

Roche amphibolique.

Grès silurien.

Schiste silurien.

Longueur de la coupe : 6 Kilomètres.   Ligne du Mans à Angers.   Profil géologique, d'après M. Mille

Echelle : Longueurs : 1 : 40,000 : Hauteurs : 1 : 2,000   ingénieur en Chef 1865

1. Terrains de transport.

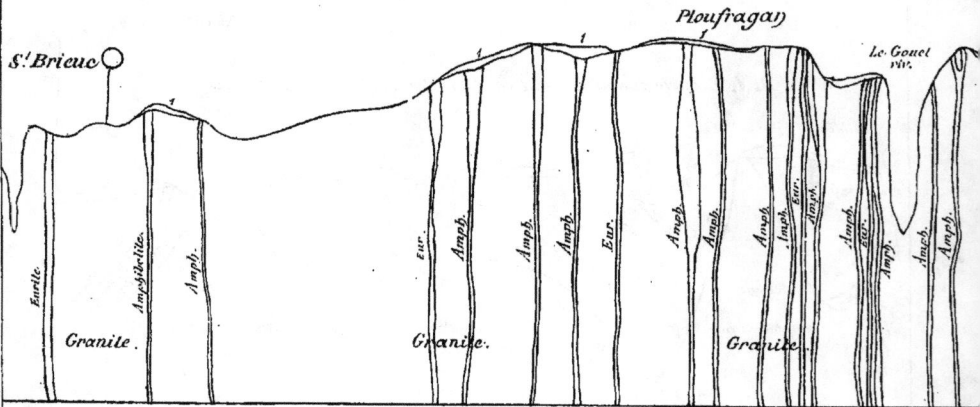

PLANCHE Nº V bis

Nº 2. Exemple de projections de filons et dykes amphiboliques et euritiques

Longueur de la coupe : 7 Kilomètres. Echelles : Longueur : 1: 40,000. Hauteur, 1: 2000.

1. Argile et sables avec galets de Quartz. (Terrains de transport.)

D'après M. Mille, ing.^r en Chef du Chemin de fer de Paris à Brest

1865.

ignées, roches hydro-pyrogènes » que de savants géologues proposent de leur donner [1]? L'étude microscopique a récemment fourni une confirmation inattendue à ce point de vue nouveau : elle a révélé l'existence au sein des cristaux les plus ténus d'inclusions tantôt vitreuses tantôt aqueuses, suivant la formation des roches par voie ignée ou par voie humide [2].

VIII. — Après le granite hypogène ou de première formation, des roches éruptives sortant des entrailles de la pyrosphère vinrent bossuer et cribler nos strates en voie de recouvrir ce granite, strates déjà déformées par des mouvements locaux tumultueux et multipliés. L'œil le moins exercé les reconnaît aux flancs abrupts des falaises, dans les vallées de dislocation, dans les tranchées des carrières et des chemins de fer, sous nos pas même quand le sol se trouve dénudé jusqu'à la roche vive sur une certaine étendue. Ce sont, sur toute la côte nord de Bretagne, et en abondance extrême, des granites à gros grains et à grains moyens, des amphibolites et particulièrement des diorites, des porphyres, des eurites et des trappites. Les épanchements se sont fait jour, en d'autres pays, jusqu'à travers les formations tertiaires. Depuis cette époque, les volcans seuls donnent le spectacle de laves en fusion, et cela sur des points de plus en plus isolés.

Le diagramme ci-contre *(Planche n° V)* est destiné à donner une idée de la forme que prennent dans nos terrains primaires de l'Ouest les soulèvements de matières en dôme *(Fig. n° 1)*, et du bouleversement qu'ils ont apporté dans les couches horizontales des terrains siluriens et devoniens superposés.

Les projections se présentent plus fréquemment sous forme de filons et de dykes, murailles verticales encaissées dans les fentes du sol *(Fig. n° 2)*. Leur largeur varie de 0^m10 à 25 mètres. Elles se voient ainsi à Ploufragan, près Saint-Brieuc, qui nous a donné l'exemple employé dans le diagramme. Cette forme se répète d'une

---

1. MM. Massieu, Delesse et Scheerer.
2. Lire à ce sujet un travail intéressant de M. Fouqué, professeur au Collège de France, intitulé : *Les applications modernes du microscope à la géologie.*

manière plus ou moins rapprochée, sur tout le littoral nord de la Bretagne.

Impossible de supposer que le jet des matières qui ont rempli les crevasses, se soit toujours arrêté à la surface du sol. Ces matières ont dû souvent s'épancher au dehors, comme le font les eaux des puits artésiens à l'orifice, comme le font les laves à la sortie des cratères. De puissantes dénudations, secondées par les trépidations et les contractions que révèle l'état fragmentaire des roches éruptives dans les dykes, auront amené l'ablation de ces roches et des roches encaissantes jusqu'au niveau où la tranche des dykes se montre de nos jours.

On voit de beaux spécimens de trappites au Port-Saint-Père, en Saint-Servan, et au Fort-Royal, près Saint-Malo. Les porphyres granitoïdes à cristaux peu apparents se rencontrent sur un petit nombre de points, formant des dômes au milieu des autres roches, particulièrement dans les plateaux sous-marins du golfe.

IX. — Tant que la croûte du globe demeura inconsistante, la réaction du foyer de la planète contre l'enveloppe en formation y entretint des mouvements désordonnés, soubresauts et pulsations fiévreuses de ce grand corps organique. Les vapeurs brûlantes ne cessèrent pas de passer dans les joints, les interstices et les fentes des strates, et y déposèrent des minéraux divers sous forme de filons, de veines et d'amas. Ainsi qu'on pouvait le pressentir, ces dépôts affectent dans la région la direction nord et sud, perpendiculaire au système de nos montagnes.

Chose regrettable pour la richesse de la contrée, les métaux, gemmes, marbres, jaspes, phyllades ardoisiers, anthracite, houille, lignites et autres matières premières qui devaient un jour faire la fortune de tant de terrains congénères et contemporains, dans la Cornouaille anglaise, le comté de Galles, les anciennes Cassitérides et même certaines parties limitrophes de la Bretagne, ne se sont presque nulle part déposées ou formées dans le littoral du golfe, de manière à fournir une base d'exploitation fructueuse. Ceux dont on constate le plus souvent l'existence, sont des pyrites de fer, des agates, des grenats, du quartz améthyste, de la tourmaline, des mâcles et de la staurotide. Cette dernière, silicate d'alumine et de fer, dont les cristaux ternes et de couleur sombre se groupent deux à deux en simulant une croix [1], ne se présente qu'en petites mases confuses, disséminées dans nos micaschistes, au lieu de se montrer comme dans le Morbihan et le Finistère en grands cristaux isolés, faciles à détacher de leur gangue gneissique ou argilo-siliceuse. Près de Morlaix, et aussi sur l'autre rive du golfe, dans la commune des Pieux, près du cap Flamanville, la décomposition de certains granites, probablement des pegmatites, a laissé sur place des couches de kaolin, recherchées par les fabriques de porcelaine. A Plouha, près de Saint-Brieuc, on trouve dans les schistes de curieuses dendrites.

Il faut s'éloigner des bords immédiats du golfe actuel pour rencontrer des dépôts houillers. Ces dépôts sont tous au pourtour des deux péninsules, c'est-à-dire des terrains primaires les premiers exondés. Quand florissait la végétation houillère, la région normanno-bretonne, jointe à une partie du Maine, de l'Anjou et de la Vendée pour former le massif breton, devait avoir l'aspect d'un archipel. A l'extérieur s'étendait au loin un littoral ambigu, tantôt terre, tantôt mer, toujours bas et humide, se couvrant, dès que les eaux salées le désertaient, de la puissante végétation des temps carbonifères. Bayeux, le Plessis-en-Baupte (Cotentin), Quimper, Nort et Montrelais (Loire-Inférieure), Chantonnay et Vouvant (Vendée), Saint-Pierre-la-Cour (Mayenne) donnent par leurs bassins houillers, les uns maritimes, les autres lacustres, les jalons de cet ancien littoral.

Les seules mines qui aient été exploitées aux abords du golfe, sont certains gîsements de fer limoneux, résidu de plantes ferrifères de l'ancien monde, les chamoisites de Saint-Brieuc [2], des amas isolés de graphite [3], comme on en voit des lambeaux sur le promontoire de la Cité, à Saint-Servan, et comme il en existe un rocher

1. Gosselet. Page 53.
2. Minerai ferrugineux.
3. Carbure de fer.

entier, le roc de Kraka, dans la commune de Plouézec, près Paimpol ; les veines de sulfure de cuivre, de cuivre carbonaté et arsé-
niaté, de plomb sulfuré et les pyrites de fer de Saint-Briac [1] ;
les filons de galène [2] de Morlaix, de Châtel-Audren, de Plouha, de
Rimou, près Antrain [3], et des Bouexières, près Saint-Brieuc. Les
derniers ont été connus des Romains, qui les ont poursuivis à l'aide
de galeries et de boisages conservés jusqu'à nos jours.

X. — A quelle époque prirent fin dans le golfe les projections
souterraines dont nous venons de relever les produits divers ? La
période primaire les vit certainement dans toute la force de leur
action perturbatrice. Toutes les roches détritiques de l'époque ont
été pénétrées par des vapeurs ou des matières incandescentes.
Dans d'autres pays où la série des étages sédimentaires se poursuit sans de trop graves lacunes, on reconnaît que les roches
d'éruption et les eaux geysériennes se sont fait jour jusque dans les
dernières couches tertiaires. Certains volcans de boue et d'eau sont
encore en activité en Islande et ailleurs. De nos côtés, l'absence de
dépôts de quelque importance, postérieurs aux premières époques
géologiques, ne permet pas d'asseoir de conjectures aussi assurées au sujet du temps auquel ont pris fin ces phénomènes.

La terre devenait dès lors plus favorable au développement de
la vie ; l'Océan en occupait déjà une vaste étendue. Avec la résistance plus grande de l'écorce du globe, les inégalités de la surface
allaient s'accroissant en nombre et en altitude, sous l'action encore
puissante des forces internes. La chaleur était devenue concilia-
ble avec l'existence d'êtres animés d'un ordre plus élevé ; un de
nos plus illustres naturalistes, M. de Quatrefages, ne voit aucun
obstacle à ce que, dès la période secondaire, l'homme ait pris place
sur le globe [4]. L'air lui-même avait gagné en transparence et en

1. Note F.
2. Sulfure de plomb, souvent argentifère.
3. Ce gisement vient seulement d'être mis à découvert.
4. Congrès international d'anthropologie et d'archéologie préhistorique de Lisbonne.
Août 1880.

pureté. Nous faisons dater, dans notre contrée, cette ère nouvelle, de l'époque silurienne.

XI. — Dès l'époque des schistes cumbriens, on trouve en Angleterre une cinquantaine d'espèces d'annélides et de végétaux marins ; les plantes et les animaux terrestres ne se montrent pas encore. La richesse des formes augmente pendant l'époque silurienne. Dans les mers dévoniennes, la variété devient très grande, et les poissons commencent à paraître à la suite des crustacés de l'âge précédent.

L'absence trop générale de fossiles dans nos roches primaires tient peut-être au métamorphisme avancé qu'elles ont subi, et qui a pu aller, comme dans les Alpes, jusqu'à changer en gneiss des schistes paléozoïques, faisant perdre toute trace des êtres qui y avaient laissé leurs dépouilles. Tous nos schistes paraissent azoïques ; ils ne l'ont peut-être pas toujours été. Les plus anciens terrains fossilifères signalés sur le littoral même du golfe sont des grès à scolites [1], tels que ceux des couches siluriennes soulevées dans la chaîne centrale de la Bretagne et dans ses contreforts littoraux.

La pauvreté de l'élément calcaire a sans doute aussi une grande part dans la rareté des restes de la faune ; cet élément est indispensable à la prospérité des colonies de mollusques à coquilles. Ajoutons avec M. J. Durocher, que le caractère généralement limoneux des dépôts a dû être défavorable au développement des mêmes êtres. Les trilobites seuls se montrent abondants au sein de certaines roches siluriennes de la Bretagne ; s'il en est ainsi, c'est que le sulfure de fer remplace dans leurs tests les sels calcaires [2].

C'est après que se sont formées nos plus récentes stratifications primaires : phyllades ardoisiers siluriens de Châteaulin, Cancale et Saint-Lô, phyllades pailletés et satinés de la région de Château-

1. Tubes accotés d'annélides arénicoles.
2. *Société géol. de France*, 2e série, tome VI, p. 67. Mémoire de M. Marie Rouault, l'un de nos concitoyens, auteur d'études intéressantes sur ces animaux si curieux.

neuf à Pontorson, calcaires dévoniens de la rade de Brest, schistes noirs dévoniens du Cotentin, que s'arrête le travail de constitution du littoral normanno-breton. Au delà de l'époque siluro-dévonienne, nous ne voyons plus notre sol s'accroître que de roches intrusives, des calcaires-marbres de Montmartin-sur-Mer, des sables calcaires sous-jacents aux faluns de Quiou, de ces mêmes faluns, de marnes marines et d'alluvions glaciaires. Bien qu'encore plongé en entier sous les eaux, le sol du golfe et de ses abords immédiats est géologiquement constitué.

XII. — Il va enfin émerger. Ce sera l'effet principal des poussées souterraines ; le refroidissement et la contraction de l'écorce terrestre y auront aussi une grande part. Il se produira pendant les siècles sans nombre des derniers temps dévoniens et des premiers temps carbonifères, d'abord un soulèvement périphérique, puis un soulèvement central, tous deux compliqués d'affaissements latéraux. Les premières crêtes des deux péninsules armoricaine et constancienne se trouveront portées au-dessus de l'Océan.

A la suite de ces mouvements, les sommets exondés s'accroissent en nombre ; les pressions de bas en haut se poursuivent sur l'étendue de la ligne définitive d'élévation. On voit les intervalles des rameaux détachés de cette ligne régulariser leurs formes et leurs pentes, à mesure qu'ils subissent davantage l'influence des agents atmosphériques. Alors que le territoire de la France n'est encore représenté que par un petit nombre de plateaux et de cimes, le massif breton figure déjà sous ses traits essentiels dans le grand archipel occidental de l'Europe. Avec son peu de relief, en rapport exact avec la minceur et la fragilité du sol contemporain, avec ses collines arrondies, ses mamelons et ses plis de terrain diversement orientés, avec son ossature de granite, de grès et de schistes cristallins relevés, la chaîne montagneuse de l'ouest de la France a droit d'être considérée comme appartenant aux plus anciens systèmes de soulèvement [1].

1. C'est l'opinion de M. Contejean (Eléments de géol. et de paléontol. Un vol. in-8° Paris, 1874). Cf. avec l'opinion un peu différente d'E. de Beaumont.

L'exhaussement vertébral s'est étendu en biais de Saint-Lô à Pontivy ; celui du sud de la Bretagne, qui est le prolongement du mouvement vendéen, l'avait de longtemps devancé. Sur la carte hydrographique qui représente les hauteurs et les vallées dans leur harmonieux ensemble, le tracé général des lignes de faîte rappelle vaguement, par ses allures légèrement sinueuses, par son épine dorsale brisée, mais sans solution de continuité, par ses projections latérales en formes de côtes, par son évasement final à l'occident, ressemblant à une tête monstrueuse, rappelle vaguement, disons-nous, les squelettes à connexions articulaires à peine dérangées de ces salamandres géantes que nous ont conservés les calcaires jurassiques.

Les anciennes strates sédimentaires, inégalement soulevées, sont demeurées généralement inclinées à l'horizon de 70 à 80°.

Élie de Beaumont rattache la série des collines normanno-bretonnes à son *Système du Hund' s'ruck* (Taunus, bords du Rhin moyen), dans lequel il lui fait constituer un système spécial. Le mouvement de fracture et de redressement des couches superficielles est orienté E. 20° N. et O. 20° S. A la fin de l'époque silurienne, une dernière grande convulsion, coïncidant avec le *Système du Westmoreland*, affecte particulièrement le nord de la Bretagne. Les époques devonienne et carbonifère voient surgir et se modeler nos derniers grands reliefs.

De ce moment, le sol du golfe et des deux péninsules ne fait plus guère qu'obéir aux oscillations générales qui ont tour à tour relevé et déprimé le niveau moyen de l'Europe nord-occidentale.

En Bretagne, la direction de la chaîne est parallèle à la côte, depuis Brest jusque vers Fougères ; elle s'en écarte environ de 45 kilomètres, projetant çà et là des embranchements qui sont l'origine des inégalités de cette côte. Au droit du golfe, c'est à Moncontour qu'elle s'en rapproche le plus. L'altitude moyenne des chaînons, au bord de la mer, est de 60 à 80 mètres seulement ; à l'intérieur des terres, en Plerneuf, près Saint-Brieuc, l'une des cimes atteint 190 mètres. Le point culminant se rencontre à Saint-Michel-de-Braspartz, dans le Finistère, à la cote de 391 mètres.

Dans le Cotentin, la chaîne est également parallèle à la mer, de Saint-Lô à Fougères (104 et 204 mètres). De ce dernier point, elle fait, ainsi que le golfe qui suit tous ses mouvements, un coude brusque pour se porter dans la direction de Dinan et de Pontivy. Les sommets les plus élevés se présentent entre Villedieu et Avranches, à la cote de 203 mètres. Sur le littoral et dans les îles, on trouve, au Nez de Jobourg, 180 mètres ; à Aurigny, 93 mètres ; au sud de Guernesey, 110 mètres ; au nord de Jersey, 148 mètres ; à Avranches, 110 mètres.

XIII. — Le soulèvement initial fut suivi, pendant les premiers âges de la période secondaire, de convulsions toutes locales. Les plissements de la houille qui venait de se former attestent l'agitation et l'instabilité du sol.

De nos jours, les mouvements violents de l'écorce terrestre ont leur prolongement bien affaibli dans les tremblements de terre que la région ressent de loin en loin. Le plus grand nombre prennent à longue distance leur origine, et nous n'en avons que les dernières et à peine sensibles vibrations. Tous paraissent se propager dans le même sens, celui où, une première fois, le sol a été disloqué en grand par le surgissement de la chaîne : le sens de l'est à l'ouest, avec inclinaison vers le nord. C'est du moins celui qu'ont affecté les dernières secousses observées, celles du 28 janvier 1878. La vibration s'est fait sentir de Paris à Londres et sur tout le littoral de la Manche. Même sens pour les secousses plus ou moins localisées des 17 septembre 1813, 16 août 1818 et 14 septembre 1866, mentionnées dans les journaux et documents du temps [1].

Ils se retrouvent dans le mouvement sismique qui agita la contrée de Dol au mois de juin 1770, et qui est rapporté avec détail dans le *Dictionnaire* d'Ogée par un observateur compétent, M. de Pomereul, officier supérieur du corps du génie [2]. Les secousses ne durè-

---

1. Deux secousses ont été ressenties plus récemment, dans la nuit du 28 au 29 mai 1881, dans les environs de Guingamp.

2. Connu par des travaux d'histoire naturelle, de littérature et de politique, général, puis préfet sous le premier empire.

rent que quelques secondes chacune, mais elles durent être fortes. Le sol fut assez ébranlé dans ses profondeurs pour que se
produisît subitement une grande crue d'eau. Le marais de Dol,
dans son étendue de 15,000 hectares, fut submergé. On vit l'eau
sortir par jets en plusieurs endroits ; dans d'autres, elle s'étendit
en nappes. A Launay-Baudouin, sur le penchant des collines de
Baguer-Pican, il s'éleva un jet qui jaillissait sans mouvements
alternatifs à plusieurs pieds de hauteur. Le sol du bois de Lau-
nay-Blot, sur les coteaux de Baguer-Morvan, se trouva tout à
coup inondé. Plusieurs fontaines tarirent, qui n'ont pas reparu ;
de nouvelles sources se montrèrent, qui n'ont pas cessé de couler.
C'est le caractère des secousses ayant pour cause des effondre-
ments souterrains. Pour se manifester par de tels effets, le tremblement de terre 1770 ne peut avoir été aussi « léger » que le
porte la relation imprimée. Il est vrai que l'on était alors à moins
de quinze années de l'effroyable catastrophe de Lisbonne, le rapprochement des deux faits aura pesé sur la plume du savant écrivain.

XIV. — Les révolutions de la période secondaire ne paraissent
avoir eu, en somme, que peu d'action sur le massif breton. Une
reprise est cependant signalée dans les projections dioritiques
qui criblent les roches de la côte nord de Bretagne. Le soulèvement du Mont-Saint-Michel, de Tombelaine, de Lillemer et du
Mont-Dol pourrait bien appartenir à cette même époque ; tous
quatre, ces monts portent à leur centre une large barre dioritique,
et leur rapprochement au fond d'une même baie semble l'indice
d'une action synchronique des forces souterraines.

La région montagneuse de Cherbourg devait être alors détachée
du continent. Au sud-est de cette région, entre Saint-Lô et la
Manche, se sont déposés au fond d'une mer peu profonde, des
calcaires disséminés dans les formations argileuses du Trias; ils
sont exploités par les fours de Montmartin-sur-Mer. A leur tour, les
mers jurassique, crétacée et tertiaire ont laissé dans cette contrée
d'importants dépôts, particulièrement sous Valognes, et, en général, sur tout le revers oriental du Cotentin.

Quand aux deux presqu'îles prises dans leur ensemble, nous pensons qu'elles sont restées le plus souvent, sinon toujours, au-dessus des eaux pendant toute cette période. Le long des rivages à fortes saillies et incessamment battus par les lames, les dépôts des mers secondaires auront été ou rudimentaires ou nuls, ou bien encore les ablations des âges postérieurs les auront fait dispa-raître.

XV. — En revanche, les alluvions déposées à des époques plus récentes, soit tertiaires soit quaternaires, par des courants rela-tivement modérés, sont générales dans la région du golfe. Les roches anciennes sont recouvertes par ces alluvions, quels que soient les niveaux et les formes du sol. Il semble qu'à plusieurs reprises et à des moments donnés, des nappes d'eau limoneuse soient venues ensevelir le pays. Une argile jaune ou brun rou-geâtre fine, dépourvue de fossiles, et provenant du broiement et de la lixiviation de roches éloignées, se serait modelée sur les reliefs déjà prononcés du sol. Les lieux où elle fait défaut marquent la place des érosions ultérieures.

Nous reviendrons sur cette argile quand nous serons parvenus à la fin des temps glaciaires.

NOTES DU CHAPITRE II.

Note A, page 22. «... des fluctuations dont'elle a été le théâtre. »

Beaucoup de nos lecteurs peuvent être peu familiers avec la doctrine et la nomenclature géologiques ; nous prendrons donc le double parti de reproduire quelques principes indispensables pour l'intelligence du texte, et d'écarter les formules et les calculs présentant quelque abstraction.

Note B, page 23. «... de glaces flottantes, d'abord isolées. »

Le point de fusion du granite étant de 1,300°, la solidification, *le gel* de cette matière et l'agglomération des masses flottantes ont commencé dès que la température ambiante est descendue au-dessous de cette quantité.

Note C, page 24. «... jusqu'au bleu le plus sombre. »

La couleur bleue est celle des bancs de Bécanne et de Saint-Pierre de-Plesguen, de l'Ile longue en Chausey, de la Méaugon près Saint-Brieuc, et de Flamanville près Cherbourg. La teinte rose est assez rare ; elle se trouve parfois à Flamanville, et caractérise les beaux granites à gros éléments de l'Aber-il-dut, près Brest. Des granites gris-blanc et gris-jaunâtre, se trouvent à la Courbure près Dinan et au Mont-Dol. La nuance gris-rouillé est celle des granites d'Avranches et de la Colombière (Ebihens), d'Épiniac, près Dol, et des carrières où le granite est ferrifère ou ferro-magnésien.

Note D, p. 26. «... quand ils ne les constituent pas tout entières. »

D'après Burmeister (*Histoire de a création*), la silice forme à elle seule 70 °/₀ des roches du globe. On sait que les feldspaths du granite, des amphibolites, du porphyre et des gneiss sont principalement des combinaisons de la silice et de l'alumine.

Note E, page 27. «... les mégalithes semés sur ses pentes. »

La chaise et les dents de Gargantua et les graviers de ses sabots.

Note F, page 32. «... et les pyrites de fer de Saint-Briac. »

Les mines du Petit port de Saint-Briac ont été abandonnnées, en 1828, après une tentative d'exploitation faite par un résident anglais ; elles étaient ouvertes à un quart de lieue l'une de l'autre, sur des champs appartenant aux familles Lemeuf et Savary. — Consultez en outre à leur sujet les *Études pour servir à l'histoire naturelle du littoral de la France*, par MM. Audouin et Milne-Edwards, un vol. in-8o, 1832.

L'abbé Manet (page 134) parle d'un filon qui aurait été découvert, en 1795, sur les glacis du fort de Châteauneuf par le sieur Renoul. Le mérite de la découverte, si découverte il y a, ne lui appartenait pas : nous trouvons ce filon signalé, dès 1775, dans le manuscrit du président de Robien [1].

1. Bibliothèque publique de Rennes, *fonds de Robien.*

CHAPITRE III

PÉRIODE TERTIAIRE ; VUE D'ENSEMBLE.

I. Point de départ des observations. — II. Explorations récentes du sol. — III. Instabilité des niveaux dans la contrée. — IV. Exemples pris dans l'antiquité . — V. Recherches modernes d'une théorie des mouvements de l'écorce terrestre. — VI. Proportion de la croûte solide du globe à la masse. — VII. Les légendes des villes et contrées submergées. — VIII. Fonds de vérité dans ces légendes. — *Notes*.

I. — A partir de la période tertiaire, nous allons pouvoir aborder avec plus d'assurance l'histoire des révolutions dont le territoire du golfe normanno-breton a été le théâtre et trop souvent la victime. Au delà, sauf le soulèvement primordial de la chaîne montagneuse de Saint-Lô à Pontivy, trop souvent rencontre-t-on sur sa route ténèbres et insondable obscurité. De cette période, au contraire, si prodigieusement éloignée qu'elle soit, des marques suivies restent empreintes dans certaines parties de notre sol, des repères peuvent être pris avec quelque vraisemblance, des traditions sont demeurées chez les plus anciens peuples, sous forme de cosmogonies et de légendes. C'est le temps où les Apennins et les Pyrénées, les Balkans et les Carpathes achèvent de prendre et, par endroits, dépassent leur hauteur actuelle [1] ; où le continent européen se rattache à l'Asie et commence de

_____

1. Des géologues portent jusqu'à la moitié les pertes en hauteur qu'ont subies la plupart des montagnes.

toute part à définir ses contours et ses reliefs ; où le dernier grand
effort des énergies souterraines, secondé par le progrès de la contraction des masses en fusion, va se manifester dans le surgissement des plus·hauts sommets des Alpes, de la Corse et de la
Sardaigne, de la chaîne des Andes et du colossal massif de l'Himalaya. Notre région ne pouvait manquer de se ressentir de ces
grands ébranlements : nous allons y voir à l'œuvre les mêmes facteurs qui les ont produits, quelque amoindrie que doive s'y montrer leur action.

En étudiant les événements naturels de la période dans la région moyenne seule des côtes occidentales de la France, nous
aurons souvent à faire appel à des concordances avec les deux
autres régions maritimes océaniques, le canal de la Manche et le
golfe de Gascogne. A de tels rapprochements, l'universalité du
plan de nivellement que donnent les mers moyennes, et la solidarité de nos rivages français, telle que nous l'apercevons, dans
les grands mouvements de l'Europe nord-occidentale, prêteront
un intérêt qui aura pour effet d'étendre à tout le littoral les per-
spectives que nous prenons sur le centre.

II. — Le premier, à notre connaissance, M. le colonel de Penhouet a appelé, en 1826, dans un recueil périodique nantais [1],
l'attention de nos concitoyens sur les mouvements du sol de la
Bretagne ; il s'appuyait de la découverte faite, en 1812, par M. de
la Fruglaye, de la forêt sous-marine de Morlaix. En 1829, M. l'abbé
Manet publiait son mémoire sur l'état ancien de la baie du Mont-
Saint-Michel et mettait les changements survenus dans cette baie
à la charge, non d'un affaissement du sol, mais d'une prétendue
marée extraordinaire de l'an 709 [2].

La véritable solution, celle d'un mouvement d'ensemble du
sol, a été reprise, en 1856, par M. Durocher, ingénieur des
mines et professeur à la Faculté des sciences de Rennes, dans

---

1. *Le lycée armoricain*, année 1826, page 471. L'article est anonyme, mais l'auteur fut
aussitôt reconnu.

2. Brochure, petit in-8°. Saint-Malo, 1829.

un Mémoire sur les forêts sous-marines de l'ouest de la France [1].
Au cours des dernières années, les travaux de MM. de Geslin de
Bourgogne [2], Laîné [3], Quénault [4] et Hamard [5], ont fait l'application du même principe à la baie de Saint-Brieuc et à celle du
Mont-Saint-Michel. Enfin, un ingénieur anglais, M. Peacock, dans
un ouvrage que nous avons regretté de ne pouvoir nous procurer [6], paraît avoir traité avec ensemble des affaissements du sol
sur les côtes de la Manche. Nous reviendrons en temps utile sur
ces diverses communications.

III. — Vers le milieu des temps tertiaires, la région, aujour-
d'hui en grande partie submergée, qui confine à l'Océan entre la
Bretagne et le Cotentin, était sortie avec ses contours et ses reliefs pleinement ébauchés des perturbations des âges précédents [7].
La situation géographique, jugée par la mer falunienne qui, de
l'Anjou, étendait un bras par la Vilaine et l'Ille actuelles jusque
dans le bassin de la Rance et sur le revers oriental du Cotentin,
différait encore beaucoup de la situation moderne. De la comparaison des couches supérieures des faluns près de Rennes et
près de Dinan, on peut induire que l'altitude générale de la Haute-
Bretagne, sur la ligne de la Loire à la Rance, devait être d'une
quarantaine de mètres moindre que de nos jours. Sur tout le périmètre du golfe normanno-breton, les rives sont assez élevées
pour qu'une dépression de 40 mètres n'en changeât pas trop gravement la configuration actuelle ; seulement, les baies se creu-
saient plus profondément dans les terres, et les bords s'accu-
saient par de moindres saillies. Un trait frappant distinguait
toutefois la situation : la péninsule bretonne était, comme la partie
septentrionale du Cotentin, coupée à la gorge : les massifs de la

1. *Comptes rendus de l'académie des sc.*, année 1856, page 1078.
2. *Congrès scientifique de France*, 1872, tome II, page 451
3. Mémoire lu à la Sorbonne, 1867.
4. *Les mouvements de la mer*, 1869.
5. *Le gisement du Montdol*, 1877-1880.
6. *Sinkings of land*, 1867.
7. La période tertiaire se divise en trois parties : l'éocène, le miocène, le pliocène.

Basse-Bretagne et de Cherbourg formaient de véritables îles, séparées du continent par des bras de mer étroits et peu profonds.

L'équilibre du sol tertiaire miocène, quoique moins sujet à
des changements brusques et rapides, ne cessait pas d'être instable. La région du golfe ne va pas tarder à nous en donner des
preuves décisives. Comme le navire soulevé par la vague, le sol
exondé, porté sur les vapeurs et les matières en fusion du foyer
interne, tantôt s'élèvera dans l'espace, tantôt plongera dans les
eaux de l'Océan. Nous verrons ainsi changer jusqu'à quatre fois
depuis l'époque tertiaire moyenne le sens de l'oscillation, le niveau
et, par suite obligée, la disposition de nos rivages.

IV. — L'antiquité a connu les plus récentes de ces révolutions,
celles qui datent de la fin de la période quaternaire et de la période moderne. Dans les écrits des philosophes et des poètes,
dans ceux des historiens et des naturalistes, on trouve un même
écho, une même conscience émue des catastrophes, dont le souvenir était resté empreint dans les traditions et, plus souvent,
dans les mythologies.

Platon et Pline nous font assister, sur la foi des plus anciennes
légendes des sanctuaires égyptiens, au spectacle de l'Atlantide
s'abîmant au sein des flots. Ovide met dans la bouche d'un disciple
de Pythagore le tableau des vicissitudes du rapport de la terre et
des eaux. « J'ai vu, dit-il, ce qui avait été autrefois une terre
ferme céder la place à une mer. J'ai vu, en revanche, des terres
se former aux dépens des ondes. Loin de l'Océan gisent des coquilles marines ; on a trouvé une ancre de forme antique au sommet d'un mont. D'un plateau élevé, le cours des eaux a fait une
vallée, et du fond d'un marais est sortie une plaine altérée. Dans
un passé lointain, les flots faisaient une ceinture à Antisse, à
Pharos et à la Tyr phénicienne ; aucune de ces cités n'est une île
aujourd'hui. Les anciens habitants de Leucade étaient rattachés
au continent : maintenant, la mer les environne de toute part...
Si vous cherchez Hélice et Buris, les deux villes d'Achaïe, le nau-

tonnier vous les montrera plongeant sous les eaux leurs murs en ruine [1]. »

Changez les noms, et vous aurez une image affaiblie de ce qui s'est passé sur nos propres rivages. Les prairies de Césembre, le désert de Scissey, avec son sol et ses hauteurs de granite, sont cette terre (*solidissima tellus*) que les flots ont lentement réunie à leur domaine. Les énormes amas de faluns du Quiou rappellent ces coquilles marines que le philosophe de Samos s'étonnait de rencontrer si loin de l'Océan. Tour à tour, Jersey, le Plou-Alet, le massif montagneux de Cherbourg ont été îles, presqu'îles et terre ferme. Comme Hélice et Buris, nos deux cités sœurs [2] voient la mer monter, monter sans cesse autour d'elles. Tommen, Portz-meûr, Harbour, Saint-Louis, Mauny, Bourgneuf, la Feillette, Paluel, jadis parure et animation de nos rivages, vous avez subi de longtemps déjà le sort qui nous menace : de même que les deux villes de l'Achaïe, vous reposez drapés dans votre humide linceul !

V. — Les causes réelles de tous ces désastres échappaient aux anciens, comme elles ont jusque de nos jours échappé aux modernes. Faisons cependant exception pour le plus grand des géographes de l'antiquité, pour Strabon qui, fondé sur une observa_tion pénétrante de la nature et des faits, a eu le mérite de professer, dix-huit siècles avant la nouvelle école géologique, la théorie des mouvements du sol.

De Strabon il faut descendre jusqu'à nos jours pour voir la saine doctrine prendre faveur et trouver sa formule sous la plume de Playfair, de Léopold de Buch et d'Élie de Beaumont. En 1845, l'auteur du *Cosmos* la proclame comme ayant définitivement et universellement prévalu dans l'école [3]. « C'est un fait, dit-il, aujourd'hui reconnu par tous les géologues, que l'émersion des continents est due à un soulèvement effectif, et non à un sou-

1. *Métamorphoses,* XV, 5.
2. Saint-Malo et Saint-Servan.
3. De Humboldt, tome Ier, page 349.

lèvement apparent, occasionné par une dépression générale du niveau des mers. »

Prenons sur nous d'ajouter que l'immersion des continents est due de même à un affaissement effectif et non à un relèvement apparent du niveau de l'Océan.

Sans doute, la pensée seule de coordonner de pareils mouvements et d'en faire la manifestation harmonique de lois sans cesse en action, heurte le témoignage de nos sens et l'enseignement de nos quelque six mille ans d'histoire. Il en coûte de se représenter cette terre, que nous appelons complaisamment « la terre-ferme, » comme l'une de ces mers à houles gigantesques, telles que les parages du cap de Bonne-Espérance nous en montrent, où sans violence, sans convulsions, des intumescences colossales se forment et cèdent la place à des dépressions non moins profondes, comme si elles obéissaient à quelque impulsion ou quelque pression mystérieuses. Le fait de ces pulsations de l'écorce terrestre semble désormais bien près d'être acquis à la science ; il ne s'agit plus que d'en saisir distinctement, à travers les siècles sans nombre que demande chaque évolution, les limites et le rhythme. L'esprit humain, en qui s'est opéré, il y a trois cents ans à peine, un changement de front bien autrement grave, quand il lui a fallu renoncer à regarder notre terre comme le centre de l'univers, l'esprit humain est préparé à voir la lumière se faire sur les grandioses et redoutables alternatives de nos continents et de nos mers. Que serait-ce, en somme, si ce n'est la notion du hasard et de la force aveugle, chassée de l'un de ses derniers retranchements, et l'ordre providentiel prenant la place d'un désordre apparent [1] ?

VI. — Et cependant il ne faudrait pas s'étonner outre mesure de ces ondulations de l'écorce terrestre, s'étendant chacune sur des milliers de kilomètres, et demandant pour s'accomplir des myriades d'années. Au fond, elles ne sont écrasantes pour l'imagination que parce qu'il nous est difficile de nous représenter bien

1. Note A.

nettement le rapport de la masse en fusion avec la pellicule solide qui la recouvre. Bien des auteurs ont donné des formules de ce rapport : choisissons l'une des plus saisissantes.

« Si nous nous figurons en petit la terre par une sphère de *un mètre de diamètre*, la croûte actuelle solide n'aura sur cette image réduite que *trois millimètres d'épaisseur* environ, l'épaisseur d'une feuille assez mince de carton ! La couche extérieure d'air qui représenterait l'atmosphère, ne serait guère plus épaisse [1]. Quant aux montagnes, elles ne formeraient sur la boule en question que des rugosités à peine perceptibles, les plus hautes ne dépassant guère, comme saillies, la *moitié d'un millimètre* [2]. Ainsi voyons-nous d'une manière frappante combien le domaine de l'homme sur la terre est restreint, du moins en épaisseur, l'énorme masse du fluide incandescent formant, à elle seule, bien près de la totalité de notre planète [3] ».

VII. — Peu de contrées fournissent plus que le littoral du golfe normanno-breton des évidences de dénivellations successives du sol dans des sens inverses. Aucun des grands phénomènes de l'ordre naturel ne semble mieux fait pour intéresser les populations ; aucun ne paraîtrait devoir se graver plus profondément et en traits plus arrêtés dans leurs souvenirs. Et pourtant celui qui nous occupe a passé longtemps, même sur ce théâtre si favorable à l'observation, dans le demi-jour ou dans l'oubli. Il exige pour sa rotation de si grandes durées, qu'il échappe, dans le présent, à l'attention des générations, et que, pour le passé, la légende s'en empare souverainement, voilant sous ses émouvantes images le caractère sinon la substance des faits.

Aux abords de la Rance, alors paisible petite rivière, deux plaines ombreuses s'étendaient dans l'écartement des collines riveraines, au pied de la montagne de Garrot. Un jour de male-humeur, le géant

---

1. D'après Arago (*Astronomie populaire*, tome III, page 185), la hauteur de l'atmosphère peut être évaluée à 48,000 mètres. A. C.

2. Un demi-millimètre représente 6,°66m. sur une boule de un mètre de diamètre.

3. M. Ch. de Cossigny. *Loc. cit.*

préhistorïque Gargantua les effondre d'un seul coup de sa botte irritée [1]. Bien que sous les eaux, elles gardent comme souvenir de leur ancienne condition le nom de « *Plaines* de Saint-Suliac et de Mordreuc. »

Près d'Erquy, la ville de Nazado est submergée en punition des débordements de ses habitants. Au fond de l'Aber-Vrac'h [2], non loin de Brest, gît sous son linceul de sable la ville de Tolente [3], la capitale du petit royaume d'Aginense, la Tyr armoricaine, comme l'appelle un savant écrivain breton [4]. Sur la côte occidentale, la cité d'Is, dans la baie de Douarnenez [5], descend sous les eaux par une effroyable tempête, victime expiatoire des débauches de la fille du roi Grallon. Charlemagne arrive en face de Gardoine « la mirable cité » qui mire ses hautes tours dans « l'esve de Bidon ». Renonçant à donner l'assaut à ses puissants remparts, refuge des sauvages « Norreins », il appelle à son aide les colères de la mer, et tout d'un coup la ville orgueilleuse s'effondre avec la contrée de Dol sous les flots [6], et disparaît à jamais dans l'abîme qui sera un jour la Mare-Saint-Coulman.

La lieue de grève, près Tréguier, tient ensevelie sous les débris de sa forêt, maintenant sous-marine, une cité qui fut corrompue par sa richesse. Tous les ans, à la Toussaint, s'ouvre dès le premier coup de minuit une porte qui conduit à une salle brillamment éclairée: là sont accumulés les trésors de la ville morte. Mais au dernier tintement de l'horloge, la porte se referme avec un grand bruit, et tout reste clos et obscur jusqu'à l'année suivante. Des hommes trop hardis à connaître ce que Dieu veut leur cacher, ont plusieurs fois tenté de pénétrer jusqu'à la salle lumineuse : aucun n'est revenu [7].

---

1. Voir, pour l'histoire de ce géant, nos *Études* (encore inédites) *sur la cité d'Alet*, 1ʳᵉ partie : Temps préhistoriques.

2. Havre des cailloux.

3. *Toul-Hent*, le chemin de l'abîme.

4. M. Jehan de Saint-Clavien.

5. *Douarnenez*, île de la terre, nom donné quand émergeait encore une partie du sol de la cité maudite.

6. *Roman d'Aquin*, chanson de geste du XIIᵉ siècle.

7. Emile Souvestre, *Foyer breton*.

On raconte les mêmes prodiges de la ville d'Hélion [1], que la mer cache dans les profondeurs des parages de Chausey. Tout près de là, au sud de Granville, la Mare de Bouillon, estuaire du Thar, devient dans la tradition si universelle des envahissements de la mer, une nouvelle « Mer morte » qui a englouti des populations avec les monuments de leur folle vanité.

Un autre événement du même genre, un effondrement plus ou moins subit du sol, va nous permettre de toucher du doigt le passage de l'histoire à la légende.

Il s'agit de la ville d'Herbadilla, près Nantes. Saint Grégoire de Tours, le célèbre auteur de l'*Histoire ecclésiastique des Francs,* rapporte que, de son temps, et qu'on veuille bien le noter, dans le ressort même de sa métropole, cette ville fut submergée et disparut, comme notre siècle l'a vu pour la Mendoza des Cordillères, dans un affaissement du sol. « *Herbatilicus pagus, ab Herbadillá urbe dictus, quæ terræ hiatu absorpta fuisse dicitur circà annum DLXXX* [2] ». — « Le pagus herbatilique, ainsi appelé de la ville d'Herbadilla, que l'on rapporte avoir été engloutie dans une dislocation du sol, vers l'année 580. » Le fait géologique garde exactement, on le voit, son caractère naturel dans le récit contemporain de l'auteur sacré. Trois siècles après, le pieux écrivain qui nous a transmis la *Vie de Saint Martin de Vertou* reproduit ce fait, mais déjà l'imagination populaire s'en est emparée, et elle a attribué à l'obstination invincible des habitants dans les erreurs du paganisme la destruction de la ville par le feu du ciel et les convulsions de la terre. La narration nouvelle est calquée de point en point sur le récit biblique de Sodome et de Gomorrhe [3].

Jusque sur les rives du Poitou, enveloppées sans doute dans les mêmes désastres que celles de la Bretagne, vous retrouverez dans la mémoire des hommes les souvenirs confus et altérés, les images à demi effacées de catastrophes semblables. Là aussi le demi-dieu

---

1. Paul Féval a, dans son roman historique, *l'Homme de fer*, revêtu cette légende des couleurs brillantes de sa palette.

2. *Œuvres*, p. 828.

3. Voir Dom Lobineau, *Vies des Saints de Bretagne*, édition Tresvaux, tome II, page 6.

préhistorique Gargantua enjambe les sommets, épaves d'un monde disparu, et y laisse, comme au Montdol et sur tant d'autres éminences isolées, l'empreinte de son pied. Entre les îles de Ré et d'Oléron, dans le Pertuis d'Antioche, des têtes de rochers couvertes de varechs simulent pour des yeux prévenus les pinacles et les murs frangés d'une cité que l'Océan a entraînée dans ses abîmes.

Sur la rive anglaise de la Manche, aux bords du canal Saint-Georges, mêmes traditions, mêmes légendes. En Cornouaille, on parle encore de la submersion du « Lioness », contrée qui s'étendait du *Land's end,* le Finistère anglais, aux Iles Sorlingues, comme à la suite du Finistère français s'étendaient les terres qui joignaient au continent l'île et le *Pont-de-Sein,* et le massif rocheux d'Ouessant. Dans une orgie, un prince cambrien du V° siècle, c'est-à-dire contemporain du roi Gradlon et de la catastrophe d'Is, ouvre les écluses qui protégeaient le *Cantreff-y-Gwaëlodd* (District de la partie basse) contre l'invasion de la mer, et la cité de Cardigan *(Kaër-dick-an,* la Ville des digues) est engloutie avec seize autres cités [1].

VIII. — « Tous les récits de ce genre, dit l'illustre géologue Sir Charles Lyell [2], ont leur importance en ce qu'ils prouvent que les invasions de la mer étaient un phénomène bien connu des habitants de ces contrées. »

Rien ne le prouve plus pertinemment que ce monument de la tradition, qui représente nos rivages tels qu'ils pouvaient être vers l'époque de la conquête romaine de la Gaule, titre tiré des archives du Mont-Saint-Michel. Nous reviendrons sur ce document et nous ne craindrons pas de l'élever à la hauteur d'une preuve historique, quelles que soient ses erreurs et ses lacunes.

Ce serait, en effet, trop demander à la tradition, de vouloir que, comme l'Aréthuse antique, les flots de la mer, elle eût traversé les flots du temps, sans y rien laisser de sa pureté. Il faut savoir discerner l'élément primitif dont elle est formée, le substratum solide sur le-

1. Dr Reeves, *Welsh Saints.*
2. *Principes de géologie,* tome II, page 713. Paris, 1873.

quel elle repose, des éléments empruntés qui, de même que le lierre parasite des ruines, sont venus s'attacher à ses parois.

La vérité, dans tous les récits dont nous venons de parler, est que les catastrophes, toutes trop réelles, ont été bien moins subites que les peuples n'en sont venus avec le temps à se les représenter et les hagiographes ou les chroniqueurs à les écrire. Elles sont de simples traits du mouvement tantôt lent tantôt accéléré qui, à l'époque quaternaire, et de nouveau vers le début de la période moderne, a fait descendre sous la mer l'empâtement du continent européen dans sa partie nord-occidentale. Il n'est que trop vrai, spécialement, « que la presqu'île armoricaine recule lentement, sur presque toute la côte maritime devant l'invasion des flots [1]. » Cette image hardie ne fait que traduire sous une forme saisissante le résultat d'études, malheureusement trop isolées, sur le littoral normanno-breton.

Ces études ont eu peu de retentissement en dehors des corps enseignants et des sociétés savantes. Nous en trouvons la preuve jusque dans la grande monographie officielle, en cours de publication, des *Ports maritimes de la France*; cette œuvre, si complète et si remarquable à tant d'autres égards, ne paraît pas les connaître, et n'en fait même pas mention dans ses articles bibliographiques sur chaque port [2]. Même observation pour les *Géographies départementales*, publiées par A. Joanne [3]. L'avenir commence cependant à préoccuper des hommes éclairés et dévoués au pays. On vient d'entendre le président de l'Académie française y faire une discrète allusion dans un discours solennel. Le choix de la question des oscillations du sol sur nos côtes occidentales par l'Académie des sciences, pour sujet de l'un des prix à décerner en 1880, n'est pas le symptôme le moins notable de cette disposition des esprits. Ne craignons pas même de le dire, sans

---

1. M. Ernest Desjardins. *Géographie de la Gaule romaine,* 1er volume, page 320, Paris, 1877.

2. *Les ports maritimes de la France*, Imprimerie nationale. Le 3e volume, consacré au golfe normanno-breton, a paru en 1878.

3. Voir le volume du *département de la Manche*, publié en 1880.

nous laisser arrêter par l'inquiétude d'enrayer cet ébranlement
salutaire : la considération des changements qu'a éprouvés sur
nos côtes, depuis les temps historiques seuls, le rapport de la
terre à la mer, a tellement remué certains esprits, qu'ils ont
été conduits à s'en exagérer la mesure. De ce nombre est l'honorable M. Quénault, qui porte à deux mètres environ par siècle
la progression de l'affaissement depuis l'an 700 de notre ère [1].
« S'il continue dans la même proportion, écrit-il, dans dix siècles
le sol se sera abaissé de 20 mètres ; le Cotentin, de presqu'île
sera devenu île ; tous les ports de la Manche et de l'Océan seront
détruits. Quelques siècles plus tard, Paris sera devenu une ville
maritime, en attendant qu'il soit englouti dans une vingtaine de
siècles. On peut en dire autant de toutes les villes dont le sol
ne dépasse pas de 40 mètres le niveau de la mer. »

Nos propres observations sont, on le verra, moins alarmantes :
elles tendent à reporter à une date sept fois plus éloignée les
désastres que prévoit M. Quénault. Nous ne nions pas que, sur
des aires très limitées, on ait pu reconnaître des affaissements
marchant avec une vitesse aussi considérable ; quant à nous, nous
n'en avons jamais observé de pareils.

On ne nous en voudra pas cependant de laisser entrevoir de
telles éventualités, si lointaines qu'elles puissent paraître, dans
une étude au terme de laquelle elles se poseront fatalement.
Enfermé dans un étroit horizon, le coin de terre qui est l'objet
du présent travail, a subi, favorable ou contraire, le sort de la
région océanique dont il fait partie, sans avoir jamais pu réagir
par une vertu propre contre la destinée commune. Nous ne devons donc nous attendre à rencontrer sur notre route que des
aspects locaux d'un grand fait général : la subsidence moderne
de l'Europe nord-occidentale. Ces aspects, du moins, nous ne
négligerons rien pour les discerner sous le voile épais que les
siècles ont étendu sur notre littoral. La période tertiaire à laquelle
nous ont conduit les deux chapitres précédents, va nous ouvrir quel-

1. *Les mouvements de la mer*, page 58. Coutances, 1869.

ques sources d'information, malheureusement encore bien éparses et bien limitées. L'induction nous aidera à en tirer les conséquences. Dans un champ aussi obscur, ce genre de raisonnement n'est pas à dédaigner : il aide à pénétrer le sens caché des choses et à rendre la vie aux douteuses et flottantes images du passé. « L'imagination devine et la raison juge, » écrivait, il y a quarante ans déjà, notre savant et malheureux ami Le Huérou [1], revendiquant les droits de l'intuition dans tout travail sur nos origines. Ainsi ont procédé de notre temps les maîtres de la science historique ; de si loin que ce soit, c'est un honneur de suivre leurs traces.

1. *Dictionnaire de Bretagne,* nouvelle édition, page 35.

NOTES DU CHAPITRE III.

Note A, page 46 « .. prenant la place d'un désordre apparent. »

Dans un mémoire inséré en tête des *Comptes rendus* de l'Académie des sciences, (24 mai 1880), M. Faye a peut-être frayé la voie des recherches ultérieures d'une théorie des oscillations de la croûte terrestre. Nous prenons dans ce mémoire les deux phrases suivantes, qui donnent une idée de la manière nouvelle dont le savant mathématicien comprend ces mouvements : « Sous les mers, le refroidissement du globe marche plus vite et plus profondément que sous les continents... Il faut tenir compte des mouvements de bascule alternatifs de certaines parties de l'écorce terrestre, mouvements déterminés invariablement par l'excès de poids des croûtes marines et par les points de moindre résistance au milieu des continents et au bord de la mer. » (Pages 1190-1192).

CHAPITRE IV.

I. — On chercherait vainement à se rendre compte de l'aspect, si différent de celui de nos jours, que présentait la contrée nor- manno-bretonne au milieu de la grande période tertiaire, si, en même temps que les mouvements du sol, on ne suivait pas dans sa dégradation progressive le recul de la chaleur vers le midi.

Pendant longtemps l'écart des saisons sur toute l'étendue du globe avait été très faible, et les zones de la température étaient demeurées peu distinctes. A l'époque de la houille, la végétation du pôle se confondait presque avec celle de l'équateur. « Dès que l'on aborde la période éocène, écrit M. le comte de Saporta, la multiplication et l'extension des palmiers dans le nord, la pré- sence des pandanées et d'autres plantes exclusivement tropicales jusque dans l'Angleterre et l'Allemagne du Nord, obligent bien d'admettre une diffusion plus prononcée de la zone tropicale et l'existence d'une moyenne annuelle de 25° centigrades pour tous les points du continent européen où notre investigation a pu porter. Parvenu à cette limite, après avoir suivi pas à pas le mouvement qui pousse vers le nord la ligne des tropiques, il ne reste plus qu'à la voir s'avancer au delà même du cercle polaire, de manière à égaliser enfin tous les climats. C'est ce qui est arrivé effectivement, et, quoique la pénurie relative de documents s'oppose à la détermination exacte du moment où le phénomène s'est réalisé, l'existence même n'en saurait être douteuse, tant les indices qui viennent à son appui sont sérieux et répétés [1]. »

Cette affirmation de l'un des savants qui font autorité dans la botanique fossile, est faite pour écarter les derniers doutes sur un phénomène si contraire cependant à l'ordre de choses actuel.

A l'époque éocène, la hauteur de l'atmosphère, bien que très réduite déjà, était beaucoup plus grande que de nos jours ; la vapeur d'eau jointe à certains gaz, la saturait presque constamment. Les rayons de l'astre central n'arrivaient donc à la surface de la terre que modifiés dans leurs propriétés diverses, atténués pour les unes, accentués pour les autres. En revanche, la chaleur acquise se conservait et se concentrait d'autant davantage que le milieu traversé était plus dense. » La vapeur aqueuse est une écluse locale qui emmagasine la chaleur à la surface de la terre [2] ». Là se trouve l'une des causes de ce rapprochement des climats sous les latitudes les plus distantes, que nous signalions tout à l'heure. Les différences ne durent s'aggraver, et les saisons devenir marquées dans le nord, qu'avec l'affaiblissement progressif du rayonnement calorique interne de la terre, la diminution du poids de l'atmosphère et le ralentissement de la vaporisation des eaux.

L'effet qui se produit sous nos yeux dans certaines contrées où se trouvent des feux souterrains, volcaniques ou autres, non loin de la surface, montre ce que devait être le globe quand son écorce solide était moins épaisse et moins raffermie. On cite les environs de Falizolles, en Belgique, et de Dudley, en Angleterre,

---

1. *Le Monde des plantes avant l'homme.* Un volume grand in-8°, page 133, Paris, 1877.
2. Professeur Tyndall. *La Chaleur*, un volume in-12, page 169.

comme ayant eu longtemps dans leur sous-sol, à de grandes profondeurs, des mines de houille incendiées. Dans les jardins, la neige fondait dès qu'elle touchait terre ; on faisait trois récoltes par an, et l'on cultivait même des plantes tropicales. « C'était, dit un écrivain, l'île de Calypso [1]. »

II. — Pour l'intelligence complète de ce qui va suivre, il est utile que le lecteur ait présent à l'esprit le classement actuel des divers climats par zones de latitude ; nous le donnons d'après M. Ch. Martins, l'éminent professeur de la Faculté de médecine de Montpellier.

1° ZONE ÉQUATORIALE.	De l'équateur au 15° degré.	
2° — TROPICALE.	Du 15° degré aux tropiques.	
3° — SUB-TROPICALE.	Des tropiques au 34e degré (*Beyrouth*).	
4° — TEMPÉRÉE CHAUDE.	Du 34e au 45e degré (*Bordeaux, Venise*).	
5° — — FROIDE.	Du 45e au 58e degré (*Londres, Berlin, Paris*).	
6° — SUB-ARCTIQUE.	Du 58e degré au cercle polaire (66° 30).	
7° — ARCTIQUE.	Du 66e degré au 70e (*Hammerfest, cap Nord*).	
8° — POLAIRE.	Du 70e degré au pôle (*Spitzberg, Nouv. Zemble*).	

III. — Donnons encore, d'après la même autorité, la température moyenne annuelle de quelques points du globe, auxquels nous aurons besoin de rapporter les variations du climat dans la région normanno-bretonne à travers les derniers âges géologiques [2].

		Altitude		Tempér. m. ann.	
MADRAS.	par 13° 5		0		+ 27° 8
LE CAIRE.	30, 2		0		+ 22, 4
PALERME.	38, 7		55 m.		+ 17, 2
BASTIA	42, 7		0		+ 16, 6
NICE.	43, 42		0		+ 15, 6
BORDEAUX	44, 50		0		+ 13, 9
SAINT-MALO	48, 38		0		+ 12, 3
PARIS	48, 50		26, 2		+ 10, 74
LONDRES	51, 31		0		+ 10, 4
COPENHAGUE.	55, 41		0		+ 8, 2
STOCKOLM.	59, 21		0		+ 5, 6
CAP NORD	71, 12		0		0, »
NOUVELLE-ZEMBLE .	70, 37		0		— 9, 5
ILE MELVILLE	77, 47		0		— 18, 7

1. Camille Flammarion. *Contemplations scientifiques*, 1re série, p. 151.
2. Pour plus de détails, voir la belle *Carte météorologique* du docteur Boudin, dédiée à Alexandre de Humboldt. Paris, 1852.

IV. — La période tertiaire va s'ouvrir. Sa mission est de préparer les formes du monde moderne, dont les âges précédents ne nous ont donné que des ébauches. Les géologues la divisent en trois époques, marquées chacune par un progrès notable dans l'évolution des êtres ; l'*éocène*, véritable adolescence de la terre, âge mal défini, empreint de raideur et de gaucherie ; le *miocène*, épanouissement de la jeunessse, avec sa fougue, sa grâce et ses langueurs ; le *pliocène*, temps de l'âge mûr et des épreuves, où la force créatrice semble s'être épuisée, où se prononcent dèjà des symptômes de souffrance et de déclin. C'est le moment où se montrent dans notre Occident les premières traces incontestées de l'homme, le temps où les énergies de la nature tendent à se modérer de toute part, celui où l'intelligence humaine va commencer à se mesurer victorieusement avec elles.

Pendant l'éocène, le massif breton [1] s'abaisse vers sa frontière orientale. Les eaux salées pénètrent dans quelques-unes de ses dépressions. Le nord de Savenay [2], les environs de Rennes [3], les approches de Dinan, [4] l'estuaire de la Rance, [5] la plaine de Valognes [6] gardent des témoignages du régime marin dans lequel ils entrèrent alors. A l'époque suivante, la Manche et le golfe de Gascogne se rejoindront, s'ils ne l'ont déjà fait dans celle-ci, à travers la Haute-Bretagne, l'Anjou, le Haut-Poitou et l'Aquitaine [7].

Nous sommes pendant l'éocène en pleine ère subtropicale. Des forêts de palmiers ombragent les plaines humides qui, comme à l'époque houillère, s'étendent sur les marges du massif breton [8]. Les premiers grands mammifères succèdent aux derniers grands sauriens. Un long intervalle de repos, dont témoignent les énormes

---

1. Bretagne, Cotentin, Bocage normand, partie du Maine et de l'Anjou, Vendée, Haut-Poitou.

2. Campbon, Drefféac.

3. Couches inférieures de la Chaussairie.

4. *Idem,* du Quiou.

5. Coquilles du calcaire grossier, à Rochebonne, près St-Malo.

6. Carte géologique de France.

7. Voir Raullin, *Géologie de la France,* dans *Patria.*

8. Le grand développement des palmiers n'a eu lieu que dans le miocène inférieur, un peu avant la mer falunienne.

amas de sable fin calcaire sous-jacent aux faluns du Quiou, donne
faveur au développement de la vie sous toutes ses formes. Certainement émergés, les plateaux ondulés du littoral actuel avaient leur
part dans cette vie qui débordait ; de colossales dénudations, œuvre pour la plupart de la période glaciaire, en ont emporté jusqu'aux derniers vestiges.

V. — Il est cependant un spécimen curieux de ces mêmes temps,
spécimen dont le souvenir, perdu dans le pays même, s'est retrouvé
sous notre main, dans le dépouillement des papiers de Bizeul. Nous
lui donnons place à cet endroit de nos études.

Il s'agit de la mâchoire d'un animal gigantesque, qui fut exhumée
en 1691, du sol même de la cité d'Alet, sur l'emplacement qu'occupait une construction romaine. On mit au jour dans la même
fouille, sans qu'il ait pu y avoir d'autre relation entre les deux
objets que celle d'un voisinage accidentel, un poignard de l'âge du
bronze. Le poignard a disparu. Quant à la mâchoire, elle fut déposée dans le reliquaire du cimetière de Saint-Servan, sous les
murs de l'église, puis transportée, en 1723, dans le reliquaire du
nouveau cimetière de la Vigne-au-Chapt (*La Vigne au Chapitre* [1]);
elle y était encore, en 1816, lors du passage de Bizeul. Le Reliquaire a été démoli juste en cette même année ; les débris humains
qu'il contenait furent de nouveau et solennellement confiés à la
terre, le 18 août 1816. Le fossile fut sans doute enfoui dans la
masse, sans que personne y prît garde et s'avisât de conserver ce
précieux legs des anciens temps ; il repose sous la Croix qui marque le centre du champ funéraire. Que de pertes de ce genre et
plus regrettables encore pour l'histoire du pays ont dû être faites
au cours des deux derniers siècles, siècles pendant lesquels le
sol de la station préhistorique, de l'oppide gaulois, de la cité gallo-
romaine et de la ville chrétienne des premiers âges a été bouleversé
pour la construction du nouveau quartier de la Cité et pour les
grands travaux de la citadelle !

1. Cf. *Le Plessis-au-Chapt*, dans la commune de Dingé. On écrit aujourd'hui ce nom,
comme celui de notre Dingé, avec l'orthographe anti-traditionnelle et entachée de ridicule :
Le Plessis-au-Chat. Même observation la *Ville-au-Chapt*, en Saint-Méloir.

Bizeul s'était trouvé à voir le fossile dont nous parlons. Curieux de tous les vestiges du passé, bien que peu versé dans les choses d'histoire naturelle, il avait fait le dessin, non de la mâchoire entière malheureusement, mais de l'une des dents de cette mâchoire. Nous avons pris dans ses papiers le calque ci-contre de ce dessin [1]. On pourra soupçonner l'inexpérience de la main, mais non la sincérité du vénérable antiquaire nantais. (Planche n° VI ci-contre.)

L'animal auquel la forme de ce débris paraît le mieux se rapporter, est le *Lophiodon lautricense,* pachyderme de la famille des tapirs, dont la taille égalait celle des plus grands rhinocéros, et qui vivait à l'époque éo-miocène ; mais la grandeur sans précédents connus, attribuée au fossile, exclut cette détermination, et en rendra, craignons-nous, toute autre impossible.

Un jour, quand des dispositions nouvelles, comme celles qui, trois fois déjà en moins d'un siècle, ont dû être prises à la suite de l'accroissement de la population, auront modifié l'assiette du cimetière, et fait restituer aux sépultures le carrefour central actuel, la génération qui verra exhumer parmi les ossements de ses ancêtres le reste colossal d'un animal inconnu, *grandia ossa !* cherchera probablement en vain la solution de cette énigme, si, ce qui n'est que trop à penser, ces modestes lignes n'ont pas survécu pour le lui apprendre.

Deux découvertes du même genre, et paraissant se rapporter à l'époque miocène, ont eu pour théâtre les bords du golfe.

Vers 1825, l'érosion des falaises du Pordic, qui ferment, au nord, la grève des Rosaires près Saint-Brieuc, et celles des falaises de Portrieux dans la commune de Saint-Quay, à peu de distance des précédentes, ont livré les restes de deux énormes mammifères. On négligea de faire déterminer les genres et espèces auxquels appartenaient ces animaux. A en juger par des notes contemporaines très vagues, il y a lieu de croire qu'ils étaient de la famille des mastodontes, souche probable, d'après des découvertes récentes, de tous les éléphants mio-pliocènes.

---

1. Bibliothèque publique de Nantes. *Fonds Bizeul.* Cassette des Curiosolites.

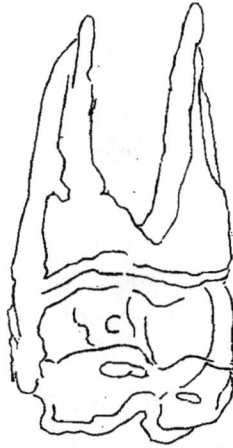

Dent d'un animal gigantesque tirée d'une mâchoire qui fut exhumée
en 1690 au plateau d'Aleth (Saint-Servan)

d'après un dessin de Bizeul, 1816.

La trouvaille qui a eu lieu, en 1867, au pied du Mont-Dol, d'un ossuaire fossile, a une tout autre importance. Elle a été suivie, de 1871 à 1879, d'une exploration méthodique par M. Sirodot, doyen de la Faculté des sciences de Rennes. Cette exploration a amené la mise au jour et le classement d'un très grand nombre d'ossements appartenant à la faune pliocène. Nous renvoyons à notre travail sur la période glaciaire dans le golfe, [1] l'exposé et la discussion d'un gisement qui, approfondi et envisagé sous tous ses aspects, peut éclairer d'un jour très vif la condition physique du littoral normanno-breton à cette époque de son histoire.

VI. — Une autre épave, datant peut-être, comme les précédentes, des temps tertiaires, ce sont des végétaux concrétionnés, la plupart aquatiques, qui ont dû croître librement autrefois dans l'anse actuelle, alors prairie marécageuse, du Garrot, près de la Ville-ès-Nonais, vallée de la Rance. Obligeamment averti par M. Vannier, concessionnaire des parcs à huîtres de cette localité, de la découverte de ces fossiles, nous nous sommes rendu à plusieurs reprises sur les lieux pour reconnaître le gisement, à mesure que l'avancement du travail des parcs lui faisait voir le jour.

Il repose à 6 mètres environ au-dessous des grandes mers, sur une couche de sable argileux, fin et compacte. Cinq mètres de marnes diversement colorées sont venus le recouvrir. Un certain nombre de tiges soit aériennes soit souterraines ont dû tenir encore au sol quand l'argile les a empâtées ; la plupart étaient alors déjà couchées dans toutes les directions. Le tissu végétal qui remplissait l'office de moule, s'est décomposé et a entièrement disparu.

Le progrès des travaux a obligé de détruire l'un après l'autre les surmoulés que l'on rencontrait en grand nombre. Nous avons pu cependant en observer à loisir quelques coupes et en recueillir des fragments. L'un d'eux a été suivi sur une longueur de six à sept mètres, avec un diamètre continu de cinquante à soixante centimètres.

1. Deuxième partie du présent volume.

Aucun fossile caractéristique de l'époque ne s'est trouvé en con_
tact avec les concrétions observées. Dispersées dans la marne se
voyaient des coquilles que l'on trouve encore maintenant, bien
qu'assez rarement de dimensions aussi grandes, vivantes dans le
fleuve. A 0 m. 30 au-dessus des concrétions, nous avons relevé
une partie du squelette d'un mammifère : nous pensons qu'il appartient au genre *Sus,* peut-être à l'espèce fossile, souche du sanglier et du cochon domestique. Des dents et défenses appartenant
à la même espèce ont été recueillies dans les couches inférieures. Les marnes les plus profondes sont de la même formation que les argiles bleues de Rochebonne et du marais de Dol ;
nous donnons plus loin les motifs qui nous font les regarder comme
pliocènes [1].

VII. — Pendant l'un des déplacements si fréquents alors du bassin des mers, furent sans doute portées sur les plages de la Rance
les coquilles du calcaire grossier (*éocène moyen*) que l'on y rencontre. Elles y sont dispersées en petit nombre dans des amas de
coquilles brisées d'origine plus moderne. Nous ne connaissons pas
dans le voisinage de terrain qui puisse être classé dans cette formation ; les seuls lambeaux éocènes marins qui existent autour
du golfe, rognons du calcaire grossier de Valognes, bancs infé-
rieurs de la Chaussairie près Rennes, sont trop éloignés pour
que l'on puisse avec vraisemblance leur attribuer l'origine de nos
coquilles. Il est plus probable qu'elles aient été arrachées par les
flots à quelque dépression voisine, contemporaine du terrain parisien, aujourd'hui submergée, ou bien de quelque formation de la
terre ferme actuelle que les dénudations quaternaires auraient emportée. Les mêmes débris de la faune tertiaire éocène se rencontrent sur la côte de Devonshire, en face du golfe normanno-breton,
et l'on n'est pas moins embarrassé pour en trouver le point de dé_
part.

---

1. M. Vannier a récemment mis à découvert, à peu près à la hauteur où gisent les concrétions dont nous parlons, les traces d'une station humaine antérieure à l'histoire. Ces
traces consistent en une hachette en silex, des charbons et des cendres. Nous exposons et
discutons cette découverte dans nos *Études sur la cité d'Alet,* encore manuscrites.

M. l'abbé Herbert, de Paramé, a commencé une collection de ces fossiles, qu'il a le premier signalés. Les deux cents exemplaires qu'il en possède proviennent presque tous de la seule grève de Rochebonne.

VIII. — Sur le revers oriental du Cotentin, dans la plaine de Valognes, est un bassin falunier mio-pliocène ; il se relie par places et quelquefois à grande distance, avec les lambeaux qui ont survécu des dépôts de la grande mer des Faluns : bassins de Ranville-la-Place et du Bosc-d'Aubigny, dans le Cotentin, du Quiou, de Médréac, de Landujan et de la Chapelle-du-Lou, près Dinan, de Gahard, de Saint-Grégoire et de Saint-Jacques-de-la-Lande, près Rennes, vastes formations de l'Anjou, de la Touraine et de l'Aquitaine. L'importance de ce dépôt demande, non une mention rapide comme celle que nous consignons dans cet aperçu de la constitution du golfe, mais un examen à part. Nous en faisons l'objet d'un chapitre spécial [1].

IX. — « Le seul fait, écrit M. le professeur Archibald Geikie [2], le seul fait que des couches émergées sont d'origine marine, montre que ces couches doivent leur position actuelle à quelque désordre survenu dans le globe. Mais quand on en vient à examiner en détail les formations sédimentaires, on reconnaît qu'elles présentent une merveilleuse chronique des mouvements longs, répétés et extrêmement complexes de la croûte terrestre. Elles font voir que l'histoire de chaque pays remonte bien loin et est pleine d'événements ; qu'en un mot, il existe à peine une parcelle qui soit parvenue à sa condition présente sans avoir traversé une série sans fin de révolutions géologiques. »

C'est ainsi que tour à tour sous les eaux et hors des eaux, le golfe normanno-breton dut passer par des vicissitudes renouvelées, tantôt continent, tantôt archipel, tantôt enfin disparaissant presque

---

1. Voir chapitre XI. — Cf d'Archiac. *Comptes rendus*, 1845, 1er sem., page 354.

2. *Geographical evolutions* dans les *Proceedings of the royal geographical Society*. Londres, 1879.

en entier sous les flots. L'absence très générale de dépôts correspondant à ces divers états depuis l'époque siluro-dévonienne, nous fait supposer que les mers qui surmontèrent ses plus hauts fonds actuels et ses rivages les plus proches, furent peu profondes ou que la submersion eut relativement peu de durée. Les attritions aqueuses qui ont, à diverses reprises, attaqué ses surfaces, auront enlevé jusqu'à la roche vive toute trace de sédiments avant qu'ils aient pu prendre consistance. On sera d'autant mieux disposé à admettre une telle conjecture, que l'on connaîtra de plus près les contrées où les dénudations ont agi sur la plus grande échelle, l'Angleterre, par exemple, où certaines régions se sont vu enlever par les eaux des formations entières de 5 à 600 mètres de puissance et de plusieurs myriamètres carrés de surface.

Vers la fin de l'époque miocène, les Alpes, seules de toutes les grandes chaînes de l'Europe, n'ont pas atteint le relief qu'elles ont de nos jours. Avant la craie blanche, l'une des dernières assises de la période secondaire, leur emplacement n'était encore indiqué, comme celui des roches qui parsèment notre golfe, que par des plateaux granitiques, à peine élevés au-dessus de la mer qui les baignait de toute part. Elles vont prendre leur altitude actuelle par des mouvements tantôt lents, tantôt précipités ; on les verra dépasser même de beaucoup, pour un temps, cette hauteur, donnant par contre-coup naissance à des affaissements proportionnés dans la Méditerranée, le Sahara et jusque dans la mer des Atlantes. Le bassin de la Méditerranée date, en effet, comme les Alpes, de l'époque miocène [1].

A ce moment de l'histoire du globe, l'empatement sous-marin, la fondation souterraine, le soubassement sur lequel repose le continent européen, se soulève par ses extrémités nord-occidentale et sur-orientale, par la côte sud-est du Groënland [2] et le nord des

---

1. M. A. Vézian, *Etudes sur le Jura*, page 2. — MM. Cosson et Blanchard, *Flore et Faune*, en publication.

2. Nous nommons ici le Groënland, quoique faisant partie de l'Amérique, parce que les oscillations du sol européen s'étendent jusqu'à lui à travers l'Atlantique. La moitié occidentale de cette vaste contrée entre dans l'aire d'oscillation de l'Amérique boréale et notamment de la baie d'Hudson, c'est-à-dire dans une phase opposée à celle de la moitié orientale.

Îles-Britanniques, d'une part, de l'autre, par la région des Alpes, et une partie de la côte septentrionale de la Méditerranée [1]. Dans l'intervalle, le mouvement se propage jusqu'à la rencontre des deux plans, rencontre qui correspond avec les parages de la mer du Nord, de la Manche, du golfe de Gascogne et de la mer tyrrhénienne. Au nord de l'Europe et de l'Asie, un mouvement de bascule, en pleine harmonie avec le précédent, abaisse la Scandinavie, le nord de la Russie et de la Sibérie, suivant un plan qui, de la latitude sud de la mer Baltique descend vers le pôle.

Ainsi, synchroniquement, à l'époque mio-pliocène, entre le pôle et l'équateur, sur la longitude moyenne de l'Europe : dépression des régions circumpolaires, soulèvement européen, dépression méditerranéenne et saharienne jusque vers l'équateur. Nous verrons ces grandes vagues de l'écorce terrestre se renverser pendant l'époque quaternaire moyenne, se reformer pendant l'époque quaternaire supérieure, enfin reprendre leur allure précédente vers le début de la période géologique moderne. Balancement harmonique, qui marque peut-être des heures, seulement des heures, à l'horloge de la terre !

X. — Placée presque au centre d'une aire ascendante, mais sur la direction de moindre énergie, la contrée normanno-bretonne et en général tout le littoral océanique de la France, n'avaient eu leurs reliefs par rapport à la mer modifiés que dans une faible mesure. Tandis que le nord des Îles-Britanniques va compter son exhaussement par près de cinq cents mètres, et que, dans les Alpes, au Righi, le terrain miocène, à peine consolidé, sera porté à près de 2,000 mètres au dessus de la mer, c'est par quelques dixaines de mètres seulement que le golfe normanno-breton, au centre et probablement sur le point le plus ébranlé des rives françaises, va compter son soulèvement à la même époque.

De même, dans les vastes plaines des pampas de la Plata, en allant de l'Atlantique au Pacifique, suivant une ligne qui passe par Mendoza, on traverse une région de 1280 kilomètres, dont la

partie orientale a émergé de la mer à une époque toute récente.
A l'ouest de Mendoza, la zone de soulèvement révèle une force
impulsive qui va en grandissant jusqu'au sommet de la Cordillière
des Andes ; à l'est de la même localité, la force a été décroissant
graduellement vers l'Atlantique, à ce point que, tandis que là région
des Andes se soulevait à raison de 1 m. 22, les pampas de Mendoza
ne s'élevaient qu'à raison de 0 m. 30, et les plaines voisines des
côtes de l'Atlantique qu'à raison de 0 m. 025 par siècle [1]. En Europe, on a reconnu qu'au cap Nord, le sol s'élève de 1 m. 50 par
siècle ; plus bas, vers le sud, le mouvement n'est plus que de 0 m.
30 ; à Stockolm, il se réduit à 0 m. 076 ; enfin, sur plusieurs points
de la Suède encore plus méridionaux, par exemple, dans l'île de
Gothland, il cesse complètement. Là est la charnière, la ligne de
passage du soulèvement à la subsidence.

Pour se rendre compte du niveau le plus élevé que le mouvement ascendant mio-pliocène ait pu faire atteindre au littoral et aux
fonds du golfe normanno-breton, il faut s'en rapporter aux empreintes formelles laissées dans le sol, et à défaut, comme ces empreintes sont devenues avec le temps extrêmement rares, à des
vues basées sur la condition synchronique bien établie du grand
archipel voisin.

Dans le premier système, le parti à prendre est de s'enquérir du
plus grand écart entre les dépôts marins et les dépôts fluviatiles de
l'époque à laquelle s'est accompli le soulèvement. Or, cet écart est
dans l'état de nos recherches, celui de faluns du Quiou, près Dinan
et de l'argile noire tourbeuse du Marais de Dol, celle qui repose immédiatement sur les schistes cumbriens. Les faluns appartiennent
incontestablement au miocène ; quant à l'argile tourbeuse, on trouvera plus loin [2] les preuves de l'attribution que nous en faisons au
pliocène supérieur et même à la fin de cette époque.

Dans un tel calcul, nous sommes obligé de supposer que les diversités locales des mouvements du sol n'ont pas modifié gravement

---

1. *Principes de géologie*, par Lyell, tome Ier, page 171. Edition française de 1873.
2. 4[o] partie de ce volume.

les moyennes prises sur l'ensemble. Sous cette réserve, nous disons :

Pour que les faluns se soient formés, il a bien fallu que la mer se soit élevée jusqu'à la hauteur où on les trouve aujourd'hui ; pour que la tourbe inférieure de bassin de Dol ait pu végéter, il faut de même que la mer ait baissé jusqu'au niveau où les schistes cumbriens qui forment la squelette de la contrée, aient émergé ; plus exactement, il faut que, la mer restant immobile, la terre ait oscillé entre les deux extrêmes.

Or, la surface des faluns est à 26 m. au-dessus de la mer moyenne, repère regardé comme invariable, et l'argile noire tourbeuse de Dol est à 12 m. 98 au-dessous de la même mer. Chacune de ces quantités doit être augmentée d'environ 7 mètres[1] pour représenter, d'une part, la mer haute, d'autre part, la mer basse : la première, nécessaire pour que les faluns fussent émergés jusqu'à leur surface actuelle la seconde, pour que, au cours du soulèvement suivant, la tourbe fût hors de l'atteinte des eaux ; soit 33 m. en affaissement, et 19 m. 98 en soulèvement. Total des deux phases parcourues par le sol dans l'oscillation qui s'est étendue dans le temps, de la fin des faluns au dépôt de la tourbe, en autres termes, du milieu des temps miocènes au tiers de la période quaternaire, 52 m. 98.

Ce minimum est certainement très au-dessous de la vérité ; la considération de deux inconnues que nous avons négligées, tendrait à en augmenter l'expression numérique. La mer des faluns a été une mer intérieure, une méditerranée peu profonde, probablement laguniforme, avec bassins reliés par de longues et étroites dardanelles ; de plus, la zone que nous observons était évidemment une zone littorale. Pourtant, quelques mètres d'eau ont bien dû couvrir les couches vivantes supérieures des hôtes testacés de cette mer. D'un autre côté, il est peu probable que nous soyons en présence des derniers dépôts : les dénudations qui, postérieurement à l'écoulement de la mer des faluns, ont creusé toutes nos vallées, ont pu

---

1. 6ᵐ 83, moitié de la dénivellation de la Rance maritime, pour les faluns ; 6ᵐ 90, moitié de la dénivellation de la baie de Dol, au Vivier, pour la tourbe.

emporter la tranche supérieure des formations. Jusqu'à quelle profondeur, nous l'ignorons ; mais les altitudes si diverses qu'ont prises les faluns en Bretagne, en Anjou et en Aquitaine, autorisent à penser que ces dépôts ont perdu quelque chose de leur puissance dans les oscillations de leur niveau. Nous maintenons néanmoins comme base d'appréciation le chiffre de 52 m. 98. Là où l'obscurité est si épaisse, force est bien, si l'on veut arriver à une perception même éloignée des faits, d'éliminer les facteurs d'importance seconde et de s'en tenir aux données les plus générales.

Dans le système des vues purement conjecturales, on peut prendre pour point de départ la quotité nécessaire pour réaliser l'émergement du golfe, conséquence du mouvement d'ensemble de l'Europe nord-occidentale, et particulièrement du mouvement bien constaté sur toute la ligne, des Iles britanniques. Cette quotité est 50 à 60 m. [1], concordante avec celle de 52 m. 98 dont le littoral porte la trace.

Nous donnons, d'après Lyell [2], une carte idéale de l'Europe du nord-ouest dans l'hypothèse d'un soulèvement de 180 m. On voit qu'un tel mouvement suffirait pour faire émerger les fonds marins entiers de la Manche, du Canal Saint-Georges et de l'Océan germanique, et pour faire du grand archipel anglo-irlandais une dépendance du continent. (*Planche n° VII* ci-contre.)

XI. — Toute compensation faite des mouvements ultérieurs qu'il nous reste à décrire (*Affaissement et soulèvement quaternaires, affaissement moderne*), le sol du golfe normanno-breton, au moins dans sa partie la plus reculée, est aujourd'hui à 45 m. 68 au-dessous du niveau qu'il atteignait lorsque se formaient les argiles noires tourbeuses fluviatiles du fond des marais de Dol, entre Dol et le Mont-Dol (*Couche n° 16 du sondage* [3]). Cette quotité se décompose comme suit :

---

1. Voir notre *Planche* n° 1, en frontispice.
2. *Ancienneté de l'homme*, un volume in-8°. Paris, 1870.
3. Voir IV° partie du présent volume.

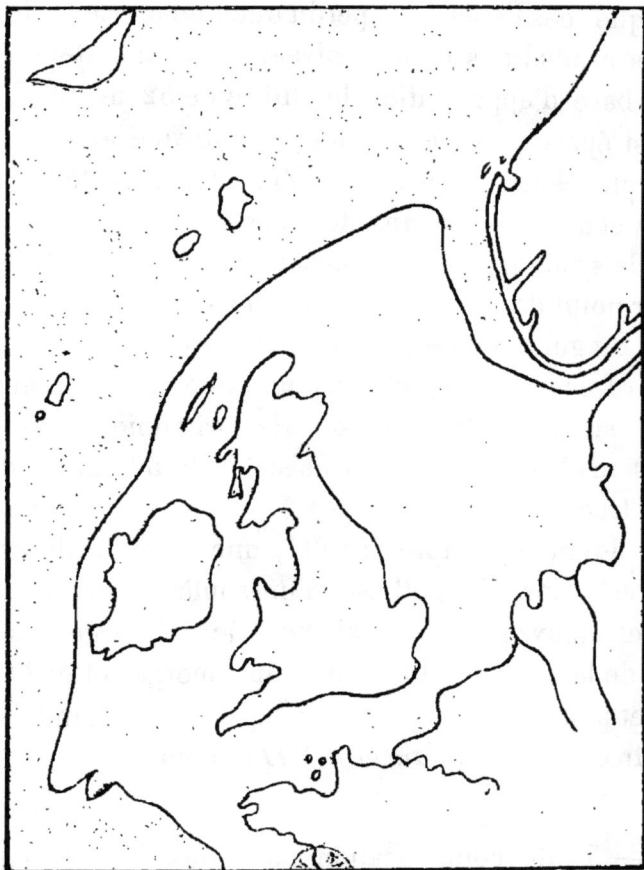

Carte de l'Europe nord-occidentale dans l'hypothèse d'un soulévement uniforme de 180 mètres.

Teinte jaune. Continent et îles actuellement émergés

—— *rouge. Fonds de mer émergés, dans l'hypothèse du soulévement, d'après Lyell. Ancienneté de l'Homme.*

—— *bleue. Mer dans la même hypothèse.*

Différence de niveau entre l'argile noire et la ligne des plus hautes mers, comptée pour 15 m. 40 au-dessus des plus basses mers 20ᵐ, 68

Pente minimum pour l'écoulement des eaux douces entre le bassin de Dol et la mer pliocène, à raison de 0 m. 0005 par mètre pour 50 kilom. 25, »»

Total égal 45ᵐ, 68

Sur les cartes marines, la courbe des fonds qui correspond, de mer haute, à la situation qui précède, est celle des fonds de 30 m., à mer basse (30 m. + 15 m. 40). C'est celle que nous avons fait ressortir par un liséré rouge sur notre *Planche n° 1*, comme représentant le rivage du golfe dans les plus hautes mers d'équinoxe, à un moment donné de l'époque quaternaire inférieure, lorsque le soulèvement mio-pliocène avait déjà commencé à se renverser.

On se représentera les conquêtes que conservait encore la terre ferme, si l'on veut bien se figurer pour un instant tous les fonds marins actuels de 30 mètres au-dessous des plus basses mers, relevés comme le montre la *Planche n° 1*, de manière à former la rive de haute mer. La ligne de ces fonds passe à vingt-cinq kilomètres au nord de Césembre, en avant de Saint-Malo ; de là vers l'est, elle rejoint par le milieu de la côte méridionale le plateau des Minquiers, se prolonge dans le nord-ouest de Jersey, revient longer la côte nord de l'île, creuse une baie étroite et profonde entre Jersey et les Pierres du Lecq, et enfin va se rattacher, en laissant loin en dehors d'elle les îles de Guernesey et d'Aurigny déjà rentrées dans le domaine de la mer, à la pointe septentrionale du Cotentin. — Vers l'ouest, la même ligne des fonds de 30 mètres englobe la baie des Ebihens, laisse le cap Frehel à huit kilomètres dans le sud, ébauche la baie de Saint-Brieuc à la hauteur de Paimpol, et va se relier au littoral actuel par le sillon de Talber, près Tréguier. Conquête précaire, tantôt perdue, tantôt regagnée, et dont le dernier retour de la mer, celui auquel l'homme assiste depuis l'origine de la période géologique moderne, devait atteindre même le souvenir !

XII. — Pourtant, la vague tradition de cet antique état de choses, ou plutôt d'un état analogue créé, dans l'intervalle par le soulèvement quaternaire (*Deuxième période continentale de Lyell*), s'est
conservée, nous l'avons déjà dit, dans la Carte des envahissements
de la mer sur le littoral normanno-breton, tirée du chartrier du
Mont-Saint-Michel [1], et connue, de même que celle de Peutinger,
sous le nom du savant qui l'a publiée au commencement du XVIIIe
siècle, l'ingénieur hydrographe Deschamps-Vadeville. Ce document dont nous aurons à établir la date et l'authenticité, représente une situation autre que l'apogée du soulèvement, celle qui
existait alors que le sol du golfe était déjà sur la pente de la subsidence moderne, dans les siècles qui ont précédé la conquête
romaine. Les groupes de Césembre, Chausey et Jersey tiennent
bien encore à la terre-ferme, mais déjà les Minquiers et Guernesey
en sont séparés, et deux faibles courants, se rejoignant presque à
leur origine, coulent entre Jersey et le Cotentin [2] et préparent l'insularisation de Jersey. En revanche, des erreurs que le calcul de
l'oscillation et le rapprochement des cotes de fond permettent de
saisir, font d'Aurigny, depuis longtemps déjà isolé par le progrès
de la mer, une annexe du littoral, et donnent aux conquêtes de la
terre sous le cap Fréhel une avance relativement excessive. En
effet, Aurigny et Guernesey, qui sont compris dans les mêmes
fonds de 40 à 50 m., ont dû se détacher du continent bien avant
Jersey, et cela, à une époque qu'aucun autre élément que la relation de ces fonds avec les fonds voisins ne nous permet d'approxi-
mer. Quant au cap Fréhel, ses falaises sont accores et plongent
rapidement dans des fonds de 20 à 30 m.

XIII. — Dans le vaste exhaussement mio-pliocène du sol européen, le golfe et les deux grandes presqu'îles s'étaient confondus
dans la terre ferme ; ils vont en partager les conditions climatiques avec toutes leurs conséquences.

Les hauteurs granitiques et arénacées de la chaîne centrale,

1. Voir plus loin, Chapitre XXIII.
2. Note B.

à la surface sans cesse désagrégée par les actions atmosphériques, surtout par les pluies devenues plus fréquentes et plus torrentielles, devaient être nues et désolées ; mais dans les moindres plis de terrain, plis qui tendaient de plus en plus à se multiplier et à s'accroître, la terre vierge se couvrait d'une végétation luxuriante. A en juger par les régions isothermes voisines, où la présence de fossiles a permis d'asseoir des observations précises, dans la Sarthe et dans l'île de Noirmoutier, par exemple [1], sur la limite du massif breton, le golfe et ses abords devaient jouir d'une température moyenne annuelle de 25° vers le milieu du miocène. M. de Saporta est d'accord à ce sujet avec M. Oswald Heer [2]. C'est treize à quatorze degrés au-dessus de la température actuelle, une proportion presque double, — deux degrés seulement de moins que sous le ciel de Madras, trois degrés de plus qu'au Caire.

Autre rapprochement qui met en lumière la jonction de l'Amérique avec l'Europe par la Norwège et le Groënland jusque vers la fin des temps miocènes : le faciès des plantes et même des animaux était tout américain, comme il devient plus tard, avec la suite des révolutions du globe, d'abord africain, puis asiatique.

« D'après l'examen des débris végétaux, dit M. Schimper [3], la période miocène offre un mélange de formes tropicales et subtropicales, au milieu duquel les plantes des zones tempérées ne jouent qu'un rôle secondaire, au moins dans les parties méridionales de l'Europe. Il n'en est plus ainsi dans la période pliocène, où celles-ci finissent par dominer exclusivement jusqu'au commencement de l'époque glaciaire. »

A travers toute la moitié supérieure de l'hémisphère nord, l'aspect général n'était guère varié que par l'effet des différences d'altitude, de terrain et d'exposition. Les plaines basses de la Sibérie nourrissaient par millions, comme nous le verrons plus loin [4], ces

---

1. *Les anciens climats et les flores fossiles de l'ouest de la France*, par M. Crié. Brochure in-8°, Rennes, 1879. — Communications du même à l'Académie des sciences, mars 1881.

2. *Le monde des plantes avant l'homme*, page 134. — *Die Urwelt der Schweitz*, Zurich. 1875.

3. *Traité de paléontologie végétale*, tome Ier, p. 94. Paris, 1869.

4. IIe partie, *Période glaciaire dans le golfe*.

mammouths et ces rhinocéros que les lentes approches de la période glaciaire et l'affaissement mio-pliocène de l'extrême nord allaient faire refluer sur nos contrées. Dans les zones moyennes telles que la nôtre, on voyait les palmiers dresser leurs stipes gracieux au-dessus des dernières cycadées. Nombreux et variés se maintenaient les grands conifères ; quant aux fougères arborescentes, elles reculaient déjà vers le midi. Les mammifères avaient depuis longtemps détrôné les sauriens ; le mastodonte de l'Ohio, le tapir de l'Orénoque, le lamantin du Tropique, l'hippopotame du Nil, le lophiodon gigantesque, et déjà les *Elephas meridionalis* et *antiquus*, les *Rhinoceros incisivus* et *leptorhrinus* prenaient leurs ébats dans nos vallées [1]. L'homme allait enfin paraître à son tour.

Bien peu de témoins restent chez nous pour déposer d'un état de choses si ancien. L'attention une fois éveillée, on ne manquera pas d'en découvrir de nouveaux. Qui soupçonnait hier encore, avant les découvertes du Bois-du-rocher, du Montdol, de la Ville-ès-Nonais, de Cherrueix et de Rochebonne, que nous foulions du pied un sol qui allait nous livrer des révélations si précieuses ? Courage donc, disons-nous aux jeunes, à ceux qui ont devant eux cet avenir qui nous échappe à nous-même ! Le champ est ouvert dans notre contrée aux investigations des sciences naturelles. Peut-être cette première partie d'un travail bien complexe, partie entreprise sur le tard et en vue seule de préparer le terrain d'une histoire locale, aura-t-elle eu cet avantage, en vulgarisant les faits récemment acquis, en déblayant la situation d'idées fausses qui l'obscurcissent, de susciter des recherches et de faire naître des dévouements !

1. Note C.

NOTES DU CHAPITRE IV.

Note A, page 65. «... la côte septentrionale de la Méditerranée. »

Le fait est certain pour l'Italie. On a la preuve, pour l'époque romaine comparée à nos jours, que les rives de l'Adriatique, en dépit des apparences contraires que donnent au fond de ce grand golfe les alluvions provenant des Alpes et des Apennins, se sont abaissées comme le font celles de notre Océan. D'après M. l'amiral Jurien de la Gravière (1), le port d'Eïon est maintenant en entier sous les eaux. Près de Nice, on vient de trouver dans un limon tuffacé rempli de coquilles marines, à une altitude de 47 mètres au-dessus de la mer, le squelette d'une femme appartenant à la race de Cro-Magnon, cette même race qui peuplait pendant la 2e époque glaciaire les cavernes de Menton, du Périgord et d'Engihoul, près Liège (2). Le limon a été reconnu d'origine quaternaire, et nous croyons pouvoir préciser, *quaternaire moyen*, phase d'immersion de notre littoral méditerranéen comme de nos rivages océaniques, et 2e époque glaciaire.

Note B, page 70. « ... coulent entre Jersey et le Cotentin. »

« Ce que nous venons de dire touchant les îles de la Conchée, de Césembre et des autres lieux de cette espèce, est appuyé sur une vérité aujourd'hui reconnue, savoir : que les îles de la terre ferme en ont fait autrefois partie. Telle a été encore l'île d'Ouessant, qui est à quatre lieues de la côte. On découvre encore de nos jours sur la grève, dans les grandes marées, des troncs d'arbres et des débris des maisons. »

Chan. Déric. *Hist. ecclés. de Bretagne*, tome Ier, page 101. Saint-Malo, 1777.

Cf. avec les découvertes du même genre faites, en 1826, entre les îles du Cattégat (Danemark et Suède).

Note C, page 72. «... dans nos vallées. »

Le phénomène d'une haute chaleur à l'époque miocène, chaleur presque égale sous toutes les latitudes et qui s'étendait jusqu'aux pôles, est aujourd'hui l'un des faits de l'histoire du globe les mieux établis. Nous ne pouvons malheureusement le confirmer pour la région du golfe par aucune preuve directe et incontestable tirée de la flore fossile du pays.

Comme types de la flore miocène de nos contrées, nous n'avons que les Characées du bassin falunier de Quiou, et des fragments de bois pétrifiés dont il est difficile de déterminer l'essence. Un aussi maigre contingent ne nous autorise pas à reconstituer par la pensée les paysages contemporains. L'imagination, appuyée d'un remarquable talent littéraire et d'une science éprouvée, a permis à des hommes tels que MM. Oswald Heer et de Saporta de faire revivre sous nos yeux les merveilleux aspects des lacs de la Suisse et de la Provence ; c'est œuvre d'artiste, de savant et de poète. Que l'on se reporte à ces images si vivantes et si animées, et, sachant que la température était alors à peu près la même sous toutes les latitudes, on transportera facilement par la pensée, avec les seules différences dues à certaines conditions locales, les vues idéales des paysages suisses et méditerranéens sur les bords du lac de Dol et dans les chaudes vallées du Trieux, de l'Arguenon, de la Rance, de la Sienne et de la Sélune.

---

1. *Les drames macédoniens*, 1850.
2. Consulter dans le compte rendu de la séance de l'Académie des sciences du 21 mars 1881, les communications de MM. Desor, Niepce et de Quatrefages au sujet de cette découverte.

CHAPITRE V

PÉRIODE QUATERNAIRE, PÉRIODE MODERNE.

I. Les deux révolutions du sol pendant le quaternaire. — II. Caractère de ces révolutions. — III. Période moderne ; affaissement en cours. — IV. Actions geysériennes. — V. Marche du flot. — VI. Erosions, grottes, cavernes. — VII. Phases de repos. — *Notes.*

I. — L'époque pliocène (*Tertiaire supérieur*) est remplie en entier, pour notre pays, par trois phases de la période glaciaire, ce phénomène encore mystérieux dans ses origines, qui peut être considéré comme faisant la transition du monde ancien au monde moderne. Ces phases sont : l'époque préglaciaire, la 1ʳᵉ époque glaciaire, et partie de l'époque interglaciaire. L'apogée du soulèvement mio-pliocène coïncide avec la troisième de ces époques. La 2ᵉ époque glaciaire et l'époque postglaciaire tiennent, avec la fin de l'époque interglaciaire, toute la période quaternaire. L'importance exceptionnelle de ces temps si curieux demande que nous exposions à part les traces qu'ils ont laissées sur notre sol ; nous leur consacrons une étude spéciale [1]. Mentionnons-les seulement pour mémoire.

Avec la période quaternaire, la région du golfe normanno-breton entre dans le dernier des grands âges géologiques, mais non dans la dernière de ses épreuves. Cet âge vit, en effet, deux révolutions

---

1. Voir ci-après la IIᵉ partie du présent volume.

changer dans le nord-ouest de l'Europe la configuration du continent et des mers.

La première de ces révolutions répond à la 2e époque glaciaire.
Sans qu'on soit autorisé à considérer le changement de climat
comme la conséquence de l'oscillation du sol, il faut bien
faire remarquer que ce changement fut synchronique avec la subsidence de l'Europe nord-occidentale et le soulèvement des contrées
circumpolaires. Tout le golfe fut replacé sous le régime de la
mer.

La seconde révolution correspond à l'époque post-glaciaire. Ce
fut une sorte de renaissance : renaissance pour les sols immergés sur de si vastes étendues, renaissance pour la chaleur qui, pendant de longs siècles, avait pu paraître à jamais perdue. Le littoral du golfe reprit ses proportions mio-pliocènes (2e *période
continentale des Iles britanniques*). Le climat refleurit, et la nature
rajeunie retrouva les beaux jours de l'été interglaciaire. C'est le
temps auquel les géologues vont donner le nom du Maître de
l'Olympe : l'Ère jovienne (*Quaternaire supérieur*) : celui où les
Dieux vivaient sur la terre dans une sorte de communion avec les
hommes, *Saturnia regna !* prenant leur forme et leur langage, s'ani-
mant à la flamme des mêmes passions, l'âge d'or des poètes et le
foyer des traditions religieuses de l'humanité.

Cette époque souriante ne paraît pas avoir eu une très longue
durée. La période moderne vit les débuts d'un double affaissement
du sol et du climat. Les temps proto-historiques remplacent, dans
l'Occident, les temps préhistoriques. La Sibérie et les hauts plateaux
de l'Asie centrale, soulevés et cruellement refroidis, se refusent à
nourrir plus longtemps les innombrables tribus qui s'y étaient
pressées [1]. Le pays du Soleil, la route des Cygnes deviennent l'aspiration de ces tribus. De proche en proche elles s'ébranlent, les unes
vers les plaines du Gange, les autres vers l'Europe. Les grandes invasions commencent, et l'âge des héros succède à celui des
Dieux.

---

1. Voir les traditions consignées dans le *Vendidi1-Sadé,* fragment des Livres sacrés de
la Perse.

II. — Il ne faudrait pas que la sécheresse d'un résumé aussi rapide trompât les esprits sur la grandeur et même sur la durée des révolutions qu'il rappelle. Aucune d'elles n'a procédé par soubresauts brusques, aucune n'a amené la destruction de la création antérieure et la nécessité d'une création nouvelle. A côté de mouvements exceptionnels dans leur violence et leur soudaineté, les les causes lentes, celles-là même que nous voyons en jeu dans la période actuelle, sont restées principalement en action. L'axiome de Linné se justifie dans la succession des âges géologiques : « *Natura non facit saltus.* » Un tel système n'exclut en rien l'intervention de la justice et de la providence divines. Le Déluge mosaïque, par exemple, a été l'un de ces événements qui ne font que mettre mieux en lumière la permanence des lois harmoniques et le dessein général de la création. Sa trace matérielle a été presque aussitôt perdue qu'imprimée : elle est cconfondue avec celles des révolutions aussi colossales en durée qu'en profondeur dont la Terre a été le théâtre depuis son état de nébuleuse jusqu'à la phase de refroidissement et de condensation qui a permis au règne animal et au règne végétal de s'y développer, et à l'homme lui-même enfin d'y prendre place à son heure.

III. — Revenons pour un instant seulement, en ce qui touche notre golfe, à la subsidence qui a inauguré dans l'Europe du nord-ouest l'ouverture de la période géologique moderne.

A ce moment, la mer s'avance de nouveau sur ce même littoral qu'elle avait, une première fois, reconquis et perdu. Elle le fait lentement, sans secousses graves, empruntant le secours des vents pour hâter, par places, et consommer son œuvre. Les couches alluvionales marines qui, dans les marais de Dol et de Carentan, datent de cette époque, ne présentent aucune trace d'actions violentes. Dès le début, les progrès furent d'autant plus faciles et plus assurés que la mer retrouva presque intacte la configuration que la phase d'immergement antérieure avait laissée à nos rivages.

IV. — Deux circonstances qui ont accompagné les derniers

retours de la mer, à l'époque quaternaire moyenne comme à l'époque moderne, semblent indiquer le redoublement d'actions geysériennes et l'accélération de l'affaissement. Nous voulons parler de ces argiles colorées en bleu, soit par des débris organiques absorbés, soit par le phosphate de fer à l'état de traces. Ces argiles viennent, à chaque fois, avec le flot marin, recouvrir les dépôts fluviatiles dans le marais de Dol et dans l'estuaire de la Rance ; elles rappellent par leur finesse et leur nuance les puissantes formations subapennines et les vastes dépôts de l'argile de Londres. Quelle peut être leur provenance ? Si les éléments calcaires étaient moins rares au sein de ces marnes, nous n'hésiterions pas à y voir le produit, remanié par les flots, d'éruptions souterraines : volcans de boue, salses, sources thermales. Dans l'état, nous croyons que la plus grande part a son origine dans la trituration, portée à ses dernières limites, des schistes primitifs, premier revêtement du sol granitique et granitoïde dans le golfe.

V. — Le progrès de l'invasion de la mer fut nécessairement variable suivant la pente et la résistance du sol. A chaque époque de subsidence, l'œuvre de destruction survécut à la cause qui l'avait amenée, et le flot pénétra plus avant dans les anfractuosités qu'il avait creusées.

Les formations argileuses cédèrent partout les premières au choc des lames et des galets. Tendres comme la sonde les a trouvées au fond du marais de Dol, et comme les tranchées du chemin de fer les montrent entre Dol et Avranches, elles durent voir promptement leurs strates se désagréger.

« La plupart des îlots qui s'étendent de Guernesey au Mont-Saint-Michel, fait observer M. Alfred Maury[1], sont de granite. On n'en connaît aucun dont le terrain soit schisteux, et il est rare, à moins que ce ne soient des îles attenant à la côte, d'en trouver qui soient formés de gneiss et de micaschiste. Si l'on admet que la mer a fait invasion sur le continent, on comprendra que les masses schisteuses

1. *Bulletin de la Société des Antiquaires de France*, 1844, page 401.

superposées aux masses granitiques qui s'étaient soulevées antérieurement au milieu d'elles, en redressant et disloquant leurs
couches, aient dû être bientôt disjointes et lacérées par la violence
des marées et le mouvement naturel des eaux qui charriaient des
blocs de toute dimension et les roulaient sans cesse sur elles,
tandis que les masses granitiques ont pu résister à cette action
destructive et former dans la mer une multitude de petites îles. La
preuve la plus frappante que l'on puisse citer de cette sorte de
dénudation, est le Mont-Saint-Michel lui-même, qui, très probablement entouré autrefois par des roches schisteuses, a été dégagé
entièrement et s'élève aujourd'hui à une grande hauteur au-dessus
d'une vaste plage, dont le terrain gris, mollasse et même boueux
rappelle la nature ancienne du sol. »

Un autre exemple d'éminences granitiques soulevées dans les
plaines, et qui ont percé leur enveloppe de schistes, se rapporte à
un autre Mont-Saint-Michel, qui s'élève comme le nôtre du milieu
de la mer, au sein de la baie de Penzance, dans la Cornouaille
anglaise. Le granite y envoie de nombreuses veines à travers le
schiste argileux grossier, lequel se convertit en schiste amphibolique au contact des veines brûlantes de la roche éruptive.

Nous avons aussi observé un phénomène semblable à Lillemer :
seulement, dans cette éminence qui a été enveloppée par la mer
comme les précédentes, et le serait encore sans la digue de Dol, le
diorite joue le rôle du granite récent.

Un dernier rapprochement plus frappant encore : de même que
Jersey, l'ancien îlot du Montdol n'a gardé de son revêtement
schisteux que le côté le moins en butte au choc des flots. Il faut se
rappeler que la mer est revenue à deux fois depuis l'époque miocène
seulement, attaquer ce rempart déjà démantelé par la contraction et
les convulsions du sol, et qu'à chaque reprise elle a appelé siècles sur
siècles en aide à ses moyens propres de destruction. Songeons aussi
à la hauteur et à la vitesse que peuvent atteindre dans les tempêtes
les lames qui font assaut contre nos rivages. D'après M. Delesse[1], la

1. *Lithologie du fond des mers*, page 116 du 1er volume.

hauteur de ces lames est de six mètres dans la Manche, et la vitesse n'est pas moindre de 60 kilomètres à l'heure.

Après la résistance des roches, nous avons à parler de la pente du sol pour faire apprécier la marche de la mer.

Lors de chaque invasion, il y eut de vastes espaces où le flot, quand il fut parvenu à leur niveau, s'étendit rapidement, sauf à se retirer de même, gagnant d'année en année, avec l'affaissement du sol, une part plus grande du terrain que les vives eaux avaient d'abord seules surmonté. C'est le spectacle que nous donnent les marées du golfe, spectacle qui a fait assimiler le cours de la mer montante sur des grèves plates comme celle du Mont-Saint-Michel, à la course d'un cheval au galop.

Sur d'autres points où l'estran se montre plus incliné, comme dans la plupart des criques de l'embouchure de la Rance, les conquêtes de la mer furent plus lentes, mais les assauts bien plus furieux. Dans de telles occurrences, on trouve les roches riveraines déchiquetées en passes étroites, en tranches creuses horizontales ou inclinées, en sulcatures irrégulières, en aiguilles et en pinacles rappelant de loin les caprices de l'architecture gothique. On cite souvent les roches de granite rose à gros éléments de Plou-Manac'h en Perros-Guirec [1], près Lannion, comme étant de celles qui présen-tent les aspects et les formes les plus étranges.

VI. — Pour se rendre compte du travail des grandes ondes océa-niques, à leur entrée dans le canal de la Manche, il faut observer de près les enfoncements bizarres pratiqués dans les gneiss, les cavernes creusées dans les dykes de diorite quand cette roche est fracturée et presque émiettée par les contractions de la matière éruptive et les anciennes trépidations du sol ; il faut voir les anfractuosités inattendues amenées par la décomposition de certains granites et des diorites eux-mêmes. On les contemple à loisir sur la côte qui se développe à travers mille accidents brusques

---

[1]. Les roches de Plou-Manac'h semblent avoir subi une rubéfaction générale : elles passent par toutes les nuances du blanc au cramoisi.

du Sillon de Talber à la Pointe de Cancale, et de nouveau, du cap Flamanville au cap de la Hague.

La Goule des Fées [1], en Saint-Lunaire, près Saint-Malo, est un remarquable spécimen d'excavations ouvertes dans les roches dures. Le couloir se poursuit souterrainement suivant une ligne brisée. La mer s'y engouffre avec des bruits tantôt sourds tantôt éclatants, dont le nom de la caverne [2] est fait pour donner une idée. De même, les cavernes du cap Fréhel, célèbres par le retentissement formidable du choc des lames dans les tempêtes du nord-ouest, sont intéressantes à visiter pour le savant aussi bien que pour le touriste. Citons encore la Goule-Galimou (*Toul-ar-Galmo*), en Erquy, la Houle-Notre-Dame (*Toul-an-Maria*), en Étables, le Trou-de-l'Enfer (*Toul-an-Ifern*), en Plévenon, la caverne de *Roch-Toul*, en Guiclan celle-ci à l'intérieur des terres) et celle de *Portz-Moguer* (muraille du port), en Plouha.

Les îles d'Aurigny et de Guernesey, ces sentinelles avancées du golfe, ne sont pas moins riches que notre littoral en curiosités de ce genre. Exposées au plein choc de la vague atlantique, à chaque phase d'affaissement, elles ont eu les tranches les moins résistantes de leurs falaises érodées sous les assauts répétés de la vague et des galets. « Il faut visiter Sercq, l'une des îles du groupe d'Aurigny, dit M. David Ansted [3], pour savoir ce que l'eau peut faire du granite. En visitant cette caverne remarquable, appelée « les Boutiques, » on traverse des fissures naturelles pendant plus d'un quart de mille [4], toutes parallèles à la longueur de l'île, toutes aussi s'ouvrant de l'une sur l'autre, et se terminant par une dernière et profonde dislocation.

Les grottes que nous venons de citer entre beaucoup d'autres, n'attireront pas moins, croyons-nous, l'attention de la préhistoire qu'elles n'ont fixé celle de la géologie. On y recherchera les traces

1. *Goul*, sans aspiration, *Houl*, aujourd'hui *Toul*, celt. Trou, Caverne. Même étymologie pour la Houle-sous-Cancale et les autres petits ports de ce nom en France et en Angleterre.
2. *Houl*, onomatopée évidente.
3. *The Channel Islands*. Londres, 1862.
4. Le mille anglais égale 1609 mètres.

des Troglodytes à tête longue et à haute stature, nos premiers
ancêtres, nos pères pré-âryens, de ces hommes qui ont laissé au
Bois-du-Rocher, près Dinan, au Montdol et à la Ville-ès-Nonais,
près Saint-Malo, à Guic'hlan, près Morlaix, des vestiges de leur
séjour sur le sol breton. De leur temps, c'est-à-dire aux époques
inter et post-glaciaires, ces grottes et cavernes étaient certainement
bien loin hors de l'atteinte des eaux marines, et toutes disposées
pour servir de demeure aux sauvages immigrants de nos contrées.
Comme tant d'autres cavernes fouillées depuis quelques années,
il se peut qu'elles réservent des réponses pleines d'intérêt aux
personnes de résolution et de savoir qui sauront les interroger.

VII. — L'allure des phénomènes garda son rythme grave et
régulier, varié seulement par le caprice des vents et par des phases
d'accélération et de ralentissement ou même de repos apparent.
Ces dernières ne sont jamais qu'à la surface. La stabilité relative
dont le littoral océanique de la France jouit depuis trois cents ans,
ne mérite pas que l'on s'y fie trop aveuglément. Comme le lutteur
qui se replie sur lui-même et rassemble ses forces, la mer nous
réserve peut-être de cruelles surprises. L'épisode de Saint-Étienne-de-Paluel, dans lequel la tempête ne fut qu'un élément de la
catastrophe [1], cet épisode n'est distant que de deux cent cinquante
années; il s'est passé au temps de Louis XIII, et, au regard des
événements géologiques dont nous avons jusqu'à présent entretenu
nos lecteurs, il semble dater d'hier. « Les tremblements de terre,
dit l'auteur du *Cosmos,* qui ébranlent indifféremment tous les
genres de terrains, sous toutes les zones, l'apparition de nouvelles
îles d'éruption ne prouvent guère que l'intérieur de notre planète
soit parvenu au repos définitif. »

Ne nous en plaignons pas trop, et sachons bien nous le dire :
ce repos définitif dont parle Humboldt, ce repos, quand son heure

---

1. Ce qui le prouve, c'est la parfaite horizontalité des rues du village quand, un siècle
après la submersion, elles revinrent au jour dans une tempête extraordinaire, c'est la conservation des ornières pratiquées par les chars, et jusqu'à la trace des clous qui scellaient
les bandes en fer des roues.

aura sonné, sera celui de la tombe. Bien avant le crépuscule mé-
lancolique prévu et chanté par le vieux barde écossais [1], bien avant
que notre soleil ait éteint ses derniers rayons, la terre, ce grand
corps organique, aura cessé de s'agiter, mais aussi elle aura cessé
de vivre. Comme la lune, son fidèle satellite, astre déjà engourdi
dans le froid de la mort, et au front duquel elle peut lire sa
propre destinée, la terre, désormais inerte, sans parfums, sans
chaleur et sans voix, promènera dans les profondeurs de l'éther sa
face pâle et son globe inanimé [2].

1. Note A.
2. Note B.

NOTES DU CHAPITRE V

Note A, page 96 «... par le vieux barde écossais. »

> Mais peut-être, ô Soleil, tu n'as qu'une saison :
> Peut-être succombant sous le fardeau des âges,
> Un jour, tu subiras notre commun destin :
> Tu seras insensible à la voix du matin,
> Et tu t'endormiras dans le sein des nuages !
>
> (Ossian. Traduction de Baour-Lormian.)

Note B, page 97 «... son globe inanimé ».

Une observation récente tend à faire croire que l'activité des volcans lunaires n'est pas entièrement éteinte, et qu'un reste de feu ou de vie anime encore l'ancien foyer central de notre satellite.

FIN DE LA PREMIÈRE PARTIE.

DEUXIÈME PARTIE

LA PÉRIODE GLACIAIRE DANS LE GOLFE NORMANNO-BRETON ;
SOULÈVEMENT MIO-PLIOCÈNE ;
AFFAISSEMENT ET SOULÈVEMENT QUATERNAIRES.

CHAPITRE VI

I. — Depuis la formation de son écorce solide, et avec l'épaississement progressif de cette écorce, la terre était entrée dans une voie lente de refroidissement à sa surface. La chaleur venant du foyer central de la planète ne suffisait plus à compenser la différence des latitudes et des saisons. Il en était de même d'un autre facteur de l'égalisation des climats : la densité de l'atmosphère ; cette densité avait été sans cesse diminuant, et l'air n'avait plus retenu qu'une partie de moins en moins grande de la chaleur solaire.

Au début du miocène *(tertiaire moyen),* ce mouvement était encore peu marqué. La zone subtropicale touchait alors au cercle polaire ; des forêts de palmiers s'étendaient jusque dans le nord de l'Allemagne ; à Cronstadt, dans le Wurtemberg, on en a trouvé d'imposants débris. Des cannelliers florissaient à la hauteur d'Abbeville, de Mayence et même de Dantzig.

Une cause générale, que la plupart des savants cherchent dans des influences cosmiques [1], vint accélérer l'abaissement de la température par tout le globe. Les effets n'en ont été bien connus que dans ces dernières années. « La connaissance d'une période glaciaire embrassant les deux hémisphères et postérieure à l'apparition de l'homme, est, dit M. Charles Martins [2], une des plus belles conquêtes de la géologie moderne. » Quand, après de longs siècles, l'action perturbatrice eut été épuisée, les saisons reprirent leur ancien cours : elles marchèrent sur une pente lentement graduée et sans secousses nouvelles, dans la voie d'une détérioration variée seulement par quelques oscillations jusqu'à présent assez obscures.

Au cours des chapitres précédents, nous avons montré la période tertiaire s'ouvrant, sur les côtes de notre océan, en plein épanouissement d'une température subtropicale. Dès la fin du miocène, aux deux tiers de la période, on distingue, sur plusieurs points de l'Europe centrale, des formes appartenant aux zones tempérées. Dans le célèbre dépôt lacustre d'OEningen, près du lac de Constance, et dans les lignites de Kœpfnach, à peu de distance d'OEningen, on commence à pressentir l'ascendant prochain des genres boréaliens. Aux premiers jours pliocènes, l'équilibre, déjà vigoureusement contesté, tend manifestement à se rompre : il cède en faveur des espèces du nord, dès le milieu de cette époque.

La progression lente de l'évolution ne se mesure nulle part d'une manière aussi précise que dans la formation des « Crags » : c'est le nom que l'on donne aux faluns sur la côte orientale de l'Angleterre. Les plus récents de ces faluns se placent dans le pliocène inférieur. D'après M. Wood [3], le crag corallin, le plus ancien de tous, qui appartient au miocène moyen, contient 27 espèces de coquilles marines méridionales ; le crag rouge, qui est superposé au précédent, n'en renferme plus que 16 ; enfin, il n'y en a plus une seule, toutes les coquilles sont d'origine septen-

---

1. Note A.
2. *Revue des Deux-Mondes*. Liv. du 15 janvier 1867, page 588.
3. Cité par M. le Dr Hamy dans son *Précis de paléontologie humaine*, p. 109. Paris, 1874.

trionale, dans le crag supérieur ou de Norwich, dit « *mammiferous crag,* crag à mammifères ».

C'est à l'horizon géologique immédiatement au-dessus du crag de Norwich que se montre la célèbre forêt sous-marine de Cromer; elle repose le plus souvent sur la craie qui, dans cette région, est restée émergée pendant presque toute l'époque tertiaire.

Comme contre-épreuve du changement de climat pendant la formation des crags, on constate que le crag corallin ne contient que deux seules espèces de coquilles se rapprochant des coquilles arctiques; le crag rouge en a déjà huit, et il y en a douze dans le crag de Norwich. Impossible de voir une double progression concordante, à la fois plus accusée et plus significative.

II. — La transition d'un climat chaud à un climat septentrional fut loin d'être brusque ou même rapide, comme ont cru les premiers glacialistes, et notamment Agassiz; autrement, la flore et la faune de la moitié de notre hémisphère auraient été en danger de périr, sans avoir le temps de céder la place à de nouvelles formes, ou de revêtir elles-mêmes des formes transitoires. On trouve le passage d'une formation à l'autre des crags, marqué par des nuances insensibles; l'accumulation elle-même de mollusques ayant vécu sur place et ayant laissé leurs restes dans une mer non agitée, a demandé à elle seule des siècles sans nombre.

Des pluies diluviennes furent dans les plaines et sur les plateaux l'avant-coureur du régime nouveau. Dans les régions montagneuses, qui prenaient à ce moment même leurs plus hauts reliefs, des neiges abondantes s'entassant chaque année à mesure que les étés devenaient plus courts et moins brûlants et les hivers plus longs et plus sévères, correspondirent aux pluies des régions basses et moyennes. On retrouve sur le plateau central de la France et dans certaines vallées des Alpes et de la Ligurie des traces puissantes de ce régime, à la base des terrains de transport de la première époque glaciaire. Perrier, le Coupet, Soleilhac et Vialette, en Auvergne, la Superga, près Turin, le lac de Côme, en Lombardie, le lac de Zurich, en Suisse, le plateau de la Bresse, près de Lyon, offrent les exemples les mieux connus de ces dépôts formés par les premières extensions des glaciers.

A ce temps si curieux de l'histoire du globe, la Sibérie, la Scandinavie et le Groënland avaient encore le climat du nord de l'Italie. Oswald Heer admet qu'à la fin du miocène, les pins, les peupliers, les aunes et plusieurs autres genres résistants croissaient jusqu'au pôle même, si toutefois les terres se prolongeaient sous le pôle [1]. Rien ne s'oppose donc à ce que le Nord, dans son vaste ensemble, cette patrie mystérieuse des Hyperboréens d'Homère et d'Hérodote, ait rempli alors, pour une partie notable du règne végétal et du règne animal, le rôle qui lui est assigné pour la vie humaine, à une période assurément moins propice de son histoire, celui de « matrice et officine des nations, *vagina et officina gentium* [2] ».

Les contrées arctiques présentaient, en effet, les conditions les plus favorables à l'élaboration des formes nouvelles et au développement des êtres sous toutes leurs faces. C'est là que, pour la première fois, la chaleur originelle du globe avait commencé à se modérer. « Là, selon M. Heer, s'élevait une vaste forêt où dominaient les séquoias, les peupliers, les chênes, les magnolias, les plaquerminiers, les houx, les noyers et bien d'autres essences... De ces divers points nous sont venus non seulement des vestiges de plantes aquatiques, potamots, nénuphars, joncs, mais des empreintes de cyprès-chauves, de thuyas, de pins et de sapins ; puis, de nombreuses traces de platanes, de tilleuls, de sorbiers, d'érables, qui formaient de grandes forêts et qui s'approchaient du 80e degré sans rien perdre de leur puissance... Cet ensemble s'étendait sans interruption, servant de ceinture au pôle miocène [3] ».

Les arbres à larges feuilles, trouvés en si grand nombre dans les dépôts arctiques, donnent l'indication d'étés chauds, de même que les arbres à feuilles persistantes, qui accompagnent les arbres

---

1. Nous croyons cette réserve prudente : le soulèvement mio-pliocène européen faisait alors descendre sous les eaux, par le mouvement de bascule habituel, les régions circompolaires. Cette évolution était en voie de s'achever quand s'ouvrit la 2e époque glaciaire. A. C.
2. Jornandès. *De rebus geticis.*
3. *Le Monde des plantes avant l'homme,* par M. le Mis de Saporta. *Passim.*

à feuilles caduques, dénotent la douceur et l'humidité des hivers. Sous un tel climat, les herbages résistaient facilement à des froids modérés et très passagers ; les fruits tombés à terre et conservés dans leur enveloppe piquante ou écailleuse, les jeunes pousses forestières, les racines comestibles, les ramilles d'arbres verts fournissaient pendant cette saison des ressources abondantes aux grands pachydermes, aux proboscidiens et aux espèces de ruminants, cerfs, daims, bœufs, rennes et saïgas qui leur faisaient cortège.

III. — Grâce à un tel milieu, les mammifères puissants de l'époque, surtout l'éléphant et le rhinocéros, avaient pu se multiplier autour du cercle polaire en quantités si prodigieuses que des îles entières de la mer glaciale semblent faites de leurs dépouilles. On retire annuellement de la Sibérie, pour la Chine seule, depuis les temps les plus reculés, jusqu'à 30,000 kilogrammes d'ivoire fossile. Nul doute que l'existence de ces immenses troupeaux a été contemporaine de la splendide végétation dont on exhume les restes dans les plus récentes formations miocènes de l'extrême nord.

M. Hopkins, astronome anglais, a démontré que, si un affaissement du nord de l'Europe permettait au Gulf-stream de conduire ses eaux chaudes dans la mer glaciale et directement jusqu'aux régions sibériennes, le nord de l'Asie pourrait jouir d'un climat aussi tempéré qu'est maintenant celui de l'Europe septentrionale, et qu'il serait de nouveau possible aux éléphants et aux rhinocéros de trouver des pâturages dans les contrées où leurs cadavres sont enfouis dans un sol continuellement congelé [1]. Cette hypothèse s'est réalisée au cours de la première époque glaciaire. C'est, ainsi que nous le verrons bientôt, ce qui a contribué le plus à maintenir, contre l'influence cosmique générale, la douceur de la température dans les régions arrosées par la nouvelle mer du Nord,

On entend cependant encore parler quelquefois de l'éléphant sibérien, *Elephas primigenius*, le même que le mammouth, comme

---

1. Prof⁻ Bronn, Acad. des sciences. *Comptes rendus,* 1861.

d'un animal des pays froids. « Mais, me disait-on, écrit M. Sirodot, doyen de la Faculté des sciences de Rennes, si ces éléphants (il était question de ceux du Montdol), ont réellement vécu sur le sol de la Bretagne, la température devait être plus élevée qu'aujourd'hui. — Il est probable, répond à cette objection le savant professeur, il est probable qu'elle était, au contraire, notablement plus basse, les animaux que la nature a revêtus d'une fourrure aussi épaisse que celle des mammouths vivant exclusivement dans les pays froids [1]. » Nous craignons bien que, dans ce débat entre M. Sirodot et ses interlocuteurs, la vérité ne soit du côté de ces derniers. L'objection, pour être faite par des personnes sans prétention scientifique, n'en était pas moins digne d'être approfondie ; elle appelait, croyons-nous, tout autre chose qu'une négation péremptoire et une affirmation sans réserves.

Traitant la même question, il y a plus de vingt ans, le naturaliste Zimmermann faisait observer que toute la verdure de la Sibérie, c'est-à-dire d'un pays presque aussi grand que l'Europe, suffirait à peine à l'entretien de deux de ces monstres [2]. Et à la veille de la période glaciaire, ils s'y montraient par millions !

Nous savons bien que Darwin et Lyell ont cherché à contester la ration élevée de nourriture, regardée généralement comme nécessaire au soutien de la vie chez ces énormes animaux. Il faut voir dans cette tentative malheureuse l'effet d'une réaction exagérée contre l'ancienne théorie des révolutions subites, des cataclysmes universels, et un argument un peu hasardé en faveur de la théorie des causes lentes et actuelles, dont les deux illustres savants ont été les ardents promoteurs. On peut du reste leur concéder telle réduction qu'ils aient eu en vue sur le régime des éléphants et rhinocéros sibériens, sans que cette concession porte atteinte au raisonnement de Zimmermann.

« L'éléphant éteint de Géorgie, dit Pictet [3] (c'est ainsi qu'il

---

1. Conférence du 8 mai 1874.

2. *L'Homme.* Un vol. in-8°. Paris, 1874.

3. *Traité de paléontologie*, 2ᵉ édition, tome 1ᵉʳ, page 284.

appelle le mammouth), se rencontre à l'état fossile depuis la rivière Alatamaha, latitude 33° 50, jusqu'aux mers polaires, et de nouveau, depuis la Sibérie jusqu'au midi de l'Europe. » — « *Jusque dans le nord de l'Afrique*, » écrirait aujourd'hui le naturaliste génevois, le mammouth ayant été récemment trouvé aussi loin dans le sud que Philippeville, en Algérie. Rapproché comme il l'est par plusieurs de ses caractères de l'éléphant d'Asie, le mammouth a dû prendre naissance dans les mêmes régions. Que les latitudes fussent septentrionales ou méridionales, cela n'importait que médiocrement, à l'origine, alors que les climats étaient par tout le globe à peu près égaux. Le professeur Charles Vogt tient pour la latitude indienne : « Parmi les mammifères manifestement miocènes, écrit-il [1], et identiques avec ceux du miocène de Pikermi (Attique) et de Sansan (France), se trouvent aux collines de Sewalik, dans les Indes, des éléphants et des bœufs qui ne se rencontrent en Europe que dans les terrains pliocènes. Quelle autre conclusion peut-on tirer de ces faits, sinon que les éléphants et les bœufs se sont propagés depuis les Indes jusqu'en Europe, et que cette migration, longue et pénible sans doute, a absorbé un espace de temps tellement considérable, qu'ils n'y sont arrivés que dans l'époque pliocène. »

Ce qui paraît, en effet, probable, c'est que le mammouth a eu son berceau aux bords du Gange ; il aurait occupé la Sibérie, alors comprise dans la zone subtropicale, avant de passer en Amérique, d'un côté, et en Europe, de l'autre [2]. Dans l'opinion du célèbre naturaliste américain, le Dr Asa Grey, le mouvement se serait accompli en sens contraire, et c'est le Nouveau-Monde qui aurait vu naître les grands proboscidiens, depuis le deinothérium jusqu'au mammouth.

Tertiaire en Sibérie, suivant Lartet [3] et autres savants, le mam-

1. *Revue scientifique*, 1879, page 979.

2. Il a pu pénétrer dans le Nouveau-Monde par l'un de ces isthmes ou même l'une de ces régions qui reliaient encore les deux continents par le Nord au commencement du pliocène.

3. Consulter le memoire de Lartet sur les émigrations anciennes des mammifères. *Comptes rendus* de l'Académie des sciences, 1858, sem., page 409.

mouth a fait son entrée en Europe pendant la période de transition du *Forest-bed* [1]. Or, le *Forest-bed*, en autres termes, la forêt de Cromer, est attribué maintenant par tous les géologues au pliocène supérieur. Dans la véritable acception du mot « tertiaire » chez les auteurs que nous venons de nommer, le mammouth appartient au miocène de la Sibérie.

Ainsi le mammouth, aussi loin que l'on peut remonter vers son berceau, appartient à la faune des contrées chaudes. Comme le mastodonte auquel le rattachent par degrés de nombreuses espèces et variétés aujourd'hui bien connues, il a vécu dans le nord et s'y est même prodigieusement multiplié, mais c'a été seulement tant que le nord a participé aux conditions climatales du midi, et que la végétation, soutenue par la chaleur et par l'humidité, a fourni en abondance à l'entretien des immenses troupeaux qu'il formait. Quand les lentes approches de la période glaciaire se sont manifestées, sa constitution vigoureuse lui a permis de supporter les atteintes du froid naissant, comme aux éléphants d'Annibal, éléphants africains cependant, de traverser les passes neigeuses des Alpes et de séjourner pendant quinze ans dans les contrées montagneuses du sud italien. Mais à mesure que les épais et luxuriants fourrés de ses forêts polaires s'affouillaient sous l'avance du flot marin ou s'éclaircissaient sous le progrès du froid, lui refusant de plus en plus, chaque année, la nourriture à la fois copieuse et choisie dont il avait besoin, il a dû reculer de proche en proche vers des contrées demeurées plus sûres et plus clémentes. L'émersion des steppes de la Russie méridionale et du détroit qui joignait la Mer Caspienne à la Mer Glaciale, lui ouvrit, à lui comme aux premières tribus humaines mongoloïdes, le chemin de l'Europe. Pendant le pliocène supérieur et les débuts de la période quaternaire, phase de soulèvement pour l'Europe centrale, il est arrivé d'étape en étape sur les bords de notre Océan. Nous l'y retrouvons au Montdol, à l'époque interglaciaire. Au même temps, il pénètre jusque dans le Latium où l'on rencontre ses restes dans

1. Cf. avec le Dr Hamy. *Précis de paléontologie humaine.* Paris, 1874.

le tuf pliocène des collines de la ville éternelle. L'absence de ses dépouilles dans la Scandinavie et dans l'Allemagne du nord, alors sous les eaux, confirme et cet itinéraire et cette chronologie de sa migration.

La nature prévoyante lui ménageait une autre ressource pour adoucir la transition.

Sous l'influence croissante du froid, le système pileux du mammouth, jusqu'alors sans doute à l'état rudimentaire, comme on le voit encore de notre temps chez le rhinocéros d'Afrique, s'était développé d'une manière normale. Une crinière noire très courte (35 à 50 centimètres) était descendue sur ses épaules et sur ses flancs; des poils de couleur fauve et une laine fine plus claire complétaient la défense de ces animaux contre le froid. La toison s'allongeait et s'épaississait avec la détérioration du climat. On a trouvé des mammouths enfouis sous les glaces du nord; quelques-uns d'eux, apportés sans doute de régions moins froides par les débordements annuels des fleuves de l'Oural, n'avaient encore que que quelques touffes de poil. En même temps, le rhinocéros à narines cloisonnées *(Rh. tichorhinus)* revêtait près de son fidèle compagnon une toison grossière.

Nous ne voyons dans cette adaptation à un climat nouveau que l'exercice de cette faculté précieuse accordée aux mammifères d'accommoder leurs habitudes, leur organisation même, dans une certaine mesure, à des conditions nouvelles de milieu. Disciple de l'école monogéniste, celle qui fait dériver d'un seul couple primitif toutes les variétés de l'espèce humaine sous l'influence des milieux divers, nous sommes dans la doctrine de cette école, en soutenant une telle proposition.

« Les caractères les plus superficiels, dit Cuvier [1], sont les plus variables : la couleur tient beaucoup à la lumière, l'*épaisseur du poil à la chaleur*, la grandeur à l'abondance de la nourriture. » — « Les rapprochements paléontologiques, écrit Édouard Lartet [2],

---

1. *Discours sur les révolutions du globe.* Édition de Hoefer, page 79.
2. *Comptes rendus* de l'Académie des sciences, année 1856.

nous donnent en quelque sorte la mesure de l'adaptation possible des mammifères aux conditions climatologiques les plus diverses. Ainsi...... on constate que le bœuf musqué, le lemming, le renne, etc., espèces redevenues exclusivement subarctiques, ont pu se rencontrer dans le centre de l'Europe avec un éléphant et un rhinocéros qui vivent présentement dans le centre de l'Afrique. »

Les exemples de variations du même animal, dans des cas analogues, sont vulgaires et connus de tout le monde. On en remarque qui dépassent de beaucoup en amplitude et en portée physiologique les modifications du système pileux. « Les hyènes, rapporte Adolphe Pictet [1], ont, dans la forme de la tête et dans la dentition, des caractères que quelques auteurs croient pouvoir expliquer par des changements de climat. »

Si l'on renverse, pour le mouton et l'oie d'Europe, les conditions de leur séjour ordinaire ; si de la Saxe, par exemple, on les transporte dans l'Amérique ou dans l'Afrique équatoriale, ils y perdent, l'un sa laine, l'autre son duvet. En Amérique, tous les bœufs sans exception descendent des mêmes bœufs européens importés au XVIe siècle dans le nouveau monde par les Espagnols ; et cependant, après moins de quatre siècles, on y trouve tous les intermédiaires entre la toison la plus abondante, comme c'est le cas pour la race des hauts plateaux de la Cordillière, et la peau presque nue des bœufs Pélonis, ou même la peau entièrement nue des bœufs Calongos, dans les plaines basses du Paraguay [2]. Les nègres, à corps glabre, transportés en Amérique et soumis tout à coup à un changement de conditions et de circonstances, ont rapidement un redéveloppement de poils sur la poitrine [3].

Quelles variations devaient se produire aux époques géologiques, dans le cours d'un temps sans mesure et par le concours d'énergies primitives en pleine action !

Répétons-le donc : ce qui a chassé le mammouth des régions

---

1. *Traité,* tome 1er, page 223. Deuxième édition.
2. Emile Ferrières. *Le Darwinisme,* Paris, 1879.
3. Grant-Allen. *Revue britannique,* février 1880, page 430.

circumpolaires et l'a porté à descendre dans nos contrées, c'est moins le froid qu'une conséquence directe du froid : la paralysie hibernale de ce qui, au commencement du pliocène moyen, avait survécu de la florissante et sempervirente végétation miocène du nord. Quand les hivers étaient venus à se prononcer en intensité et en durée ; quand aussi le renversement de l'oscillation mio-pliocène du sol eut fait émerger le pôle, et repoussé vers le midi les courants chauds du gulf-stream, il avait déjà gagné les vallées basses des zones tempérées actuelles, toutes restées presque aussi chaudes qu'à présent, même pendant les époques glaciaires, et devenues beaucoup plus chaudes pendant l'époque interglaciaire. Cette dernière condition était précisément celle de la vallée du Montdol, au temps où le mammouth l'habitait, comme semblent l'avoir pressenti les interlocuteurs de M. Sirodot.

La crinière du mammouth et sa toison laineuse, au lieu d'être des caractéristiques de l'espèce, sont donc, comme le duvet de l'eider, comme l'épaisse fourrure des mammifères terrestres arctiques, des attributs purement adventifs, et n'ont pas empêché qu'il fût classé par l'auteur du *Cosmos* au nombre des animaux des pays chauds. D'Orbigny paraît de longtemps l'avoir compris ainsi : « Il était couvert, écrivait ce savant dès 1844 [1], il était couvert, *du moins dans le nord,* d'une laine grossière et rousse et de longs poils raides et noirs qui lui formaient une crinière le long du dos, *toison qui lui permettait de vivre dans les pays froids.* » Le Dr Falconer, l'un des plus savants paléontologistes de l'Angleterre, s'exprime à ce sujet dans le même sens : « Nous ne sommes pas obligés de supposer, dit-il, que cet ancien éléphant, dont la distribution géographique s'étendait en Europe depuis le Tibre jusqu'à la Léna [2], et, dans l'Amérique septentrionale, depuis la baie d'Escholtz [3] jusqu'au golfe du Mexique, était enveloppé, dans toutes les latitudes, d'une épaisse fourrure. » Si ces affirmations n'ont pas la netteté voulue, il faut l'attribuer à ce que, du temps où elles

---

1. *Dictionnaire universel d'histoire naturelle,* ve Mammouth.
2. Sibérie asiatique, 72e degré.
3. Amérique russe, 66e degré.

étaient formulées, on était sous le coup de la découverte encore inexpliquée des cadavres gelés d'éléphants laineux en Sibérie, et bien moins avancé dans la connaissance des époques glaciaires.

Ainsi que le pensaient Falconer et d'Orbigny, le mammouth n'a pu être pourvu d'une défense contre les basses températures pendant ces siècles de haute chaleur auxquels se rapportent les prodigieux amas fossiles de ses dépouilles dans les régions arctiques. La nature ne fait rien d'inutile ni surtout de contradictoire. Mais il a dû conserver cette défense, une fois prise, jusqu'au sein du midi, quand le froid l'y a poursuivi, dans les hautes vallées du Périgord, par exemple, où les artistes de l'*âge du renne* (2ᵉ époque glaciaire) l'ont ainsi représenté sur une lame d'ivoire découverte, en 1864, par Édouard Lartet dans la grotte de la Madeleine.

En revanche, au terme de sa migration, dans les plaines de l'Andalousie et du Latium, sur les versants de l'Atlas, dans les savanes de la Floride, il dut cesser de revêtir la livrée des pays froids. De même, pendant la longue trêve de l'époque interglaciaire, cette trêve au sein de laquelle ont eu le temps de florir la forêt de Cromer et de s'accumuler les lignites de Durnten et d'Utznach, il avait dû dépouiller cette livrée que le climat non seulement ne demandait plus, mais qu'il repoussait. Or, nous établirons que, justement à cette même époque, vivaient les éléphants du Montdol.

IV. — C'est dans un état voisin de celui où leur espèce avait pris naissance, que les premiers symptômes du refroidissement vinrent surprendre les gigantesques animaux de l'Asie septentrionale. L'affaissement des contrées circompolaires pendant le pliocène, se joignit à la révolution du climat pour les refouler vers le midi [1]. Ils y arrivèrent, le mammouth devançant le rhinocéros à narines cloisonnées. On croit avoir trouvé en Angleterre des vestiges du mammouth dans des terrains attribués au pliocène inférieur, mais cette attribution est contestable. La véritable place du

1. Note B.

mammouth est dans le pliocène supérieur et le quaternaire, c'est-
à-dire dans l'époque interglaciaire et la deuxième époque glaciaire.

V. — Au même temps, la dépression des contrées du nord africain accentuait un mouvement qui datait de la mer éocène des
nummulites, et repoussait progressivement vers l'Europe du midi
de nombreuses tribus animales. Au commencement du pliocène, la
rupture des derniers isthmes de la Méditerranée leur ferma tout
retour en arrière [1]. On les voit s'avancer du côté du nord, à travers
les terres restées émergées, et pousser une pointe jusque dans les
Iles Britanniques, alors reliées entre elles et avec le continent, et
dont la marge orientale seule [2] était encore sous les eaux.

Le littoral de la Bretagne et de la Normandie actuelles se trouvait
sur la ligne même du passage ; il ne put manquer d'être l'une des
stations de cette longue route. Nous serions étonné que l'avenir,
plus curieux et mieux éclairé que le passé, n'en reconnût pas des
traces nouvelles dans les anciennes alluvions et dans les cavernes
du littoral.

Le double mouvement dont nous parlons trouve sa confirmation
dans les caractères ostéologiques distincts de certaines espèces
d'éléphants fossiles européens, formant transition avec les deux
espèces modernes restées cantonnées dans leur patrie propre [3].
C'est ainsi que le mammouth et l'*el. antiquus* se rattachent par leur
taille et leur système dentaire à lamelles minces et peu festonnées
aux éléphants d'Asie [4], et que les espèces dont les restes sont connus en Europe pour appartenir à « l'*elephas priscus*, à l'*el. meridionalis*, à l'*el. etruscus*, avaient les lames de leurs molaires en lo-

1. Notamment l'immersion de celui dit de l'*Adventure,* entre la Sicile et Tunis.
2. Le Suffolk et le Norfolk, dans la lisière correspondant à la formation des Crags.
3. Note C.
4. Le nom de « *elephas primigenius*, » éléphant premier-né, qu'a reçu le mammouth,
ne se maintient que par habitude. Le mammouth passe maintenant pour l'espèce la plus
récente parmi les espèces éteintes d'éléphants. Ne fût-ce qu'à la simplicité et au peu d'é-
paisseur de ses lamelles dentaires, il devrait être reconnu pour le dernier venu de ces
espèces.

sange comme l'éléphant d'Afrique, et bien probablement comme lui de très grandes oreilles. On trouve les restes de toutes ces espèces dans les mêmes pays et quelquefois dans les mêmes dépôts, avec antécédence générale et très marquée de ces dernières. De cette circonstance on doit déduire que le mouvement de la faune du midi se prononça avant celui de la faune du nord, ce qui est conforme à l'enseignement donné par la dépression éo-miocène de la Méditerranée, et la dépression mio-pliocène des contrées arctiques[1].

VI. — Le littoral occidental de la France dut à une double circonstance de voir la végétation se maintenir plus que dans beaucoup d'autres lieux de même latitude, dans un état favorable à la dépaissance des grands frugivores et herbivores, ses nouveaux hôtes. Le climat était essentiellement océanique, et les extrêmes de l'été et de l'hiver y étaient bien moins éloignés que dans l'intérieur des terres. D'autre part, la situation orographique tient le massif breton éloigné des hauts sommets où se concentrent les vapeurs et se forment les glaciers. Des glaces de fond et de surface ont pu, à la rigueur, se constituer dans ses rivières et sur ses côtes, bien que nous regardions cette conjecture comme peu probable. Jusque dans l'époque géologique moderne, en 1709 et en 1788, on a bien vu la Manche geler le long de ses rivages[2] ; mais aux temps quaternaires, les glaces flottantes du nord ne sont jamais arrivées jusque dans le golfe. Véritable fleuve océanien d'eaux attiédies, le courant venu du Mexique faisait passer son large afflux (30 à 40 kilomètres) à l'entrée même de la Manche. De nos jours, une dérivation qui s'en détache remonte même cette mer. Lorsque le lit qu'elle occupe n'était pas encore ouvert, c'est-à-dire aux derniers temps pliocènes, cette dérivation venait se heurter à l'isthme qui joignait le Cotentin à la Cornouaille anglaise, et n'en procurait que plus efficacement le réchauffement de nos rivages.

VII. — En même temps que le climat, la flore et la faune étaient

---

1. Note D.

2. M. Delesse, *Lithologie du fond des mers*. Tome Ier, page 105.

devenues un compromis entre les termes extrêmes. L'époque interglaciaire fit renaître, vers la fin du pliocène, la situation favorable entre toutes qu'avait présentée le miocène à ses derniers jours.
On dut voir les lauriers-roses se pencher au bord de nos ruisseaux,
le pin-parasol balancer sa cime sur les falaises, les plaqueminiers
ouvrir leurs calices et mûrir leurs fruits dans les plaines, les araucarites et les séquoias épaissir leurs ombres sur les versants des
vallées. Au même cours des saisons, les tapirs, les mastodontes,
les hippopotames et les lamantins du Midi venaient se reposer à
l'orée de ces mêmes lagunes où se jouaient au soleil les phoques et
les morses de la Mer glaciale. Un lion énorme coudoyait dans nos
fourrés le non moins colossal ours des cavernes; l'éléphant et le
rhinocéros y formaient de grands troupeaux, unis par l'instinct de
sociabilité et les besoins de la défense. Le loup suivait les mêmes
pistes que la grande hyène, originaire des déserts lybiens. Quelque
temps encore, et le progrès du froid allait amener dans nos pays,
des plateaux de l'Alpe scandinave fortement surhaussée, le renne
encore à l'état sauvage, et, des sommets de la même chaîne, la
marmotte, voisine et amie des neiges éternelles.

De vastes espaces couverts de bois ou coupés·de marais et de
pâturages, n'avaient pas cessé de s'ouvrir sur nos rives au parcours
de ces myriades d'animaux. Par le coin du voile qu'un heureux
hasard a permis récemment de soulever sur leurs restes, on a pu
mesurer l'étendue des trésors paléontologiques que la mer, à ses
divers retours, a ensevelis dans nos grèves.

Au sein des endroits les mieux abrités du littoral avaient
dominé d'abord les arbres à feuilles persistantes, généralement venus des zones méridionales : lauriers, cistes, thuyas,
cyprès, lentisques, chênes-verts et autres, appartenant au même
milieu tempéré chaud. A mesure que s'accentuait l'altération du
climat, les arbres à feuilles caduques, qui s'étaient propagés du
nord au midi, chênes-rouvres, bouleaux, trembles, liquidambars,
aunes, châtaigniers, noyers, cerisiers, hêtres, frênes, ormeaux,
prenaient plus de place, chacun dans la proportion de sa rusticité
ou des conditions du sol.

De leur côté, les animaux du Midi reculaient déjà avec leur flore propre. Pourtant, dans la seconde moitié du pliocène supérieur et les premiers temps quaternaires, c'est-à-dire au cours de l'époque interglaciaire, aux jours de cette flore gracieuse à la fois et puissante, qui a laissé ses empreintes dans le tuf de la Celle-sous-Moret, le paysage du lac de Dol, par exemple, ne devait pas présenter un aspect très différent de celui de certains lacs à grande altitude de l'Afrique australe, quand, au lever du jour, les éléphants, les rhinocéros, les antilopes, toutes les tribus paisibles des herbivores viennent s'abreuver au bord des eaux. La nuit, ainsi qu'à présent, était le domaine des grands carnassiers. La forêt vierge qui séparait et abritait le lac des flots et des vents marins, s'emplissait dans l'ombre de rugissements tels qu'on ne peut plus en entendre que dans les jungles de l'Inde et les savanes du Brésil.

Peu après les débuts de la période quaternaire, ces aspects féeriques de nos basses vallées commençaient à faire place à la verdure sombre de nos modernes étés et à la nudité désolée de nos hivers. La deuxième époque glaciaire s'annonçait. La plupart des arbres et arbustes à feuillage toujours vert périssaient sous le souffle qui descendait du Nord, alors en voie de soulèvement. On vit le sapin lui-même céder la place sur les hauteurs aux tiges nues et pressées du pin d'Écosse. La révolution d'où est sortie notre flore actuelle se consommait.

VIII. — On a sans doute remarqué que nous plaçons dans le pliocène inférieur et moyen les approches et la première manifestation de la période glaciaire. En prenant ce parti, nous ne nous sommes pas dissimulé les inconvénients d'un désaccord avec la chronologie encore enseignée, d'après laquelle les phénomènes glaciaires dateraient seulement des temps quaternaires; mais nous nous confions dans l'empire que ne peuvent tarder à prendre des découvertes récentes et, selon nous, décisives.

Déjà M. Albert Gaudry, avec l'autorité qui lui appartient, semble avoir voulu donner le signal d'un revirement de l'école et de l'opinion. Dans un grand ouvrage en cours de publication, il admet, bien qu'il ait conservé dans le titre la marque de la nomenclature officielle [1], il admet comme acquise une première époque glaciaire, antérieure aux temps quaternaires. « On peut penser, écrit-il (*page* 10), que les glaciers avaient déjà pris une grande extension à l'époque pliocène [2]. »

Une considération que nous suggère la comparaison des faunes testacées du pliocène inférieur et du pliocène supérieur, vient appuyer le report des commencements de la période glaciaire aux temps moyens du pliocène. On sait que les mollusques du pliocène inférieur se rapportent pour plus de la moitié à des espèces éteintes ; ceux du pliocène supérieur, au contraire, ne sont plus avec elles que dans la proportion minime de 5 pour 0/0 [3]. Cet énorme écart dans une faune, de toutes la plus lente à se modifier, ne peut s'expliquer que de deux manières : ou il s'est écoulé, sur la limite des deux grandes sections de l'époque pliocène, une quantité vertigineuse de siècles, ou bien, justement dans cet intervalle, est survenue une révolution atmosphérique dont l'effet a été, au sein de l'Europe occidentale en particulier, de détruire un grand nombre d'espèces ou d'en changer profondément la distribution géographique. La seconde solution est seule, croyons-nous, en concordance avec la marche générale des faits.

Une telle dépression dans la température pliocène, dépression précédant les éruptions volcaniques de l'Auvergne, ne peut être autre que celle de la première époque glaciaire.

La question a été, dans ces dernières années, l'objet d'observations de plus en plus précises dans tous nos massifs montagneux [4] ; elle a fait de nouveau pas quand, en 1876, un professeur de Milan,

---

1. *Matériaux pour servir à l'histoire des temps quaternaires.* Paris, 1876.
2. Cf. avec un autre passage plus péremptoire du même ouvrage, que nous rapportions ci-après.
3. *Principes*, I, 343.
4. Citons les travaux de MM. Ch. Martins, Collomb, Tardy, Benoît, Gruner, A. Julien, Garrigou, Trutat et Renevier, en France ; de MM. Morlot, Desor, Escher de la Linth, A. Favre et Oswald Heer, en Suisse ; de MM. Forbes, Prestwich, Searles Wood, Mac-Laren, Hugh Miller, Smith de Jordan-Hill, A. Geikie, en Angleterre, et Erdmann, en Suède. — Cf. avec le mémoire de M. de Saporta sur *Les temps quaternaires. Revue des Deux-Mondes,* 15 septembre et 15 octobre 1881.

7 *

l'abbé Antonio Stoppani, a constaté que les grands glaciers anciens
du lac de Côme étaient venus baigner leurs extrémités méridionales
dans la mer pliocène des plaines lombardes, et que les dépôts de
cette mer, ces argiles bleues caractéristiques. qui forment de si
puissants amas dans la région (600 m. d'épaisseur, par endroits),
étaient superposés à leurs moraines. Presque au même moment,
M. Trutat montrait au sein de la chaîne des Pyrénées, que les couches relevées du glaciaire ancien, couches bien réellement pliocènes comme le constatent leurs fossiles, supportent les marnes
bleues fossilifères, également pliocènes, des Nidolières.

Aussi, MM. Falsan et Chantre, dans leur monographie géologique
des anciens glaciers et du terrain erratique de la partie moyenne
du bassin du Rhône [1], se montrent favorables à l'opinion que nous
avons adoptée. L'un des auteurs, M. Chantre, dans un autre ouvrage,
publié en commun avec M. Lortet [2], y apporte une confirmation
implicite. « Dans tous ces gisements, écrit-il, les graviers contenant
des vertébrés fossiles recouvrent partout la moraine ancienne (page
22). » Les deux savants auteurs placent comme nous dans le pliocène moyen et supérieur les premières alluvions glaciaires ; les
autres et le terrain glaciaire proprement dit du Rhône, dans le
quaternaire.

Certains géologues vont plus loin encore : ils font dater du miocène les premières manifestations glaciaires ; quant aux dernières,
elles comprendraient la période quaternaire et la période géologique moderne tout entière ; comme Charles Lyell, ils effacent de la
nomenclature la période quaternaire, que rien dans la flore ni dans
la faune ne leur semble distinguer radicalement de la période
moderne.

L'attribution de la première époque glaciaire au pliocène ne
change rien au fond ni à l'ordre des faits acquis à la science : elle
recule seulement les phénomènes d'un cran dans la série géologique. Un certain trouble, nous le reconnaissons à regret, se trouve

---

1. Deux volumes avec atlas. Lyon, 1880. — Cet ouvrage a valu à ses auteurs un prix de
5,000 fr. de l'Académie des sciences.
2. *Etudes paléontologiques sur le bassin du Rhône*. Un vol. in-f°, 1875, page 22.

jeté dans la lecture des ouvrages classiques. C'est le sort de toutes les sciences fondées essentiellement sur l'observation. Un fait nouveau ou simplement mieux étudié, vient de temps à autre déranger l'économie des constructions en apparence les plus solides.

Il n'est que juste de faire remarquer, d'ailleurs, que cette division de la période glaciaire en époques tranchées, division fondée sur l'observation par grandes masses des faits, n'a pu tenir compte des oscillations locales ou temporaires du climat. M. Archibald Geikie croit reconnaître sur la côte orientale de l'Angleterre jusqu'à quatre phases interglaciaires, toutes comprises dans la phase interglaciaire générale. Cette dernière, en elle-même et dans son ensemble européen, nous paraît solidement établie. Il y a bien eu, croyons-nous, entre deux stades de froid un stade de détente. Très marqué dans les massifs montagneux et à leurs abords, ce dernier stade l'a été bien moins dans les plaines basses et sur le littoral océanique : le recul des glaciers vers la fin du pliocène, la végétation contemporaine de la forêt de Cromer et le drift qui la recouvre, l'accumulation des lignites aux environs de Zurich entre deux formations glaciaires, l'intercalation d'une faune méridionale entre *l'âge de l'ours des cavernes* et *l'âge du renne,* tous ces phénomènes donnent une mesure du relèvement de la courbe du climat glaciaire pendant une longue série de siècles.

Sous le bénéfice de la réserve dont nous l'accompagnons, nous emploierons pour le classement des faits de la région normanno-bretonne la division de la période en cinq grandes époques : préglaciaire, 1ʳᵉ glaciaire, interglaciaire, 2ᵐᵉ glaciaire et postglaciaire.

NOTES DU CHAPITRE VI

Note A, page 88. «... cherchent dans des influences cosmiques ».

M. Charles Martins a récapitulé, à la fin de son beau travail sur les époques glaciaires (1867), les causes si diverses auxquelles la science a tour à tour demandé l'explication du phénomène. Depuis la publication de ce travail, de nouvelles hypothèses ont été mises en avant ; aucune ne paraît entièrement satisfaisante: Au résultat, malgré de nombreuses recherches et de brillantes théories, il n'y a jusqu'à présent pas eu de solution qui se soit imposée à l'opinion: « L'ancienne extension des glaciers est un fait, dit M. Charles Martins ; la découverte des causes qui l'ont produite sera l'honneur des futures générations scientifiques. »

Note B, page 98. «... les refouler vers le midi ».

Des régions polaires venaient aussi les grands végétaux que l'Éléphant sibérien trouva acclimatés en Europe. Dans sa lente migration, cet animal dut à peine s'apercevoir d'un changement de milieu.

Note C, page 99 «... dans leur patrie propre ».

Au cours des quinze dernières années, de nombreuses espèces d'Éléphants fossiles, intermédiaires entre le mastodonte et le mammouth, ont été découvertes. En Europe, on en a trouvé jusqu'à vingt-cinq.

Note D, page 100. «... des contrées arctiques ».

La Méditerranée ne date que du milieu de l'époque miocène ; elle a été la conséquence du soulèvement des Alpes. Mais dès l'éocène, la Mer des nummulites avait ébauché les contours de son bassin, et avait occupé, entre autres, le littoral nord de l'Afrique sur une grande profondeur.

Quant aux terres arctiques, la végétation des zones tempérées chaudes qui les couvrait s'arrête *brusquement* dans la seconde moitié du miocène. Si le phénomène avait tenu à une dépression de la température, il se fût accompli avec une certaine lenteur, et il serait resté des traces de la flore de transition qui se serait substituée à la précédente. Or, il n'en a rien été. Dans notre opinion, l'affaissement du sol polaire a précédé le refroidissement glaciaire, et la végétation luxuriante du pôle a péri, non sous la rigueur du nouveau climat, mais sous l'avance du flot marin surmontant peu à peu les sommets qui s'affaissaient l'un après l'autre sous les eaux.

CHAPITRE VII

I. Aggravation accidentelle de la 1re époque glaciaire. — II. Triple mouvement du sol dans l'hémisphère nord : subsidence des régions arctiques, soulèvement de l'Europe, subsidence du nord-africain. — III. Glaciers. — IV. Débâcle.

I. — La cause accessoire et prochaine du refroidissement de la première époque glaciaire doit être cherchée dans les graves changements orographiques qui se produisirent en Europe, sur la limite des temps miocènes et pliocènes. Pour ne parler que de l'événement capital, le surgissement des Alpes occidentales, ce massif fut porté du niveau de la mer jusqu'à 2,000 mètres au moins au-dessus de ses sommets actuels les plus élevés, le Mont-Rose et le Mont-Blanc. « Depuis ce moment, écrit M. Albert Gaudry [1], la mer n'a plus pénétré dans l'intérieur du continent européen.... mais sans doute l'exhaussement du sol s'est continué, et de là a pu résulter, *vers le milieu de l'époque pliocène,* un abaissement de température qui a amené l'extension des glaciers. » Ces lignes datent de l'année 1876 ; le savant directeur du Muséum, s'il avait de nouveau à les écrire, se montrerait peut-être plus affirmatif, et reconnaîtrait expressément l'époque pliocène, non seulement comme point de départ, mais comme place absolue de la première

---

1. *Matériaux pour servir à l'histoire des temps quaternaires.* 1er fascicule. Paris, 1876.

extension glaciaire, depuis le diluvium alpin primitif jusqu'au premier retrait des glaciers.

Il faut ajouter à la cause spéciale à l'Europe et indépendante d'une cause cosmique générale, l'influence de la submersion concordante des rives africaines de la Méditerranée et d'une partie du Grand-Désert. De ce chef venait une double aggravation du mal : d'une part, la chaleur des vents du midi était considérablement diminuée ; de l'autre, la mer saharienne devenait une source de vapeurs qui, concentrées sur les hauts sommets, s'y résolvaient en neiges abondantes, et fournissaient la matière des glaciers.

Nous savons que cette submersion pliocène du Sahara, professée par Lyell [1], et par la plupart des géologues, est aujourd'hui contestée. Elle est cependant, en principe, la conséquence du mouvement de bascule qui fait descendre sous les eaux le nord et le sud de notre hémisphère quand le centre se relève ; en fait, les tufs coquilliers pliocènes du Maroc, la dépression des *Chotts* entre la Méditerranée et le Désert, l'ancienne union pliocène des deux adriatiques africaines, la Mer Rouge et le Bas-Nil, le soulèvement quaternaire du seuil de Chalouf entre les deux mers [2], l'existence incontestée de coquilles marines dans les sables du Grand-Désert [3], tous ces indices viennent à l'appui de l'opinion de Lyell et de l'induction tirée du développement colossal des glaciers alpins. « On sait, lisons-nous dans les *Études sur le Jura*, de M. Alexandre

---

1. *Principes*, 2ᵉ vol., page 337. Édition de 1873.

2. Dans son *Histoire de l'isthme de Suez*, M. Ritt regarde l'interruption de la communication entre les Lacs amers et la Mer Rouge comme relativement récente. Elle l'est en effet si, comme nous le croyons, cette communication, interrompue une première fois par le soulèvement quaternaire moyen, s'est rétablie pendant la subsidence quaternaire supérieure du Nord-africain, et n'a été interrompue de nouveau que par le soulèvement moderne de la même grande région.

3. Des *Cardium edule*, par exemple. Il est bien allégué à l'appui de la négation d'une mer saharienne, que cette coquille a été trouvée, en Algérie, associée à des coquilles lacustres. Mais ce qu'il faudrait aussi faire remarquer, c'est que les dépressions où cette association se rencontre, peuvent avoir été des fonds de mer, et que, comme les poissons des couches profondes du Lac de Tibériade, les *Cardium edule* de l'Algérie doivent, après le retrait de la mer, s'être adaptés à de nouveaux milieux, eaux saumâtres, puis eaux douces.

Vézian [1], on sait que les glaciers ne s'alimentent qu'au moyen d'abondantes chutes de neige. Ces chutes de neige ne peuvent être abondantes que dans le cas où les régions voisines sont le siège d'une évaporation très active, qui ne peut, à son tour, être que la conséquence d'un climat plus ou moins chaud. Ce raisonnement, très juste en lui-même, avait conduit quelques savants et et notamment Lecoq, à voir dans la période glaciaire une période de chaleur. Au fond des idées les plus paradoxales, il y a fréquemment quelque chose de vrai. Pendant chaque période glaciaire, le soleil conservait toute sa puissance calorifique ; sous l'équateur, l'évaporation était au moins aussi active que de nos jours. Mais l'eau, une fois transportée à l'état de vapeur vers la région de l'atmosphère placée en dehors de la région intertropicale, y rencontrait une température assez basse pour que sa condensation et sa transformation en neige dussent s'effectuer avec facilité. L'explication des phénomènes glaciaires n'est possible qu'en faisant intervenir en même temps deux causes agissant dans des régions plus ou moins éloignées, et contribuant l'une à élever, l'autre à abaisser la température. »

Les oscillations du rivage nord-africain sont confirmées en elles-mêmes et indépendamment de leur mesure, par M. Hébert. Dans un débat récent [2], prenant la parole devant l'Académie des sciences à propos de la géologie de la contrée tunisienne et algérienne où le commandant Roudaire propose de refaire une mer intérieure, le savant professeur de la Sorbonne exprime l'opinion qu'il n'y a pas eu, comme la tradition le laisse entendre, un golfe proprement dit à Gabès. « Il y a eu seulement, a-t-il dit, *communication directe entre les Chotts et la Méditerranée*, à la période quaternaire ; puis, *à la fin de cette période*, un léger *soulèvement* a séparé les Chotts de la mer, en donnant naissance au seuil de Gabès, ancien fond maritime émergé. Cet exhaussement a, d'ailleurs, continué sans interruption, même depuis l'époque romaine ; car des postes ro-

---

1. Deux tomes, I, page 192. Paris, 1874.
2. *Journal officiel*. Compte rendu de la séance du 30 mai 1881 de l'Académie des sciences.

mains qui étaient alors placés au bord de la Méditerranée, sont aujourd'hui à quatre kilomètres dans l'intérieur des terres. Le terrain de la Tunisie comme celui de l'Algérie, est surtout composé de couches crétacées, avec très peu de terrain tertiaire ; le sol de la Tunisie s'est donc trouvé émergé entre l'époque de la craie et la fin du miocène. »

II. — C'est en d'autres termes ce que nous avons laissé entrevoir à propos des mouvements du sol dans le golfe normanno-breton. Nous avons fait plus, il est vrai : par une généralisation qui a paru hardie, nous avons fait entrer les oscillations du nord-africain dans le rythme d'une grande vague de l'écorce terrestre entre le pôle et l'équateur. Dans une ou plusieurs de ses phases et notamment dans celle qui correspond à la première époque glaciaire, la subsidence du littoral sud de la Méditerranée a-t-elle livré passage à cette mer jusqu'au fond du Grand-Désert ? Nous n'oserions l'affirmer, mais appuyé sur l'opinion de M. Hébert, nous disons au moins qu'elle s'en est approchée. Il n'en faut pas plus pour donner une base solide à l'explication des phénomènes dont les Alpes furent à cette époque le théâtre.

Les graves événements orographiques et météorologiques contemporains de la première époque glaciaire, ont eu certainement une part de responsabilité dans l'intensité du fléau ; nous nous refusons cependant à y voir autre chose que des causes secondes. On verra plus loin que la 2ᵉ époque glaciaire, au lieu de coïncider avec une phase de soulèvement, correspondit à un mouvement de subsidence dans l'Europe du nord-ouest. Nouvelle preuve que la période glaciaire, si elle a été influencée dans des sens divers par les oscillations de l'écorce terrestre, a eu des origines indépendantes de ces mouvements.

Au sein de la région spéciale qui nous occupe, le froid naissant fut tempéré par la bénignité relative des vents du nord ; ces vents prenaient, en effet, origine sur une vaste mer où remontaient librement les courants équatoriaux, au lieu de descendre, comme ils le firent dans la 2ᵉ époque, du sommet émergé des régions circompolaires soulevées. L'éloignement où se trouvaient les Alpes, devenues pour un temps le centre du froid, concourt aussi à expliquer l'immunité de la région normanno-bretonne. « Force est d'admettre, dit M. François Lenormant [1], que si les glaciers des montagnes avaient un prodigieux développement, si le froid était un peu vif sur les plateaux élevés, la température des vallées plus basses offrait un contraste marqué, et était assez chaude pour convenir à des espèces animales dont l'habitat est en Afrique. »

Le golfe et le littoral qui l'entoure étaient certainement au nombre de ces régions privilégiées. Animaux et végétaux de nombreux genres et espèces ont dû y trouver un abri contre l'influence qui prévalait sur les hauteurs ; nous ne connaissons toutefois parmi ces derniers aucun de leurs restes, si ce n'est la couche inférieure des forêts sous-marines de la plage en avant de Morlaix, que l'on puisse avec assurance rapporter à la première époque glaciaire.

M. Charles Martins a calculé que, dans notre Europe moderne, configurée comme elle l'est aujourd'hui, c'est-à-dire présentant des masses continentales compactes, un simple abaissement de 4° dans la moyenne thermométrique annuelle, suffirait pour reproduire à la longue les effets de la période glaciaire. Sur cette base, la moyenne du golfe aurait eu à descendre de 12°3 à 8°3, à celle de Copenhague. En réalité, par suite des circonstances précédemment invoquées, l'abaissement fut beaucoup moindre et resta limité à un ou deux degrés au plus dans le temps le plus sévère. Au sein de l'état actuel des choses, le passage du climat océanien au climat continental, sur lequel a calculé M. Ch. Martins, s'accuse parfois en hiver par des différences de 12 à 15° à des distances aussi rapprochées que Paris et l'embouchure de la Rance.

M. le professeur Contejean se montre disposé à contester la faible dépression de chaleur proposée par son savant collègue. « Il est à peine nécessaire, dit-il, de supposer un abaissement de

1. *Les premières civilisations*, tome 1er, page 25. Deux vol. in-18. Paris, 1873.

température pour expliquer l'énorme extension des glaciers. Si le refroidissement n'était pas rendu manifeste par la nature de la faune, on pourrait presque le nier ; en tout cas, il a été assez modéré [1]. »

Dans les montagnes du Jura, immédiatement subordonnées alors par la continuité des glaciers à la grande chaîne des Alpes, la température moyenne annuelle tomba à — 2°7 [2]. L'écart avec la moyenne moderne est énorme, mais la différence des milieux suffit amplement à l'expliquer. La vallée entre le Jura et les Alpes était entièrement comblée sur une profondeur de 600 à 1,000 mètres. Le seul glacier du Rhône, à Culoz, à Chambéry, à Grenoble, avait, d'après M. Daubrée, une épaisseur qui approchait de ce chiffre [3]. De la cime du Mont-Blanc, bien plus élevée que de nos jours, les blocs erratiques étaient portés sur les plus hauts sommets du Jura, qui en sont distants de quarante lieues. Par rapport à la Bretagne du nord, ce dernier massif a un avantage de 2° de latitude ; mais ces 2° ne compensent la différence d'altitude (1,200 mètres au maximum) que jusqu'à concurrence de 320 mètres. L'excès du froid provenait donc à la fois de la situation orographique et de l'investissement par les glaces.

III. — Connut-on en Bretagne, dans la région du golfe qui présente les sommets les plus élevés, le terrible phénomène des glaciers terrestres ? MM. Hénos et de Tribolet croient en avoir trouvé, chacun de son côté, des traces au pied des collines centrales. Nous aurions peine à nous rendre compte d'un tel fait. La plus haute cime de nos chaînes bretonnes, le mont Saint-Michel-de-Braspartz, n'atteint que 391 mètres au-dessus de la mer. Quelque chose avait été ajouté à cette altitude par le soulèvement contemporain de la première époque glaciaire ; mais elle était restée beaucoup au-dessous du niveau de 1,000 mètres auquel cette même époque avait vu descendre, dans les Alpes, la limite des neiges perpétuelles,

1. *Éléments de géologie et de paléontologie.* Un vol. in-8°, Paris, 1874, page 696.
2. A. Vézian, *Études sur le Jura.*
3. Académie des sciences. *Comptes-rendus*, 4 mars 1878.

condition de l'existence des glaciers [1]. Des terrains de transport alluviens ou diluviens, tels que nous en voyons sur le littoral, ont pu être pris pour des moraines. Nous faisons appel aux honorables observateurs pour un nouvel examen.

IV. — Le même régime de pluies qui avait précédé le refroidissement décisif se montra vers son terme. Dans les étés, la fonte partielle et le recul des glaciers changeaient en torrents les moindres vallées des régions voisines des montagnes. Par endroits, suivant la nature et les pentes du sol, s'accumulaient des dépôts ou se profilaient des traînées de cailloux et de fragments anguleux des roches voisines. Ce terrain de transport, caractérisé par l'absence de toute stratification, a reçu dans le bassin de Paris le nom de « Diluvium gris ». Les plateaux et les plaines se revêtaient au loin en même temps d'un épais manteau de limon jaune et fin, produit du broiement des roches par les glaciers en marche. Celui qui suivit la deuxième époque glaciaire a reçu dans la vallée du Rhin le nom de « Lehm » ou de « Lœss ». On désigne généralement par « alluvions anciennes, limons des terrasses et des hauts niveaux » le terrain de transport de la première époque. Nous en retrouvons l'analogue jusqu'en Bretagne et en Normandie ; il y est connu sous le nom de « terre franche ». C'est une boue glaciaire, jaunâtre, plastique, lixiviée, sans fossiles. Elle a dû venir de loin et se déposer lentement sur le sol, à une époque où les reliefs étaient moins variés et moins prononcés qu'à présent. Il n'en est resté que des lambeaux à la suite d'ablations et de ravinements multipliés.

1. A. Meugy. *Leçons de géologie*, page 11. Un volume in-12. Paris, 1871.

CHAPITRE VIII

ÉPOQUE INTERGLACIAIRE.

I. Retour de la chaleur. — II. Climat. — III. Flore. — IV. Faune. — *Notes.*

I. — Des jours meilleurs avaient lui sur l'Europe centrale dès avant le dépôt du limon des terrasses et des hauts niveaux, dépôt qui avait marqué le terme de la première époque glaciaire. Les hivers avaient cessé d'accumuler les neiges sur les neiges des précédents hivers. On voyait les glaciers reculer vers les hautes combes des montagnes. Les cours d'eau étaient encore torrentiels : sous leur influence prolongée, les plis de terrain devenaient des vallées qui peu à peu se coordonnaient entre elles. Le cours de Guyoul en amont du Carfantin, près Dol, entre deux collines de schistes sans consistance, et le cône de déjection qu'il a formé entre Dol et le Montdol, sont un bon exemple de ces vallées d'érosion et des dépôts qui en sont sortis.

Grâce à la chaleur renaissante, les contrées au voisinage des montagnes ne tardèrent pas à se relever de leurs ruines. La région du golfe avait bien moins à réparer que beaucoup d'autres situées sous la même latitude. A la suite de l'affaissement miocène des terres atlantiques, quelles qu'elles aient pu être, le Gulf-Stream avait, nous l'avons dit, détaché de son lit principal un courant qui avait amené pour la première fois dans les parages des deux Cornouailles les eaux chaudes du Mexique. C'est celui qui, prenant son cours à l'ouest, vers le 43ᵉ degré, à l'extrémité nord de la mer des Sargasses [1], contourne le golfe de Gascogne, la Bretagne et l'Irlande. Toute la zone de terres baignées par ce courant, lui avait dû une douceur exceptionnelle de climat pendant la première époque glaciaire ; on le verra désormais contribuer d'une manière permanente à faire fléchir en faveur de cette zone les lignes isothermiques. La persistance d'espèces animales du Midi sur notre territoire montre que le sol n'avait pas cessé de se couvrir des herbes, ramilles et fruits spontanés nécessaires à l'alimentation des tribus qui vivent des produits immédiats de la terre. Quant aux carnassiers, leur régime était assuré par le maintien sur place des populations herbivores.

II. — En Danemark même, à 6° plus au nord, la transition de la première époque glaciaire à l'époque interglaciaire semble avoir été peu sensible. D'après Oswald Heer [2], les végétaux, au sein des montagnes de la Suisse, auraient pris dès lors le faciès qu'ils ont dans la période moderne : sapins rouges et blancs, bouleaux et ormeaux, et, parmi les arbustes, saules, noisetiers, nerpruns, cornouillers. C'est presque la même flore que la nôtre, celle des zones tempérées froides, qui ne demande pour prospérer qu'une moyenne annuelle de chaleur de 10 à 12 degrés.

Suivant M. le professeur Vezian [3], la température interglaciaire, aurait été dans le Jura lui-même, au contact des Alpes, un peu plus chaude que la température actuelle. « Ce fut, dit un écrivain anglais, ce fut comme un été inattendu entre deux périodes de froid, un temps favorable aux urochs, le bœuf primitif [4], aux éléphants et aux rhinocéros, aux grands cerfs, aux ours des cavernes [5]. » Ajoutons deux traits à ce tableau : des couches épaisses de lignites (Durnten et Utznach) témoignent de la végétation la plus soutenue ; de profondes forêts (Cromer), eurent le temps de grandir et de s'ac-

1. Immenses amas de fucus et particulièrement de *Fucus natans,* qui couvrent plusieurs millions de kilomètres sur l'emplacement présumé de l'Atlantide.
2. *Die Urwelt der Schweitz* (Le monde primitif de la Suisse). Paris, 1875.
3. *Études sur le Jura.* Un vol. in-8°, Paris, 1875.
4. Note A.
5. Revue britannique, année 1875, tome 1er, page 56.

cumuler; une faune florissante de puissants mammifères eut tout le loisir de se développer. Nous trouverons tout à l'heure cette faune en pleine activité dans notre contrée, au pied et autour du Mont-Dol.

III. — M. Charles Martins rapporte à la phase intermédiaire des deux époques de froid les plus anciennes forêts sous-marines de l'occident; il les fait correspondre à la forêt de Cromer, prise pour type. « Rien de plus probable, ajoute-t-il, que la découverte d'un terrain glaciaire correspondant (en Bretagne) à celui des côtes orientales de l'Angleterre. » Ce pressentiment est en voie de prendre corps : déjà M. de la Fruglaye a appelé l'attention sur les galets émergés de Perros, et M. Charles Barrois sur les poudingues de même origine de Kerguillé. Nous signalons nous-même, au cours du présent travail, plusieurs autres formations glaciaires, entre autres le banc d'écailles fossiles du Vivier, et les couches n°s 9, 10, 11, 12, et 13 du marais de Dol.

Cette forêt de Cromer dont la découverte a fait faire un progrès si marqué aux études glaciaires, conduit à une idée assez nette de ce que pouvait être la flore du golfe normanno-breton, alors émergé dans presque toute son étendue. La température moyenne annuelle du Norfolk est à présent de 9° 9 ; celle de Saint-Malo, au fond du golfe, est de 12° 3 [1]. La différence, 2° 4, s'explique, 1° par deux degrés de latitude en faveur de Saint-Malo, équivalant à 1° de chaleur ; 2° par le voisinage du Gulf-Stream ; 3° par un avantage capital d'exposition et d'abri. A cette différence, constante par nature, s'en joignait une accidentelle et temporaire : elle résultait de l'altitude comparée des deux contrées pendant le soulèvement mio-pliocène. Tandis que le calcul ne nous a donné que 52^m. 98 pour l'exhaussement de notre littoral [2], les Iles britanniques ont atteint, au sommet du plan incliné qu'elles formaient au nord-ouest du golfe, l'énorme dénivella tion de 690 mètres au-dessus de la mer. Quelle part le Norfolk a-t-il eu à ce soulèvement ? En retard sur le mouvement

1. Note B.
2. Voir page 78 ci-dessus.

général des Iles, il était encore sous les eaux dans les premiers temps pliocènes (Crags de Norwich, lits fluvio-marins de Cromer, sous-jacents à la forêt). L'émersion ne se prononce que vers le milieu de cette époque. Les documents anglais sont peu précis sur la hauteur à laquelle le littoral fut porté ; Lyell parle de plusieurs centaines de mètres [1]. Prenons 320 m. quantité en rapport avec la situation géographique moyenne du Norfolk. Ces 320 m. d'altitude répondent, à eux seuls, à deux degrés de chaleur en moins que dans le golfe normanno-breton. En tout 4° 4 à la charge relative du Norfolk, sans tenir compte de l'exposition et de la pente vers le nord-est.

Or, voici la liste des principaux végétaux qui ont laissé des vestiges dans le sol sous-marin de Cromer [2] :

1. *Pinus sylvatica*, Pin d'Écosse.
2. *Pinus abies*, Sapin commun.
3. *Abies pectinata*, Sapin argenté.
4. *Taxus baccata*, If commun.
5. *Picea excelsa*, Épicéa.
6. *Pinus montana*, Pin mugho.
7. *Prunus spinosa*, Prunellier.
8. *Menyanthes trifoliata*, Trèfle d'eau.
9. *Nymphaæ alba*, Nénuphar blanc.
10. — *lutea*, — jaune.
11. *Ceratophyllum demersum*.
12. *Potamogeton*, Potamot.
13. *Alnus*, Aune.
14. *Quercus*, Chêne.
15. *Betula*, Bouleau.

On a fait observer que ces plantes indiquent un sol généralement humide. Réservons cependant les espèces résineuses, si abondantes à Cromer, qui veulent un sol sec et sablonneux. L'ensemble dénote le climat des zones tempérées froides. Avec une différence de 4° 4 de chaleur moyenne annuelle en plus, comme ci-dessus, soit 14° 3 (9° 9 + 4°4), la flore de la forêt de Cromer fût devenue celle de notre littoral méditerranéen (14° 8). Cette dernière donne donc l'image de ce que devait être la flore du golfe normanno-breton à l'époque de la forêt de Cromer, c'est-à-dire à l'époque interglaciaire, celle qui se partage, comme nous allons le voir, au point de vue de la faune, entre l'*Elephas méridionalis* et l'*Elephas primigenius*.

---

1. *Éléments*, tome 1er, page 220. Édition de 1856.
2. *Ancienneté de l'homme*, page 237. — Nous complétons la liste de Lyell à l'aide de renseignements pris dans M. de Saporta, page 349.

Notre région était donc sensiblement plus chaude (14° 3 au lieu de 12° 3) alors qu'à présent.

Comme contre-épreuve, appuyons-nous sur la flore qui s'épanouissait au même temps dans le bassin de Paris [1], jugée par les empreintes laissées dans les tufs de la Celle-sous-Moret. Cette flore est caractérisée par le *Laurus canariensis* qui, pour venir à l'état spontané, exige une température moyenne annuelle de 15°. Les moyennes actuelles de Paris et de l'embouchure de la Rance sont respectivement de 10° 74 et de 12° 3, différence, 1° 56, en faveur de la dernière région. On est autorisé à penser que le rapport se maintenait au temps de la flore de Moret, et que notre pays jouissait synchroniquement d'une moyenne de chaleur de 16 degrés. Le mammouth ne se montre pas dans la faune de la Celle ; peutêtre devrait-on vieillir quelque peu, d'après cet indice, les tufs de cette localité, et les porter à la fin du pliocène supérieur au lieu du quaternaire inférieur.

Nous donnons dans le passage qui suit, du grand ouvrage d'Oswald Heer [2], une autre nomenclature des plantes principales de l'époque interglaciaire dans l'Europe moyenne. L'auteur a eu en vue la vallée de Stuttgart et Canstadt, dans le Wurtemberg. On y rencontre un tuf où de nombreux ossements de mammouth et de rhinocéros sont enfouis avec des débris végétaux ; ces débris fournissent des renseignements précieux sur la flore contemporaine des animaux représentés par ces ossements. Faisons remarquer que, si le Wurtemberg est à peu près sous la même latitude que le golfe normanno-breton, il a une altitude bien plus grande que le littoral de ce golfe ; sa situation centrale dans le continent et le voisinage des montagnes aggravent encore, par comparaison avec nous, les conditions de son climat. Il en est de même de la région jurassienne où M. le professeur Alexandre Vézian a reconnu pour l'époque interglaciaire une température « un peu plus élevée » que la température actuelle. Cette constatation a, pour notre région,

---

1. Les tufs de la Celle sont attribués au quaternaire inférieur ; nous mettons l'époque interglaciaire à la fin du pliocène supérieur, à cheval sur les premiers temps quaternaires.
2. Cité par M. Vézian.

une importance d'autant plus grande que, comme pour la côte du Norfolk, il existait pour le Jura une cause temporaire d'abaissement de la chaleur, dans la surélévation des montagnes voisines.

« La flore (*du Wurtemberg*) avait alors, dit M. Oswald Heer, à peu près le même caractère qu'elle a maintenant dans le pays. On y trouve des sapins rouges et des sapins blancs, le hêtre, le chêne pédonculé, le tremble et le peuplier blanc, des bouleaux et des ormeaux, et, parmi les arbustes, des saules, des nerpruns, des noisetiers et des cornouillers. On y rencontre cependant des espèces qui manquent à cette contrée : tels sont l'érable des montagnes, le buis et l'airelle des marais ; puis, deux espèces perdues, savoir : un peuplier (*populus fraisii*) à feuilles très grandes, rappelant le peuplier-baumier d'Amérique et un chêne très remarquable (*quercus mammouthi*), le chêne du mammouth, qui portait des feuilles magnifiques et de gros glands. »

Ainsi, même au centre du continent, la flore interglaciaire avait un faciès plus méridional que ne l'a dans le même pays la flore des temps modernes. La présence des deux derniers végétaux mentionnés est décisive dans ce sens. Si l'on tient compte de la végétation hibernale mieux soutenue des climats insulaires, on peut se représenter quelles ressources la flore du golfe assurait à la dépaissance des grands herbivores et frugivores interglaciaires, et combien, dans un tel milieu, ils restaient rapprochés de l'habitat miocène sibérien.

IV. — Comme on devait s'y attendre d'après l'aire immense dans laquelle elle se recrutait, la faune interglaciaire de l'Europe moyenne présentait un aspect des plus variés.

La 1re époque glaciaire venait de faire, il est vrai, des brèches parmi les êtres animés, mais ces brèches, peu importantes d'ailleurs, ne demeurèrent pas longtemps sans être réparées. La fécondité avec laquelle la vie allait encore une fois se déployer, même dans les régions les plus maltraitées, telles que la Suisse et le Jura, est là pour en témoigner.

1. Études sur le Jura.

« La faune interglaciaire, écrit M. Alexandre Vézian [1], ne possédait plus de mastotondes ; elle était caractérisée surtout par les animaux suivants :

+ *Elephas primigenius*, Mammouth [2].

+ *Ursus spelæus*, Ours des cavernes.

+ *Canis lupus*, Loup commun.

Lutra antiqua (esp. éteinte), Loutre.

Hyæna spelæa, Hyène des cavernes.

+ *Felis spelæa*, Lion des cavernes.

+ *Rhinoceros tichorhinus.* Rhinocéros à narines cloisonnées.

Hipparion.

+ *Equus fossilis*, Cheval fossile.

Cervus giganteus, Cerf gigantesque.

Cervus alces, Élan.

Cervus dama gig., Daim de grande taille.

Bos primigenius, Bœuf primitif.

Au temps le plus prospère de cette faune, la 1re époque glaciaire est déjà bien loin ; les genres et espèces qui lui ont survécu jouissent d'une trêve prolongée. La chaleur est sensiblement plus élevée, nous le répétons, que de nos jours. Ce n'est plus *l'âge de l'Ours des cavernes*, bien que l'ours des cavernes existe encore et doive même prolonger son existence jusque dans le Quaternaire. Ce n'est pas encore *l'âge du Renne*, bien que le renne soit arrivé dans l'Ouest aux approches de la 2e époque glaciaire ; c'est *l'âge de l'Éléphant :* dans la première moitié, de *l'Elephas méridionalis* et de *l'Elephas antiquus*, deux espèces qui sont venues par le sud de l'Europe ; dans la seconde moitié, de *l'Elephas primigenius*, espèce venue par l'est et le nord. L'entrée en scène du mammouth signale la fin prochaine de la période tertiaire ; celle du renne est l'avant-coureur de la période quaternaire. Les temps interglaciaires, nous l'avons dit, sont à cheval sur les deux époques.

1. Nous marquons d'un + les animaux que nous allons retrouver au Mont-Dol.
2. Note C.

NOTES DU CHAPITRE VIII

Note A, page 115. « ... le bœuf primitif ».

Ces mots de l'écrivain anglais sont un exemple de la confusion fréquente de l'Urochs, alias Aurochs, et de l'Urus ou *Bos primigenius*. C'est ce dernier qui est bien la souche de notre bœuf domestique, à l'exclusion de l'Aurochs ou *Bison europæus*..

Note B, page 116. « ... celle de Saint-Malo est de 12° 3 ».

La moyenne de 12° 3 est donnée par Pouillet (*Physique*, tome II, page 636); le mois le plus froid aurait une moyenne de 5° 4, et le mois le plus chaud, de 19° 4. — Celle de Paris (10° 74) est prise dans *Patria*.

M. Charles Martins, dans *Un million de faits*, colonne 362, donne pour Saint-Malo les chiffres suivants : hiver, 5° 67 ; été, 18° 90 ; année entière, 12° 79.

La *Carte de la climatologie de France* (Paris, 1852), par M. Edmond Becquerel, place Saint-Malo entre les lignes isothermes de 12 et de 11 degrés. Il en est de même de la grande *Carte météorologique*, de M. le Dr. Boudin (1855), dont M. de Humboldt a accepté la dédicace.

La moyenne de 12° 3, a été obtenue à l'aide d'observations faites à neuf heures du matin, pendant dix années, sous la direction d'Arago. M. Bouvet, correspondant de l'Institut météorologique à Saint-Servan, en conteste l'exactitude; il lui oppose les chiffres suivants, résultant d'observations prises à trois heures différentes de la journée :

Saint-Malo. Niveau de la mer. Hiver, 5° 1 ; été, 16 ; moyenne, 10° 60.
Saint-Servan. Altitude, 36 mètres . . . . 10° 35.

Dans les mêmes conditions de trois observations par jour, M. Hercoët. capitaine de port à Saint-Malo, a trouvé pour cette ville une moyenne de 10° 67.

Les moyennes annuelles d'Arago ont été obtenues pour toute la France sur la même base. Sans rien préjuger contre les calculs de MM. Bouvet et Hercoët, nous n'avons pu nous y arrêter ; toute comparaison avec d'autres localités serait devenue impossible.

Note C, page 120. « *Elephas primigenius* ou Mammouth. »

Dans le seul bassin du Rhône, c'est par milliers que l'on relève les débris d'éléphants. « Le bassin du Rhône, lisons-nous dans *l'Année scientifique* de L. Figuier, (1878, page 272) est si riche en ossements d'éléphants fossiles, que Jourdan, professeur de géologie à la Faculté des sciences de Lyon, et directeur des musées d'histoire naturelle de cette ville, appelait les collines des environs de Lyon, qui sont recouvertes d'une couche de lehm de l'époque glaciaire, « un véritable cimetière d'éléphants ». On ne

.fait pas une excavation dans la vallée du Rhône et de la Saône, aux environs de Lyon, sans y trouver quelques débris de ces proboscidiens. Il en est de même pour la partie de la vallée de la Tamise, où Londres a été bâtie. « Londres, dit Lyell (*Ancienneté de l'homme*, page 176), où l'on a trouvé tant d'ossements de rhinocéros, d'éléphants et d'hippopotames. »

CHAPITRE IX

MÊME ÉPOQUE *(suite)*.

I. Dépôt ossifère du Mont-Dol. — II. Rapprochement avec les dépôts voisins dans la Mayenne. — III. Relevé des espèces trouvées au Mont-Dol. — IV. Age de ce dépôt. — *Notes*.

I. — Le dépôt ossifère rencontré en 1867 par M. Lebreton, entrepreneur de carrières dans une excavation qu'il faisait au pied du Mont-Dol, appartient à la période glaciaire. A laquelle des époques entre lesquelles elle se divise ? c'est ce que nous aurons plus tard à examiner.

Sur presque tous les points de l'Europe sont restés des dépôts de ce genre, plus ou moins importants, plus ou moins bien conservés, suivant les milieux et les circonstances ambiantes. On en découvre fréquemment de nouveaux, à mesure que le hasard des grands ouvrages de terrassement ou des explorations intentionnelles font pénétrer plus largement le regard dans les couches du sol.

II. — Tout près de nous, dans le département de la Mayenne, plusieurs dépôts contemporains de celui du Mont-Dol ont été mis à découvert, de 1827 à 1876. Ils ont été explorés avec le plus grand soin par MM. Albert Gaudry, OEhlert, Chapelain-Duparc, Émile Moreau et par l'abbé Maillart, ainsi que par de simples curieux des choses d'histoire naturelle, tels que MM. de Chaulnes et de Vien-

nay, M^{eno} de Boxberg et Mme de la Poëze. Nous citerons particulièrement trois de ces dépôts ; ils nous serviront à éclairer celui du
Mont-Dol. Les détails ostéologiques sont empruntés à une publication récente du savant directeur du Muséum, M. Albert Gaudry [1].

A. SAINTE-SUZANNE. La partie inférieure du gisement est formée
de limons argileux noirâtres. Dans notre opinion, ces limons doivent être rapprochés de l'*Argile noire tourbeuse* qui forme la couche
n° 16 des marais de Dol, celle qui, dans l'ordre de la stratification
précède immédiatement les *Graviers de schiste et de quartz, mélan-
gés de sable gris* [2], au sein desquels on a trouvé une grande partie des
fossiles du Mont-Dol. Les limons de Sainte-Suzanne ont livré des
molaires de *Rhinocéros Merckii,* animal d'origine méridionale, et
indice d'une époque antérieure au Mont-Dol, mais comprise, comme
ce gisement, dans la longue durée de l'époque interglaciaire. Ils
ont l'apparence d'une boue déposée dans les anfractuosités de la
roche calcaire dévonienne. Nous voyons là une nouvelle analogie
avec l'argile de Dol, qui repose directement aussi elle sur une formation primaire, le schiste cumbrien.

Au-dessus des limons se montrent, toujours comme au Mont-Dol,
des assises de sable gris, avec cailloux de schiste noir très roulés,
dans lesquels nous voyons la marque de la transition à la 2e époque
glaciaire, ou des courants impétueux qui se produisirent à la fin
de l'époque.

La faune de Sainte-Suzanne est représentée par les animaux suivants :

+ *Felis Leo,* Lion des cavernes.   *Rhinoceros Merckii.*
  Hyæna spelæa, Hyène des caver.   + *Equus caballus,* Cheval.
  Canis vulpes, Renard.   + *Sus scrofa,* Sanglier.
+ *Arctomys,* Marmotte.   *Cervus elaphus.*

Les seuls vestiges de l'homme que l'on ait rencontrés, sont un
silex du type du Moustier, comme le sont ceux du Mont-Dol, et un

1. *Matériaux pour l'histoire des temps quaternaires,* 1er fascicule, 1876.
2. Voir Chapitre XVIII, 9.

crâne humain, trouvé en 1840, mais dont la place dans le dépôt n'a pas été authentiquement constatée.

B. LOUVERNÉ : Grotte et couloirs naturels classés dans le calcaire carbonifère.

Ce couloir a donné, avec quelques silex taillés, des ossements appartenant aux espèces ci-après :

Ursus ferox.
+ *Meles taxus.*
Mustela.
Canis vulpes.
Hyæna spelæa.
+ *Rhinoceros tichorhinus.*
+ *Equus caballus.*
+ *Sus scrofa.*
+ *Bos.*
+ *Canis lupus.*
+ *Felis leo.*

Felis pardus.
+ *Arctomys marmotta.*
Lepus timidus.
+ *Elephas primigenius,* avec tendance vers l'*Antiquus,* comme dans le Forest-Bed.
Cervus elaphus.
+ *Cervus tarandus.*
Oiseaux : *Anas, Anser,* Rapace diurne.

La grotte a donné quatre molaires humaines et un humérus d'homme de grande taille ; un silex en forme de perçoir, des couteaux en silex, de la cendre et du charbon, un bâton de commandement, enfin, des ossements de :

Hyæna spelæa.
Canis vulpes.
+ *Rhinoceros tichorhinus.*

+ *Equus caballus.*
+ *Bos.*
+ *Cervus tarandus.*

D'après le mobilier archéologique, la grotte de Louverné est plus récente que le couloir ; nous la croyons de la 2e époque glaciaire. Les hommes qui, au temps de la station du Mont-Dol, vivaient en plein air, avaient dû chercher des abris. La faune de la grotte n'a rien qui démente cette attribution.

C. CAVE A MARGOT : Silex du Moustier et de la Madeleine, dents humaines, ossements des espèces suivantes :

+ *Ursus spelæus.*
Ursus feorx,
Hyæna spelæa.
Canis vulpes.
+ *Canis lupus.*
Arvicola amphibius.

+ *Elephas primigenius.*
+ *Rhinoceros tichorhinus,*
+ *Equus caballus.*
+ *Sus scrofa.*
Cervus elaphus.
+ *Cervus tarandus.*

Le gisement de la *Cave à Margot* a dû mettre un temps très long à se former ; en d'autres termes, la caverne a dû servir pendant des siècles à l'habitation de l'homme et au dépôt des restes de ses repas. Les objets provenant de l'industrie humaine dénotent, à eux seuls, un intervalle qui se serait étendu de l'époque interglaciaire à la fin des temps postglaciaires.

III. — Revenons au littoral immédiat du golfe.

Les contrées granitiques et schisteuses sont nécessairement plus pauvres en fossiles que celles dont le calcaire forme la charpente ; elles n'ont eu généralement ni vastes cavernes pour en conserver le dépôt, ni stalagmites pour les empâter et les préserver de mélanges ultérieurs, ni formations récentes, en dehors des alluvions, pour les ensevelir. Le hasard qui nous a valu la mise au jour des ossements du Mont-Dol et de Cherrueix, a donc de l'intérêt pour notre contrée littorale, déshéritée comme elle l'est trop souvent au point de vue des fossiles animaux. Méconnus ou négligés pendant quelques années, ceux du Mont-Dol sont devenus, à partir de 1871 jusqu'en 1879, de la part de M. Sirodot, doyen de la Faculté des sciences de Rennes, l'objet d'une recherche et d'une étude méthodiques. Nous connaissons le résultat de ses travaux par plusieurs *Notes* ou *Mémoires* successivement adressés à l'Académie des sciences ; par une *Conférence* faite et imprimée à Saint-Brieuc ; enfin, par des communications à divers corps savants. L'exposition universelle et le musée d'histoire naturelle de Rennes ont fait connaître quelques-uns des objets, fossiles et instruments en pierre en très grand nombre, qu'ont livrés les fouilles.

Espérons que le public ne tardera pas à être admis à l'examen des collections formées, dans leur ensemble. On sait le parti que la science a su tirer de l'exposition des objets analogues recueillis par M. Dupont dans la vallée de la Lesse. « Commencées en 1864, écrit M. de Quatrefages, continuées pendant sept années avec une activité sans égale, ces collections ont accumulé dans le musée de Bruxelles environ 80,000 silex taillés de main d'homme, 40,000 ossements d'animaux aujourd'hui (1877) déterminés, les crânes de

Furfooz et une vingtaine de mâchoires (*humaines*), parmi lesquelles figure celle qui est devenue si célèbre sous le nom de
«mâchoire de la Naulette». Citons aussi pour leur importance propre et pour le service rendu aux études préhistoriques par la généreuse dissémination des produits entre les divers musées de la
France, les fouilles faites en 1872, 1874 et 1875 dans notre voisinage par M. l'abbé Maillart, curé de Thorigné-en-Charnie (Mayenne).
Ces fouilles que le vénérable ecclésiastique a entreprises et pour-
suivies à ses seuls frais, ont fourni au digne émule des abbés
Bourgeois, Delaunay, Delacroix et autres, plus de 20,000 silex
taillés, avec une quantité considérable d'ossements d'une faune
qui embrasse dans sa durée les faunes du Mont-Dol et de Louverné.

Quant au Mont-Dol, voici les noms des espèces éteintes, émigrées
ou vivant encore dans le pays, dont l'existence au fond du golfe
normanno-breton, dans un temps précis à chercher des époques
géologiques, a été constatée par M. Sirodot [1] :

1. Éléphant. *Elephas primigenius.* Os rapportés à 50 individus.
2. Cheval. *Equus caballus*, var. *fossilis*. 40
3.   petit, de la taille d'un âne.   1
4. Rhinocéros. *Rh. tichorhinus*. . . . . 12 ou 13
5. Bœuf. *Bos primigenius*. . . . , ... 8 ou 9
6. Grand Cerf. Probablement le *Cervus megaceros*   3
7. Renne. *Cervus tarandus ?*. . . . . 9 ou 10
8. Marmotte. *Arctomys*. 1
9. Loup. *Canis Lupus*. . . . . 3 individus
10. Ours. *Ursus spelæus*.   2
11. Grand Lion. *Felis Leo*, var. *spelæa*. 1
12. Blaireau. *Meles taxus*. 1
13. Chèvre. . . . . Quelques molaires
14. *Sus*. . . . . »
15. Vautour. . . . . »

Reprenons ces genres et espèces dans l'ordre un peu confus où
nous les trouvons énoncés.

1. Nous faisons ce relevé sur les publications successives de l'honorable doyen.

1. L'*Elephas primigenius* est, avec le *Rhinoceros tichorhinus*, comme le fonds obligé des dépôts si multipliés de la faune pliocène supérieure et de la faune quaternaire dans une grande partie de sa durée. On cite, dans la Grande-Bretagne [1], quelques exemples de restes d'*El. primigenius* trouvés dans la tourbe, c'est-à-dire se rapportant à des temps où le relief du sol était presque identique à celui qui existe à présent.

D'autres espèces plus anciennes ont vécu en Angleterre, telles que l'*El. meridionalis* et l'*El. antiquus*, espèces venant du Midi et qui ont dû traverser nos régions de l'Ouest pour se rendre dans les Iles britanniques, alors rattachées au continent. Des fragments de molaires que l'intervalle et les dessins variés de leurs lames rapprochent des espèces méridionales, ont été trouvés au Mont-Dol [2].

Si ces espèces ont eu des représentants sur ce point, il y aurait un certain intérêt à ce que le fait fût bien établi : dans ce cas, il faudrait reculer l'origine du gisement plus loin que ne l'indique la présence seule de l'*El. primigenius*.

Comme dans beaucoup de grottes de la même époque, la prédominance d'individus jeunes parmi les éléphants est très marquée au Mont-Dol ; d'après MM. Lortet et Chantre, elle serait, en général, dans la proportion de 6 pour 1.

2 et 3. Le *Cheval* compte deux espèces au Mont-Dol, comme dans beaucoup de dépôts du même âge et notamment dans les terrains pliocènes du Puy-en-Velay, si brillamment et si fructueusement explorés par M. Aymard, archiviste du département de la Haute-Loire [3].

L'un des chevaux, de petite taille, est sans doute celui dont parle Assézat dans les *Matériaux pour l'histoire de l'homme* : « Ils (les chevaux de cette espèce) témoignent de la réalité des migrations des petits chevaux d'Orient, chevaux qui, venus avec leurs maîtres, se

---

1. *Ancienneté de l'homme, pages* 380 et 411.

2. Consulter une *Note* de M. Sirodot du 27 mars 1876, en ce qui concerne les déviations qu'il a reconnues dans les types du Mammouth tantôt vers l'*El. meridionalis*, tantôt vers l'*El. indicus*.

3. Note A.

sont répandus sur le continent européen et sont venus converger, à l'époque quaternaire, vers le pays de Galles et vers les points qui sont aujourd'hui les côtes d'Ille-et-Vilaine, alors que très probablement les Iles britanniques et la France étaient réunies. »

C'est la même espèce qu'on trouve à Solutré (Saône-et-Loire) dans un âge suivant (quaternaire supérieur, époque post-glaciaire), en troupeaux si immenses, rappelant ceux des Pampas américaines, petite, trapue, à la tête grosse, au poil rude, à la crinière hérissée [1]. C'est encore la même espèce qu'Hérodote cite comme étant en service chez les Syginnes du Danube, « qui, dit-il, s'habillent à la mode des Mèdes dont ils prétendent être une colonie [2] ». Les bas-reliefs assyriens nous donnent, en effet, chez les descendants des Aryens médiques, la représentation du même animal, attelé aux chars de guerre et couvert d'un harnachement qui rappelle trait pour trait les disques et les pendeloques de Vaudrevanges âge de bronze) [3].

Le petit cheval du Mont-Dol est donc l'un des types de la race orientale primitive, celle qui se perpétue, dans ses traits principaux, par le cheval cosaque; celle dont la forme ancestrale s'est conservée assez fidèlement dans le cheval à demi sauvage de la Camargue, dans le bidet du Faouet et le poney d'Écosse, ces deux derniers déjà rares, et destinés à disparaître devant la révolution moderne des moyens de locomotion.

4° Le *Rhinocéros tichorhinus* (Rh. à narines cloisonnées) est arrivé dans l'Ouest européen après le Mammouth ; il a cessé aussi plus tôt de se montrer dans la même région [4], soit qu'il en ait émigré le premier, soit, ce qui est plus probable, qu'il s'y soit éteint avant son compagnon habituel. Tertiaire-miocène en Sibérie, il fait défaut dans les terrains pliocènes de Cromer. Lartet allait jusqu'à penser que, même plus au sud, dans nos régions, par exemple, il était seulement post-pliocène.

1. Dr Camille Viguier, *Revue scientifique*, 1879, page 942.
2. Alexandre Bertrand. *Archéologie celtique et gauloise*. Un vol. in 8°. Paris, 1876.
3. Cf. avec les mors trouvés dans le lac de Mœringhen, en Suisse. Même âge.
4. Le dernier exemple que nous connaissons de l'existence du *Rh. tichorhinus* dans l'Ouest, est le Rhinocéros d'Aurignac, premiers temps post-glaciaires.

L'arrivée tardive du Rhinocéros à narines cloisonnées nous fait supposer qu'il était moins sensible au froid que le Mammouth, ou moins exigeant pour la nourriture. En le retrouvant au Mont-Dol côte à côte avec ce dernier, nous entrons en possession d'un élément important de la date du gisement.

5° Le *Bœuf* n'est autre que l'Urus, qui vivait encore dans les Gaules lors de la conquête romaine. Pictet l'identifie sans hésiter avec l'animal que décrit César au livre VI, § 26, de ses Commentaires. On le trouve dès la période tertiaire dans les terrains superficiels, et, plus tard, dans les terrains diluviens [1]. Le musée de Saint-Malo possède une tête entière et un beau frontal de ce ruminant, trouvés, le premier, en 1814, dans le marais de Dol, à la Fresnais; le second, vers 1840, dans les argiles bleues de la grève de Rochebonne, en Paramé. La distance stratigraphique des couches où ont été rencontrés ces fossiles témoigne de la longue durée de l'espèce.

6° Le *Grand Cerf* est très commun dans les terrains pliocènes et quaternaires, tels que les alluvions inférieures du Mont-Dol. Les environs de la Fresnais ont encore fourni au musée de Saint-Malo la paire de cornes qui y figure comme appartenant à cette espèce [2].

7° Le *Renne* a pénétré jusqu'aux Pyrénées pendant la 2e époque glaciaire. Il existait dans la forêt hercynienne au 1er siècle avant notre ère. Cuvier le reconnaît dans la description un peu obscure qu'en donne César sans le nommer. Celui de la période glaciaire formait, suivant quelques naturalistes, une espèce à part depuis longtemps éteinte. C'est une question débattue dans l'école préhistorique de savoir si le Renne était asservi à l'époque glaciaire; il en est de même pour le cheval. Nous sommes pour la négative en ce qui touche le Renne. Au temps où fut écrit le poème finnois, « le Kalevala, » c'est-à-dire au 1er ou 2e siècle de notre ère, le Renne n'était pas domestiqué dans le Nord [3]; il ne l'est encore qu'à demi.

8° La *Marmotte* a été trouvée comme l'Urus dans les terrains plio-

1. *Manuel de paléontologie*, IIe éd., 1857. Tome i, page 364.
2. M. l'abbé Hamard pense que c'est un bois de Renne. *Gisement du Mont-Dol*, supplément. 1880.
3. M. de Quatrefages. *Journal des savants*, juin 1880, page 356.

cènes, et dans les terrains quaternaires. C'est un animal de nature et
de mœurs montagnardes, à qui il a fallu, pour qu'il fût rejeté si loin
dans nos plaines, que les Alpes scandinaves fussent descendues
sous les eaux, ou que les Alpes suisses fussent ensevelies en entier
sous d'épais glaciers.

9° Le *Loup* paraît dater du miocène. Il n'a pas cessé de vivre
dans nos pays. Un de ses congénères, le chien, le premier probablement des animaux qui ait été domestiqué, n'est pas signalé au
Montdol.

10° L'*Ours*, Ursus spelæus, avait un volume double de celui de
l'ours brun actuel. C'est l'un des grands mammifères pliocènes et
quaternaires dont la race a été le plus répandue, et l'un des premiers
qui se soit éteint [1].

11° Le *Grand Lion* avait, comme le Mammouth et l'Ours des cavernes, des proportions plus fortes que les animaux actuels des mêmes genres. Certains naturalistes croient que le *Felis spelæa* tenait
plus du Tigre que du Lion. Il a été rencontré dans presque toutes les
cavernes à ossements de l'Europe.

12° Le *Blaireau*, carnassier de petite taille, a vécu d'après
Schmerling, le premier explorateur des cavernes belges, avant l'époque quaternaire. C'est dans le diluvium de la 2ᵐᵉ époque glaciaire
que l'on retrouve le plus habituellement ses traces.

13° La *Chèvre*. Cette espèce appartiendrait exclusivement, d'après
Pictet, à ce qu'il appelle « l'époque diluvienne », qui, de son temps,
était rangée en entier dans la période quaternaire, mais que des
travaux récents font remonter jusqu'au pliocène moyen.

14° Le *Sus* est sans doute le *Sus scrofa fossilis*, pachyderme très
ancien, souche du sanglier moderne. Il abonde dans les terrains
pliocènes.

15° Le *Vautour*. Les oiseaux sont assez rares partout, sauf en Auvergne, dans les dépôts ossifères ; on donne des raisons très plausi-
bles de cette rareté. Le Vautour du Mont-Dol est peut-être le même
que le Rapace diurne de Louverné.

---

1. M. de Quatrefages. *L'Espèce humaine*, page 109. Un volume in-8°, Paris, 1877

Il y a un genre très multiplié dans le pliocène supérieur, et qui s'était montré dès le miocène, dont on peut s'étonner de ne pas retrouver les dépouilles au Mont-Dol : c'est la grande Hyène des cavernes, *Hyæna spelæa*, qui, au début du pliocène, avait passé dans les Iles britanniques avec d'autres animaux d'origine méridionale. Dans la seule caverne de Wookey, dont la faune est la même que celle du Mont-Dol, on a relevé jusqu'à 121 mâchoires de cet animal, et, dans celle de Kirkdale, les restes de plus de 300 individus. A nos portes, au sein des dépôts de la Mayenne, on rencontre de nombreux débris de ce grand carnassier [1]. Peut-être le goût et l'odeur répugnants de sa chair la faisaient-ils exclure des repas des hommes du Mont-Dol, si peu difficiles qu'ils se montrassent sur le choix de leurs provendes.

IV. — Dans les observations qui précèdent, nous avons eu surtout en vue de préparer la détermination de l'âge auquel doit être reporté cet assemblage de genres et d'espèces venus des points les plus opposés de l'horizon. M. Sirodot s'est borné à dire : « L'époque du Mammouth me paraît avoir plus d'un point de contact avec l'époque glaciaire [2]. »

Nous aurions pu attendre quelque chose de plus précis et de plus affirmatif, dans l'état actuel de la science, de la part du savant professeur. Il est difficile de s'en tenir à une généralité aussi vague dans une question où le jour a été fait depuis vingt années par de si nombreux explorateurs. Même dans une œuvre de caractère particulièrement historique comme l'est la nôtre, alors qu'il s'agit d'une période de notre passé qui a eu une si vaste durée et qui a présenté des phases si diverses, des oscillations d'une telle ampleur dans le sol et dans le climat, le lecteur a droit de compter sur une tentative de détermination plus rapprochée.

Ce n'est pas seulement « plus d'un point de contact » que l'époque du Mammouth paraît avoir avec l'époque glaciaire : elle y est

---

1. Émile Moreau, *Notice sur la carte préhistorique de la Mayenne.* Tours, 1878.
2. *Conférence* faite et imprimée à Saint-Brieuc, 1874.

englobée tout entière. Le Mammouth a fait son apparition en Europe aux moyens temps de cette époque [1] ; il n'a plus que de rares survivants dans la phase que l'on appelle « post-glaciaire ». De même, la phase « préglaciaire » avait vu disparaître le plus grand des proboscidiens, le *Dinotherium,* et la généralité des mastodontes.

Pour obtenir avec quelque sécurité l'âge du gisement du Mont-Dol, il faut, comme nous l'avons déjà essayé, chercher le temps où convergent les indices que fournit l'étude de ce gisement, mise aux points de vue divers de la géologie, de l'archéologie préhistorique, de l'anthropologie, de la faune, de la flore et enfin de la chimie organique. Reprenons cette recherche avec plus d'ensemble, bien que très sommairement.

A.—La stratigraphie du bassin dans lequel est compris le Mont-Dol, se lit à livre ouvert dans les nombreux sondages faits, il y a vingt-cinq ans, par M. J. Durocher, ingénieur des mines et professeur à la Faculté des sciences de Rennes ; on la voit mieux encore dans un sondage fait, en 1876, sous la direction de M. Mazelier, ingénieur de la compagnie des chemins de fer de l'Ouest, tout près du Mont-Dol, sondage dont nous reproduisons le relevé dans notre étude ci-après sur le Marais de Dol.

Si l'on veut bien se reporter par avance à l'analyse de ce dernier sondage [2], on verra que la couche n° 15, *gravier de schiste et de quartz mêlé de sable gris,* avec laquelle nous identifions le *gravier d'eau douce formé de sables granitiques et d'éléments schisteux,* principal excipient des fossiles du Mont-Dol, ne trouve sa place que dans les formations du pliocène supérieur et des débuts du Quaternaire, époque d'émergement pour la contrée, en d'autres termes, pendant l'époque interglaciaire. La mer est encore éloignée, puisque, fait des plus significatifs, on n'a pas trouvé parmi les débris de repas des hommes du Mont-Dol un seul os de poisson, pas même quelques écailles des huîtres qui abondaient dans cette mer, et qui furent le fond de la nourriture des colonies littorales préhistoriques [3].

1. C'est en Angleterre que l'on croit avoir trouvé ses plus anciennes traces.
2. Chapitre XVIII, 9.
3. Une seule valve d'huître a été mise au jour au Mont-Dol, et elle ne se trouvait pas dans le dépôt ossifère des graviers.

Cependant, de bonne heure après le dépôt de cette couche diluvienne, la mer se rapproche du bassin de Dol; elle le recouvre pendant le Quaternaire moyen, c'est-à-dire pendant le 2ᵉ époque glaciaire. Quand elle se retire, la phase post-glaciaire s'ouvre ; les
rhinocéros et les rennes émigrent ou s'éteignent : les derniers mammouths n'ont plus que peu de temps à vivre. Depuis des siècles il
n'y a plus de lions au Mont-Dol. Le cercle est donc fermé au point
de vue de la faune comme de la géologie.

B. Les documents archéologiques ne consistent que dans les
silex éclatés recueillis au sein même du dépôt ossifère. Ceux qu'il
nous a été donné de voir ne sont guère que des ébauches ou même
de simples éclats, bien différents des beaux restes de fabrication
recueillis à quelques lieues delà sur l'emplacement de l'atelier acheuléen du Bois-du-Rocher. Pourtant, le juge le plus compétent en cette
matière, M. de Mortillet, a pu y reconnaître « le type franchement
moustérien [1] ». Quelques armes et outils en quartzite, provenant
sans doute par voie d'échange ou de guerre, de l'atelier du Bois-du-
Rocher [2], ont seuls « le type acheuléen » bien prononcé [3].

L'emploi du silex dans les ateliers préhistoriques a été en usage
pendant toute la période glaciaire ; celui du quartzite est généralement plus ancien; on le trouve en divers endroits sur le passage des
grands dolichocéphales africains qui, les premiers d'entre les
hommes, ont foulé le sol de l'Europe occidentale. La présence d'instruments de cette matière au Mont-Dol tendrait à faire préférer
pour la date du gisement une phase reculée de la période glaciaire. Les documents zoologiques interviennent ici, avec la masse
des instruments en silex et dans le type du Moustier, pour limiter
cette date à des temps de la période plus rapprochés.

Les outils et armes en pierre ne sont accompagnés au Mont-Dol
d'aucun instrument en corne ou en os, ni de tessons de la poterie
même la plus grossière, telle qu'on en trouve dans les stations de la

---

1. *Matériaux pour l'histoire de l'homme.* Année 1873, page 176.
2. Cet atelier a été exploré d'un coup d'œil aussi sûr qu'heureux par deux honorables magis-
trats, MM. Fornier et Micault.
3. *Matériaux*, 1873, page 176.

2me époque glaciaire et surtout de l'époque postglaciaire. On n'y voit non plus, autre signe qui vieillit la station, aucun de ces objets de parure primitive, chapelets de coquilles, dents perforées, perles de jais et de succin, pendeloques et bracelets de schiste ou d'anthracite, que l'on exhume des anciens abris, grottes et cavernes. Le Mont-Dol était une station à découvert ; le climat, bien que sur son déclin, y était encore assez clément pour laisser les hommes, sous le rapport des besoins, au stade le plus primitif.

C. Les restes de l'homme qui a vécu de la chair des animaux du Mont-Dol n'ont pas été retrouvés. Pas un crâne, pas une mâchoire, pas une dent ! La station se trouve ainsi privée du jour que les caractères de la race auraient projeté sur la date de l'occupation humaine.

D. Nous nous sommes déjà servi de la faune. Ajoutons, pour épuiser autant qu'il est en nous cette source de détermination, que la règle de distribution chronologique posée par M. Albert Gaudry [1], trouve ici son exacte application : « Si nous rencontrons, écrit-il, des couches où presque tous les mammifères appartiennent aux mêmes genres, mais non aux mêmes espèces, que les animaux actuels, c'est que ces couches sont pliocènes. » La plus grande partie des animaux du Mont-Dol sont de genres existants, mais d'espèces éteintes ou émigrées ; ils ont vécu sur la limite du pliocène et du Quaternaire, et participent de la faune des deux périodes. Parmi ceux pour lesquels la condition n'est pas expressément établie, il en est, comme le Renne, pour lesquels les travaux les plus autorisés de la paléontologie permettent de la supposer.

E. La flore des temps géologiques au Mont-Dol ne nous est connue que par l'argile noire, tourbeuse, qui forme la couche la plus profonde du marais de Dol, à 19 ^{m}, 88 au-dessous du niveau de la mer. Cette tourbe semble entièrement amorphe. Si, comme la science a pu le faire pour une couche analogue des Skowmoses danoises, on parvient à y discerner certains organismes spéciaux,

1. *Les Enchaînements du Monde animal.* Un vol. in-8°. Paris, 1878.

il pourra sortir de ce genre de preuves un contrôle sérieux des indications précédentes [1].

F. L'analyse chimique des ossements du Mont-Dol donne un autre critère pour le classement du dépôt dans les âges géologiques. Il ne faut pas cependant manquer de tenir compte de ces deux circonstances, que les terrains granitiques amènent une dissociation plus rapide des éléments de l'os, que les terrains calcaires, et que, par contre, les terres de bruyère et les tourbes doivent au tannin une vertu antiseptique. Si nous avions eu à notre disposition une certaine quantité de ces os, nous n'aurions pas manqué de recourir à ce genre d'épreuve ; il pouvait mettre sur la voie non seulement de de l'âge du dépôt, mais du temps qu'il a mis à se former. La succession, la coexistence et le croisement des éléphants méridionaux et des éléphants sibériens auraient pu être entrevus, alors que la stratification du dépôt ne semble rien avoir révélé sur l'ordre d'apparition des uns et des autres. On sait, en effet, par les travaux de M. Delesse [2], que l'azote des os fossiles va en diminuant, suivant une certaine gradation, avec l'âge de ces os. C'est ainsi que les os du rhinocéros d'Aurignac (*fin de la 2ᵉ époque glaciaire*) contiennent 14 millièmes 5 d'azote, tandis que les os d'Urus de la grotte d'Arcy-sur-Cure (*époque interglaciaire*) n'en contiennent plus que 10 millièmes 4.

Dans l'état et en résumé, les divers ordres de preuves nous paraissent suffire, si l'on considère la concordance à laquelle tendent les indices invoqués, pour nous autoriser à proposer pour date relative du dépôt ossifère du Mont-Dol, l'époque interglaciaire, et, serrant de plus près la question, la seconde moitié de cette époque.

1. Note B.
2. Note C.

NOTES DU CHAPITRE IX.

Note A, page 128. «... par M. Aymard, archiviste du département de la Haute-Loire. »

C'est à M. Aymard que le monde savant est redevable de la mise au jour des ossements humains de la Denise. La faune pliocène spéciale du Velay, si riche et si curieuse, a trouvé en lui un explorateur aussi infatigable que savant.

Note B, page 136. «... un contrôle sérieux des indications précédentes ».

Dans les tourbières du Danemark on a constaté deux couches distinctes : l'une, caractérisée par les essences forestières des climats tempérés,. *populus tremula*, (le Tremble), *pinus sylvestris* (le Pin), *quercus sessilifolia* (le Chêne), *alnus glutinosa* (l'aune), *fagus sylvatica* (le Hêtre) ; l'autre, par la flore arctique, *Betula nana, Dryas octo petala, salix herbacea, salix polaris salix reticulata*. Matériaux, 1873, page 11.

Note C, page 136. «... par les travaux de M. Delesse » .

« L'osséine se trouve dans les os fossiles, et l'azote qu'ils renferment permet d'en apprécier la proportion. Cependant il n'y en a presque plus dans les os du terrain tertiaire ou de terrains plus anciens. Les os appartenant à l'époque actuelle ou même au terrain diluvien en renferment, au contraire, en quantité notable. »

« Tandis qu'un os normal contient environ 54 millièmes d'azote, il y en a seulement 32, 3 dans un os humain ayant plus d'un siècle ; 22, 9 dans un os du temps de Jules César; 18, 5 dans un crâne humain trouvé par Lyell dans le gisement de la Denise, près le Puy-en-Velay ; 16, 5 dans une mâchoire humaine qui lui a été remise par M. de Vibraye comme provenant de la grotte d'Arcy ; 13, 6 dans un cubitus humain découvert par M. Lartet à Aurignac. »

« Dans la grotte d'Arcy, il existe, d'après M. de Vibraye, trois dépôts d'ossements qui sont bien distincts :

» *Le dépôt supérieur* porte des traces non équivoques de l'habitation de l'homme et des animaux qui vivent actuellement dans le pays ; j'ai trouvé qu'il y avait encore 24 d'azote dans un os humain qui en provenait ;

» *Le dépôt moyen* renferme des os d'espèces disparues (éteintes ou émigrées) et particulièrement du Renne, dans lesquels il y a 14, 3 d'azote ; ces derniers sont, d'ailleurs, enveloppés dans une argile rouge avec un grand nombre de couteaux et d'instruments en silex ; »

» Enfin, *le dépôt inférieur* contenait des os d'*Ursus spelæus* qui n'ont que 10, 4 d'azote. »

« Il est donc bien visible que l'azote varie dans les os de ces trois dépôts et qu'il diminue successivement à mesure que leur âge augmente. »

« Le dosage de l'azote dans un os fossile permet, d'ailleurs, de contrôler les données de la géologie et de l'archéologie. il peut même fournir dans certains cas des indications sur son âge[1]. C'est donc pour notre globe une sorte de chronomètre. »

Comptes rendus de l'Académie des Sciences, 1861, 1er tome, page 728.

---

[1] Surtout quand, comme dans l'exemple de la Grotte d'Arcy, les os observés sont su perposés dans un même terrain. A. C.

CHAPITRE X

I. — Au temps où florissait la faune du Mont-Dol, l'époque interglaciaire penchait sur son déclin. Des siècles s'écoulèrent, et le froid oublié depuis des milliers d'années dans la libre et luxuriante expansion d'une température égale à celle des régions les plus favorisées de la France, fit sentir ses premiers aiguillons à la contrée normanno-bretonne.

Les animaux que nous sommes habitués à regarder comme les véritables hôtes des terres septentrionales, désertaient en masse ces régions. Longtemps ils avaient trouvé dans les vallées du Nord-Est européen restées émergées, des conditions de vie rapprochées de leur habitat sibérien primitif ; maintenant, sous la pression du dépérissement croissant de leurs pâturages, de ces mousses même et de ces lichens qui survivent à la végétation herbacée, ils viennent se mêler, timidement encore, aux genres et espèces des climats chauds, parmi lesquels ils rencontrent de redoutables ennemis. Le moment approche où notre région, entrée pour ne plus en sortir dans la zone septentrionale (*zone tempérée froide, du 46° au 58° degré de latitude*), n'aura plus guère qu'eux pour peupler ses solitudes.

II. — La colonie humaine à laquelle nous sommes redevables de connaître le bizarre assemblage de notre faune interglaciaire, cette colonie a émigré vers le Midi avec les premiers froids. Rien ne révèle que sa place ait été prise par les hommes du Nord, ces brachycéphales laponoïdes dont les cavernes de la Belgique et principalement la grotte de Furfooz ont mis sous nos yeux la vie et les usages pendant la 2° époque glaciaire [1]. La dépouille de quelques rennes est la dernière trace qu'elle laisse au Mont-Dol de ses chasses aventureuses. Pas un seul indice n'est là pour révéler la prolongation de son séjour ; rien de ce qui met dans un si grand relief les stations et les abris de l'âge qui vient de s'ouvrir. Si l'on veut retrouver sûrement ses traces, c'est dans la vallée de la Vézère, sous les abris de l'Aquitaine et de la Provence, sur le sol des cavernes du Midi, parmi les contreforts pyrénéens et cévenols, dans les grottes du littoral ligure, qu'il faut aller les chercher. Là, pour la première fois, on verra les instincts de sociabilité, l'esprit de famille, les rudiments d'autorité, l'industrie humaine, enfin, se développer dans la race méridionale avec l'usage du foyer et les besoins nouveaux qu'aura fait naître la révolution du climat.

III. — A ce moment, la contrée du golfe, déjà atteinte par le refroidissement universel, est sur la voie d'une autre ruine. L'oscillation du sol s'est renversée, et la terre se dérobe sous les pas des derniers habitants. Le soulèvement a fait place à la subsidence. On voit la mer se rapprocher du fond verdoyant des baies autrefois creusées par le même flot. Le rivage s'enfonce sous les eaux, et le

---

1. *Précis de paléontologie humaine*, page 135. Un vol. in-8°, Paris, 1874.

lac de Dol est envahi par les eaux salées qui s'avancent.

A l'opposé de la 1re époque glaciaire, c'est du Nord et non plus du Midi que les froids vont descendre. La vaste mer libre qui, grâce à l'afflux du courant équatorial, couvrait de toute part les latitudes circompolaires, cette mer libre est remplacée par les terres miocènes revenues à la lumière, et qui s'élèvent peu à peu à de grandes hauteurs au-dessus de l'horizon. Mais au lieu de leur splendide végétation, elles n'étalent plus, cette fois, au regard que des plaines nues et désolées, des pics qui se couronnent de neiges éternelles. De l'état d'île ou d'archipel, la Scandinavie [1] passe avec tout ce qui l'entoure à l'état continental ; elle ne fait plus qu'un avec le pôle, et comme lui disparaît sous un manteau uniforme de frimas. Il ne descendra plus du Nord que des souffles glacés. Il est vrai que, par un mouvement synchronique, la région tropicale se relève, mais ses déserts de sables brûlants n'enverront jamais assez de chaleur à des distances si éloignées, pour compenser dans l'Europe moyenne l'aggravation du climat dû à la cause cosmique générale et au soulèvement des régions arctiques. Là surtout est le caractère distinctif des deux époques glaciaires, là est la cause dominante de la diversité des phénomènes.

Au cours de la 1re époque, glaciers et moraines se mettent en marche du haut des massifs montagneux de l'Europe centrale, rendus plus élevés qu'à présent par le soulèvement miocène, et devenus plus froids et plus puissants par la concentration des vapeurs de la mer Méditerranée qui vient de naître et des fjords et golfes qui la prolongent profondément dans le Nord-Africain.

Dans la 2me époque, au contraire, le pôle, soulevé à son tour, a repoussé les courants océaniens qui avaient tempéré jusqu'alors la rigueur des hivers glaciaires. Pendant ses courts étés et surtout pendant les dernières débacles, des masses énormes de glaces se détachent des hauteurs, roulent avec les rocs qu'elles déracinent dans leur chute, flottent sur la Mer germanique démesurément agrandie par la subsidence européenne, et vont se heurter jusqu'à

---

(1) Littéralement, *Ile de Scand*, souvenir de l'immersion quaternaire d'une grande partie de la péninsule actuelle.

la latitude de Londres, de Dresde, de Varsovie et de Moscou (51°
et 52° degrés) aux rivages contemporains de cette mer.

A l'une comme à l'autre époque, le littoral normanno-breton dut
une sorte de privilège à sa faible altitude, au reflux des eaux tropicales et à sa situation moyenne entre les deux centres inégaux du
froid, les Alpes du Nord et celles du Midi.

C'est à la 2ᵉ époque seule que peut s'appliquer l'ingénieuse explication des phénomènes glaciaires, proposée par Lyell et par M. le
Dʳ Hamy. Alors seulement l'Europe moyenne se trouve rapprochée
de cette condition de climat insulaire propre à produire, suivant les
lieux et les altitudes, des contrastes si frappants. Les Iles britanniques et l'Allemagne du Nord sont presque en entier sous les eaux.
Nos fleuves, dont les vallées viennent définitivement de prendre
leur configuration moderne, s'ouvrent à leur embouchure comme
des fjords aux eaux de la mer, et ces eaux pénètrent à l'intérieur
des terres par de nombreux canaux. La mer entame partout les
rivages de la France. « Avec un climat continental, dit M. Hamy,
les chaleurs des étés détruisent l'action du froid pendant les hivers.
Le vent chaud du Sahara établit une sorte compensation à l'égard
des vents froids qui ont soufflé du nord et de l'est, et les glaciers,
dont quelques années froides se succédant sans interruption abaisse-
raient, comme en 1816, la limite inférieure d'une manière notable,
se maintiennent ou peu s'en faut, à la même élévation. Cette hauteur est maintenant, pour les Alpes et les Pyrénées à 2,700 mètres
au-dessus de la mer, tandis qu'à Quito, sous l'équateur, elles sont
à 4,800 mètres, et qu'à 70° de latitude nord, dans le Finmark, la
limite des neiges perpétuelles descend à 720 mètres. Ces influences de latitude s'atténuent dans un climat insulaire, et l'altitude
conservant toute sa force, on pourra voir de belles vallées couvertes
d'une végétation méridionale, dominées de quelques centaines de
mètres seulement par d'immenses glaciers. » L'auteur prend pour
exemple la Nouvelle-Zélande, située par 40° dans l'hémisphère sud,
la latitude de Madrid dans l'hémisphère nord ; les glaces perpétuelles descendent, en moyenne, dans cette île à 1,000 mètres, et
cependant les plaines qui touchent aux montagnes, se couvrent de

palmiers, de pandanus et de fougères arborescentes. « Dans le milieu de l'île, écrit Lyell, [1] des glaciers venant du Mont-Cook, montagne la plus élevée d'une chaîne couverte de neige, sont descendus jusqu'à 150 mètres près de la mer, là où l'on observe en pleine croissance, non seulement des fougères arborescentes, mais encore une espèce de palmiers que l'on nomme « Areca ». On peut voir aujourd'hui des plantes d'aspect tropical prospérer dans ce district, à proximité de moraines et de fragments angulaires de pierre qui y ont été récemment transportés par les glaces de régions plus élevées. »

Nous le répétons : cette explication, acceptable pour une seule phase de la période glaciaire et pour certaines régions spéciales, ne dispense pas de recourir à la recherche d'une loi générale.

IV. — De même qu'en Sibérie, dans la 1re époque glaciaire, il y aurait eu au Mont-Dol, vers la 2e, quelques retardataires de la grande migration vers le Midi, ou des migrations estivales vers le Nord. Deux de nos honorables concitoyens, MM. Vannier et Duval, curieux des choses d'histoire naturelle sans être naturalistes de profession, vinrent au mois d'août 1868, attirés par le bruit qui se faisait autour des premières découvertes de la carrière Lebreton, visiter le Mont-Dol [2]. En observant l'une des tranchées faites dans les éboulis pour arriver à la roche vive, ils crurent voir se dessiner vaguement les formes d'un grand animal qui se serait affaissé sur place, et que seraient venus recouvir les terres et les blocs glissant sur les pentes, dans les vibrations alors fréquentes du sol. Les parties visibles de la charpente osseuse semblaient restées à leurs places articulaires ; la terre, dans les intervalles, avait gardé une couleur et même une odeur caractéristiques. Une dent et un os long qu'ils détachèrent de la masse, furent remis, à leur retour, au Président de la commission administrative du musée de Saint-Malo.

. *Principes*, tome I, page 276. Éd. de 1870.

2. M. l'abbé Hamard (*Le Gisement du Mont-Dol*, supplément) cite M. Thézé, de Dol, comme ayant accompagné M. Duval dans son exploration.

Cette communication qui tendait à provoquer l'initiative et l'action de l'établissement, ne paraît avoir eu aucune suite.

Quatre ans après, alors qu'un certain nombre de spécimens du dépôt ossifère s'étaient répandus dans le pays et avaient été la plupart perdus pour la science, l'exploration méthodique du dépôt commença ; la progression des travaux de la carrière avait amené depuis longtemps le déblaiement du massif observé. Si nos honorables concitoyens ne se sont pas laissé égarer par de fausses apparences, il a tenu à peu de choses qu'un fait du genre de ceux qui ont occupé le monde savant à diverses reprises depuis 1772, ne se renouvelât sous nos yeux. On se rappelle que, dans cette même année, un rhinocéros fut découvert, enfoui dans les glaces sibériennes, par le naturaliste Pallas. En 1799, dans le même pays, sur les bords de l'Alassia, on trouva un mammouth enseveli de même dans des couches de glace, et dans un état parfait de conservation, malgré le nombre de siècles qui s'étaient écoulés depuis sa mort.

L'explication de ce fait de grands pachydermes et proboscidiens demeurés pris dans les glaces, sous des latitudes où il leur serait absolument impossible de vivre dans les conditions actuelles de ces latitudes, se trouve, suivant Sir Charles Lyell, dans les débordements annuels des grands fleuves qui prenaient leurs sources au midi, et qui auraient transporté les animaux, déjà enveloppés dans leur froid linceul, vers les bords de la mer glaciale [1]. Et de fait, ce n'est pas sur la terre, la terre même glacée, qu'on les a rencontrés, mais bien sur d'épais amas alternés de glace et de limon, toujours sur les bords et sur l'embouchure des fleuves sibériens. Ajoutons que les glaces et limons de ces estuaires ont émergé avec le soulèvement moderne des contrées circompolaires ; aussi les a-t-on trouvés à plusieurs mètres au-dessus du niveau le plus élevé des eaux douces ou salées.

Vers 1836, en France même, des squelettes entiers d'*Elephas*

---

1. *Principes*, tome 1er, page 237. Édition française de 1870.

méridionalis et de rhinocéros ont été exhumés des marnes sableuses de Durfort par M. le professeur Gervais et M. Cazalis de Fondouce ; ces squelettes étaient associés dans les marnes à des plantes miocènes. De la caverne de *Dream-cave*, dans le Derbyshire, a été exhumé un squelette de rhinocéros. La dernière expédition du D. Nordenskiöld, celle-là même qui a franchi la première le passage du nord-est entre l'Atlantique et le Pacifique (1878-79), a rencontré de nombreux squelettes de baleines, même presque entières, enfouis comme les mammouths et les rhinocéros dans les glaces ou les sables glacés. « Sur le rivage de la péninsule Tchoukte, rapporte M. Daubrée, on découvrit des ossements de baleine enfouis depuis de longs siècles en grandes quantités dans des couches de sable. Quelques-uns de ces os étaient encore recouverts de peau et d'une chair rouge presque fraîche. C'est un nouvel exemple à rapprocher de ceux que l'on connaît depuis le voyage de Pallas ; il fait voir combien les matières animales gelées peuvent se conserver longtemps sans se putréfier [1]. »

Les ossements dont parle M. Daubrée doivent avoir précédé, pour leur enfouissement dans le sable du littoral sibérien, le soulèvement du Nord ; ils datent, dans notre opinion, du quaternaire supérieur, phase d'immergement pour les contrées arctiques.

Dans les sables du diluvium gris d'Abbeville, on a trouvé un squelette entier de rhinocéros [2]. L'un des membres postérieurs, dont les os étaient dans leur position normale et devaient être joints par des ligaments et même entourés de muscles à l'époque de leur enfouissement, était détaché du squelette et gisait à quelque distance. En 1859, le professeur Lortet faisait sortir de la colline de Saint-Foy le squelette entier d'un éléphant de grande taille [3].

Enfin, en 1860, les tourbes de Lierre, dans la province d'Anvers, rapportées à l'époque postglaciaire, livraient au célèbre pa-

1. Discours d'ouverture de la séance publique annuelle de l'Académie des sciences, 1880.
2. *Dictionnaire archéologique de la Gaule,* vº Abbeville. — On ne précise pas l'espèce. Ce ne pouvait être le *Rh. tichorhinus* qui n'était pas encore arrivé dans l'Ouest européen.
3. Il appartient à l'espèce de l'*El. intermedius*. Son squelette, que l'on voit dans les galeries du musée de Lyon, mesure 3 m. 75 de hauteur. — A rapprocher du squelette entier d'*El. antiquus,* trouvé dans le tuf des Aygalades, près Marseille.

10

léontologiste Édouard Dupont un nouveau squelette entier de mammouth. Quant à l'Amérique du nord, on ne compte plus le nombre
de mastodontes et d'éléphants que l'on retire des anciens lacs où
ils ont péri ; d'une seule grande mare on en a extrait jusqu'à
sept.

L'observation rapportée par MM. Vannier et Duval n'a donc en
soi rien d'invraisemblable. Il est hautement à regretter que, malgré
leur démarche, rien n'ait été fait pour en contrôler l'exactitude. Si
un éléphant a été bien réellement victime de l'un des fréquents
éboulements qui ont dû se produire au Mont-Dol, il est bien évident
par la position avancée qu'occupait sa dépouille, que l'événement
est arrivé lorsque la station humaine du même lieu n'était plus
habitée. C'était l'un de ces grands proboscidiens et pachydermes
qui, après leur émigration vers le midi, continuèrent, dans les étés
postglaciaires, à remonter périodiquement vers le nord, en quête
de la nourriture appropriée à leurs besoins.

V. — La 2e époque glaciaire eut les mêmes alternatives que la
première ; on les reconnaît à certains dépôts, très variables en
puissance, de limons, de sables et de graviers, intercalés dans les masses de blocs erratiques et de cailloux roulés, et dénotant, dans le cours
de la période, des phases diverses de l'action glaciaire ou diluvienne.
On a donné le nom de « Diluvium rouge » à certains limons qui font
partie de ces dépôts. Les limons de ce genre sont formés par voie
chimique, sans cailloux roulés ; ils n'existent que dans les régions
calcaires [1].

La 2e époque glaciaire fut moins rude, en somme, à travers
l'Europe moyenne, sauf toutefois le bassin du Rhône, où la seconde
extension des glaciers, sans doute par l'effet de circonstances
topographiques différentes, porta de grandes moraines et des blocs
erratiques en bien plus grand nombre que la première ; elle paraît
aussi avoir eu moins de durée. Seulement, le retour des épreuves
fit ce qu'une plus grande rigueur du froid n'avait pu accomplir : il

---

1. M. Meugy, *Société géologique de France,* 1875.

amena, à la longue, la raréfaction, la perte ou la migration définitive d'un certain nombre de genres et d'espèces tant dans le monde animal que végétal.

Pourtant, les effets directs et immédiats du refroidissement furent, on peut le supposer, plus lents à se produire. La 1ère époque glaciaire succédait à une température subtropicale ; bien que les approches du froid eussent été lentes et graduées, le trouble n'avait pu manquer d'être grave. Cette fois, rien de si profond : le climat interglaciaire était, dans la région du golfe, celui des zones tempérées ; la transition à un climat septentrional se tint donc plus loin des extrêmes.

Aussi, quand nous voyons le grand naturaliste suisse Agassiz, l'un des premiers savants qui aient soulevé le voile de la période glaciaire et interrogé ses secrets, dépeindre « le silence de mort » qui vint remplacer le mouvement et la fécondité de la vie antérieure, nous ne pouvons nous défendre de croire que, impressionné par la terrible grandeur des phénomènes révélés par les formations glaciaires des Alpes, il a involontairement chargé les couleurs du tableau, et les a trop généralisées. « Un vaste manteau de neige et de glace, dit-il, recouvrit les plaines, les vallées, les mers et les plateaux. Au mouvement d'une création nombreuse et agissante succéda un silence de mort. Un grand nombre d'animaux périrent de froid ; les éléphants et les rhinocéros moururent par millions et furent effacés de la création. » Ce dernier trait seul suffirait à tenir en garde les esprits contre l'entraînement exercé par le savant et par l'écrivain. Disons, au contraire, comme résultat d'études plus complètes et plus récentes, que la destruction ne fut générale, dans la 1ère comme dans la 2e époque, qu'au voisinage seul et sur le passage des glaciers. Des éléphants même prolongèrent leur existence en Europe jusque dans la phase postglaciaire. Leur extinction se lie à des changements dans lesquels les révolutions climatales revendiquent l'influence première, mais n'ont pas été seules à agir ; la preuve en est dans cette circonstance que la phase où on les voit s'éteindre est une phase de relèvement du climat. Lyell, avec son grand sens et son jugement si sûr, se rapproche beaucoup plus de la vérité quand il professe que le froid produisit des perturbations locales dans la distribution des espèces, mais qu'il ne contribua pas pour beaucoup à leur anéantissement. C'est aussi l'opinion de Pictet : « Les inondations ou déluges partiels qui ont déposé ces terrains *(les terrains glaciaires)* n'ont détruit qu'un petit nombre des espèces qui vivaient en Europe [1]. »

Citons encore l'opinion si autorisée de l'éminent directeur du Muséum de Paris, M. Albert Gaudry [2] : « Tout en reconnaissant, écrit-il, que les circonstances physiques ont pu amener ou retarder sur certains points l'évolution des êtres, on peut croire qu'en dépit des accidents locaux, l'ensemble du monde animal a poursuivi à travers les âges une marche progressive. »

En Suisse et dans le Jura, deux contrées auxquelles, malgré des différences graves de condition, nous continuons, sous la réserve des corrections voulues, à emprunter des exemples, la température moyenne annuelle ne paraît pas être descendue dans les plaines basses au-dessous de + 5°. Différence en faveur de la 2ᵉ époque, dans les mêmes pays, 7°70.

VI. — En même temps que la détérioration du climat, le littoral du golfe avait eu à subir, nous l'avons dit, un affaissement progressif, et, par suite, une invasion nouvelle des flots. L'intérieur du continent participait au mouvement, mais tout témoignage prochainement sensible manquait alors comme aujourd'hui pour l'y reconnaître.

Sans pouvoir encore fixer la mesure de cette subsidence au sein de nos contrées normanno-bretonnes, on a pour l'apprécier dès ici avec quelque vraisemblance certains repères qui déposent, les uns, du minimum qu'elle a dû réaliser ; les autres, du maximum qu'elle n'a pas pu dépasser.

Parmi les premiers nous plaçons divers bancs de coquillages, situés à des altitudes diverses le long des bords de la Rance. Le

---

1. *Traité de paléontologie,* 2ᵒ édition, tome IV, page 702. Paris, 1853.
2. *Les Enchaînements du monde animal.* Un volume in-8ᵒ, page 260. Paris, 1879.

plus élevé, celui de la Ville-ès-Nonais, consiste en écailles d'huîtres et coquilles de mactres, cardium, murex, patelles, etc., toutes d'espèces vivant encore sur nos rivages, indice assuré d'un âge postérieur à l'époque pliocène. Comme, d'autre part, la seule phase d'affaissement du sol où le banc ait pu se former depuis cette époque, est celle du Quaternaire moyen et de la 2ᵉ époque glaciaire, nous pouvons avec confiance rapporter à cette date géologique le banc dont nous parlons. Sa hauteur par rapport aux plus grandes marées est d'environ 9 mètres. Les valves d'huîtres qui en font la masse, semblent avoir été à peine roulées ; leurs dimensions sont celles de leurs congénères contemporaines : la salure des eaux était donc la même qu'à présent. Si l'on ne doit voir dans le banc qu'un amas de tests poussés au plein par le flot, on n'en est pas moins obligé d'admettre qu'à l'époque où il s'est formé, le sol se présentait à 9 ou 10 mètres plus bas qu'à présent.

« En divers points du littoral breton, écrit M. J. Durocher [1], j'ai rencontré des restes d'anciens dépôts de sable et de galets avec des coquilles marines, qui montrent qu'autrefois la mer a dû baigner des points situés à 6, 12 et 15 mètres au-dessus de son niveau actuel. Ces exhaussements dont l'époque ne peut-être précisée [2], me paraissent antérieurs aux affaissements qui ont produit la submersion de l'ancien littoral. »

Les trous de pholades et les bancs de galets que M. Hénos a observés sur les côtes voisines de Saint-Brieuc [3], n'auraient pas moins d'intérêt dans la question, si la hauteur de ces traces d'anciens rivages avait été donnée. Nous savons seulement qu'elles sont « à une hauteur assez grande » au-dessus de la mer, ce que l'on peut entendre des hauteurs observées par M. Durocher, 6 à 15 mètres, et par nous-même, 9 à 10 mètres.

Un autre témoignage concordant de l'affaissement, puis du relè-

---

1. *Observations sur les forêts sous-marines de la France occidentale et sur les changements de niveau du littoral*, dans les *Comptes rendus* de l'Académie des sciences. 1856, page 1098.

2. Nous croyons être parvenu à la préciser. A. C.

3. *Comptes rendus* de l'Académie des sciences. 1871, 2ᵉ semestre, page 685.

vement de nos rivages se trouve dans le banc d'huîtres fossiles du Vivier dont nous parlons un peu plus loin. Insistons ici sur l'altitude de ce banc pendant la 2ᵉ époque glaciaire, au temps où les mollusques étaient à l'œuvre pour le former. Au lieu de 3 mètres 50, c'est à 13 ou 14 mètres au moins que les conditions d'existence de ce coquillage obligent à placer le banc au-dessous des plus hautes marées. Il s'est donc relevé, pendant l'époque postglaciaire, de 10 à 11 mètres, sans compter ce que l'affaissement moderne lui a fait perdre.

Tels sont, avec les nombreuses plages soulevées, les indices qui peuvent aider à la détermination d'un minimum d'affaissement du littoral normanno-breton pendant la 2ᵉ époque glaciaire. Quant au maximum, l'indice, pour être d'ordre négatif, n'en a pas moins sa valeur ; il se rapporte au bassin falunier du Quiou, près Dinan. Depuis son émergement mio-pliocène, ce bassin n'a plus été visité par la mer. Or, les parties les plus basses sont à environ 20 mètres au-dessus des plus hautes marées de la Rance. Le sol ne s'est donc pas affaissé jusqu'à 20 mètres ; autrement, la mer remontant le fleuve jusqu'au Quiou, aurait de nouveau occupé le bassin, et laissé des traces sur les limons d'eau douce qui recouvrent uniformément les faluns.

Ainsi, c'est entre les termes extrêmes de 10 à 20 mètres, que se place la mesure de l'affaissement de la région méridionale du golfe pendant la 2ᵉ époque glaciaire. Nous n'avons aucune cote de l'ancien rivage pour la partie orientale ; la faible distance qui sépare les deux régions, et la solidarité naturelle des phénomènes portent à croire que, des deux côtés, le mouvement a été à peu près le même. Nous sommes d'autant plus autorisé à le penser, que nous trouvons des éléments conformes de preuve dans les rivages qui font suite immédiate et dans ceux qui font face au golfe. Les bancs de galets glaciaires de Perros, près Morlaix, et les poudingues synchroniques de Kerguillé, près Brest, sont à une même hauteur de 10 mètres au-dessus des plus hautes mers. Sur la côte anglaise opposée, dans le Devonshire, on voit s'étageant vers l'intérieur des terres, de nombreux « Rivages soulevés (*Raised beaches, Sea margins*), de 3 à à 21 mètres de hauteur [1]. » Nous trouvons de même que, dans les îles anglo-normandes, les rivages soulevés sont généralement à l'altitude actuelle de 10 mètres.

VII. — Une obscurité absolue entoure le problème de la durée des nouveaux froids. Si quelque donnée peut nous mettre sur la voie de l'apprécier, c'est celle des ravages que fit la débâcle des neiges et des glaces accumulées sur les hauts plateaux et dans les montagnes.

Nous avons parlé de l'énorme masse d'eau que débita, lors du premier diluvium, le seul glacier du Rhône. A l'époque du second, cette masse quoique bien réduite fut encore colossale. A l'aide de traces laissées par les fleuves sur les flancs de leurs vallées, on a pu calculer que la Somme, par exemple, coulait alors à 100 mètres au-dessus de son thalweg actuel ; le Rhin à 60 mètres ; la Seine à 55 mètres, avec 6 kilomètres de largeur au lieu de 160 mètres, à la hauteur de Paris ; le Rhône à 50 mètres. La vallée de la Meuse avait pris des proportions analogues : 2,000 mètres au lieu de 100 mètres de largeur.

Les mêmes phénomènes dont la fin de la 1ᵉʳᵉ époque glaciaire avait été témoin, se reproduisirent donc au terme de la 2ᵉ : bouleversement des sommets dans les régions montagneuses, dérasement et pulvérisation des roches sous la marche en avant des glaciers, ravinements profonds dans la direction des pentes, niveau des fleuves porté à d'énormes hauteurs, vastes plaines changées en lacs, barrages naturels se formant dans les gorges à la suite les uns des autres et se rompant de place en place sous le poids des eaux, dépôts et traînées d'argile et de cailloux se succédant au même lieu suivant les vicissitudes de ces barrages, familles entières d'animaux englouties, forêts balayées par l'impétuosité du flot, toutes les variétés d'horreurs d'un déluge général et se prolongeant pendant des siècles !

1. M. Charles Barrois. *Société géol. du départ. du Nord.* Annales, tome IV, page 186. Lille, 1877.

VIII. — Comme toujours, les bords de la mer dans l'Europe occidentale furent très épargnés. Les oscillations et les érosions des rivages sont leurs calamités propres, leurs menaces permanentes, et c'est bien assez qu'ils gardent l'impression de ces phénomènes. La région normanno-bretonne ne reçut donc qu'un contre-coup lointain et très affaibli de la débâcle amenée par le retour de la chaleur. Ce qui se passa dans la baie de Dol permet d'en juger d'une manière exceptionnellement précise.

Cette baie était alors tout entière, jusqu'au pied de la ligne des coteaux, sous les eaux marines. Les matières qui y furent entraînées par les affluents fluviatiles, ne modifièrent que très faiblement la composition de l'alluvion qui se formait. Le dépôt se colore en vert sombre, puis en noir par l'apport des matières végétales arrachées à la surface des terres émergées, et la proportion d'argile augmente dans les vases marines. Point de lit épais de graviers et de sables terrestres, comme dans la première débâcle. La durée du désordre n'est pas moins diminuée que la masse des matières charriées. Tandis que, pour la première phase, la puissance des couches alluvionales est de 3 mètres 15, pour la seconde, l'épaisseur de la couche unique, telle que les courants venus de l'intérieur la modifient, n'est plus que de 2 mètres 10. C'est du moins ce qui résulte de l'interprétation que nous proposons, du sondage exécuté, en 1876, dans la partie la plus centrale du marais de Dol (couche n° 11 : *Tangue argileuse verdâtre*) [1].

IX. — Au cours de la 2ᵉ époque glaciaire, le lent affaissement du sol avait ramené la mer au delà du plein de nos rivages modernes. Les baies s'étaient ouvertes d'elles-mêmes à l'envahissement des flots. Comme un collier qui se détend, les chaînes des hauteurs littorales : Héaux de Bréhat, roches de Saint-Quay, collines des Ébihens, de Césembre et des Herpins, plateaux des Triagoz, des Minquiers, de Chausey, des Dirouilles et des Ecrehous, s'étaient égrenées l'une après l'autre dans la mer jusqu'à sombrer tout à fait ou ne plus laisser paraître que des cimes dénudées. L'é-

1. Voir chapitre XVIII, 9.

poque postglaciaire nous présente la contre-partie de ce tableau ;
elle s'ouvre sur un soulèvement général du sol, et, une fois de plus,
se reconstitue, pour aller de nouveau se perdre pendant l'époque
géologique actuelle, le littoral mio-pliocène.

Aux temps postglaciaires *(Quaternaire supérieur)*, il n'y a plus
dans la région du golfe d'animaux de races éteintes, si ce n'est
peut-être quelques rares proboscidiens ; tous ont fourni leur carrière
et cédé la place à de nouvelles races, ou bien ont émigré vers leurs
anciens climats, sinon vers leurs anciennes patries. Avec l'arrivée
et la propagation des animaux domestiques et asservis, la faune
prend de plus en plus son faciès moderne. Quant à la flore, c'est
le moment où le type régional, le type armoricain [1] se constitue ;
il embrasse bientôt dans sa zone spéciale, bien que très étendue,
des contrées alors sans solution de continuité et que l'on s'étonne
de voir aujourd'hui si profondément disjointes : toute la région
sud-ouest de l'Angleterre et les îles anglo-normandes, d'une part ;
de l'autre, la Bretagne, le Bocage normand, une partie du Maine,
de l'Anjou et de la Vendée. Le type armoricain atteint sa plus haute
expression dans la succession de ces forêts qui couvraient la zone
littorale et peut-être le bassin entier de la Manche, et dont il nous
est donné de contempler le long des côtes modernes de la même
mer, enfouis dans les sables, de si importants débris. Quand ces
forêts commencèrent à être entraînées par le flot, déjà la température, après un rehaussement trop passager dont témoigne la végétation puissante des chênes et des sapins fossiles, marchait sur la
pente d'un refroidissement normal. Avec des siècles, elle devait
aboutir au climat des temps historiques, climat resté presque
immuable depuis deux mille ans [2], en dépit de quelques oscillations obscures ou mal expliqués.

X.— Résumons, en leur donnant pour expression les monuments de la faune, les principales phases de la période glaciaire
dans l'Europe nord occidentale :

1. Charles Martins, *Époques glaciaires*, page 209.
2. Arago, *Annuaire du bureau des longitudes*. Année 1834.

Époque antéglaciaire. *Miocène supérieur.* faune des zones tempérées chaudes, avec tendance septentrionale ;

— préglaciaire. *Pliocène inférieur.* — des faluns, de Montpellier et de Saint-Prest ; crags de Norwich et d'Anvers ;

1ère Époque glaciaire. *Pliocène moyen.* — de Perrier, de Soleilhac, du Puy et du Coupet ; moraines arvernes, suisses et lombardes, alluvions des terrasses et des hautes plateaux ;

Époque interglaciaire. *Pliocène supérieur et débuts du Quaternaire.* — du Forest-bed, de Montreuil, du Mont-Dol, de Sainte-Suzanne, d'Abbeville ;

2e. Époque glaciaire. *Quaternaire moyen.* — du Boulder-Clay, du diluvium rouge, des grottes du Périgord, d'Aurignac et de la Lesse ;

Époque postglaciaire. *Quaternaire supérieur.* — moderne. Animaux domestiques.

« Quelle que soit la manière dont on suppose que tant de changements se sont accomplis, écrit M. Albert Gaudry, soit qu'ils aient été le résultat de créations distinctes et indépendantes, soit qu'ils aient été le résultat de transformations, aucun géologue ne peut douter qu'ils aient exigé un temps immense. Il n'y a pas, à l'époque du miocène moyen, une seule espèce de mammifères identique avec les espèces actuelles. »

Prises dans leur vaste ensemble, tel que nous le comprenons, les époques glaciaires sont la transition du monde géologique au monde moderne. Des savants veulent que cette grande période soit encore en cours, et confondent dans l'époque postglaciaire l'époque actuelle. Sans nous prononcer sur ce point de vue entré trop récemment en considération pour pouvoir être utilement discuté ici, nous pénétrons, avec la suite du présent travail, dans le régime géologique véritablement actuel, et nous n'avons plus à le quitter désormais.

FIN DE LA DEUXIÈME PARTIE.

TROISIÈME PARTIE

LE LITTORAL AUX ÉPOQUES CONTINENTALES ET INSULAIRES DU GOLFE; FALUNS ET BANCS COQUILLIERS ALTERNATIVEMENT IMMERGÉS ET ÉMERGÉS: PLAGES SOULEVÉES *(Sea margins)*.

CHAPITRE XI

LES FALUNS.

I. — Dans les précédentes études, nous avons essayé de retracer les révolutions dont la contrée du golfe normanno-breton a été le théâtre depuis les époques géologiques les plus anciennes. Après avoir rendu le lecteur témoin des deux derniers grands soulèvements mio-pliocène et quaternaire et de l'affaissement intermédiaire, nous l'avons mis en présence des débuts de la subsidence moderne du sol. La nécessité de concentrer l'attention sur les grandes lignes du sujet, nous a fait passer sans nous y arrêter suffisamment sur certains faits des dernières périodes ; nous allons y revenir en leur donnant à chacun le développement qu'ils demandent.

II. — Plus d'une autre mer avant celle des faluns était venue avec ses éléments distincts battre les bords de la grande région naturelle qui a reçu le nom de « massif breton ». A l'époque jurassique *(période secondaire moyenne)*, cette région tout entière :

Bretagne, Vendée, Haut-Poitou, Anjou, partie du Maine, Cotentin, Bocage normand, formait une grande île à rivages souvent ambigus ou peu accusés. Sur la face tournée au couchant, la vague atlantique sans cesse en mouvement ne permettait qu'à titre exceptionnel à des centres sédimentaires de se constituer. Il en était autrement à l'est. Là, point d'océan, mais des méditerranées, des adriatiques ou des caspiennes étroites, instables et peu profondes. De l'embouchure de la Seine à celle de la Charente en passant près d'Alençon, du Mans, de Poitiers, de Niort et de la Rochelle, une bande de sédiments sinueuse et très variable en largeur représente le tracé occidental de la mer jurassique à plusieurs de ses phases.

Un soulèvement borné du sol soude la Bretagne par le Poitou au plateau central de la France ; la grande île passe à l'état de presqu'île, la région des lacs s'étend aux dépens du régime marin. Repoussssé du midi, le flot se porte sur la frontière nord orientale qu'il entame ; pendant des siècles sur des siècles et au sein d'un calme relatif, la formation crétacée s'y constitue avec ses sables quartzeux ou calcaires, ses argiles et sa craie caractéristique.

Cependant le moment vient où la mer de la craie recule à son tour ; par contre, à Valognes et peut-être au Quiou, à la Chaussairie près de Rennes et à Campbon près de Savenay, la mer tertiaire éocène du calcaire grossier se fait jour dans certains fjords qui viennent découper les rivages primaires ou jurassiques. L'identité des faunes extrêmes de Valognes et de Campbon est reconnue, comme l'est aussi la nécessité d'une communication entre les deux bassins [1]. Contrairement à une opinion récemment soutenue, nous pensons que cette communication avait lieu, non par le contournement de la péninsule bretonne, car à l'âge tertiaire la mer de la Manche était fermée à l'ouest, et la Bretagne se reliait à la presqu'île de Cornouailles [2], mais par le milieu même de la Haute-Bretagne, dans la direction générale des vallées actuelles de la Vi-

---

1. M. G. Vasseur *Terrains tertiaires de l'Ouest de la France*, dans les *Comptes-rendus* de l'Académie des sciences.

2. Gosselet, *Cours élémentaire de géologie*, page 153. Paris, 1877.

laine, de l'Ille et de la Rance. A l'appui de cette supposition, on peut invoquer la présence de coquilles du calcaire grossier dans les grèves de la Rance, et le lambeau de cette même formation qui s'est conservé près de Rennes, sur la ligne directe de Campbon à Valognes.

III. — A l'époque suivante, celle du miocène ou tertiaire moyen, ce n'est plus seulement par places, comme par de longues fissures, que la mer se répand en Europe : une vaste dépression se dessine par le centre même du continent, entre la vallée du Bas-Danube et ce qui sera un jour la vallée de la Loire. Les mers de la Molasse et des Faluns prennent naissance et occupent successivement ou d'ensemble ce vaste contour. On suit la trace de la dernière jusque dans la Haute-Bretagne, sur la côte orientale d'Angleterre, dans les crags ou faluns de Norwich, et sur le littoral des Pays-Bas, dans les faluns d'Anvers.

Les dépôts de Rennes et de Dinan, bien que présentant certains traits minéralogiques différents, sont du même âge que ceux de l'Anjou et de la Touraine [1].

Sur toute l'étendue de l'aire falunienne, une faune malacologique uniforme s'empare des nouvelles eaux, et y multiplie la vie avec la plus exubérante richesse. Nous allons en retrouver les restes dans le bassin du Quiou, affluent du golfe normanno-breton.

Quelques autres tronçons ont pu être reconnus entre le Quiou et Rennes ; ils permettent de reconstituer la configuration partielle de cette mer [2]. Elle devait avoir pour rivages, au nord, une ligne correspondant à peu près au canal d'Ille et Rance. A l'est, le sillon granitique de Sens couvrait un golfe dont les bancs de Feins et de Gahard ont gardé les plus anciens vestiges. Ce même sillon, en se prolongeant après une étroite dépression en face de Guipel, formait une île très allongée de l'est à l'ouest ; on en retrouve dans les

1. Lyell, *Manuel*, tome 1er, page 232.
2. Suivre les points de repère que nous indiquons, sur la *Carte géologique d'Ille-et-Vilaine* de M. Massieu, ingénieur en chef des mines, Rennes, 1868,

hauteurs de Bécherel le point culminant. De Gahard à Rennes, toujours à l'est, un gisement découvert entre Mouazé et Chasné sert
de lien avec le bassin de Saint-Grégoire et le banc de Saint-Jacques de la Lande, ce dernier, voisin de la formation éocène de la
Chaussairie près Rennes. A l'ouest, plusieurs gisements échelonnés sur les affluents de la Rance, entre Médréac et Montauban, se
relient, d'une part, avec le Quiou par Tréfumel, et d'autre part,
semblent tendre à rejoindre Saint-Jacques et la Chaussairie par
Saint-Grégoire. Au delà, vers le sud, on n'a pas trouvé jusqu'à présent, si ce n'est près de Langon, à mi-route entre Savenay et Rennes, de traces de raccord avec les dépôts de la Loire ni de l'Anjou,
mais l'existence de ce raccord est admise et incontestée.

IV. — A l'épaisseur actuelle seule des dépôts coquilliers conservés, et sans tenir compte des dénudations et ablations dont ils
ont eu à souffrir, on peut juger de la longue et tranquille existence
de cette mer. Par des gradations insensibles, la température ambiante eut le temps de passer d'un climat subtropical à celui des
zones tempérées froides, des premiers faluns miocènes aux derniers
crags pliocènes. Les approches de la période glaciaire vinrent apporter, dans les moyens temps pliocènes, une impulsion inattendue à
la décadence du climat. Ce fut, il faut bien se le rappeler, une accélération d'un mouvement normal déjà ancien, et non une révolution subite, que cette période amena dans les climats ; la preuve
s'en lit à chaque feuillet dans les couches des crags, et dans les
strates supérieures du dépôt lacustre d'Œninghen.

De puissantes inondations préludèrent au refroidissement ; ce
fut l'effet d'étés encore brûlants, succédant à des hivers plus sévères et plus longs. Ces hivers accumulaient la neige sur les montagnes qui venaient de surgir au sein des plaines fangeuses du continent. Parfois violemment déplacées, les eaux déployèrent à loisir
leurs ravages sur des espaces où les anciennes pentes avaient été
bouleversées par le soulèvement miocène, et où le sol était
disloqué de toutes parts. Les seuils qui avaient, en dernier lieu, séparé en nombreuses lagunes la Mer des faluns, s'abaissèrent, en-

traînant dans la ruine commune les dépôts coquilliers récemment émergés avec eux. Dernier émissaire de cette mer dans la région, la Rance dut porter à l'Océan les débris restés à leurs flancs ; la plus grande partie fut triturée et dissoute. Les énormes amas de coquilles brisées et méconnaissables qui tapissent les fonds du golfe ont probablement dès lors commencé à s'accumuler.

V. — Un nuage dont l'obscurité n'est pas encore dissipée, couvre ce qui se passa dans le bassin du Quiou pendant la durée des époques glaciaires. Des lacs d'eaux saumâtres, d'abord, puis d'eaux douces, avaient remplacé les eaux salées. L'observation attentive et patiente de la couche correspondant à ces lacs, a manqué jusqu'à présent pour faire distinguer les fossiles de cette situation transitoire. On nous a parlé de dents et d'ossements de mammifères terrestres et de bois à demi carbonisés que l'on trouve dans cette couche, mais nous n'avons pu nous en procurer aucun spécimen. Il n'y a pas de vestiges tourbeux ; l'eau a dû se maintenir à un niveau assez élevé pour que les plantes aquatiques, autres que celles qui s'étendent à la surface : potamots, nénuphars, algues, conferves, cératophylles, ne pussent y végéter en grandes masses. Il se peut encore que le remplissage des dépressions par les graviers et les limons ait été très rapide.

Dans les coupes verticales des carrières, on se rend compte de la manière dont le comblement dut s'opérer Les courants glaciaires avaient creusé à la surface du bassin des lits irréguliers, suivant la pente du sol et la résistance des strates. On retrouve ces lits uniformément tapissés d'une couche de gravier, dont la courbe, la même que celle du lit, indique un écoulement torrentiel ; puis, le même limon brun, analogue au loess rhénan et au limon hesbayen, qui s'est déposé sur nos plateaux et dans nos vallées, vient remplir la section des lits et recouvrir tout le fond de la lagune. L'épaisseur de la couche va en augmentant à mesure que l'on se rapproche des anciens bords du bassin, si bien qu'à Saint-Juvat, par exemple, on ne rencontre plus le falun qu'à quelques mètres au-dessous du sol, et qu'on ne peut plus l'exploiter à ciel ouvert.

VI — Pour fortifier la conception d'une mer falunienne unique, il faut se rappeler que le bassin de la Loire n'existait pas à l'époque miocène ; bien plus, que, suivant une constatation de notre éminent et regretté concitoyen Félix Dujardin, la pente générale du sol dans la région de ce bassin inclinait alors vers le sud et non vers le nord-ouest. Les déformations que le soulèvement mio-pliocène a fait subir à l'Europe occidentale, expliquent mieux que toute autre considération comment des lieux séparés les uns des autres par une distance de plusieurs myriamètres, et plus encore, par des renflements du sol, ont pu faire partie d'une même mer aussi peu profonde que celle des faluns. M. Hébert cite des lambeaux de formation saumâtre éocène qui, du niveau de la mer, ont été portés sur les plateaux de la Normandie, à des hauteurs de 80 à 100 mètres [1], exactement omme le sont, au sud du Quiou, certains espaces qui séparent le bassin de ce nom du bassin de Rennes.

Après avoir cessé de faire partie intégrante de la Mer des faluns, le bassin du Quiou a dû rester longtemps encore en communication avec l'Océan. Les grandes marées ont continué à y remonter tant que le soulèvement n'a pas porté le plan du bassin à la cote 6 mètres 83, ligne des plus grandes mers par rapport aux mers moyennes de l'embouchure de la Rance ; en d'autres termes, à 19 mètres 67 au-dessous de la cote actuelle.

Au même temps, les lagunes de Rennes achevaient d'écouler leurs eaux dans la direction du golfe de Gascogne. La voie avait été frayée de ce côté par l'invasion et le séjour de la mer du calcaire grossier supérieur. Pour le Quiou lui-même, le jour vint où les eaux salées n'y remontèrent plus. De ce moment, la condition d'existence de ses hôtes fit défaut : ils durent se resserrer de plus en plus vers le centre et dans les parties les plus profondes, et y laissèrent finalement leurs dépouilles. C'est au milieu de la vallée que l'on a trouvé les plus marquants de leurs débris, et entre autres, cette vertèbre de grand cétacé qui attire l'attention des visiteurs du Musée de Dinan.

---

[1]. *Histoire géologique du canal de la Manche*. Paris, 1880.

DINAN
Lehon
Tréssain.
S.ᵗ Solain
Trélivan
Trébédan
Carné
Calorguen
Beaumanoir
le Linon
le Hinglé
Plumaudan
Tréveron
S.André
des eaux
Evran
S.ᵗ Judoce
S.ᵗ Juval
le Bessot
le Quéjou
la Garde
S.Maden
le Hac
Trélan
Guenroc
la Rance
Tréfumel
le Vauruffiere
Beaumont

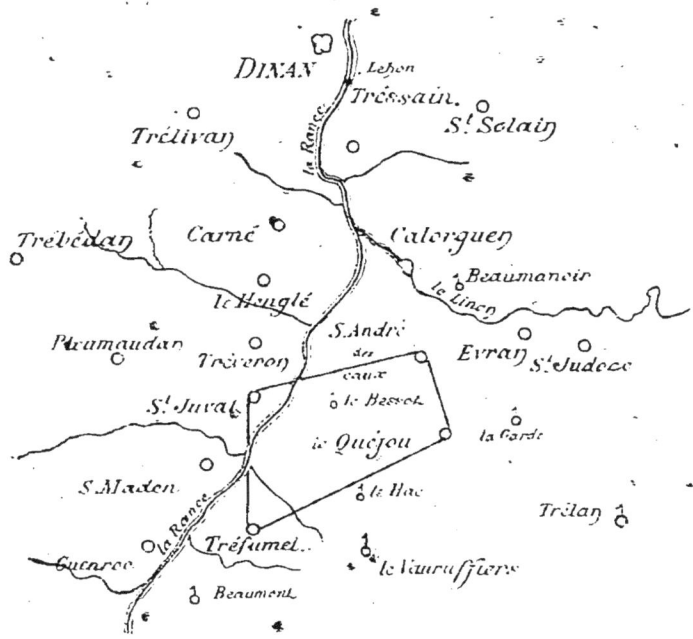

Bassin falunier du Quiou. (le Quiéjou).

EXTRAIT de la Carte de Cassini.ᵗ

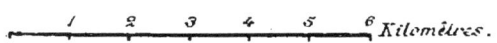

1 2 3 4 5 6 Kilomètres.

Échelle de la carte

VII. — Les sablons calcaires du Quiou, dernier résidu de la mer falunienne, occupent sur une ligne à peu près horizontale un évasement de la vallée de la Rance, à l'endroit où cette rivière va se joindre à celle moins importante du Linon. Les communes du Quiou, de Saint-André-des-Eaux, de Saint-Juvat et de Tréfumel en ont des parties plus ou moins étendues sur leurs territoires ; on poursuivrait peut-être le prolongement des dépôts jusque sous la commune d'Évran. Nous avons dit qu'on en avait retrouvé plusieurs lambeaux entre Dinan et Rennes.

La cuvette du bassin est formée par des schistes talqueux que l'on voit, sur plusieurs points des collines riveraines, plonger sous le sablon. Il est difficile d'en apprécier la surface utilement exploitable. Faute de sondages faits sur un plan d'ensemble, et d'opérations géodésiques spéciales, il faut s'en rapporter à la configuration du sol et aux exploitations tant anciennes que nouvelles ouvertes sur la périphérie apparente du bassin. Nous croyons n'être pas loin de la vérité en l'estimant à douze cents hectares (*Planche n° VIII* ci-contre).

Près du Besso, en Saint-André, une trace des dénudations qui, aux dernières époques géologiques, ont restreint la largeur et l'épaisseur du dépôt calcaire, est restée comme monument de ce gigantesque travail : elle consiste dans un énorme bloc de concrétions silico-calcaires d'une extrême dureté, que l'on dirait composé de coprolithes vermiculaires. Ce bloc ou plutôt ce rocher sert depuis des siècles aux constructions du voisinage[1]. L'effort des eaux, en minant le sous-sol et en mettant le roc en surplomb, lui a fait perdre son premier équilibre.

Plus haut, près du bourg du Quiou, nous avons, par une simple approximation fondée sur le repère officiel d'Évran et l'observation de la pente et des chutes du cours d'eau, trouvé le sommet actuel des bancs à la cote de 23 mètres ; ils vont s'élevant légèrement vers le contour de la vallée. Dans un ouvrage intitulé *Mes*

---

1. Le château, la chapelle et la chapellenie du Besso, bâtis, au XVIe siècle, sur l'emplacement d'une ancienne commanderie du Temple, y ont pris leurs matériaux.

Marais, M. Genée leur donne pour altitude 26 mètres. Nous nous
rallions à ce chiffre, qui paraît avoir été emprunté au Nivellement
général de la France.

VIII. — Les dépôts se composent de deux formations :

La plus profonde n'est exploitée que jusqu'à la rencontre de la
nappe d'eau souterraine, nappe qui suit le niveau de la Rance ;
l'épaisseur en est inconnue. Elle est constituée, dans la partie en
vue, par un sable calcaire homogène très fin, aggluliné mais d'une
faible cohésion. Ce sable ne laisse voir aucune trace de stratification;
il est le produit d'une trituration poussée très loin de coquilles et
surtout de madrépores. De nombreuses paillettes argentées y révèlent la présence du talc ou du mica. L'ensemble, déjà réduit par
des attritions prolongées, à l'état de limon calcaire, a dû être tenu
en suspension dans des eaux agitées, et semble, à en juger par l'absence de fossiles ayant vécu sur place, s'être déposé loin des plages, dans une mer plus profonde que la Mer des faluns. Cette partie
du dépôt appartiendrait donc, non seulement à une époque plus
ancienne, mais à une situation géographique toute différente. Examinés au microscope, des grains de plus fine poussière jaune
laissés par le contact du sable dont nous parlons, se résolvent en
fragments rugueux dont quelques-uns réfléchissent vivement la
lumière. Parfois aussi, mais rarement, nous avons cru y reconnaître
des restes organiques animaux comme dans la craie, ou végétaux
comme dans le tripoli (*Foraminifères et infusoires. — Diatomées
siliceuses* marines et lacustres).

La couche superficielle du bassin n'est plus la même : composition
structure, aspect, tout diffère. Seule, elle est franchement coquillière; seule aussi elle contient des fossiles entiers et bien conservés. On la voit sous l'apparence d'une roche irrégulièrement
stratifiée, prenant par places assez de consistance pour fournir une
pierre propre aux constructions. Ici nous nous trouvons en face
d'une formation littorale, d'une véritable couche de faluns, identique aux couches angevines. « Dans certains districts comme à
Doué, Maine-et-Loire, à 15 kilomètres de Saumur, le dépôt constitue

une pierre tendre à bâtir principalement formée d'un agrégat de coquilles brisées, de bryozoaires, de coraux, d'échinodermes unis par un ciment calcaire. La masse est tout à fait semblable au crag corallin des environs d'Aldborough et de Sudbourn (Suffolk)... Sur quelques points comme à Louans, au sud de Tours, les coquilles affectent une couleur ferrugineuse assez analogue à celle du crag rouge de Suffolk [1]. »

La puissance de la formation coquillière du Quiou est variable ; elle dépasse cependant assez rarement trois mètres. Les produits qu'on en retire pour l'agriculture ont retenu une proportion de carbonate de chaux plus forte que ceux de la formation sous-jacente ; pourtant, comme plus longs à se déliter dans les sillons, ils sont moins recherchés.

Dans les trois carrières que nous avons visitées en septembre 1878, nous avons vu les deux formations mises à découvert par des tranchées verticales d'une observation facile. Les strates de la plus récente ont très peu perdu de leur horizontalité, ce qui témoigne une fois de plus de l'ensemble avec lequel les grandes oscillations du sol se sont accomplies dans toute la contrée depuis l'époque miocène. Lorsque certains déchirements se révèlent, les fissures ne sont pas remplies ; leur origine ne peut donc être très ancienne.

Les bancs ne sont recouverts d'aucune alluvion marine postérieure aux faluns. Une fois émergé, le bassin n'est plus descendu au-dessous des hautes mers de la Rance ; autrement, la subsidence quaternaire, celle qui, tout près de là, sur le littoral actuel, faisait entrer sous les eaux les parties basses du sol, s'y laisserait reconnaître au ravinement et au remaniement du limon d'eau douce, et à quelques lambeaux au moins de vases et de sables caractéristiques.

IX. — La faune du Quiou nous est personnellement connue par une exploration trop rapide pour que nous tentions de rien ajouter

---

1. Lyell, *Manuel de géologie élémentaire*, tome 1er, page 582, Éd. fr. de 1856-57.

aux descriptions et déterminations qui ont été plusieurs fois données des formes congénères et synchroniques des autres bassins de la même mer. Il suffit que nous sachions par les déclarations unanimes des naturalistes qui ont observé à fond les divers dépôts, qu'ils sont identiques dans tous les lieux où on les trouve, sauf quelques particularités tenant à chaque région, pour que nous soyons autorisé à ne faire ici que reproduire les relevés généralement donnés. Les Musées de Rennes et de Dinan, et des collections privées comme celles des châteaux de Saint-Lormel et de la Bourbansaie, contiennent d'intéressants spécimens de la faune du Quiou ; mais nulle part, à notre connaisance, on n'en a réuni un ensemble complet et méthodique.

Nous savons par M. le professeur Alexandre Vézian que les fossiles animaux des faluns, en Suisse, consistent surtout comme les nôtres en bivalves (*Mactres et Cythérées*) auxquels se mêlent des dents de squales, des fragments de poissons voisins des raies, des carapaces de tortues marines, terrestres et fluviatiles, enfin des débris de *Rhinocéros incisivus*. Ce dernier s'est montré en Europe aux derniers temps des faluns, à l'époque préglaciaire.

« Les faluns du terrain miocène, écrit M. Victor Raulin [1], forment autour de Nantes et de Rennes un assez grand nombre de lambeaux. Ce sont des calcaires tantôt friables, tantôt sableux assez durs, renfermant des côtes de lamantin, des dents de squales, et les mollusques et polypiers des faluns d'Angers dont ils sont le prolongement.... Le dépôt marin des faluns de la Touraine et de l'Anjou forme, de Blois au delà d'Angers, sur 150 kilomètres de longueur et 70 kilomètres de largeur, une multitude de lambeaux clair-semés, en général peu étendus, composés dans les environs de Blois et de Tours d'argiles et de sables grossiers argileux, mêlés de grains de quartz, et renfermant de nombreux mollusques et polypiers souvent roulés. Les mollusques et les polypiers sont au nombre de plus de 300 espèces ; les principales sont : les *Conus mercati, Cypræa lyncoïdes, C. affinis, Murex turonensis, Fusus ros-*

---

1. *Géologie de la France,* dans *Patria,* colonnes 373 et 374.

tratus, Fasciolaria nodifera, Cerithium tricinctum, Natica olla, Arca diluvii, Pectunculus glycimeris, Cardium echinatum, Venus clathrata, Corbula carinata, Dendrophyllia irregularis, Retepora cellulosa. Il y a en outre douze espèces de *Mastodon, Hippotamus, Rhinocéros, Dinotherium, Equus, Cervus,* des côtes de lamantin silicifiées, des crocodiles, des tortues, des dents de squales, etc. »

Complétons cet énoncé par une liste de mammifères des faluns de la Touraine[1] : *Pliopithecus, Dinotherium cuvieri, bavaricum, Mastodon turicensis, angustidens, pyrenaïcus, Rhinoceros brachyurus minutus, Anchitherium aurelianense, Anisodon aurelianensis, Sus belvacus, Dicrocerus, Hyæmoschus crassus, Antilope clavata, Halitherium fossile.* Tous ces animaux se trouvent dans une couche d'une épaisseur moyenne de 4 mètres.

Parmi les espèces de mollusques terrestres, portées à la mer falunienne par les rivières et les ruisseaux, l'*Helix turonensis* est celle que l'on rencontre le plus fréquemment.

Dans les limons bruns qui recouvrent le dépôt calcaire du Quiou, on a découvert des ossements de proboscidiens et de grands pachydermes. Nous n'avons pu savoir si ces ossements ont été spécifiquement déterminés. Par ce que l'on a vu plus haut de l'âge des limons, on pensera avec nous qu'ils appartiennent à la faune interglaciaire, et ont dû se rapporter principalement à l'*Elephas meridionalis* et au *Rhinoceros leptorhinus ;* le Mammouth et le *Rh. tichorinus,* si on les y a trouvés, n'ont dû figurer que dans les couches supérieures.

X. — La connaissance du bassin calcaire du Quiou remonte certainement très loin dans le passé ; mais l'emploi du sablon à l'amendement de la terre froide des plateaux voisins était encore à naître du temps d'Ogée (1776) ; il ne date que des premières années de la Restauration.

A cette époque, un propriétaire influent du pays, M. le comte de

1. *Dictionnaire* de Larousse, v° *Miocène.*

Lorgeril, fut le premier à comprendre la valeur de cet élément calcaire dans une contrée granitique et argileuse. Son exemple fut
rapidement suivi, et la richesse du pays en reçut dans un rayon de
plusieurs lieues un ébranlement des plus féconds. La culture du
trèfle et des autres plantes fourragères devint possible sur des
terres qui y avaient été jusque-là jugées absolument impropres ; le
froment se substitua au seigle ; de vastes landes furent défrichées,
et, sur les sols en produit, le rendement tierça.

   Dans la situation géographique du bassin, l'aire sur laquelle se ré-
pandent les produits de l'exploitation est limitée au nord-ouest, au
nord et à l'est par les points de rencontre des engrais marins, tangues et calcaires coquilliers de Plancoët, goémons de la Rance,
tangues du Mont-Saint-Michel ; au midi, par la concurrence des
sablons congénères de Saint-Grégoire. Vers les points dont nous
parlons, sauf le dernier, on emploie en mélange la tangue et le sablon dans la même terre. Les tangues et les goémons sont un don
spontané de la nature, à la disposition du premier occupant, avantage notable sur les sablons, pour lesquels les propriétaires de sol
encaissant font payer un droit d'extraction. C'est donc vers l'ouest
et surtout vers le sud-ouest qu'est le principal avenir du bassin. De
ces côtés on touche à la région centrale de la Bretagne, cette région
dont l'infertilité relative a fait souvent comparer la péninsule armoricaine à une bague en or, à la couronne d'une tonsure, à un fer à
cheval : luxuriance sur les bords, vide au dedans. Le tracé du chemin de fer de Dinard à Ploërmel va pénétrer au cœur du bassin ;
pris en charge dans les vagons sur le carreau même des exploitations, les sablons iront vivifier l'agriculture de nombreux cantons
du centre.

   Dans l'état, on ne peut estimer à moins de 50,000 mètres cubes
la quantité de faluns qui se répand par diverses voies dans le pays.
Le dépôt n'est qu'entamé ; il pourrait fournir pendant de longues
années à une bien plus ample exploitation, surtout si des moyens
d'épuisement permettaient d'atteindre utilement les couches inférieures à la nappe d'eau de la Rance.

XI. — Dans le bassin de Rennes, on réduit en chaux, avant de les livrer à l'agriculture, la plus grande masse des sablons. En cet état, ils forment, au sortir du four, une chaux grasse, délitée en poussière, et ne contenant qu'une faible partie de substances inertes. Le mélange de cette chaux avec des détritus végétaux et animaux fait un excellent compost ; l'action en est rapide sur l'humus des terres froides, les principes volatiles des engrais se trouvent fixés, et les matières fertilisantes deviennent plus facilement assimilables. Des essais de calcination ont été faits au Quiou ; la routine les a entravés. Il serait à désirer qu'ils fussent repris lorsque le chemin de fer aura mis à portée du bassin dans des conditions meilleures le combustible minéral.

La couche coquillière présente quelque différence dans sa composition chimique suivant les lieux d'extraction. Au Quiou même, d'après des analyses rapportées par M. Gaultier du Mottay dans sa *Géographie des Côtes-du-Nord*, on compte 73 1/10 p. 0/0 de matières fertilisantes ; à Saint-Juvat et à Tréfumel, 71 1/10, et, sur certains points exceptionnels, 84 3/10. Un échantillon provenant du bassin de Manthelon, près d'Évreux, a donné à un savant bien connu pour ses études agricoles, M. Isidore Pierre [1], les résultats suivants :

- Carbonate de chaux...................... 68,5
  Silice et argile.......................... 25,5
  Magnésie et matières diverses, avec une petite
      quantité de matières organiques.......... 4,1
  Alumine et oxyde de fer.................. 1,1
  Phosphate de chaux...................... 0,3
  Azote................................... 0,035

                                    Total........ 99,535

Seize mètres cubes de faluns bruts suffisent pour saturer un hectare de terre où l'on emploie pour la première fois cet amendement. On entretient l'effet produit par un répandage de huit mètres tous

1. M. Meugy, *loc. cit.*

les neuf ans. Le prix du sablon est le même pour toutes les couches :
16 fr. les huit mètres cubes (l'ancienne toise) tout extraits, à prendre sur la carrière. Le prix du moellon coquillier est de 10 fr. la
même mesure. Les propriétaires du terrain calcaire exploitent généralement par eux-mêmes. Quand l'extraction a épuisé le sablon
ou qu'elle est parvenue à la couche aquifère, la terre végétale tenue
en réserve est étendue sur l'aire exploitée, et le champ reprend sa
valeur agricole après avoir donné sa valeur industrielle.

XII. — On a trouvé à Saint-Grégoire, en 1877, des vestiges d'une
exploitation gallo-romaine du bassin calcaire : canal d'évacua-
tion des eaux, débris de hangars, poteries, médailles, outils, etc.
Les conquérants latins, grands bâtisseurs, ne pouvaient négliger
une ressource si précieuse dans un pays dépourvu d'éléments calcaires. La chaux qui sortait du bassin de Saint-Grégoire devait ali-
limenter non seulement les constructions de la cité voisine, mais
encore celles des voies romaines, qui en faisaient dans leur premier
établissement une grande consommation.

La même chose a été alléguée pour le bassin du Quiou, mais
jusqu'à présent sans preuves formelles. Un indice de l'antériorité
des exploitations modernes du bassin rennais, est le nom de « Sablons
de Saint-Grégoire », donné, d'après Ogée, aux produits du Quiou
dans la localité même et tout autour.

Il nous a été rapporté qu'il y a vingt-cinq ou trente ans, on aurait
trouvé parmi les fossiles du Quiou un fémur humain. C'est la seule
découverte de ce genre que l'époque miocène nous aurait léguée.
Le calcaire de Beauce (*miocène inférieur*) nous a bien livré, grâce à
M. l'abbé Bourgeois, des témoignages aujourd'hui à peu près incon-
testés de l'industrie humaine ; un éminent naturaliste, M. Rames, en
a trouvé de semblables dans le Cantal ; enfin, chacun a pu voir
dans les vitrines de l'Exposition universelle de 1878, les silex éclatés dans des formes analogues à celles de Thenay (*abbé Bourgeois*),
découverts dans les grès miocènes et même dans les calcaires
éocènes du Portugal par le colonel Ribeiro.

Nous nous sommes vainement mis à la recherche du débris
humain qui nous était signalé ; ce desideratum des études anthro-

pologiques et préhistoriques n'est pas près de se rencontrer. Il y a eu bien probablement dans cette circonstance quelque méprise du genre de celle des ossements du roi gaulois Teutobochus, qui n'étaient que des os de mastodonte ; de ceux de l'*Homo diluvii testis*, l'Homme témoin du déluge, qui représentaient en réalité une grande salamandre ; enfin de l'os de mammouth, longtemps révéré en Hongrie comme une relique de saint Christophe, le géant qui eut l'honneur de porter le Christ dans ses bras. Le fémur du Quiou était, suivant toute probabilité, celui de l'un de ces grands singes dryoptythèques, contemporains des faluns, dont la taille atteignait celle de l'homme.

Il nous sera permis de traiter plus sévèrement le conte relatif à des restes du quai et à des ancres en fer, trouvés en 1805 près de l'étang des Moulins, en Saint-Juvat. Nous avons entendu des hommes graves faire de ces vestiges des contemporains du falun. La navigation, un port, le fer forgé, à l'époque miocène ! Si quelque chose comme un vieux mur avec organeaux, et même une ancre à deux becs (c'est dommage qu'elle n'en eût pas trois pour mieux ressembler à certain canard flamand) a été trouvé engagé dans le sablon, au bord de l'étang en question, et nous n'avons aucune raison de ne pas le croire, ce n'était pas assurément un témoin de l'époque des faluns : c'étaient les restes de quelque barrage de moulin, depuis longtemps oublié. Nous en avons vu l'analogue à Rennes, en 1842, lors de la démolition du moulin de la Poissonnerie : trois radiers qui s'étaient succédé l'un sur l'autre avaient suivi la progression du comblement de la rivière par les alluvions. Le plus ancien, celui que les titres reportaient jusqu'au VIII⁻ siècle, était pris dans une sorte de poudingue quartzeux qui formait au-dessus des schistes dévoniens le premier lit du fleuve ; nous doutons que personne ait tenté d'en faire un contemporain du poudingue.

CHAPITRE XII

LES BANCS COQUILLIERS ÉMERGÉS ET IMMERGÉS.

I. — Le bassin falunier du Quiou, comme témoin principal des mouvements du sol dans la région normanno-bretonne, et aussi à cause de son importance, son unité, sa cohésion, ses relations avec des dépôts plus étendus d'une même mer, enfin, son intérêt agricole de premier ordre, méritait un examen à part et soutenu : nous lui avons consacré tout un chapitre. Portons maintenant le regard sur les bancs de coquilles, la plupart émergés, que l'on peut voir le long et quelquefois assez loin de nos rivages. Tous aussi eux sont des témoins éloquents, et quelquefois à date relative très précise, des oscillations que notre sol a traversées aux époques géologiques.

Certains amas de tests, mais ceux-ci désagrégés par le flot qui continue à les rouler, ont une origine plus difficile à définir. Suivant la disposition des rives et des plages, les sables et les vases s'y mêlent et parfois y dominent. M. Delesse, dont la science déplore la perte récente, en a fait une étude [1] ; nous ne saurions

---

1. *Lithologie du fond des mers.* Deux volumes in-8° avec atlas. Paris, 1870.

mieux faire que de reproduire, en ce qui concerne notre région, en y joignant le résultat de nos explorations propres, le résultat de ses constatations.

« Au niveau de la marée basse, le dépôt littoral des Côtes-du-Nord est essentiellement sableux ; toutefois, son grain peut être très fin, particulièrement dans les baies. Il provient de la destruction des roches granitiques et schisteuses formant la côte et les bassins hydrographiques qui s'y déversent. De nombreuses coquilles de foraminifères et de nullipores sont apportées par la mer.

» A Saint-Malo, le dépôt de marée basse est un sable gris-brunâtre assez inégal, formé de quartz hyalin avec débris de coquilles. Il contient des paillettes assez nombreuses de mica noir, brun-tombac ou grisâtre, de micaschiste gris-verdâtre, de feldspath orthose blanc et opaque. Son carbonate de chaux provient uniquement de coquilles, et il en renferme 30 p. 0/0. D'après M. Marchal, il y en a encore plus de 20 dans la vase marneuse de l'embouchure de la Rance.

» Lorsque la marée montante s'engouffre dans la baie de Cancale, elle rencontre plusieurs cours d'eau qui viennent y converger, et dont les principaux sont le Coesnon, la Sélune et la Sée. Par suite du ralentissement qu'elle éprouve, le limon et les matières qu'elle entraîne forment un dépôt grisâtre de vases et sables fluides qui tendent à envahir cette baie. Des coquilles pilées sont abondamment mélangées à ce dépôt, qui est analogue au trez des côtes de Bretagne, et qui depuis un temps immémorial s'exploite pour l'amendement des terres sous le nom de « Tangue ».

» A l'embouchure du Coesnon et des rivières qui se jettent dans la baie de Cancale, la quantité de tangue qui est extraite annuellement s'élève à plus de 500,000 mètres cubes (Isidore Pierre). Elle contient d'ailleurs 48 à 52 p. 0/0 de carbonate de chaux. Ce dernier n'est pas seulement à l'état de fragments coquilliers, mais il est aussi réduit à l'état de parcelles microscopiques qui sont associées à l'argile et ont produit une marne.

» Il était intéressant d'examiner le dépôt littoral de l'île de Jersey, dont la constitution géologique est assez simple. Plusieurs échan-

tillons pris à marée basse dans la baie de Saint-Hélier, m'ont offert
un sable très fin, gris plus ou moins jaunâtre.

» A Granville, le dépôt de basse mer consiste en sable coquillier
grossier ; le carbonate de chaux représente presque les trois quarts
de son poids, il est formé de débris de coquilles. Le reste se compose de quartz hyalin, mélangé de quelques plaquettes de quartzite
noir et gris, de schiste micacé, de schiste argileux et de schiste
siliceux.

» A Montmartin-sur-Mer, la marne qui se dépose à l'état vaseux
dans une ramification de la baie de Regnéville, renferme 45 p. 0/0
de carbonate de chaux ».

Nous reviendrons sur cette revue du dépôt littoral du golfe, pour
insister sur quelques parties intéressantes et spécialement sur la
tangue, source de si grandes richesses agricoles pour une zone de
terres qui va s'approfondissant avec les débouchés intérieurs de la
baie.

II. — Des amas de tests se retrouvent sur les bords et dans le lit
même de la Rance. Au Néril, par exemple, près de Saint-Suliac, se
voit un banc de sable et de coquilles, ces dernières la plupart brisées, et parmi lesquelles un œil exercé a souvent peine à discerner
les genres et les espèces. Les grèves en face de Saint-Lunaire
(banc du Décolé, banc des Pourceaux), et de Plancoët (Parages de
la Colombière), en contiennent d'inépuisables amas. Entre Jersey et
le continent, le fond de la mer, on peut le dire, en est tapissé. Depuis quarante ans, on les exploitait à Plancoët par le chenal de
l'Arguenon, en même temps que la tangue ; l'arrivée du chemin
de fer sous les murs de cette petite ville permet désormais de
transporter plus économiquement à l'intérieur ce double produit.

Nous donnons plus loin des analyses de la tangue. Quant au
sable coquillier, voici, d'après MM. Moride et Bobière [1], la compo-

_____

1. Cités par M. Meugy, dans ses *Leçons de géologie appliquée à l'agriculture*, 2ᵉ édition
Paris, 1871.

sition d'un mélange de toutes sortes de coquilles roulées par la mer, analogue à notre sablon de la Rance et de Plancoët :

Carbonate de chaux......................... 93 »
Phosphate de chaux, alumine et oxyde de fer..... 1, 5
Sels solubles divers......................... 2, 9
Matières organiques azotées.................. 0, 3
Matières diverses, silice..................... 2, 3

Total.... 100 »

Un écrivain autorisé assigne à ces dépôts, en France et en Angleterre, une origine commune remontant à la mer des faluns [1]. La plus grande part nous paraît appartenir à la faune malacologique moderne.

La presqu'île de Saint-Jacut, sur la gauche de la Rance, laisse voir dans son sous-sol un banc compact, émergé d'environ un mètre, qui ne contient que des espèces actuellement vivantes sur les mêmes rivages. On en retrouve d'analogues à la même hauteur dans les falaises et plages soulevées du fleuve, et notamment à la Ville-ès-Nonais, au Vau-Garni et à Jouventes. Les mollusques auxquels appartiennent ces coquilles, sont de ceux qui, bien que dépendant de la zone littorale, ne peuvent vivre s'ils ne sont pas presque toujours immergés. Les bancs composés de leurs dépouilles nous semblent dater, comme tant d'autres plages exhaussées du golfe et de la rive anglaise, de l'époque quaternaire moyenne, autrement, de la 2e époque glaciaire, phase de submersion de notre littoral. Ils ont émergé pendant le quaternaire supérieur, et tendent, de même que le reste du pays depuis la période géologique actuelle, à reprendre leur place sous les eaux.

Notre attention, au cours de l'exploration de la Rance, s'est portée, à cause de son altitude qui cadre avec celle de nombreux dépôts du même genre, sur un banc d'écailles d'huîtres qu'une tranchée du chemin de la Ville-ès-Nonais à Pleudihen a rencontré. Ce banc, situé au fond d'une anse du fleuve, nous a semblé être à 9 mètres au-dessus des hautes mers. Dans l'hypothèse la plus vrai-

1. Encyclopédie moderne, v° Faluns.

semblable, les coquilles dont il est formé, sus ée comme le sont généralement leurs franges, ont été portées par le flot sur la place qu'elles occupent, et indiquent la limite du plein de l'eau à un moment donné des oscillations du sol.

Le mouvement moderne de subsidence a laissé sa trace dans l'onomastique locale. Deux champs situés sur la même rive, à quelque distance l'un de l'autre, portent encore les noms de « la Grande Planche, la Petite Planche ». L'état des rives et la profondeur de l'eau ont, depuis des siècles, rendu impossible la communication dont les deux noms révèlent l'existence.

III. — Il y a d'autres dépôts coquilliers sur divers points du golfe. Dans le bourrelet littoral de Dol, et notamment à Hirel, ils font l'objet d'une exploitation suivie. On en retrouve aussi, mais cette fois sous forme de grandes traînées pénétrant dans la partie orientale du marais, par exemple entre Cherrueix et Saint-Broladre. Ce sont les lits d'anciennes invasions de la mer, qui ont rompu le bourrelet et sont venues s'épancher le long des coteaux, dans la vallée des Marais Noirs.

IV. — Au sein de l'un de ces lits, en janvier 1880, un cultivateur de Cherrueix a mis à découvert, en défonçant une pièce de terre près et à l'est du bourg, à une centaine de mètres à l'intérieur de la digue, des ossements appartenant à un énorme cétacé. Ces ossements gisaient à $1^m.50$ environ au-dessous du sol, et $2^m.50$ au-dessous des hautes mers. La tête, bien conservée, a été seule jusqu'à présent exhumée ; elle était renversée, la mâchoire inférieure en dessus. A moins que l'on ne trouve le reste du squelette lui faisant suite et dans une position semblable, on devra regarder ce fossile comme une épave isolée jetée à la côte par la tempête.

A quelle époque reporter cet événement ? Les os ont tous les caractères d'une grande ancienneté : ils ont perdu la plus grande partie de leur osséine, et happent à la langue, comme le font les véritables fossiles. La position qu'ils occupent ne peut se concilier avec le niveau moderne des eaux de la baie : ce niveau va s'élevant il est vrai, par rapport à la terre avec l'affaissement lent et continu du sol ; mais même dans les temps actuels il ne permettrait pas le transport du fossile à l'intérieur de la digue de Dol. A plus forte raison n'a-t-il pu être introduit dans le bourrelet littoral quand, en remontant dans le passé, on trouve la mer de plus en plus éloignée et plus au-dessous du niveau de ce bourrelet.

Il faut donc chercher un temps où, portée en avant par un mouvement dans le même sens que le mouvement moderne, mais plus près du maximum d'amplitude, la mer occupait en entier la baie de Dol, à quelques mètres au-dessus de sa hauteur présente. Ce temps est le même que celui assigné plus haut à la formation des bancs coquilliers émergés de la Rance : la 2ᵉ époque glaciaire et le quaternaire moyen.

V. — Arrêtons-nous, à cause de son importance à divers points de vue, sur un banc central du même bourrelet de Dol, sur cet amas d'écailles d'huîtres qui s'étend sous l'emplacement c ouver par le bourg du Vivier.

Il a occupé les bords et le plafond d'une dépression peu accusée par laquelle s'écoulait, aux temps géologiques, une partie des eaux douces de la côte. La dérivation du Guyoul (XIIIᵉ siècle) et les canaux plus modernes de Kardequin [1], des Planches et de la Banche ont traversé l'amas recouvert depuis bien des siècles par les alluvions marines, et ont permis de l'observer à loisir. On le retrouve ainsi à nu, de place en place, sur une ligne à peu près parallèle au rivage, remontant un peu au nord du côté de Cherrueix, et d'une longueur d'environ 500 mètres. Mesurée sur la berge du canal des Planches, la largeur paraît être de 120 mètres. Des brèches pratiquées par des courants contemporains du banc, en font de temps en temps disparaître la trace. Il ne semble pas dépasser au nord le pont d'Angoulême. L'épaisseur est variable et difficile à juger, parce que le fond des canaux est rarement descendu

---

1. *Kaër* ou *Ker-de-Cain*, Village de l'Anse. Cf. avec *Cain* ou *Ker-cain* dans l'anse de la Tourniole

au-dessous des dernières couches ; nous la croyons d'un à deux mètres.

Ce qu'il importe de constater, c'est la profondeur moyenne à laquelle se trouve la surface du banc. Cette profondeur doit être prise dans les parties non remaniées par les déblais des biefs ; on arrive ainsi à des cotes de 3 à 4 m. au-dessous des plus hautes eaux soit 3 m. 50.

En 1817, quand on construisit le pont d'Angoulême, à deux ou trois cents mètres en aval du pont du Vivier, on trouva à 7 mètres (plus de vingt pieds, dit l'abbé Manet) au-dessous de la grève, des lits de feuilles et des billes de bois, et une grande quantité de coquillages. Le peu de précision du renseignement ne permet pas de tirer du fait signalé des inductions aussi assurées qu'il serait à désirer. Pourtant, on peut regarder comme très probable : 1° que l'on était là sur le prolongement final du banc du Vivier ; 2° que les coquilles recouvraient les restes de la forêt littorale ; 3° que cette forêt n'était pas la Forêt de Scissey, comme l'abbé Manet se hâta trop de l'avancer, mais une forêt plus ancienne, telle que M. de la Fruglaye en a trouvé dans les grèves de Morlaix.

M. Durocher faisait certainement allusion au banc fossile du Vivier, lorsqu'il écrivait en 1856 : « Lors de cette nouvelle invasion (*de la baie de Dol*) des myriades de mollusques marins *ont vécu* sur le pourtour de l'espace occupé par l'ancienne forêt, et l'on trouve leurs coquillages entassés sous forme de bancs dans la zone voisine du littoral actuel [1]. »

Dans une intéressante étude qu'il a publiée en 1867, un honorable habitant de Dol, M. Genée, a, le premier, posé d'une manière expresse la question de savoir si l'amas constitue un dépôt lentement accumulé par les vagues, ou bien s'il représente une colonie huîtrière éteinte ; il se prononce pour cette dernière solution « C'est en vain, dit-il, que pour prouver qu'il a vécu ailleurs, on étayerait cette opinion sur les exemples multipliés de dispersion de coquillages, dont on trouve çà et là des spécimens. Ce qui distingue

1. *Comptes rendus* de l'Académie des sciences, tome XXXXIII, page 1071.

le banc d'huîtres du Vivier, et prouve qu'il a vécu sur le lieu indiqué, c'est que, malgré toutes les filtrations qui l'ont pénétré depuis plusieurs siècles, presque toutes les coquilles sont entières, et qu'un grand nombre ont conservé la juxtaposition de leurs valves. »

Autre caractère spécial du banc du Vivier : dans ce banc, la présence des écailles d'huîtres est exclusive de celle de tout autre coquillage. Partout ailleurs, dans les nombreux dépôts du bourrelet littoral et dans les ravinements que la mer a pratiqués et qu'elle a comblés plus tard, les écailles d'huîtres sont une exception dans la masse profonde des coquilles ; celles que l'on y relève contrastent par leur état fruste avec la fraîcheur et l'intégrité relatives de celles du Vivier.

Nous reprenons avec M. Genée :

« A la vérité, ces coquilles ne sont pas en position normale : elles sont plus ou moins renversées, comme si les poissons qu'elles renfermèrent avaient cherché à se soustraire à l'envasement qui les engloutit. Il est à remarquer, d'ailleurs, que l'huître et d'autres bivalves perdent, quand ils sont dans la gêne, la force de contraction qui leur est nécessaire pour tenir juxtaposées les deux valves ; ce qui donne prise aux vagues, qui les roulent dans ce cas. A la mort de ces poissons, la valve plate ou supérieure passe dessous et se trouve bientôt arrêtée dans le sable ou dans la vase, tandis que la valve convexe ou inférieure passe dessus et ne tarde pas être détachée, puis roulée, à raison même de sa forme, du côté du plein. Ainsi s'explique la cause d'une plus grande quantité de valves convexes que l'on trouve ordinairement dans les falunières. Le contact des deux valves des huîtres, dans le banc fossile du Vivier, prouve sans réplique que les poissons qu'elles renfermaient ont vécu en cet endroit même. Si les masses de coquilles entassées en banc dans le sous-sol du Vivier étaient venues du large apportées par la mer, elles n'auraient plus les franges acérées ; le frottement les aurait polies ou usées. Si ces coquilles avaient été charriées par les vagues, on ne trouverait pas les jeunes et les vieilles imbriquées sur le même banc ; car les grandes et les petites différant de poids et de densité, n'auraient pas eu la même résistance au déplacement, elles n'auraient pas présenté un assemblage tel qu'on l'observe [1]. »

Nous n'avons rien à ajouter à ces considérations si judicieuses et si clairement exposées ; notre examen personnel s'est trouvé en parfait accord avec elles. Nous sommes encore du même avis que M. Genée quand il regarde le banc d'huîtres du Vivier comme un repère des basses marées à l'époque où la vie y était le plus active. Ainsi qu'il le rappelle avec les auteurs qui ont décrit les mœurs des mollusques marins, l'huître recherche de préférence la partie des grèves où se passent les plus basses marées. Elle ne fraie pas si la mer la laisse à découvert ; elle ne se forme pas en bancs considérables si elle est trop engagée dans les bas-fonds. On cite cependant, nous devons le noter ici, des bancs qui descendent jusqu'à des profondeurs de 70 mètres [2], mais c'est une exception assez rare.

La situation géographique dans laquelle ont vécu les huîtres du Vivier était donc bien différente de celle où l'on voit aujourd'hui leurs restes accumulés. Leur altitude est, en effet, d'une dizaine de mètres au-dessus des plus basses mers et c'est de cette même hauteur, au minimum, que le banc a été soulevé dans son ensemble pour qu'il ait pu venir occuper son niveau actuel. Il faut joindre à ces 10 mètres toute l'ampleur de la subsidence moderne.

On trouve dans l'ancien golfe du Poitou des bancs de coquilles fossiles auxquels nous n'hésitons pas à attribuer la même origine qu'au banc du Vivier. « Aux environs de Fontenay, lisons-nous dans M. de Quatrefages [3]. . . . existent des dépôts coquilliers bien connus des géologues sous le nom de « Buttes de Saint-Germain-l'Herm ». Ce sont des bancs considérables, composés de coquilles d'huîtres, de moules, de peignes, appartenant aux mêmes espèces qui peuplent les mers voisines [4]. Toutes ces coquilles sont en place; un très grand nombre ont leurs deux valves réunies par le liga-

1. *Mes marais*, page 42.

2. *Lithologie du fond des mers*, tome 1er, page 269.

3. *Souvenirs d'un naturaliste*, 1853.

4. Les buttes de S. Germain-en-l'Herm ont ensemble 720 m. de long, 300 de large, et 10 à 15 m. au-dessus du niveau des marais environnants.

ment qui sert de charnière, et n'ont pas changé de couleur. Il en est même qui renferment encore une matière animale jaunâtre, résidu du mollusque qui les remplissait autrefois. En un mot, tout dans ces buttes annonce que ces coquillages ont vécu et sont morts là où on les trouve aujourd'hui. Et pourtant leurs couches supérieures sont à 8 et 13 $^{m.}$ au-dessus du niveau des plus fortes marées. »

Dans l'embarras d'expliquer cette dernière circonstance, on a cherché à s'en rendre compte, tantôt par des restes de repas *(Kjœcken-Mœddinger)* de colonies préhistoriques riveraines, tantôt par des constructions faites de main d'homme en vue d'une défense contre la mer, tantôt enfin par un soulèvement moderne du sol. Cette dernière solution est seule en faveur aujourd'hui ; nous la croyons non moins inacceptable que les deux autres. Dans notre opinion, les buttes de Saint-Michel-en-l'Herm sont, comme le banc du Vivier et comme tant de plages émergées de la Manche, des témoins restés debout de la 2ᵉ époque glaciaire (quaternaire moyen), phase de submersion de nos rivages. Élevés au-dessus des eaux au cours du soulèvement quaternaire supérieur, ils tendent, de même que tous nos rivages, depuis l'ouverture de la période géologique moderne, à descendre de nouveau sous les flots.

Nous renvoyons à nos études sur les temps préhistoriques du golfe [1] la question de savoir si le banc du Vivier a pu être, comme les *Kjœcken-Mœddinger* (littéralement, *Rebuts de cuisine*) du Danemark, un amas des restes de repas d'une colonie de pêcheurs.

VI. — Les tangues et les sables coquilliers exploités sur le littoral de Paimpol et de Morlaix, y portent les noms de Trez et de Maërl [2] : ils diffèrent sensiblement des dépôts correspondants de la baie du Mont-Saint-Michel.

Le Trez le plus riche ne contient que 45 p $^{0}/_{0}$ de carbonate de chaux : il aurait, par contre, en azote une richesse de 15 p $^{0}/_{0}$, d'après la *Notice* du port de Morlaix, dans la grande publication du

---

1. *La cité d'Aleth* (encore en manuscrit).

2. *Trez*, en breton, veut dire sable. — « *Maërl* ou *merl,* substance calcaire marine, formée de concrétions dures, irrégulières, toujours mélangées accidentellement de débris de coquilles. » *Littré.* Autre définition : « Petites algues, d'apparence coralloïde. » *J. Daumesnil.*

Ministère des travaux publics : *Les ports maritimes de la France.*
Il y a certainement ici quelque grave erreur d'impression. On ne si-
gnale qu'une faible trace de ce gaz dans les tangues du Mont-Saint-
Michel ; dans les faluns mêmes de Manthelon, le dosage ne révèle
la présence de l'azote que dans la proportion infime de 0,035 p $^o/_o$.
M. Delesse n'en a pas reconnu dans le dépôt littoral des Côtes-du-
Nord.

Quant au Maërl, des coraux et des coquilles de la famille des
nullipores [1] en forment la masse. Il est plus riche que le Trez en
carbonate de chaux, mais il serait moins bien partagé du côté de
l'azote. M. Delesse a trouvé 50 à 90 p $^o/_o$ de carbonate dans cette
matière ; la *Notice* précitée lui attribue 55 à 70 p $^o/_o$ de carbonate,
et en outre 5 p $^o/_o$ d'azote. Nous faisons la même réserve que ci-
dessus pour la richesse en azote. « Agissant comme engrais et
comme amendement, dit la *Notice*, il est beaucoup plus recherché
que le Trez. Il est malheureusement plus rare. On le trouve dans les
grands fonds de la baie de Morlaix, d'où il faut l'extraire pénible-
ment avec des dragues. Les bancs de Maërl, qui ne se reproduisent
qu'avec une extrême lenteur (en cinquante ans environ), commencent à s'épuiser. Il faut maintenant aborder les gisements plus profonds, dont l'exploitation est naturellement de plus en plus difficile. La tonne de Trez vaut 1^{f}50, rendue au quai de Morlaix, et
la tonne de Maërl de 2^f à 2^{f}50. »

VII. — D'autres dépôts marins, mais ceux-ci émergés, se
rencontrent sur les deux rives de la Manche. Si ceux que l'on connaît ne sont pas plus nombreux, c'est qu'aucune recherche systé-
matique n'a encore été instituée à leur égard. Disons aussi qu'il
est le plus souvent très difficile de reconnaître les traces des
anciens rivages, après les dénudations et ablations en grand des
temps géologiques, et, même pour les temps modernes, après les
désagrégations opérées par la végétation et les agents atmosphériques.

3 « *Nullipores*, concrétions foliacées ou rameuses, ou incrustations diversiformes sur les
corps sous-marins. » *D'Orbigny*.

En Angleterre, sur la côte du Devonshire, les plages émergées sont connues sous les noms de « *Sea margins, Raised beaches* », Marges marines, Rivages soulevés. Leur altitude va s'élevant vers l'intérieur des terres, comme le veut la supposition d'un ancien mouvement progressif du sol dans la direction du nord-ouest. Nul doute parmi les géologues de la grande île que ces plages étagées ne soient des formations de la 2ᵉ époque glaciaire et du soulèvement immédiatement postérieur. « Des lignes de rivages marins, écrit Lyell, de dates plus modernes (*que celles de la craie*), et qui dominent de 6 à 30 mètres le niveau de la mer actuelle, se montrent aussi sur des espaces très étendus le long des côtes est et ouest de de l'Europe, ainsi que dans le Devonshire et dans d'autres comtés de l'Angleterre. Les anciennes lignes de rivages y forment souvent des terrasses de sable et de gravier contenant des coquilles littorales dont quelques-unes sont brisées, d'autres entières, et qui correspondent à des espèces vivant encore sur les côtes voisines. »

De cette dernière constatation si précise, tirons la confirmation de notre maintien précédent, savoir, que les nombreux « rivages soulevés » ne peuvent remonter au delà de l'époque quaternaire moyenne, la première phase de submersion où la faune malacologique soit presque entièrement identique avec la faune actuelle.

Dans les Iles anglo-normandes, mêmes dépôts à des altitudes généralement concordantes, de 10 ᵐ. au-dessus des plus hautes marées. Nous en citerons un ou deux exemples pour chacun des groupes dont se composent ces îles.

A Aurigny, près de la baie de Corbelette, un rivage soulevé de cailloux roulés grésiformes et amphiboliques, mêlés irrégulièrement, occupe le sommet d'une petite colline à 10 m. au-dessus de la mer. Nous donnons le diagramme d'un de ces dépôts (*Planche* nᵒ *IX*) tel que le relève David Ansted (*The Channel Islands)*.

A Guernesey, mêmes dépôts près du Moulin Huet et dans les iles de Lihou et Bréchou ; ce dernier signalé expressément à la hauteur de 10 mètres.

A Jersey, au fond de la baie de Sainte-Catherine, sur la pente de la route vers Boulay-Bay, il y a une succession de formations mari-

Annexé de la page 186.

PLANCHE N? IX

coupe d'un Rivage soulevé (*Raised Leach*) d'Aurigny.

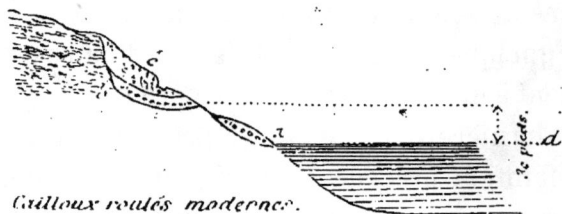

Légende : A. Cailloux roulés modernes.

B. Rivage soulevé (Cailloux roulés de grés, de granite et de diorite).

C. Dépôt détritique couvrant le Rivage soulevé.

D? Niveau actuel de la haute mer d'équinoxe

Extrait de l'ouvrage The Channel Islands, par David Ansted. un vol in 8? Londres, 1862.

page 281.

nes, composées de poudingues fins, avec intercalation de bandes argileuses, tous horizontaux et situés au-dessus du niveau de la mer.

Donnera-t-on pour cause à tous ces dépôts émergés, des oscillations locales du sol? Est-il possible qu'au cours de l'époque géologique moderne, un mouvement ascensionnel de 10^m ait pu s'opérer isolément sur un espace aussi borné, sans laisser de place dans les traditions et les légendes, ni de marques apparentes aux alentours? Nous ne pouvons le croire, et nous maintenons l'attribution de ces formations à la deuxième époque glaciaire et au quaternaire moyen.

CHAPITRE XIII

LA RIVE BRETONNE.

I. — Comme une grande partie de l'Europe, la région du golfe normanno-breton est, au cours de l'époque quaternaire supérieure, en pleine phase de soulèvement. Le Poëlet[1], le Haut-Cotentin[2], Jersey ne sont plus des îles comme à l'époque précédente ; ce ne sont plus même des presqu'îles. De toute part ils se relient au continent et se confondent avec lui. L'observation des plages soulevées et des bancs de coquillages émergés, tant sur l'une que sur l'autre rive de la Manche, permet de fixer à 20 mètres le minimum de l'exhaussement quaternaire dans le golfe. Un mouvement aussi faible peut paraître insuffisant quand on le rapproche du fait synchronique de l'écoulement de la Manche, de l'assèchement du lit de cette mer, et de l'annexion renouvelée *(Deuxième période continentale des Îles britanniques)* de l'Angleterre au continent ; mais il faut se rappeler que la région est placée au point de rencontre et sur la ligne la plus basse de deux plans inclinés de soulèvement.

Au moment où nous sommes parvenu de l'histoire géologique du

1. Cantons de Saint-Malo, Saint-Servan, Châteauneuf et Cancale.
2. Contrées de la Hague et du Val-de-Saire.

golfe, une mer de verdure, dont les îles actuelles, devenues des collines, varient seules la monotone uniformité, remplace à l'horizon du littoral moderne les flots de l'Océan. La chaleur, lente à reprendre son niveau, après l'abaissement qui avait marqué les deux époques glaciaires, commence cependant à faire sentir à travers toute la région sa bienfaisante influence. On le reconnaît à la vigoureuse végétation de la Forêt de Scissey qui gagne tous les terrains exondés du golfe. L'âge seul ne suffit pas à expliquer les dimensions atteintes par beaucoup d'arbres de cette époque, par exemple, de ces cerisiers de plus de trois mètres de tour à la hauteur du collet, tels que nous les avons vus dans la tourbe à Ros-Landrieux, ni des chênes de quatre mètres et demi de diamètre comme on en a relevé du sein des marais de l'embouchure de la Somme ; il faut joindre à cette cause une température chaude et humide dans les étés, modérée dans les hivers [1].

La transition des temps glaciaires à ces temps postglaciaires qui furent l'apogée de nos forêts littorales, est nettement caractérisée dans les Skowmoses danoises : aux bouleaux et aux pins se substituent le chêne, le tremble, l'aune et le hêtre. Dès l'ouverture de la période géologique moderne, une oscillation défavorable se laisse reconnaître dans le climat : le hêtre, essence plus rustique que le chêne et les autres arbres qui lui étaient associés, finit par peupler seul la terre danoise. Déjà dans l'ère romaine on ne connaissait que lui ; le frêne, cet arbre sacré des Scandinaves, n'était plus pour eux qu'un souvenir mythologique.

La faune de la région normanno-bretonne, à l'époque quaternaire supérieure, devient, comme la flore, celle des temps modernes. Elle manque cependant encore de plusieurs animaux domestiques qui vont venir de l'orient avec les migrations âryennes : les oiseaux de basse-cour, le mouton, l'âne et le chat. Les proboscidiens achèvent de s'éteindre avec leur représentant le plus élevé dans la série des espèces, *l'Elephas primigenius* ou Mammouth. Il en est de même des grands pachydermes pliocènes et notamment du *Rhi-*

1. Note A.

nocéros tichorhinus ou Rh. à narines cloisonnées, qui, apparu en Europe après le Mammouth, disparaît aussi avant lui. En revanche, certains grands ruminants, le Cerf mégacéros, le Renne et l'Urus vivent encore, de plus en plus clairsemés dans les forêts. Le Renne s'est attardé en Germanie jusqu'au temps de César. L'Urus soutiendra son existence jusqu'aux temps de Charlemagne, et fera le principal attrait des chasses du nouvel empereur d'Occident ; quant au Cerf à cornes gigantesques, il aura ses derniers représentants en Irlande vers la fin du moyen âge.

II. — La baie de Saint-Brieuc, entre le Sillon de Talber et le cap Fréhel, ses véritables limites, était alors occupée par une forêt faisant la gauche de cette vaste région boisée du golfe, à laquelle le plateau central de Chausey a laissé son nom [1]. M. de Geslin de Bourgogne a relevé les vestiges de cette forêt.

« Lorsqu'on parcourt les rivages du cap Fréhel au Bec de Ver [2], on rencontre parfois de larges taches brunes qui tranchent sur la couleur des sables dorés. Ces taches sont formées par des croûtes tourbeuses, en quantité et en dimensions variables, d'une épaisseur de quelques centimètres. Elles se laissent facilement couper à la bêche, et sont formées d'un détritus végétal presque arrivé à l'état d'humus. Au-dessous de cette première couche, on trouve des feuilles, des brindilles, des fragments d'écorce, des graines, dans un état de conservation qui permet de reconnaître facilement les espèces auxquelles ces débris ont appartenu. Nous y avons fréquemment trouvé de la graine d'if, des glands, des faînes et surtout des noisettes. Ces restes légers de la forêt paraissent avoir surnagé au moment de l'envahissement des eaux ; ils ne sont pas usés, brisés comme ils ne pourraient manquer de l'être s'ils avaient été

1. La plus ancienne mention de Chausey se trouve dans Venantius Fortunatus (VIe siècle qui l'appelle Scessiacum ; d'où Scessiac, et avec la chute du suffixe, Scessi ; puis, avec le chuintement, Chessi, Chézy, Chezey (y final égalant ey dans le vieux français et dans l'anglais) Chosey, dans les portulans du XVe au XVIIe siècle, et enfin Chausey.

2. La carte de l'Etat-Major, dans son orthographe trop souvent fantaisiste, écrit « Bec de Vir » ; l'appellation véritable n'est autre chose que la traduction en vieux français du celtique « Penhoet, » pointe de la forêt. « Ver » au XIII siècle, veut dire « Bois », d'où Bec-de-Ver, pointe du bois.   A.C.

roulés un certain temps. Au-dessous de cette deuxième couche de peu d'épaisseur, on trouve des arbres entiers, renversés perpendiculairement au flot, *et adhérant encore au sol par leurs racines*. Souvent ces arbres accusent de forts diamètres et une hauteur considérable : ainsi nous avons mesuré un châtaignier portant plus de six mètres de bille[1]. Les jeunes plants ont été parfois soulevés par le flot et roulés sur les grosses pièces ; ce sont généralement des sapins et des bouleaux. Les essences à fibres dures, les ifs, les chênes, sont les mieux conservés ; il est même souvent possible de reconnaître leur âge aux couches du tronc. Rien n'annonce dans cet abatis une plantation régulière ; on dirait plutôt une luxuriante mais toute naturelle végétation[2]. Malgré leur état apparent de conservation, ces bois sont très friables quand on les dégage de la vase dans laquelle ils sont fixés. Les précautions les plus minutieuses n'ont jamais pu m'obtenir jusqu'ici des fragments de plus de deux mètres de longueur. Par des mers calmes, j'ai fait moi-même dégager, à marée basse, de beaux arbres très intacts : la marée montante les soulevait doucement, mais ils ne tardaient pas à se briser sous leur propre poids. Ces bois, soumis à l'action atmosphérique, se raffermissent peu à peu et finissent par présenter des fibres dures, tantôt noires, tantôt rougeâtres, tantôt d'un gris foncé. On dit qu'il en a été fait des outils, des meubles, des barrières. Des espaces assez étendus ont été occupés par des arbustes légers, que je crois de l'ajonc épineux ou du genêt. *Les racines,* semblables à des piquets tordus, *sont encore en place,* mais les arbustes ont disparu, enlevés sans doute par le flot[3]. »

A l'ouest du cap Fréhel, au delà des grèves si minutieusement observées par M. de Geslin de Bourgogne, *la Grève noire* de Plévenon. dans l'anse des Sévignés, montre une structure et des éléments semblables à ceux du sol forestier de la baie de Saint-Brieuc. La protection des hautes falaises qui l'entourent, a défendu contre la mer

(1) Plus de deux mètres de diamètre.   A. C.
(2) Allusion aux avenues que le chanoine Moreau pouvait encore, au XVIe siècle, observer aux abords submergés de la ville d'Is.   A. C.
(3) *Congrès scientifique de France*, 1872, tome 13, page 454.

l'ancien sol, emporté sur d'autres points par les vagues. Même observation pour une autre *Grève noire*, celle de Saint-Quay, non loin du Bec-de-Ver, et pour celles de Rochebonne et du Val, en la commune de Paramé.

III. — Réduite aux eaux de ses sources et de quelques faibles affluents supérieurs [1], la Rance, vers la fin de la période quaternaire, descend à la mer par un vallon qui se prolonge bien au delà de son débouché actuel sous la cité d'Aleth. La quantité de troncs d'arbres renversés ou dont les souches tiennent encore au sol par leurs racines, que l'on trouve sous les sables dans la plupart des anses et même dans des grèves ouvertes, laisse pressentir combien la vallée et les plateaux qui la couronnent étaient alors couverts d'une végétation touffue.

Sous le rocher même d'Aleth, le bras de mer dans lequel le fleuve avait coulé pendant la 2e époque glaciaire, était allé se rétrécissant de plus en plus dans la mesure du soulèvement de la contrée ; le bras secondaire, ouvert par l'effort de la mer sous la côte de Saint-Lunaire, s'était asséché. Un jour vint où le flot cessa de monter dans la Rance elle-même ; les eaux douces n'occupèrent plus qu'un étroit thalweg le long des coteaux de la rive gauche. Dans les cartes marines de Beautemps-Beaupré (1826), on relate, d'après les dires d'anciens pilotes, que, sous un lit de galets et de cailloux roulés, on trouve au fond de la rade de Saint-Malo un banc d'argiles fixes. Les sondages faits dans les ports, en 1879, ont rencontré ces argiles. Nous les avons observées nous-même dans la grève de Rochebonne, servant de support, en divers endroits, aux argiles bleues et au sol forestier. C'est du sein de cette couche que l'on a remis au jour, en 1846, dans le Pont-Saint-Père, trois sépultures préhistoriques. Pendant les époques gauloise et gallo-romaine, une partie des ensevelissements ordinaires de la cité d'Aleth y avait été pratiquée à un niveau plus élevé, niveau

---

1. Débit à l'étiage 3 m. c. par seconde; dans les grandes crues, 57 m. c. *Ports maritimes*, tome III.

que la mer a cependant dépassé dès les premiers siècles du moyen âge.

D'après le chanoine Déric[1], la Rance se serait anciennement divisée en deux bras à partir du rocher de Bizeu, qui se dresse maintenant au milieu du fleuve, sous la cité même d'Aleth. L'extrême faiblesse du cours d'eau douce se prête mal à ce partage. A notre avis, c'est le flot marin, dans son progrès incessant, et non le courant fluviatile, qui a frayé la nouvelle passe et qui a détaché du rivage la masse rocheuse du « Décollé », en Saint-Lunaire, nom tout moderne comme l'événement qu'il constate. Les mers à grandes dénivellations comme la nôtre ne connaissent pas de deltas comme celui supposé par le chanoine Déric et, après lui, par l'abbé Manet.

Bien que perdu depuis près de deux mille ans sous le plan de la mer, le chenal des Portes, ancien lit du fleuve, a conservé dans tout son parcours le nom de la Rance, comme s'il dessinait encore ses méandres à travers la plaine boisée des derniers temps quaternaires. Pour les marins de notre siècle comme pour ceux des siècles qui ont précédé la conquête romaine, ce chenal est encore « la Rance » : ils mouillent « dans la Rance », quand ils laissent tomber leur ancre sur le tracé invisible, même à mer basse, de l'ancien lit. Les règlements administratifs ont suivi cette tradition, lorsque, contrairement à la situation actuelle de mer ouverte, ils ont maintenu le passage de Saint-Malo et Saint-Servan à Dinard, comme « Passage de rivière », et y ont conservé le monopole de l'État.

Les mêmes souvenirs, tant est forte la puissance de la tradition, sont restés attachés aux deux anciennes branches du Guyoul, à leur embouchure près la pointe de Cancale[2] ; ces branches portent encore dans le pays et jusque dans les documents officiels, les noms de « Vieille-Rivière » et « Petit Ruet[3] » , alors que rien ne les distingue plus depuis tant de siècles des thalwegs marins.

---

1. *Histoire ecclésiastique de Bretagne*, Introduction, page 96.
2. Cancale, anciennement *Canc-aven*, Anse du fleuve, du Guyoul. *Cartulaire du Mont Saint-Michel.*
3. Carte de l'État-major, Portulan de la Manche, etc.

IV. — En avant du promontoire d'Aleth, sur la rive droite de
la Rance, une vaste plaine mamelonnée par de nombreuses éminences à fond granitique, s'étendait au nord, à un moment donné
du soulèvement quaternaire, jusqu'à vingt-cinq kilomètres au delà
de Césembre. On peut faire pour les autres îlots et archipels qui
parsèment les bords du golfe, un calcul analogue, en prenant pour
base le plus ou moins de hauteur d'eau des fonds marins qui les
séparent maintenant du continent. Tout cet espace était le domaine
de la forêt de Scissey ; il comprenait dans son ensemble tout le fond
du golfe. A la partie de la plaine, resserrée entre la chaîne des
collines de Césembre et le rivage actuel, le moyen âge avait donné
le nom de « *Hogue* d'Aleth » ou Entrée d'Aleth. Le souvenir de
ce nom est resté attaché au rocher de la Hoguette et au passage
des Portes.

A peu de distance du rivage moderne, des dunes s'étaient formées avec la retraite de la mer glaciaire ; la végétation, en s'em-
parant du terrain récemment émergé, les avait arrêtées dans leur
croissance. Les plantes qui prenaient ainsi racine, ne devaient pas
différer beaucoup de celles qui servent à les fixer aujourd'hui : ce
sont, en premier lieu et très dominant, le *Carex arenaria*, aux radi-
cules traçantes et envahisssantes ; puis, l'*Eryngium campestre*,
l'*E. maritimum*, l'*Ononis repens*, l'*Ulex europœus*, le *Trifolium
arvense*, le *Silene maritima*, le *S. gallica*, l'*Erodium cicutarium*,
le *Plantago coronopus*, le *Salsola kali*, le *Galium verum*, le *Juncus
maritimus*, la *Crista marina*, l'*arundo aren.*, l'*agrostis stolonifera*,
et autres plantes des sables maritimes de la Bretagne.

Les dunes, dès leur naissance, constituèrent deux groupes :
l'un, appuyé aux coteaux de Paramé, à l'est, au rocher de la Hoguette par le centre, et vers l'ouest, au rocher d'Aron ; l'autre,
adossé au rocher du Talar. L'armée des sables s'était, on le voit,
avancée sur deux lignes, toutes deux dans le lit des vents d'ouest,
mais modifiées dans leur direction par les abris qui s'élevaient
dans la plaine. Entre elles s'étaient maintenues, grâce à de faibles
courants d'eau douce et d'eau de mer alternatifs, les dépressions
du Petit-Marais et du Routhouan. Les dunes les plus avancées ne

prirent qu'au retour de la mer, dans la période moderne, leurs contours actuels ; au nord, le vent du large et le remous de la baie [1] leur imprimèrent cette concavité extérieure qui donne au rivage une courbe si gracieuse ; au midi, le chenal des eaux douces, parcouru de nouveau, dans la période moderne, par le flux et le reflux, limita la première zone des sables. Quant aux amoncellements du Talar, ils durent leur forme dernière à la double influence des vents et des courants. Ces influences se reconnaissent aisément, avec leurs intensités variables, dans les profondes tranchées pratiquées récemment à travers la dune.

De nos jours, les progrès de la mer, progrès qui suivent pas à pas la subsidence du sol, ont entamé de plus en plus la marge nord de la première ligne, celle qui, depuis qu'une ville s'est créée sur le rocher d'Aron, sert aux communications de cette ville avec la terre-ferme, et a pris le nom de « Sillon de Saint-Malo ». Dès la fin du XVIIe siècle, ce n'était plus ce banc de sable, cette langue de terre haute, large et irrégulière, au milieu de laquelle la piété de nos pères avait érigé pour servir de guide au passant en péril la Croix de Mi-Grève, comme on érigeait ailleurs des Croix de Mi-Voie, de Mi-Forêt. A l'appui que le Château de Saint-Malo, commencé en 1421, était venu donner au point le plus faible et le plus menacé, il fallut joindre un revêtement en maçonnerie avec pieux brise-mer. Comme en témoigne une ordonnance du 3 août 1687 [2], la maçonnerie n'allait alors que jusqu'à la Loge aux Chiens, la Loge des fameux dogues constitués gardiens du port [3]. Coupé et bouleversé, en 1735, ce premier endiguement fut repris et prolongé à grands frais, mais on crut pouvoir l'arrêter alors sans danger, à l'emplacement actuel de l'usine à gaz ; il s'est conservé, sur ce point, à travers les remaniements modernes, des pans entiers très recon-

---

1. « La grande grève se remplit principalement par un remous du courant qui passe au nord de Césembre et de la Conchée. Ce remous se dirige du nord-est au sud-ouest. Le courant de jusant succède au remous, de manière que le courant qui longe la Grande Grève est toujours dirigé dans le même sens, quelle que soit l'heure de la marée. » *Ports maritimes de la France*, tome III, page 233.

2. Archives mun. de Saint-Malo, E. E. 156.

3. Mis à mort en 1772. Leur loge était située vers le milieu du quai Duguay-Trouin.

naissables. De nombreux moulins à vent, 28 à 30, s'étageaient sur la dune ; leurs soubassements solides, ainsi que les murs de leurs enclos, donnaient des points d'appui aux sables, et assuraient au sillon une précieuse protection. En 1750, on faisait encore paître des moutons sur la grève herbue qui s'étendait en avant des moulins et notamment des moulins de la Motte-Jean [1]. Depuis trente années seulement, à la suite d'un abaissement menaçant de la Grande-Grève, on a dû reprendre en sous-œuvre les ouvrages de 1735, et les protéger par des épis et des brise-lames. Le danger grandissant, l'on s'est déterminé à revêtir de maçonnerie tout le reste de la dune jusqu'à la rencontre du coteau de Rochebonne. Plus d'un million de francs a été employé à ces travaux ; le mal est vigoureusement enrayé, mais on ne peut se flatter d'avoir à jamais désarmé le fléau.

V. — Aussi loin que la laisse de la mer permet de l'observer, la Grande-Grève se compose d'argiles bleuâtres et de sables que percent de toute part les ressauts du plateau granitique sous-jacent. Ramenés par le flot, les sables sont venus recouvrir les argiles restées fixes au cours de la révolution précédente du sol. Ce sont eux qui, purs de tout mélange vaseux, et portés par une incessante trituration au plus haut degré de finesse, forment en avant de Saint-Malo cette plage magnifique que tant d'autres stations de bains de mer nous envient.

Les argiles subordonnées aux sables ont commencé depuis longtemps à être entamées ; sur quelques points, leur ruine est complète. L'analyse chimique qui en a été faite, a donné :

Silice...................	52,500
Calcaire.................	21,009
Alumine.................	26,491
Total............	100,000 parties.

Les marnes bleues passent de la Grande-Grève dans la Petite-Grève par-dessous le sillon ; elles sont donc plus anciennes que ce der-

1. Ces moulins sont remplacés par le casino de Rochebonne.

nier. Le fait a été constaté plusieurs fois, notamment en 1851, dans le forage d'un puits près les moulins de la Motte-Jean. Après avoir traversé des masses de sable pur, puis des sables argileux et consistants, la sonde atteignit les marnes bleues à la profondeur de 13 mètres 66, la même, avec une soixantaine de centimètres en plus, à laquelle nous les avons observées au bas de l'eau dans la grève de Rochebonne, un jour de très grande marée. On leur trouva une épaisseur de 2 mètres 23 ; l'accumulation des sables du Sillon les avait préservées de l'érosion qui a réduit la tranche de ces argiles en pleine grève.

En plongeant sous la Petite-Grève, ou plutôt en se rapprochant du rivage, les marnes perdent de plus en plus leur plasticité. Les coquilles poussées au plein par le flot y abondent dans un état voisin de la trituration complète ; elles communiquent aux marnes une couleur de moins en moins sombre, au point de tirer sur le jaune tout près du bord. De ce côté, l'analyse constate l'augmentation du calcaire aux dépens de la silice ; la proportion d'alumine est la même :

Silice	39,500
Calcaire	34,500
Alumine...............	25,827
Perte	173
Total....	100,000 parties.

VI. — C'est au sein des marnes de la Grande-Grève, dans la partie qui tire son nom du village de Rochebonne, que, grâce à des circonstances qui avaient déterminé sur ce point un abaissement exceptionnel des sables, nous avons pu retrouver un lambeau du sol forestier quaternaire.

La marée du 20 mars 1878, cotée 118 à l'annuaire Chazalon [1], devait, d'après l'annuaire spécial de nos ports, donner lieu à une dénivellation de 13 m. 50. Au bas de l'eau, le sol antique s'est

---

[1] 18 centièmes de plus que la marée type : $\frac{100}{100}$.

montré à nu ; il portait encore à sa surface les vestiges, empâtements, brindilles, racines, des végétaux qui y ont vécu. Au milieu
de ces restes d'un passé si lointain, se laissait voir, avec une saillie
de quelques centimètres, une masse ligneuse irrégulière. A l'aide
d'une sonde légère, M. l'abbé Herbert, de Paramé, qui l'avait
reconnue le premier, put s'assurer que c'était bien une souche
d'arbre en place avec ses racines. Le lendemain, 21 mars, nous
l'avons fait extraire presque en entier ; une des grosses racines,
engagée dans le roc ou les pierrailles, a dû, faute de temps (la
mer ne laissait pour l'opération qu'une vingtaine de minutes), être
tranchée à la longueur de 0 m. 45.

Nous avons constaté alors que cet arbre était en essence de
chêne ; qu'il était rasé à la hauteur du collet ; qu'il avait dû avoir
environ 0 m. 60 de diamètre à la base ; qu'au moment de la chute
de l'arbre, renversé par quelque ouragan, la souche avait été
fendue du haut en bas, et qu'une moitié avait suivi le sort de la
tige ; que la chute avait eu lieu dans le sens de l'ouest à l'est ;
qu'une grande partie de l'écorce enveloppait encore la souche ;
que deux des grandes racines, pourries ou consommées, avaient
cédé à la poussée qu'il avait fallu faire pour l'exhumer ; que la
troisième, en meilleur état, avait été laissée engagée dans le sol,
à l'exception d'une certaine longueur (0 m. 45) que la hache
avait séparée.

Un gros fragment, détaché de la masse, a été scié avec une
scie très fine : le bois s'est trouvé noir et dur à l'égal de l'ébène ;
la scie lui avait donné, sans l'emploi du vernis, un beau poli.
Des tarets (térédines ?) ont laissé leurs longs tubes calcaires dans
les perforations multipliées qu'ils y ont pratiquées.

Un vieux pêcheur de Rochebonne, le sieur Chauvel, assure
qu'il a vu plusieurs fois, dans des marées exceptionnelles ou
après des séries prolongées de grands vents du nord-est qui
avaient déterminé le déplacement des sables, des arbres restés
comme celui-ci en place dans la même argile noire. De son côté,
le sieur Guyomard, patron dans la marine du Bassin à flot en
construction à Saint-Malo, nous a déclaré en avoir extrait un,

il y a huit ans, dans les mêmes conditions, c'est-à-dire tenant encore au sol par ses racines, sur le plateau des Louvras, dans la rade de Saint-Malo. Le plateau est situé dans l'estuaire, à deux kilomètres de Rochebonne, en deçà de Césembre, en face de l'île Harbour. L'île était autrefois rattachée au continent, et le port principal de la cité d'Aleth y est resté établi tant que la mer n'a pas remonté assez haut dans la rivière pour faire flotter les navires sous la cité elle-même, et que l'île n'est pas descendue sous les eaux. Le chêne des Louvras, ou, plus exactement, la souche de ce chêne, était en place avec ses racines à deux ou trois mètres au-dessous de la cime du plateau. Cette cime est maintenant couverte dans les grandes mers d'une tranche d'eau de 9 m. 45. Le chêne des Louvras était donc presque au même niveau et très probablement contemporain de celui de Rochebonne. Le sieur Guyomard, mis en présence de ce dernier, lui a trouvé une analogie complète avec celui qu'il a déraciné sur les Louvras.

Dans cette même grève de Rochebonne a été découvert, en 1840, le beau frontal d'Urus que possède le musée de Saint-Malo; on le trouva enfoui dans les marnes que l'on exploitait pour la fabrication de la brique, au contact des sables qui recouvraient ces marnes. Aucun autre fossile n'a été trouvé, à notre connaissance, aux abords de l'arbre. Celui du musée ne donne qu'un faible secours pour l'appréciation de l'âge du sol forestier : l'Urus a vécu, en effet, pendant une grande partie de la période tertiaire, toute la période quaternaire et une partie de la période moderne. Il en est de même du chêne. L'archéologie, à son tour, nous le verrons tout à l'heure, n'a fourni que des témoignages ambigus. C'est surtout à des considérations stratigraphiques qu'il faut avoir ici recours.

Le site de l'arbre de Rochebonne, par rapport aux plus hautes mers de vive eau, a pu être apprécié très approximativement d'après la distance de 50 mètres environ qui le séparait du bas de l'eau, le 21 mars 1878, vers deux heures de l'après-midi. A cet endroit, la pente de la grève est devenue presque insensible ;

on en juge, sans avoir besoin d'instruments, à la rapidité de la
montée du flot. La mer étant descendue, au moment de l'opération, à la cote 13 m. 30, nous serons peu éloigné de la vérité en
fixant à 13 mètres la cote du point précis où l'arbre a végété, et
à une tranche d'eau de la même hauteur la surface liquide dont
il était recouvert.

L'argile noire tourbeuse dans laquelle l'arbre s'était élevé, forme
la partie supérieure d'une couche de marne bleue plastique d'é-
paisseur variable. Émergée et restée à nu pendant le Quaternaire
supérieur, elle a été envahie par la végétation, et l'arbre de
Rochebonne y a pris naissance. Bien que le niveau auquel il
a crû soit inférieur de 5 à 9 mètres à celui auquel gisent dans le
marais de Dol les restes de la forêt de Scissey, il paraît appartenir
à la même forêt sinon à la même date. En effet, on ne l'a pas vu
recouvert, comme les deux couches forestières inférieures de
Morlaix, la couche d'arbres et de feuilles du Vivier, et la forêt
sous-marine de Guernesey, de formations que tout porte à classer
dans la 2e époque glaciaire. L'altitude seule, bien qu'elle soit
un important indice, ne peut être regardée ici comme décisive,
l'intensité du mouvement du sol ayant pu varier de quelques
mètres à une distance de plusieurs lieues.

Si l'on était tenté de demander comment le tissu végétal de
l'arbre de Rochebonne a pu si bien se conserver à travers tant de
siècles accumulés, nous rappellerions d'abord que cet arbre
a dû être de très bonne heure soustrait par l'affaissement
moderne aux influences atmosphériques, tandis que les arbres
du marais de Dol ne sont encore que de 3 à 7 mètres sur la
ligne verticale de subsidence sous-marine. Les millions de pilotis
des cités lacustres de la Suisse, ses contemporains, les masses de
bois rejetées par la mer glaciale sur les anciens rivages de la Nou-
velle-Zemble et du Spitzberg, à des hauteurs actuelles de 50 m.
au-dessus du flot, les troncs d'arbres dont est rempli le terrain
d'alluvion de Chamalières (Auvergne), terrain dans lequel on a
trouvé une défense d'éléphant [1], les bois de chêne ramenés de

1. *Matériaux pour l'histoire de l'homme.* 1878, page 533.

210 pieds de profondeur dans un sondage fait à La Fère, en 1753, au bord de l'Oise [1], les bouleaux de la grève de Sainte-Anne, près Brest, observés par M. le professeur de Lavaud, enfin, les fragments de bois très dur et très pesant rencontrés dans le forage d'un puits artésien à Utrecht, à la profondeur de 129 mètres au-dessous du niveau de la mer [2], n'étaient pas moins bien conservés quand ils sont revenus au jour.

Dernier exemple : d'autres bois, bien plus anciens et non moins intacts sont les grands morceaux de chêne, d'if et de sapin exhumés d'un gravier pliocène dans la caverne d'Hoxne (Angleterre) [3].

VII. — Tout récemment encore, le sol forestier de l'estuaire malouin vient d'être mis à nu sur un autre point de la côte de Paramé, toujours par suite de l'abaissement progressif des sables de la grève.

A la fin de juillet 1880, un propriétaire de Saint-Ideuc, l'honorable M. Havet, descendu dans l'anse du Val, fut surpris de voir se détacher des sables en pente, à hauteur de mi-marée, une ligne noire en saillie, longue de plus de 100 mètres et parallèle à la mer. Les anciens habitants riverains interrogés déclarèrent n'avoir jamais, même après les violentes tempêtes du nord-ouest, aperçu rien de semblable. Quelques coups de bêche et de pioche firent reconnaître un sable quartzeux très fin, intimement mélangé de fragments de plantes et de bois dans un état de décomposition plus ou moins avancé. En deux points, on pouvait voir des troncs entiers de chênes : l'un d'eux était à découvert sur près de trois mètres.

Dans son exploration rapide, M. Havet, en soulevant avec un pic, à tout hasard, des parties de la crête du banc tourbeux, obtint, sans qu'aucune apparence distinguât d'abord cet objet de la masse, un bloc oboval, consistant et d'une faible épaisseur. Lavé

---

1. Buffon. *Edition Flourens*, tome Ier, page 415.
2. Élie de Beaumont. *Leçons de géologie pratique*, page 259.
3. Sir John Lubbock. *L'homme préhistorique*. Un vol. in-8°, 1870, page 334.

à l'eau de mer, ce bloc laissa paraître, du côté sur lequel il avait reposé, le profil, sculpté en haut relief, d'une tête d'homme. Le profil formait le bord extrême de l'un des côtés; l'autre était occupé par des épargnes à peine ébauchées; il en était de même de la chevelure, qui faisait au-dessus du front une touffe saillante et informe. Le tout avait été pris dans une souche noueuse de chêne. La face extérieure du bloc était polie et usée par les sables mouvants qui avaient reposé immédiatement sur elle; l'autre ne portait aucune trace de flottage ni d'érosion. La proportion de la tête est double de la grandeur naturelle ; rien ne rappelle dans le rapport des traits entre eux le canon de la statuaire antique ; on n'y retrouve pas davantage le type classique. L'œil est le trait le moins bien rendu. Le nez a la racine déprimée, le dos légèrement concave, les narines épaisses et un peu aplaties. La bouche est entr'ouverte, la lèvre forte, le menton carré. Les pommettes sont saillantes, et les méplats des joues bien accusés. Toute la face est glabre, l'expression calme'; on croit y démêler un certain étonnement. C'est l'aspect d'un homme vigoureux et dans la force de l'âge, à caractère méridional et presque africain. Dans son ensemble, le bloc représente une sorte de médaillon qui aurait soixante centimètres de hauteur sur trente de largeur. Aucune trace d'attache ni d'encastrement.

A quelle époque peut appartenir ce vestige d'un art déjà en possession de procédés habiles? Les recherches ultérieures qui feraient découvrir des débris archéologiques moins difficiles à dater, répondront peut-être à cette question[1]. Ce qui est certain, c'est qu'il était engagé par la face sculptée, dans les débris d'une forêt dont la destruction remonte aux derniers siècles de l'indépendance de la Gaule.

VIII. — Un autre spécimen des anciens sols du litttoral breton, mais celui-ci beaucoup plus ancien que les précédents, a été

---

1. Un établissement de bains de mer est en préparation dans l'anse de Val ; les travaux de cet établissement amèneront peut-être le déblaiement partiel du sol forestier observé, et le *desideratum* qui se pose pourra se réaliser. — Voir la note B à la fin du chapitre.

ramené au jour par les sondages faits en 1876 par M. l'ingénieur Mazelier, au centre du marais de Dol, entre Dol et le Mont-Dol.

Il consiste en une tranche de 0 m. 29 d'argile noire tourbeuse, reposant sur le schiste cumbrien, squelette de la contrée. Près de vingt mètres de dépôts fluviatiles et marins alternés sont venus recouvrir cette argile. Nous donnons à cette dernière l'eau douce pour origine. Elle est surmontée immédiatement, sans la moindre trace de tangue ni de coquilles marines, par des graviers venus de la vallée du Guyoul, lesquels forment sur ce point un large cône de déjection. Rien ne rappelle dans cette argile l'odeur ammoniacale des boues d'estuaire.

Pour apprécier la durée que représente la végétation dont les restes carbonisés ont donné la couleur à cette argile, on peut se reporter à ce passage du *Cosmos* : « Les arbres qui couvrent une surface donnée dans les régions forestières de nos zones tempérées, formeraient à peine en cent ans une couche de carbone de 0 m. 016 millimètres d'épaisseur [1]. »

Nous reviendrons sur cette formation quand nous aurons à établir la constitution géologique du marais de Dol.

1. Tome Ier, page 325.

NOTES DU CHAPITRE XIII.

Note A, page 190. « ... modérée dans les hivers ».

Dans une *Note* lue par M. Albert Gaudry à la séance de l'Académie des sciences. du 21 novembre 1881, note relative à un gisement de rennes à Montreuil près Paris, l'éminent directeur du Muséum se montre disposé à tracer ainsi qu'il suit, d'après les données paléontologiques, l'histoire des temps quaternaires dans le bassin parisien :

1º PHASE CHAUDE ; dépôts de Saint-Prest ; *elephas meridionalis ; transition entre le monde tertiaire et le monde quaternaire ;*

2º GRANDE PHASE GLACIAIRE ; dépôt au sommet de Montreuil, à la cote 100 m. ; *troupeaux de rennes, rhinoceros tichorinus ;*

3º PHASE CHAUDE ; diluvium en bas de Montreuil, à la cote 53 m. ; *hippopotames, cerfs, rhinoceros Merckii, elephas antiquus.*

4º PHASE TEMPÉRÉE ; diluvium des bas-niveaux de Grenelle et de Levallois-Perret à la cote de 30 m. ; *elephas primigenius, rhinoceros tichorinus, renne ; mélange d'espèces chaudes et d'espèces froides ;*

5º RETOUR MOMENTANÉ DU FROID ; *âge du renne ; les rhinocéros ont disparu.*

6º CLIMAT ACTUEL.

On voit sous le Nº 6, qui correspond aux temps postglaciaires, que M. Gaudry suppose à ces temps le climat actuel. La végétation des forêts littorales de cette époque nous fait penser que la température s'est alors progressivement relevée jusqu'à atteindre un degré supérieur à celui de la période moderne.

Les autres divisions de M. Gaudry correspondent :

Le Nº 1, à la phase préglaciaire, phase que nous avons placée dans le pliocène inférieur (Voir ci-dessus, page 101) ;

Le Nº 2, à la première époque glaciaire (pliocène moyen) ;

Les Nᵒˢ 3 et 4, à la phase interglaciaire (pliocène supérieur et quaternaire inférieur) ; c'est à la décadence de cette phase que nous semble appartenir le dépôt supérieur de Montreuil ; le rhinocéros tichorinus ne s'est montré que vers ce temps dans l'Europe moyenne ; les os brisés auront été entraînés dans le lit d'un lac qui 'se déversait dans la vallée de la Seine, déjà ébauchée par une grande fracture du sol et par les pluies diluviennes qui préludèrent à la naissance du froid ;

Le Nº 5, à la 2e époque glaciaire (quaternaire moyen) ;

Le Nº 6, aux temps postglaciaires (quaternaire supérieur).

Note B, page 203. « ... ce vestige d'un art déjà en possession de procédés habiles ».

On connaît par des spécimens déjà nombreux la merveilleuse fidélité et le sentiment artistique déployés par les hommes de l'âge du renne dans le dessin au trait et la sculpture des animaux contemporains. Le même talent se retrouve chez des races restées, de notre temps, au stade le plus primitif de l'humanité : les Esquimaux et les sauvages de certaines îles de l'Océanie. Mais pas plus chez ces tribus que parmi les restes de l'art préhistorique, on n'a trouvé jusqu'à présent d'exemple réussi de la représentation du corps humain ou de la figure humaine. Le médaillon de l'anse du Val ne paraît donc pas pouvoir être attribué à la civilisation de l'âge du renne, bien que cet âge ait pu s'étendre jusque dans les premiers temps de nos forêts littorales.

CHAPITRE XIV

LA RIVE NORMANDE ET LES ILES.

La tangue ; ses dépôts dans le golfe et sur la rive orientale du Cotentin. II. Analyses chimiques. III. Le Coesnon et les rivières de la baie du Mont-Saint-Michel. IV. Le Cotentin à l'époque quaternaire supérieure. V. Le massif de Cherbourg. VI. Les Iles anglo-normandes.

I. — Sur les bords de ce vaste littoral que l'affaissement en cours a fait perdre au continent dans le golfe normanno-breton, un riche dépôt de marne avait été, dès le principe, charrié par la mer. Des limons, en bien moins grande proportion, il est vrai, y avaient aussi été apportés par les eaux douces. A la silice et à l'argile provenant de la décomposition des roches sous-marines et riveraines se sont joints, avec le temps, en quantités prodigieuses, les éléments organiques légués par les hydrophytes et les mollusques, si abondants sur les plages et les hauts fonds granitiques. Des éruptions geysériennes plus ou moins locales ou distantes, des sources thermales, des amas de tests coquilliers incessamment broyés par le déplacement énorme des marées, l'érosion des falaises crayeuses de la Manche anglo-normande, tels sont l'origine et les éléments habituels de ces marnes.

Pour ne parler que de [la tangue, cette matière minérale si précieuse pour la culture de nos terres froides, elle se compose de sables fins, d'argiles micacées et de débris de madrépores, de crus-

tacés, de poissons, de coquilles, roulés, triturés, malaxés par l'agitation du flot. La limite géographique des dépôts ne dépasse que
très peu les bords du golfe ; on en observe cependant encore, mais
moins riches en calcaire, dans les baies de Carentan et des Veys,
sur le revers oriental du Cotentin.

« Les sables marins, lisons-nous dans le grand ouvrage officiel
sur les *Ports maritimes de la France*, [1] qui forment sous la terre
végétale le sol des riches bas-fonds de Carentan et du littoral, et
tapissent la baie et le fond de la mer jusqu'au large des îles, sont
composés essentiellement de débris de coquilles calcaires et de
silice, enlevés par les courants, les premiers aux bancs coquilliers
du littoral de la Manche, la seconde aux roches granitiques et
amphiboliques des pointes de la presqu'île. Ces matières cheminant
le long du littoral, à la faveur des vagues et des courants du flot,
et tenues en suspension par les eaux agitées, se déposent en se
classant d'après le poids des éléments, et se fixent à diverses hauteurs dans les criques plates et abritées. Le sable à bâtir se dépose
dans les parties basses et au large. La tangue, sable fin composé
essentiellement de 30 parties de calcaire et de 60 de silice,[2] avec
vases et matières organiques, est très recherchée pour l'agriculture,
et ne se dépose que dans les baies, sur les bancs et dans les chenaux, quand les eaux ont perdu en partie l'agitation du large. Les
dépôts de tangue qu'on trouve à diverses profondeurs jusqu'au fond
des chenaux ne dépassent pas en hauteur le niveau des hautes
mers de morte eau. Au-dessus de ce niveau, toute agitation cesse,
et il se dépose de la vase. La plage qui constituait une grève blanche, passe à l'état de grève vaseuse, puis de grève herbue, couverte
de criste-marine d'abord, de gazon maritime ensuite, et devient
mûre pour l'endiguement. »

C'est au fond du golfe, dans la baie du Mont-Saint-Michel, que la
tangue est à la fois la plus abondante et la meilleure. L'emploi des
vases de mer dans l'agriculture est très ancien. Depuis le milieu de

---

1. Tome II, page 562. Imprimerie nationale, 1876.
2. La tangue du Mont-Saint-Michel contient 48 p. 0/0 seulement de sable, et 44 p. 0/0
de calcaire. Voir l'analysé ci-après.

ce dernier siècle que l'usage de cet amendement a commencé à se généraliser, l'extraction n'a pas cessé d'aller croissant ; elle atteint 500,000 mètres cubes par année, soit 625,000 tonnes dans la seule baie du Mont-Saint-Michel. Les autres hâvres qui en produisent le plus sont, en Bretagne, Plancoët (75, 000 tonnes) et la baie d'Iffiniac ; dans le Cotentin occidental, les baies de Lessay et de Regnéville ; dans le Cotentin oriental, la baie des Veys (12 à 15,000 tonnes).

II. — La composition de la tangue permet d'apprécier quelle prospérité la végétation devait atteindre aux temps géologiques, sur les sols exondés qui en étaient principalement formés, une fois que le sel avait été entraîné par les pluies ou décomposé par les réactions chimiques. Un échantillon pris au hasard dans le hâvre de Moidrey, lieu de la principale exploitation, a donné, à l'analyse, les proportions suivantes :

Sable micacé..............	480 parties.
Carbonate de chaux	440
Peroxyde de fer	30
Acide phosphorique	20
Magnésie	10
Soude	7
Eau	12
Perte	1
TOTAL	1, 000 parties [1].

Voici une autre analyse donnée par M. Meugy, inspecteur général des mines [2] ; nous en modifions légèrement la disposition et les énoncés pour la rendre plus facilement comparable avec la précédente :

1. Nous empruntons cette analyse au beau travail de M. Baude, ancien préfet : *Les côtes de France ;* elle a été faite par ses soins au laboratoire de l'École des Mines. Ce travail a paru dans les livraisons successives de la *Revue des Deux-Mondes,* 1863.

2. *Leçons de géologie appliquée à l'agriculture,* 2e édition, page 112. Paris, 1870.

Sable	437 parties.
Carbonate de chaux	414
Oxyde de fer............	60
Acide phosphorique	28
Soude	2
Eau	37
Perte, fractions négligées	22

TOTAL   1, 000 parties.

On répand, en général, six mètres cubes de tangue par hectare marné tous les trois ans. La tangue est employée en mélange avec le fumier de ferme. Il faut remonter jusqu'au milieu du moyen âge pour trouver la première mention de la tangue. Cette mention est faite dans une charte de l'année 1176, par laquelle le seigneur de Saint-Germain-sur-Ay, à la suite de réclamations des moines du Mont-Saint-Michel, consent à interdire l'enlèvement de la tangue près des salines appartenant à la grande abbaye.

III. — Les grèves auxquelles nous venons de demander l'exemple qui précède, sont des dépendances du vaste estuaire dans lequel viennent se confondre, en arrière et à l'abri du plateau de Chausey, les rivières de la baie. Le Coesnon, la principale d'entre elles, avait fini par attirer l'un après l'autre tous les cours d'eau voisins, la Sélune, la Sée, la Guintre, dans le thalweg qu'il s'était creusé à travers les sables mouvants. Avant l'accumulation dernière de ces sables au sinistre renom, son cours paisible et régulier se dessinait, aux époques de soulèvement du sol, en méandres inoffensifs bien que d'une allure plus rapide, sous les ombrages épais de la forêt littorale, entre le Mont Saint-Michel et la côte. A ne consulter que le point de vue physique, le Mont, placé sur la rive gauche, faisait partie de la presqu'île armoricaine ; les divagations du fleuve ont fini par le mettre sur la rive droite. C'est ce que rappelle la tradition rendue par le dicton populaire suivant :

Le Coesnon, par sa folie,
Mit Saint-Michel en Normandie[1].

[1]. Le dernier déplacement du Coesnon, dans l'est du Mont-Saint-Michel, s'est produit

La main puissante de l'homme refait, à ce moment même, du moins en partie, l'œuvre première de la nature, en attendant que la nature, comme elle l'a fait tant de fois dans ces parages, réagisse à son tour contre l'œuvre de l'homme. Emprisonné dans un canal que protègent de massives levées et tout l'appareil d'une voie ferrée, le Coesnon subit la peine de ses courses vagabondes. Le cri strident des locomotives effarouche les Fées blanches de ses grèves ; adieu la poésie, adieu le mystère ! Le Mont lui-même, rattaché de force au continent, le Mont cesse de mériter son nom de si tragique présage : *Mons Sancti Michaëlis in periculo maris, Immensi tremor Océani*, Mont-Saint-Michel au péril de la mer, dans la terreur de l'immense Océan!

IV. — Au début du présent ouvrage, nous avons exposé les formes qu'a présentées la côte occidentale du Cotentin à un moment du soulèvement quaternaire. A l'apogée, le tracé a dû englober les îles d'Aurigny et de Guernesey comme celle de Jersey. La flore et la faune des trois îles sont identiques, ce qui n'aurait pu bien évidemment se produire si la plus récente jonction de l'une d'elles avait remonté aussi loin que le soulèvement mio-pliocène.

Au cours du nouveau soulèvement, le Cotentin dépouille sa forme péninsulaire de l'époque quaternaire moyenne : rien ne le distingue plus du reste du continent, si ce n'est le relief imposant qu'il conserve en regard des fonds de mer récemment exondés. L'Océan s'est éloigné jusqu'au delà de Jersey ; les hauteurs de cette île (74,104 et 148 mètres), rattachées par le plateau des Écrehous au massif montagneux de Cherbourg, et par celui des Bœufs aux collines de Coutances et de Saint-Lô, font à la rive géologique une saillie vigoureuse et une protection puissante. Des passes d'une largeur de trois ou quatre lieues et peu profondes désormais, séparent seules du rivage, au temps précis déjà sur la pente de l'affaissement, où nous avons été conduit à le considérer, les groupes de Guernesey et d'Aurigny. *Planche n° I* (frontispice). En arrière

pendant le siège de la forteresse par les Anglais, en 1423 ; il ne paraît pas avoir été de longue durée.

de Jersey, depuis le cap Fréhel jusqu'au cap de la Hague, le nouveau littoral forme une plaine coupée de bois, de prairies, de dunes, de marécages et de tourbières, accidentée seulement par les collines des Minquiers, de Chausey et autres crêtes rocheuses du sous-sol granitique. A cet ensemble non moins vaste que confus, la tradition a gardé le nom de « Forêt de Scissey» ; nous relevons plus loin les vestiges que cette forêt a laissés dans le sol et dans l'histoire.

V. — Isolé du Cotentin proprement dit, par une dépression très accusée de la chaîne des collines normandes, le système de hauteurs de Cherbourg représente à nos yeux ce qu'étaient les îles et les plateaux du golfe avant que la mer fût venue en occuper les intervalles. Avec le progrès constant de l'empiètement du flot, ce massif ne peut manquer de devenir un jour, jour dont bien des siècles nous séparent ! ce que sont devenues les îles mêmes, ce que nous montrent les îles d'Ouessant et de Sein, ces appendices du Finistère breton, les Sorlingues, ces appendices du Finistère anglais.

Déjà l'on peut se rendre compte de la physionomie du détroit qui séparera la région de Cherbourg du continent. Ses jalons principaux sont tout trouvés, du côté du nord, dans les hauteurs de Mont-Crèvœil (122 mètres), qui dominent à l'ouest la plaine jurassique et miocène de Carentan, et d'où sortent, en sens contraire, la rivière d'Ollondes débouchant sur la côte ouest à Portbail, et des affluents de la Douve coulant vers la côte orientale. L'un de ces derniers, à huit kilomètres seulement de Portbail, donne la cote de 12 mètres au-dessus des mers moyennes, et le seuil qui le sépare des rivières de Surville et d'Ollondes, ne s'élève qu'à 21 mètres. C'est dans cette direction qu'est projeté depuis longtemps le canal navigable qui doit couper la presqu'île, et dispenser le commerce de doubler la pointe de Barfleur et le cap de la Hague pour communiquer d'une partie à l'autre de la Manche ; c'est encore sur ce tracé qu'ont été établies, pendant la dernière guerre, les lignes de Carentan destinées à former une première défense à

l'arsenal et au port de Cherbourg. Du côté méridional, les rives
du détroit se dessineront parallèlement à la ligne de faîte qui s'étend
de Bayeux à l'embouchure de la Sienne (100 à 200 mètres d'altitude). En avant de cette ligne coulent en sens contraire l'Ay et la
Sève; le point de partage de leurs eaux est encore moins haut
que celui de l'Ollonde et de la Douve : au droit de Lessay et au-
dessous de Saint-Patrice, il n'est élevé que de 20 mètres au-
dessus des mers moyennes, et de 15 mètres au-dessus des grandes
mers du golfe. On trouve une cote de 7 mètres au-dessus des mers
moyennes, dans les marais endigués de Gorges, à 20 kilomètres
dans les terres, près de Saint-Jores, alors que la presqu'île ne
mesure sur ce point que 40 kilomètres de largeur. Au centre du
détroit, les massifs du Mont-d'Étanchin (171 mètres) et de Mont-
Castre (127 mètres) feront des îles d'un très haut relief.

Il suffirait d'un affaissement d'ensemble de 13 à 15 mètres pour
que le massif de Cherbourg entrât dans la condition demi-insulaire
qui était celle de Jersey au commencement de notre ère, c'est-à-
dire ne communiquât plus avec la terre ferme que par un isthme
submergé à marée haute de vives eaux.

Une telle perspective est assurément, nous le répétons, bien
éloignée : — cinquante-cinq siècles — d'après des calculs que
l'on trouvera plus loin dans ce livre. Aucun intérêt n'est donc en
question. Le rapprochement de la destinée qui attend la région
de Cherbourg avec le sort qui a scellé en pleins temps historiques
la condition insulaire de Jersey, nous a paru propre à faire mieux
saisir ce qui s'est passé dans l'invasion répétée du golfe normanno-
breton par la mer.

VI. — La vue seule de notre *Planche n° 1* (frontispice) et l'examen des lignes échelonnées des fonds marins permettent de se
rendre compte de ce que devinrent les îles et plateaux rocheux du
golfe dans le soulèvement quaternaire, suivant l'opinion que l'on
peut se faire de la quotité de ce soulèvement.

Un écrivain anglais qui a consacré aux îles de la Manche des
études intéressantes, M. David Ansted, décrit ainsi les fonds ma-

rins, autrefois exondés, qui leur servent maintenant de ceinture :
« Le fond de la mer autour des îles, s'il nous était donné de le voir
émergé, nous paraîtrait singulièrement inégal et tourmenté
(jagged). Des pinacles de granit et de porphyre apparaîtraient se
détachant des larges masses rondes de ces mêmes roches. Des
bancs de sable, quelques-uns élevés, rempliraient les intervalles
entre les groupes d'aiguilles et les couches consistantes du roc
dur et uni. Quelques vallées, comparativement profondes, marque-
raient les passes navigables. Un grand degré de régularité se laisserait voir dans la largeur et la direction de quelques-unes de ces
vallées. En somme, si l'on voulait donner une idée en grand et
bien nette de ce que produirait un soulèvement de trente brasses
(54 mètres), il faudrait figurer au plan comme annexées à la terre
ferme les îles du golfe avec les fonds rocheux qui les entourent.
Les îles et fonds une fois émergés, la région nouvelle différerait
peu de la partie occidentale de la Petite-Bretagne : les vallées
seraient déjà, en général, comblées par les sables ; les côtes et les
îles, dentelées et abruptes, se termineraient par des falaises plongeant dans une eau profonde [1]. »

Pour qui connaît la constitution géologique de nos fonds marins,
cette vue idéale du golfe. dans ses phases d'exondement, n'a rien
de forcé ni d'arbitraire.

---

1. *The Channel Islands* Un volume, Londres 1861.

CHAPITRE XV

1. — Transportons-nous maintenant pour un moment de l'autre
côté de la baie de Saint-Malo, à la recherche d'autres lambeaux
encore subsistants du littoral géologique.

Avant tout, faisons remarquer que l'existence de forêts sous-
marines dans l'ouest de la France, telles que nous en avons vu déjà
sous les sables de nos grèves, n'est pas, il s'en faut, un fait propre
au golfe normanno-breton, et encore moins à la baie de Dol. Sur
la plupart des côtes occidentales de l'Europe moyenne, des forêts
entières, avec leurs souches et leurs racines plantées en terre, et
des fragments de leurs tiges s'élevant encore sur les souches, ont
été trouvées à des profondeurs diverses au-dessous de la mer,
depuis l'extrémité nord de la Grande-Bretagne jusqu'au midi de
la péninsule ibérique. M. Ernest Desjardins, parlant des faits
analogues allégués pour le littoral océanien de la Gaule, rappelle
que « d'immenses forêts formaient encore, à l'époque romaine,

un cordon de végétation séculaire entre l'Océan et les cultures. »

« A une époque moins éloignée de nos âges, lisons-nous dans *Les grandes forêts de la Gaule*, par M. Alfred Maury, de magnifiques forêts bordaient les deux rives de la Manche et toutes les côtes de l'Angleterre. Ces forêts ont laissé des vestiges dans les forêts marines qu'on a découvertes dans la baie de Saint-Brieuc, près la Pointe du Roselier et sur la côte du Finistère. » (Page 133.)

« Les côtes de France, écrit, dans *Les époques glaciaires*, M. Ch. Martins, les côtes de France comprises entre Saint-Brieuc et l'embouchure de la Loire, sont bordées d'une ceinture de forêts sous-marines correspondant à celle du comté de Norfolk (Cromer). On en suit le prolongement dans les marais tourbeux du littoral. On y a reconnu des essences encore vivantes actuellement. »

Prenons sur nous d'ajouter que toutes ces forêts ont disparu sous l'envahissement progressif et simultané des flots, amené par la subsidence du sol. Le même sort a atteint nombre de villes et de ports autrefois célèbres, de forteresses et d'oppides dont on cherche en vain les traces sur les côtes de la Manche[1].

« D'autres phénomènes, lisons-nous dans le livre spécial que MM. Audouin et Milne-Edwards ont consacré à l'histoire naturelle du littoral de la France, d'autres phénomènes qui viennent encore attester que plusieurs parties de notre littoral ont subi des révolutions extraordinaires, jettent en même temps quelque lumière sur le genre de changements qui s'est opéré, et laissent entrevoir l'état ancien. Nous voulons parler des immenses dépôts de couches végétales qu'on rencontre non seulement sur nos côtes, mais sur celles de l'Angleterre et d'un grand nombre d'autres lieux. Ces dépôts ont été décrits par différents naturalistes, et sont trop importants pour que nous ne nous attachions pas à citer quelques-unes des relations où ils se trouvent constatés de la manière la plus positive[2]. » Suit le texte d'une des lettres de M. de la

[1]. M. René Kerviler. *Étude critique*, 1873.
[2]. Un voume in-8°, Paris, 1832.

Fruglaye, relatives à la forêt sous-marine de Morlaix ; nous rapportons nous-même plus loin une autre de ces lettres.

Dans son *Étude critique* sur la géographie de la presqu'île armoricaïne au commencement et à la fin de l'occupation romaine [1], M. René Kerviler arrive aux mêmes conclusions. « On voit, écrit l'honorable ingénieur, on voit que *des mouvements du sol très considérables ont eu lieu dès les premiers siècles de notre ère dans toute l'étendue de la région.* Les forêts sous-marines constatées autour de la presqu'île en face de Saint-Gildas de Rhuys, au nord du Finistère, dans la baie de Morlaix et dans celle de Saint-Brieuc, la séparation violente du Mont-Saint-Michel, les lignes de sillons de Tréguier et de la baie du Morbihan, les dispositions de la voie *(romaine)* parfaitement constatée, à leurs deux extrémités, dans la baie de Douarnenez et celle de Cancale, l'affaissement de la grande Brière (près Saint-Nazaire), enfin les nombreuses légendes de villes englouties, telles que Is, Herbauges et autres, sont des preuves suffisantes que notre littoral a été violemment bouleversé [2]. »

En réunissant, comme nous allons le faire, dans un même cadre les descriptions qui ont été données des restes de nos forêts littorales, à des époques différentes et dans des ouvrages ou recueils parfois difficiles à se procurer, nous croyons faire une chose utile à la vulgarisation de faits longtemps méconnus, et que l'on semble, dans certaines régions scientifiques, vouloir encore mettre en doute [3]. Les situations décrites se ressemblent, et la monotonie ne peut manquer de sortir de ces rapprochements. Il faut dire cependant que les traits qui font défaut dans les uns peuvent se trouver dans les autres. La plupart de ces forêts, sinon toutes, ont, à notre estime, leur origine dans l'époque postglaciaire, et, d'une manière plus précise, dans le quaternaire supérieur. De là jusqu'au début des temps historiques où leur ruine est en voie de se consommer, elles occupent une place plus ou moins ancienne

1. *Mémoires de l'association bretonne.* Session de 1873 tenue à Quimper. Tirage à part page 10.
2. Note A.
3. Note B.

dans l'échelle d'un long intervalle. Pour reconnaître l'ordre chronologique dans lequel elles doivent être classées, on devra consulter à la fois la stratigraphie, la botanique, la zoologie et l'archéologie. La première science donnera l'horizon géologique ; la seconde et la troisième, la distinction des espèces et leur classement
dans le temps ; la quatrième, dont les conquêtes s'étendent chaque
jour de plus en plus loin dans le passé préhistorique, assurera un
dernier degré de vraisemblance aux solutions fondées sur les trois
premières.

Sous le bénéfice de ces observations générales, nous commençons avec nos lecteurs une excursion sur l'ancien littoral de
la Bretagne et de la Normandie, et tout particulièrement du golfe
normanno-breton.

II. — Dans le chapitre précédent nous avons relevé les principaux vestiges des forêts littorales dans les baies de la Rance et
de Saint-Brieuc ; reprenons cette revue en avançant vers l'ouest.

« La grève de Saint-Michel (canton de Plestin) était jadis une
forêt, détruite, dit-on, en 709, par les envahissements de la mer.
Quelquefois, après de fortes tempêtes, la vase remuée laisse apercevoir des débris de gros arbres. »

(Gaultier du Mottay, *Géogr. des Côtes-du-Nord.* Un vol. Saint-
Brieuc, 1861.)

« Le territoire de Saint-Michel-en-Grève renferme une grève de
sable qui commence à la sortie du bourg et qui peut contenir
environ 1,200 journaux de Bretagne. Vers le milieu de cette grève
est une croix de pierre, plantée sur un rocher [1] ; *elle est couverte
pendant les grandes marées.* Les habitants du lieu prétendent qu'elle
est plantée dans l'endroit où débarqua saint Efflam en arrivant
d'Irlande, sa patrie, et que cette grève était alors occupée par
une forêt très spacieuse. »

(Ogée, *Dictionnaire de Bretagne*, 2ᵉ édition, page 843.)

« La croix nous voit, » disent les habitants du pays quand ils se

---

1. Cette roche est nommée « *Hir Glas*, Longue-Verte » dans l'office de saint Efflam.
Elle n'était donc pas, quand elle reçut ce nom, couverte comme aujourd'hui par le flot. A. C.

hasardent à traverser *la Lieue de grève,* et ils continuent leur marche sans se hâter ; cessent-ils de l'apercevoir étendant ses deux bras sur les flots : c'est un signal, le danger commence, et ils pressent le pas à travers les sables mouvants.

III. — L'ancien littoral de Morlaix, observé sur sept lieues de longueur, a présenté le même spectacle et donné les mêmes enseignements.

« En 1811, M. de la Fruglaye [1], cherchant sur le rivage de la mer, à peu de distance de Morlaix, le gisement de cornalines, de sardoines et d'agates dont la grève est formée en cet endroit, voulut profiter d'une marée d'équinoxe afin que la mer lui laissât, au reflux, un plus grand espace à parcourir. C'était après une violente tempête. Quel fut son étonnement de voir une forêt sous-marine à l'endroit où il allait chercher le gisement de minéraux qu'il avait observé! C'était au bas de la rivière de Lannion jusqu'à Perros. Des arbres *adhérant au sol même* et couchés les uns à côté des autres, y formaient de profonds sillons d'une couleur de terre d'ombre. Ce sol, déchiré perpendiculairement par les vagues, lui offrit trois couches bien distinctes d'une ancienne et très longue végétation. La plus profonde paraissait être le bassin d'un marais ; des joncs, des roseaux très abondants y étaient encore engagés dans une glaise compacte, *mais perpendiculaires au sol.* La seconde couche, toute sablonneuse, renfermait des bouleaux, des asperges, des asphodèles, *également perpendiculaires au sol.* Les bouleaux y conservaient leur écorce argentée, et les fougères ce léger duvet qu'elles perdent à la fin de leur végétation. Enfin, la troisième couche, qui recouvrait horizontalement les deux autres, était formée d'un humus dans lequel étaient engagés une foule de troncs d'arbres plus ou moins altérés [2]. »

Arrêtons-nous un instant pour fixer l'attention sur quelques-unes

---

1. Naturaliste breton qui a eu, de son temps, un nom dans la science. A. C.
2. Dans sa lettre ci-après, M. de la Fruglaye ne parle que de deux couches. Mais il faut observer que le présent passage est extrait d'un article du *Lycée armoricain,* écrit plus de quinze ans après la lettre initiale. L'auteur de cet article a profité des nouvelles études que M. de la Fruglaye, en terminant, annonçait devoir faire.

des circonstances qui précèdent, et pour en essayer l'explication.

Faisons remarquer d'abord l'ordre maintenu à travers les révolutions de la mer dans les trois couches fluviales qui se sont succédé, ces bouleaux qui ont gardé intacte leur écorce argentée, ces fougères encores couvertes de leur léger duvet, ces plantes basses, ces arbustes, ces grands arbres restés dans leur position première et perpendiculaires au sol, dans la glaise, la vase ou les sables qui sont venus lentement les ensevelir. Preuve nouvelle et décisive à joindre à celles fournies par la stratification régulière des couches du Marais de Dol, du calme dans lequel se sont accomplis les retours progressifs et mesurés du flot!

Ces trois sols superposés correspondent évidemment chacun à des époques géologiques différentes, et aussi à des phases diverses des oscillations de l'écorce terrestre. M. de la Fruglaye ne pouvait guère connaître ce dernier point de vue, entré dans la science à la suite de travaux qui, de son temps, avaient encore peu de retentissement [1]. S'il en avait eu même la plus simple notion, il n'eût pas manqué de joindre à ses observations botaniques des relevés approximatifs de la puissance et des hauteurs relatives et absolues des couches. Il est à désirer qu'une nouvelle exploration méthodique de ces curieuses formations soit entreprise par quelque naturaliste faisant autorité. Il y a là une succession de phénomènes qui promet des révélations d'un haut intérêt sur les anciens climats de la France nord-occidentale. En attendant, et sous la réserve de faits plus précis que cette exploration pourrait apporter, nous inclinons à regarder :

La première couche, comme préglaciaire et datant du pliocène inférieur; elle contient, en effet, on vient de le voir, des plantes d'origine méridionale et qui sont l'indication d'un climat chaud : des asphodèles [2] et des asperges [3];

1. Observations et systèmes de Playfair et de Léopold de Buch. Commencements du XIXe siècle.
2-3. « Ce genre (les Asphodélées) se compose d'environ une vingtaine d'espèces qui, pour la plupart, croissent dans les régions méridionales de l'Europe, et sur les côtes de l'Asie et de l'Afrique baignées par la Méditerranée. » Dictionn. univ. d'histoire naturelle, par d'Orbigny, 1844. — « On compte aujourd'hui une cinquantaine d'espèces en ce genre

La seconde, comme contemporaine du *Dirt-bed* de Dol, et appartenant à l'époque interglaciaire, en autres termes au pliocène supérieur et au quaternaire inférieur ;

La troisième, comme postglaciaire (quaternaire supérieur) et synchronique avec la forêt de Scissey et la plupart des forêts sous-marines de l'Europe moyenne.

Reprenons le cours de notre citation :

« M. de la Fruglaye conserve des écorces de certains de ces arbres, sur lesquelles sont restés des lichens encore verts. Cette antique végétation s'altère au contact de l'air, et la plupart des arbres y perdent leur couleur première... La mer vint interrompre les études du naturaliste qui avait été assez heureux pour découvrir tant de choses ignorées. Le lendemain, il revint avec des travailleurs et des chevaux ; une foule de curieux l'avait suivi, mais la mer recouvrait les richesses qu'elle avait laissé entrevoir. Une couche épaisse de sable reposait sur la forêt, et les fouilles faites dans ce sable que chaque marée venait accroître, ne laissèrent qu'un faible espoir de la retrouver... Après une année, M. de la Fruglaye a retrouvé cette forêt, dont il a envoyé à Londres, à Sir Joseph Banks, président de la Société royale, une collection d'échantillons. Le savant anglais, de son côté, en a découvert une absolument semblable sur la côte de Lincoln, en Angleterre [1]. »

Le périodique nantais auquel nous avons emprunté les intéressants détails qui précèdent, fait sans doute dans ces derniers mots allusion à la forêt sous-marine de Cromer et à la contrée des *Fens* [2] dont nous aurons bientôt à entretenir nos lecteurs.

Une lettre de M. de la Fruglaye lui-même à M. Gillet de Lau-

(*les Asparaginées*). Près du tiers ont été trouvées au cap de Bonne-Espérance ; huit croissent dans les divers jardins de l'Europe méridionale, et les autres, soit dans les îles Canaries, soit dans l'île Maurice, soit au nord de l'Asie. » *Ibidem.*

1. *Lycée armoricain*, année 1826. Ce recueil, qui a contribué si utilement à propager l'étude de l'archéologie et des sciences naturelles dans les provinces de l'ouest, a malheureusement cessé de paraître.

2. Note C.

mont, minéralogiste distingué, donne une version de ces découvertes, dans laquelle, chose précieuse à raison de l'insuffisance de la narration du *Lycée armoricain,* nous trouvons quelques détails de plus ; nous la citons à ce titre :

« Je désirais depuis longtemps trouver le gisement des cornalines, des sardoines et des agates globuleuses que je rencontrais abondamment répandues sur une seule grève de mon voisinage, et c'était inutilement. Pour parvenir au but que je m'étais proposé, je me rendis sur le terrain au moment même d'une tempête, pendant les horribles ouragans du mois de février dernier (1811). Je fus favorisé par une grande marée qui me donna l'avantage de pousser mes recherches plus avant vers le fond de la mer. La plage sur laquelle je me rendis forme un immense demi-cercle ; son fond, dans la partie la plus reculée, est terminé par des montagnes granitiques presque sans végétation. La mer ne vient pas jusqu'au pied de ces montagnes : elle s'est opposé une digue naturelle d'*environ trente pieds de hauteur,* composée de galets parmi lesquels se trouvent toutes les variétés du quartz. »

A l'occasion de ce passage de la lettre, M. Charles Barrois fait remarquer avec raison que cette prétendue digue est certainement de la même origine que le poudingue glaciaire de Kerguillé, donc la connaissance est due à son observation [1], poudingue de même composition et de même altitude.

Nous reprenons la lettre de M. de la Fruglaye :

« Au pied de cette digue commence une grève magnifique ; sa pente est d'environ deux lignes par toise. Je l'avais toujours vue couverte du sable le plus fin, le plus uni et le plus blanc. Ma surprise fut extrême, lorsqu'au lieu d'un sable éblouissant, je trouvai un terrain noir et labouré par de longs sillons. J'examinai ce terrain avec attention, et je ne tardai pas à reconnaître les traces de la plus longue, de la plus ancienne végétation. La mer avait emporté le sable. Ce sol, ordinairement si uni, présentait des ravins profonds qui me donnaient les moyens d'observer les différentes

---

1. *Annales de la Société géologique du département du Nord.* Tome IV, page 186, année 1877.

couches qui le composent. La première variait d'épaisseur en raison des dégradations que la mer lui avait fait éprouver ; elle était
entièrement composée de détritus de végétaux. Les feuilles d'une
plante aquatique y sont très abondantes et les mieux conservées ;
elles sont presque à l'état naturel. J'ai obtenu quelques feuilles
assez distinctes d'arbres forestiers et de saules. La terre qui forme le
sol ayant été exposée aux influences alternatives de la pluie et du
soleil, s'est gercée et fendillée, et j'y ai trouvé des fragments d'insectes très bien conservés : une chrysalide entière, la partie inférieure d'une mouche avec son aiguillon. Sur la couche noire dont
il s'agit, on voyait des arbres entiers renversés dans tous les sens ;
ils sont pour la plupart à l'état de terre d'ombre. Cependant, les
nœuds, en général, ont conservé de la consistance, et la qualité est
très reconnaissable. L'if a conservé sa couleur, ainsi que le chêne
et surtout le bouleau qui s'y rencontre en grande abondance ; il
a conservé son écorce argentée. Le chêne prend promptement à
l'air une teinte très foncée et acquiert de la dureté ; desséché, il
brûle avec une odeur fétide. J'ai obtenu des mousses vertes comme
dans leur état de végétation. »

« Cette même couche, reste de la plus forte végétation, est superposée à un sol qui paraît avoir été une prairie. J'y ai trouvé des
roseaux, des racines de jonc, des asperges. Toutes les plantes sont
en place : *leur tige est perpendiculaire*. J'ai pris des racines de fougères, qui ont encore le duvet qu'elles perdent ordinairement au
moment où leur végétation cesse. Le sol de la prairie dont je viens
de parler, est un composé de sable et de glaise grise ; il se prolonge
très avant dans la mer. J'en ai retiré des joncs qui avaient encore
leur substance médullaire ; mais, à cette distance, il n'y a plus de
vestiges de la forêt, et j'ai trouvé le roc vif. C'est aux pointes que
ce roc présente, et à la résistance qu'il oppose qu'on doit la conservation de ce qui reste de la forêt. »

» Je poursuivis mes recherches sur une étendue d'environ sept
lieues ; je retrouvai souvent le premier sol, quelquefois le second,
et, *presque sur toute cette étendue, la preuve de l'existence d'une
immense forêt*. Faute d'une tarière, il m'a été impossible de faire

des recherches plus exactes. Une particularité, assez remarquable, c'est que, parmi les débris de cette forêt apportés sur la grève, j'ai trouvé la moitié d'un coco[1]. Je me propose, cet été, de faire d'autres recherches[2] ». Dans une autre communication plus récente (19 juin 1833), M. de la Fruglaye faisait connaître à M. l'abbé Manet[3] « qu'à mer basse on voit encore au milieu de la rade de Morlaix des troncs d'arbres avec leurs racines ; qu'au fond du chenal qui borde sa propriété, il en a remarqué d'autres couchés et entassés pêle-mêle. »

Après avoir rapporté cette lettre si intéressante, et cité deux autres exemples de forêts du même genre, l'une à l'embouchure de la Dovey, l'autre sur la côte du Hampshire, l'auteur des *Éléments de géologie et d'hydrographie*, M. Henri Lecoq, ajoute « que les phénomènes analogues sont assez nombreux pour permettre d'établir « *qu'il existe presque à l'entour de l'Angleterre et l'Écosse une frange sous-marine couverte de bois et de forêts* ». C'est l'équivalent pour les Iles britanniques de « la ceinture de forêts littorales » reconnues pour l'ancienne Gaule par MM. Ernest Desjardins et Élisée Reclus, et que des constatations nombreuses postérieures à l'ouvrage du savant professeur de Clermont, ont fait retrouver le long des côtes océaniennes de la France.

IV. — « La grève de Sainte-Anne, à l'entrée du goulet de Brest, écrit M. Delavaud, professeur distingué de l'École de médecine navale[4], est en pente douce et couverte d'un sable blanc et fin. C'est sur cette grève que l'on voit disséminés presque à fleur de terre des troncs d'arbres dont quelques-uns sont réduits par la pourriture humide à l'état de terreau noirâtre, semblable à de l'ar-

---

1. Portée sans doute par le courant du Gulf-Stream. Ce fait s'est reproduit plusieurs fois sur nos côtes. Voir plus haut l'extrait du mémoire de M. de Geslin.

2. *Journal des mines.* 9 bis, 1811. M. Gillet de Laumont découvrit dans les échantillons qui lui furent envoyés à Paris, une graine de noisetier, des graines de *sparganium erectum* (vulg. ruban d'eau), et plusieurs élytres de carobes, et d'hélops.

3. *Histoire de la Petite-Bretagne*, tome II.

4. Cité par M. Quénault.

gile, et se coupant comme celle-ci au couteau. Toutefois, on les trouve principalement rassemblés au milieu de la grève, où ils forment une bande parcourue par une des sources mentionnées plus haut, et qui sans doute n'a fait que les mettre à nu dans cet endroit. On voit cette bande se continuer dans la mer, à l'époque des plus basses marées. Jusqu'où des sondages pourraient-ils la suivre? C'est ce qu'il serait intéressant de savoir.

» On peut déjà reconnaître facilement, sans qu'il soit besoin de fouiller le sol, parmi les débris incomplètement altérés, les espèces d'arbres auxquelles ils appartiennent. Le bouleau se fait remarquer par son écorce blanche et brillante, et semble déposé là depuis un petit nombre d'années. Le tissu ligneux, de couleur rouge, d'une autre espèce, doit la faire attribuer, d'après M. de la Fruglaye, à l'if. Des saules, des noisetiers, des aunes doivent s'y trouver aussi, mais ils sont plus difficilement reconnaissables. Tous ces arbres ont été signalés dans les tourbières et dans les forêts sous-marines de France et d'Angleterre. Le frêne, l'orme sont cités encore, mais plus rarement ; leur conservation paraît plus difficile. On peut remarquer qu'il n'est pas fait mention du hêtre dans les nombreuses descriptions que donnent les auteurs, des diverses tourbières. Comme cet arbre est très répandu en Bretagne, il y a un certain intérêt à le rechercher dans ces dépôts anciens, et à s'assurer au moins s'il y est représenté par ses fruits ou ses faînes [1]...

» J'ai fait enlever autour d'un des débris visibles à la surface, et qui pourrait bien être un noisetier, le sable qui le recouvrait en partie. Il était couché à une profondeur de 0ᵐ30 seulement sur un sol de couleur noire, *dans lequel il plongeait ses racines.* Ce terrain noirâtre, d'une épaisseur de 0ᵐ20 environ, reposait lui-même sur une couche d'argile grise dont il faudra connaître la profondeur. *On doit considérer la terre noire comme le sol primitif de la forêt* ou comme le terreau végétal que ses débris ont formé.

1. Le hêtre était assez commun dans la forêt de Dol. On peut en induire que cette forêt a prolongé son existence plus longtemps dans les temps modernes que celle de Sainte-Anne.

Des rameaux entrelacés, des branches comprimées, des racines s'y rencontrent en abondance. Je n'y ai pas encore trouvé de feuilles ni d'insectes ni de coquilles, comme M. de la Fruglaye en a reconnu dans le sol végétal de la forêt sous-marine de Morlaix, et je ne puis que soupçonner certaines tiges herbacées de provenir de joncs et de fougères. »

L'honorable professeur n'avait pas mission d'approfondir la situation ; c'est dans des excursions botaniques avec ses élèves, qu'il étudiait rapidement les terrains. Cela explique à suffire la réserve de ses jugements.

Dans une nouvelle exploration du 5 juin 1859, il trouva des échantillons assez bien caractérisés, cette fois, de joncs, de feuilles de monocotylédones, de chênes, de noisetiers, de graines de légumineuses, de débris d'insectes, tels que l'*Helops striatus*, le *Geotrupes vernalis* (élytres, corselets, pattes), qui d'abord d'un beau violet métallique, sont devenus ternes et noirâtres.

M. Delavaud continue : « M. de Fourcy mentionne dans le texte de la *Carte géologique du Finistère*, de semblables forêts au nord de Lesneven. Un fragment d'arbre de ces forêts, recueilli sur la grève de Rodeven, près Plouescat, a été déposé dans la collection géologique de notre musée (*celui de Brest*) . . . M. Morio, pharmacien de la marine, avec qui j'allai peu de temps après (en 1859) récolter quelques échantillons de ces bois, eut l'occasion depuis d'en observer de pareils sur la grève de Porshal. D'après cela, il n'est pas douteux que des recherches dirigées dans ce sens ne fassent découvrir plusieurs autres forêts sous-marines sous les côtes du Finistère, principalement dans les baies à plages basses et sablonneuses. Il y a même lieu de s'étonner que, dans un pays parcouru par les géologues, et dont les côtes ont été étudiées par les hydrographes, toutes les forêts sous-marines ne soient pas signalées depuis longtemps. Bien plus ! ce sont des monuments qui n'intéressent pas seulement le géologue, mais qui, en raison de leur date relativement récente, rentrent presque dans le domaine de l'archéologie. »

Ils y sont rentrés tout à fait, et le pressentiment de l'honorable

M. Delavaud s'est réalisé. Depuis que l'exploration des forêts et des tourbières sous-marines quaternaires et même pliocènes a livré à la curiosité si justement éveillée du monde savant les vestiges de l'industrie humaine qui y étaient restés ensevelis depuis tant de siècles, la question a cessé d'être du domaine exclusif de l'histoire naturelle et est rentrée par ce côté dans celui de l'archéologie préhistorique. Nous ne tarderons pas à l'y retrouver.

« On découvre de nos jours, lisons-nous dans l'*Histoire ecclésiastique de la Bretagne,* du chanoine Déric (1777)[1], sur la grève (de l'île d'Ouessant), dans les grandes marées, des troncs d'arbres et des débris de maisons. »

Dans les mêmes parages et non loin de l'anse de Sainte-Anne (à moins de quatre lieues), au pied même du cap Saint-Mathieu, ce point de la presqu'île armoricaine qui s'avance le plus dans l'Océan, M. Le Men, archiviste du Finistère, a constaté l'existence de vestiges semblables. « Dans l'anse des Bas-Sablons, dit-il, on découvre, dans les grandes marées, de nombreuses souches de pins et d'autres arbres, qui indiquent qu'une forêt existait autrefois dans cette anse[2]. »

Mêmes observations pour le littoral de Cléden, de Loc-Tudy et des Glénans.

V. — « A l'extrémité de la presqu'île de Rhuys (Morbihan) existait le monastère dont Abeilard, au XIIe siècle, entreprit la réforme. Abeilard, dans ses lettres, parle de bois qui entouraient le monastère, et se plaint de ce que ses moines y passaient leur temps à chasser. On ne trouve plus de bois à Saint-Gildas, mais on voit encore sur la grève, *à basse mer, enfouies dans le sable,* les racines des arbres qui ont fait partie de ces bois. Ainsi se trouve confirmée l'opinion des savants du pays, qui pensent que l'Océan, depuis plusieurs siècles, a fait de grands envahissements sur le littoral du Morbihan[3] ».

VI. — Les vastes marais de la Grande-Brière (*Bruyère ?*), entre

1. Tome 1er, page 101.
2. *Mémoires de l'association bretonne.* Année 1877, page 163.
3. Abel Hugo, *France pittoresque,* 2e vol. page 360.

Saint-Nazaire, Guérande et Savenay, occupent une dépression relativement moderne du sol, que les alluvions de la mer, de la Loire
et du Brivet ont comblée en très grande partie. Ce travail de la
nature est sans doute contemporain de celui qui, tout près de là,
rattachait entre elles et à la terre ferme les Iles vénétiques : le Croi-
zic, Batz, Saillé, et transformait en presqu'île l'île de Kerbéraon
(aujourd'hui *Quibéron*). Du sein de la tourbe accumulée dans toute
cette contrée marécageuse, sortent souvent de grands arbres. « Il y
a apparence, écrivait Ogée, en 1777, v° *Montoire,* que ce marais
était jadis une forêt qui aura été renversée par les ouragans furieux
de 700 et de 1177. Ce qui paraît prouver cette opinion, c'est le
grand nombre d'arbres de toutes les grosseurs et surtout les chênes
qu'on y trouve. Le bois de ces derniers est aussi noir et aussi dur
que l'ébène... Presque tous les arbres que l'on retire du terrain
tourbeux ont la racine au sud-ouest et la tige au nord-est ; fait intéressant en ce qu'il indique en quel sens s'est opéré le mouvement de
de destruction qui a transformé le pays, d'abord en un marais,
puis en une tourbière. »

Le fait analogue se retrouve dans le Marais du Dol ; seulement,
le vent du sud-ouest, le plus dangereux de tous sur la côte méridionale de la péninsule bretonne, est remplacé, pour les effets des-
tructeurs, par le vent du nord-ouest sur la côte septentrionale ; les
arbres de Dol affectent donc une position conforme sur le sol où
ils sont couchés, celle du nord-ouest au sud-est.

VII. — Ainsi, de l'embouchure de la Loire à celle du Coesnon,
sur tout le contour de la presqu'île, on relève d'imposants vestiges
des forêts qui faisaient à notre pays, en avant des rivages actuels,
une si verdoyante ceinture, aux derniers temps de l'indépendance
de la Gaule. A l'époque de l'occupation romaine, un changement
lamentable était en voie de se consommer : dès le VI° siècle, le
Géographe anonyme de Ravenne ne trouvait rien de plus caractéristique pour distinguer la Grande-Bretagne de la Petite, que de
désigner cette dernière sous l'appellation de « *Britannia in paludibus,* Bretagne-en-Marais ». A cette phase transitoire a succédé

celle des grèves : le sable et les eaux salées sont venus dérober aux yeux les ruines de ces grands bois qui épaississaient leur rideau dans toutes nos anses et jusqu'au large de nos promontoires.

Il nous reste, pour faire connaître dans son entier l'ancien littoral du golfe normanno-breton, à interroger les débris qui se sont conservés dans le Cotentin et les îles anglo-normandes.

VIII. — Deux mémoires de M. Quénault, ancien sous-préfet de Coutances, rapportent, d'après un ingénieur anglais, M. Peacock [1], des faits relatifs aux forêts qui s'étendaient encore, au moyen âge, le long de certaines parties des îles de la Manche : « Il a trouvé à Jersey des chartes originales... elles établissent qu'il y a peu de siècles, on allait à la glandée et on menait les animaux pâturer dans les forêts de Saint-Ouen, Saint-Brelade et Saint-Aubin, qui sont couvertes maintenant de 42 pieds anglais (10 m. 66), à *mer haute* [2]. »

Partout, du reste, autour des îles et de la côte opposée, on a trouvé des troncs d'arbres attachés par leurs racines au sol qui les a nourris. « Pendant qu'il y a, écrit M. David Ansted [3], des preuves d'un exhaussement qui a converti des rivages en falaises, on trouve à Jersey et à Guernesey des lits d'alluvion contenant des arbres forestiers et de la tourbe, qui doivent avoir anciennement crû en terrain sec et dans une certaine profondeur de sol, *là où on les voit maintenant, mais qui, à présent, sont à plusieurs pieds au-dessous du niveau ordinaire de la basse mer.* Quelques-uns s'avancent dans la mer, et on ne connaît leur existence que par les draguages ou par le bouleversement du fond de la mer dans les tempêtes du sud-ouest. A ces moments, de grandes masses compactes de tourbe et des fragments d'arbres sont jetés sur le rivage. Des couches de tourbe qui s'étendent à quelque distance

1. *Sinkings of land on the and north west coasts of France.* Un vol. Londres, 1868. — Malgré nos efforts à Londres et à Jersey pour nous procurer cet ouvrage, nous n'avons pu le trouver ; l'édition est épuisée.

2. Note D.

3. *The Channel Islands.* Un volume in-8°, Londres, 1862, page 282.

dans les terres, et épaisses de quelques yards[1], *sont en liaison,
avec ces dépôts sous-marins*... A l'ouest de Guernesey, des couches
formant la partie supérieure d'un dépôt de tourbes submergées et
de terre forestière, s'étendent jusqu'au dehors de la baie de
Vazon. »

A l'appui de ces constatations, M. David Ansted cite les lignes
suivantes d'un naturaliste et archéologue éminent, M. F. C. Lukis,
sur les tourbières sous-marines de Guernesey, celle des îles où, à
raison de sa position avancée dans l'Océan, droit en face de la
vague atlantique, on s'attendrait le moins à rencontrer de tels
dépôts : « Des troncs d'arbres arrivés à tout leur développement
*qui ont crû sur le lieu même d'où les vagues les arrachent pour la
première fois*, accompagnés par les plantes de prairies qui ornèrent
autrefois leurs verts alentours ; des racines de roseaux, entourées
de mottes de gazon et de mousses, ont donné la preuve d'une
végétation luxuriante. Ces racines dénotent une longue période
de croissance, et, comme quelques autres plantes de marais, elles
continuèrent à croître à mesure que la couverture végétale s'épaississait, laissant leurs racines et leurs fibres mortes ajouter un tribut
à l'accumulation des matières végétales. La conservation parfaite
des arbres montre qu'ils ont été longtemps enfouis dans le sable.
La compression de leurs troncs et bourgeons donne le premier
indice de cette forme déprimée que prennent les plantes fossiles par
la décomposition de la fibre végétale, décomposition qui n'atteint
pas cependant la texture même du bois. »

M. Ansted ajoute que les troncs étaient recouverts de coraux, de
fucus et de sertulaires[2]. Nous y voyons la preuve que la forêt littorale de Guernesey a été renversée par le double effort du vent et du
flot ; que la mer l'a recouverte pendant de longs siècles avant qu'un
nouveau soulèvement du sol vînt la rendre à la lumière, et que la
tourbe l'ensevelît à son tour ; qu'enfin un affaissement est venu plonger de nouveau sous les eaux salées les couches fluviatiles et marines superposées. La succession de ces événements ne peut avoir

1. Le yard vaut 0 m. 914383.
2. *Sertulaires*, zoophytes ; coralline articulée. *Boiste*. Polypiers phytoïdes, *Littré*.

son origine que dans l'époque interglaciaire (*pliocène supérieur et débuts du Quaternaire*) où aurait flori la forêt; dans la 2ᵉ époque glaciaire (*Quaternaire moyen*) où elle serait descendue sous les eaux ; dans l'époque post glaciaire (*Quaternaire supérieur*) où, grâce à l'émersion générale contemporaine du golfe, la végétation s'est emparée de nouveau de l'emplacement de la forêt ; phase brillante mais bien précaire de l'histoire tourmentée de ces rivages, puisque l'affaissement de la période géologique moderne est venu plonger une fois de plus sous les eaux et la tourbe et les arbres de la forêt !

Revenons à la rive du Cotentin. « J'ai vu moi-même, à basse mer, écrit M. Quénault, sur le territoire de Bricqueville, une quantité de troncs d'arbres, *tenant encore par les racines au sol*, composé de débris tourbeux et d'humus, dans lequel ils avaient végété. Ils étaient dans le voisinage des dunes, et peuvent être couverts de six mètres d'eau dans les grandes marées [1]. On retrouve les mêmes forêts plus au large, dans les mêmes conditions ; elles sont couvertes de 14 mètres d'eau à haute mer [2]... Au milieu d'un sable tourbeux de couleur brune, du sein d'une couche qui a été certainement de l'humus à une époque très reculée, s'élèvent à la hauteur de quinze à vingt centimètres, de nombreuses tiges de bois noires de différentes grosseurs. Au premier abord, on les prend pour des clayonnages, mais quand on enlève avec précaution le sable qui les entoure à leur base, on voit que ce sont des arbres *qui tiennent encore à cette ancienne couche végétale par leurs racines*. Le bois est mou ; on le rompt ou on le coupe facilement, mais on reconnaît la peau. Les diverses couches concentriques indiquent l'âge de l'arbre, et l'on distingue aisément à quelles essences de bois les troncs ou les branches ont appartenu. Le bouleau, le chêne et le châtaignier sont les espèces que l'on rencontre le plus fréquemment. Ce que l'on ne peut s'empêcher de dire, c'est que *les arbres sont restés en place dans le terrain même où ils ont végété* [3]. »

---

1. C'est la hauteur du banc forestier de l'anse du Val-sous-Roténeuf, en Paramé.
2. Un mètre de plus que l'arbre de Rochebonne-sous-Paramé.
3. *Les Mouvements de la mer*. Broch. 1869, *Mémoire lu à la Sorbonne*, 1867.

« De nos jours, écrivait M. de Quatrefages dès l'année 1852, lorsqu'une tempête a bouleversé le sol et battu le rivage, on trouve le long de la côte de Bretagne, dans la baie de Cancale, et même le long de la presqu'île du Cotentin, *les restes d'immenses forêts dont les débris sont rangés par couches végétales.* On y découvre des joncs, des fougères et même des arbres entiers uniformément couchés au-dessus les uns des autres, et dont les débris enfoncés dans l'estran, ont passé à l'état tourbeux. On en peut facilement distinguer les espèces et se convaincre que *les essences qui composent la forêt sous-marine, sont les mêmes que celles qui poussent aujourd'hui dans le pays* [1]. »

On excusera les longueurs et les répétitions des citations qui précèdent, à cause de l'intérêt qu'elles présentent pour l'histoire de nos rivages, histoire dont les faits propres reçoivent du rapprochement de faits identiques voisins une confirmation, une précision, un complément des plus précieux.

IX. — « L'événement capital survenu dans le pays de Carentan (Baie des Veys, embouchure de la Taute et de la Vire), à une époque ancienne dont l'histoire ne nous est pas parvenue, est l'envahissement de la mer, prouvé par les dépôts de sables marins, *par de nombreux arbres couchés sur la tourbe, les branches vers l'amont* [2]. »

« Dans les bas-fonds des côtes d'Arromanches (près de Bayeux), M. Texier *a trouvé des fragments de bois dans les sables découverts par les vives eaux de l'équinoxe.* Ces bois conservent toute leur structure primitive, quoiqu'ils soient passés à l'état de lignites. Les pêcheurs d'huîtres ramènent quelquefois des troncs et des arbres entiers dans lequels on distingue nettement encore le liber et l'écorce. Ces échantillons présentent un assemblage de bois, d'argile siliceuse et de divers mollusques. Ils ont dû appartenir à une

---

1. *Souvenirs d'un naturaliste,* 1847-1855.
2. *Ports maritimes de la France,* IIᵉ volume, page 565.

ancienne forêt, submergée aujourd'hui, qui se serait étendue sur toute la côte de Normandie [1].

X. — « Lorsque l'on creusa la nouvelle enceinte projetée sous Louis XVI (*autour du Havre-de-Grâce*), et détruite sous Napoléon III, on trouva des couches de tourbe dont les lits s'étendaient dans la mer par-dessous la jetée du sud. A environ 10 mètres de profondeur, on découvrit une quantité de gros arbres résineux *avec leurs racines*. Ils étaient entiers et parfaitement conservés dans cette terre imprégnée de sel marin. Un grand nombre d'arbres de la même espèce ont été rencontrés dans le creusement du bassin de la Barre. De 1836 à 1840, nous en avons vu sortir des vases et des tourbières au sein desquelles est assis le bassin Vauban [2]. »

On remarquera la coïncidence de la profondeur à laquelle était enfouie la forêt du Hâvre, avec celle des anciennes forêts sous-marines de la Manche anglaise et française.

« A quelque profondeur, en certains endroits de la vallée d'Abbeville, *on a trouvé des troncs d'arbres debout, tels qu'ils avaient poussé, et avec leurs racines fixées dans un ancien sol*, recouvert plus tard par la tourbe. Les souches de noisetiers et les noisettes abondent, ainsi que les troncs de chênes et de noyers. La tourbe s'étend jusqu'à la côte, et on la voit passer sous le sable et descendre au-dessous du niveau de la mer. Au point où la Canche se jette dans la mer, comme auprès de l'embouchure de la Somme, des ifs, des pins, des chênes, des noisetiers ont été extraits de la tourbe qu'on exploite sur ce point comme combustible, et qui a environ 0 mètre 90 d'épaisseur. Pendant de grandes tempêtes, on a vu des masses considérables de tourbe, renfermant des troncs d'arbres aplatis, être jetées à la côte, à l'embouchure de la Somme ; ce qui semble indiquer qu'il se produit un affaissement du sol, dont la

1. *Les soulèvements et les dépressions sur les côtes de France*, par M. J. Girard, dans le *Bulletin* de la Société de Géographie, 1875, 2e volume, page 225.

2. Cf. avec l'ouvrage récemment publié par M. Charles Quint sur l'histoire de la ville du Havre.

conséquence est de submerger des terrains qui autrefois conti-
nuaient à l'ouest la vallée de la Somme, et qui maintenant font partie du lit de la Manche [1]. »

XI. — Il existe entre les baies du Mont-Saint-Michel, en France,
et du Mont-Saint-Michel, dans la Cornouaille anglaise, des ressem-
blances naturelles et acquises que nous ne pouvons manquer de
signaler.

« Ainsi, lisons-nous dans les *Principes*, de Lyell, on voit sous le
sable, d'après Boase, une terre noire végétale remplie de noisettes,
ainsi que de branches, de feuilles et de troncs d'arbres, entre
autres, de l'ormeau, appartenant tous à des espèces indigènes.
Les racines occupent encore dans le sol leur position naturelle, et
des enveloppes d'ailes d'insectes ont été également trouvées dans
la matière végétale. *Cette couche a été suivie vers la mer aussi loin
que le jusant le permet,* et elle implique le mouvement de haut en
bas d'une étendue de terre plane qui, en s'affaissant, aurait conservé son horizontalité. Si l'on essaye de se faire une idée de la date
probable de cette submersion, on se trouve entraîné dans des recherches géologiques d'une étendue considérable, bien qu'assez modernes pour ne pas dépasser la période humaine. Ainsi, à Torquay,
dans le Devonshire [2], il existe une forêt submergée, avec une
grande quantité de matière tourbeuse reposant sur l'argile bleuâ-
tre [3], que l'on peut suivre à une hauteur de 25 mètres au-dessus
du niveau de la mer, sur une étendue de 1,200 mètres, depuis
Tor-Abbey jusqu'au rivage. Dans ce lit qui s'étend jusqu'à une
distance inconnue du côté de la mer, on a observé des troncs et des
racines d'arbres, *solidement fixés dans l'argile et dans la tourbe,*
ainsi que des ossements de daim, de sanglier, de cheval et de
Bos longifrons éteint. Outre ces débris, M. Pengelly a trouvé dans
cette couche l'andouiller d'un cerf commun, taillé en plusieurs

---

1. Boucher de Perthes. *Antiquités celtiques,* 1856.
2. En face du golfe normanno-breton. A. C.
3. Même particularité dans notre grève de Rochebonne, sous Paramé.

endroits par un instrument tranchant, et présentant dans son ensemble la forme d'un instrument pour percer. En un point de la baie où la profondeur de l'eau dépasse 9 mètres (*à mer basse*), des pêcheurs, un peu avant 1851, retirèrent dans leurs filets une molaire de mammouth ou *Elephas primigenius*, dont la surface avait la couleur noire de la tourbe. Elle avait conservé une forte partie de sa matière animale, dont l'état de fraîcheur était dû sans doute à la propriété antiseptique de la tourbe d'où elle avait été extraite. Cet échantillon, qui se trouve aujourd'hui dans le Musée de Torquay, est surtout intéressant en ce qu'il sert à établir que le mammouth était encore existant à l'époque où la surface de cette région avait déjà acquis sa configuration actuelle, autant que paraissent l'indiquer la direction et la profondeur des vallées dans l'une desquelles a été formée la tourbe en question. Je mentionne ces faits pour montrer que les forêts sous-marines de cette côte ne peuvent fournir aucune preuve en faveur des changements qui auraient eu lieu pendant la période historique. Elles appartiennent peut-être à la fin de l'ère paléolithique, quoiqu'elles soient bien postérieures au comblement des cavernes de Kent's-hole et de Brixham, près de Torquay, dans lesquelles l'éléphant, le rhinocéros et l'ours des cavernes coexistaient avec l'homme, avant l'époque où furent creusées la plupart des vallées qui, sur cette ligne de côtes, se prolongent aujourd'hui jusqu'à la mer. »

Dans cette longue mais si intéressante citation, nos lecteurs n'auront pas été sans remarquer, s'ils se souviennent des propositions que nous avons soutenues plus haut, que la faune de la forêt de Saint-Michel-en-Cornouaille appartient, y compris le vestige de mammouth, aux temps postglaciaires, autrement dit au Quaternaire supérieur et, comme le pressentait l'éminent géologue, à la fin de l'âge de la pierre taillée. C'est la date que nous avons été conduit à assigner à notre sol forestier de Rochebonne, du Val et de Scissey. Le sol du golfe ne faisait qu'un, à l'apogée du soulèvement quaternaire, avec le rivage opposé de la Grande-Bretagne. On était alors, dans l'Europe du nord-ouest, en pleine période continentale. Tout l'intervalle des Iles britanniques et de la France participait aux mêmes conditions géologiques, climatiques, végétales, ani-males et humaines.

Poursuivons notre revue des forêts sous-marines de la Manche.

« Si l'on passe ensuite au canal de Bristol, on remarque sur ses bords tant septentrionaux que méridionaux, des restes nombreux de forêts submergées. L'une d'elles, situeé à Porlock-bay, sur la côte du Somersetshire, a dernièrement (novembre 1865) appelé l'attention particulière de M. Godwin-Austen, qui a montré qu'elle s'étendait loin en dehors du continent. Il y a tout lieu de croire qu'il y avait là jadis une étendue de terre boisée joignant le Somersetshire aux Galles (25 kilomètres d'intervalle), et qui était traversée dans son milieu par les eaux de l'ancienne Severn. L'existence de pareilles terres aux temps passés nous met à même de comprendre comment, le long de la côte méridionale du Glamorganshire, des fissures et des cavernes situées en face des falaises escarpées au pied desquelles la mer vient battre aujourd'hui, ont pu être habitées par l'éléphant, le rhinocéros, l'ours, le tigre, la hyène et plusieurs autres quadrupèdes qui, pour la plupart, sont à présent éteints[1]. »

Les fissures et les cavernes dont il est ici question se reproduisent au sein des mêmes roches sur la côte de la Petite-Bretagne qui leur fait face ; elles s'étendent sur la lisière de la forêt littorale, maintenant sous-marine. Tout fait présumer qu'elles ont dû servir de refuge à la même faune, et que certaines d'entre elles ont été habitées par les tribus troglodytiques qui ont colonisé notre pays. M. Hénos, de Saint-Brieuc, a reconnu dans celles d'Étables et de Binic[2] des traces de suie au plafond, et, à la surface, des restes de foyers au sein d'une terre onctueuse et détrempée[3]. Il est à regretter qu'il n'ait pas poussé plus loin ses recherches ; elles auraient

---

1. Lyell, *Principes*, I, page 711. — « Sur la côte nord du comté de Norfolk, les pêcheurs, en draguant des huîtres, rapportèrent sur le rivage, dans l'espace de treize années (1820-1833), deux mille dents molaires d'éléphants, sans compter un grand nombre de défenses et des fragments de squelettes. On a calculé que ces débris ne devaient pas avoir appartenu à moins de CINQ MILLE MAMMOUTHS d'origine britannique: » Alph. Esquiros, *L'Angleterre et la vie anglaise*, 1857.

2. Anciennement *Pen-ic*, Petite-Pointe ; on dit en parlant des habitants : *Les Pénicans, les Bénicans*. La carte de Cassini écrit encore « Bénic ».

3. *Comptes rendus* de l'Acad. des sc., 1871, 2e sem., page 635.

pu devenir fructueuses pour la paléontologie et l'archéologie pré-historique. Que l'on songe aux progrès décisifs qu'a fait faire à ces deux sciences l'exploration des cavernes et couloirs de la côte anglaise opposée !

« A Saint-Bride's-bay, dans le Pembrokeshire (à l'entrée du canal de Bristol), et plus loin vers le nord, dans le Cardiganshire, et encore dans les Galles du nord, de même qu'à Anglesea et dans le Derbigshire, les mêmes circonstances de forêts anciennes se répètent dans le voisinage des côtes. L'une d'elles, que l'on observe à Anglesea, nous rappelle d'une manière frappante les phénomènes que nous avons déjà mentionnés comme caractérisant le lit forestier de Tor-Abbey. Un lit de tourbe de 90 centimètres d'épaisseur, avec troncs et racines d'arbres, *que les eaux basses laissent à découvert dans le port d'Holy-Head*, a été observé par l'honorable M. Stanley. Les excavations pratiquées en 1849 pour l'établissement du chemin de fer, dans la partie supérieure de la couche, qui s'élève un peu au-dessus du niveau de la mer, ont mis à jour deux têtes complètes de mammouth, dont les défenses et les molaires se trouvèrent à 0 m. 60 de la surface dans la tourbe recouverte d'argile dure de couleur bleue[1]. »

Retenons cette dernière particularité qui donne à la submersion d'Anglesea une date rapprochée de celle de la forêt de Dol. Cette argile bleue appartient à la même formation qui, aux premiers temps de la période géologique actuelle, est venue de proche en proche s'étendre sur nos plages, et les a recouvertes de nouveau à mesure que l'oscillation, en se renversant, ramenait la mer vers le littoral actuel. La présence du mammouth dans la tourbe immédiatement sous-jacente à l'argile bleue moderne, donne raison à M. l'abbé Hamard quand il prolonge l'existence de cet animal jusqu'aux temps qui ont vu l'envahissement par la mer de la forêt de Scissey ; mais, à notre avis, il est allé trop loin en plaçant cet événement dans les premiers siècles de l'ère chrétienne, siècles qui n'ont vu autre chose que la consommation dernière du désastre ; ce désastre a ses racines jusque

1. Lyell, *loc. cit.*

dans les derniers temps quaternaires ; c'est le terme le plus rapproché que l'on puisse assigner à l'existence du mammouth.

« Les observations de M. Day sur les plages de Sangatte et de
Wissant, près du cap Gris-Nez, constatent que la dépression du
terrain s'est produite également à l'ouest de Calais. *Les restes d'une
forêt submergée*, au milieu de laquelle on a trouvé des ossements
d'aurochs et des coquilles d'eau douce, témoignent que la côte
était plus élevée à une époque géologique récente [1]. »

Cette époque géologique à laquelle fait allusion le savant auteur
de la nouvelle *Géographie universelle*, n'est autre que l'époque postglaciaire, et, répétons-le, parce que c'est encore trop souvent une
vérité méconnue, un intervalle pris sur le Quaternaire supérieur et
sur les commencements de la période moderne. C'est le temps pendant lequel a existé la plus récente jonction des Iles britanniques
au continent, et où le soulèvement quaternaire a refoulé dans la mer
du Nord et dans l'Océan les eaux de la Manche, eaux que l'affaissement de la période moderne ne devait pas tarder à y rappeler.

D'autres forêts sous-marines ont été signalées sur les côtes de
France, forêts qui pourraient bien avoir été contemporaines de la
forêt de Cromer et celle de Morlaix, c'est-à-dire interglaciaires.
A Wissant, dans cette partie du littoral que nous venons de citer,
mais à une plus grande distance de la côte, on voit dans les
basses mers d'équinoxe, *un grand nombre de troncs d'arbres encore debout,* non loin desquels on a dragué des dents d'éléphants.

« Sur certains points des côtes d'Angleterre, écrit M. Archibald
Geikie [2], sur certains points des côtes d'Angleterre, comme par
exemple sur les côtes du Devon et de la Cornouaille, et sur celles
de l'estuaire du Tay, on constate un fait très curieux entre la marée
haute et la marée basse. On voit saillir sur le sable de la plage un
grand nombre de tronçons noirâtres qui ne sont autre chose que
des souches d'arbres (*Planche n° X ci-contre*).

» En creusant le sable de la plage, vous rencontrez une couche

---

1. Élisée Reclus, tome II, page 772.

2. Lire dans le *Bull. de la Soc. roy. de géogr.* de juillet 1879, la remarquable conférence
faite par M. Geikie sur l'évolution géographique (*Geographical evolution*).

Laisse de la basse mer.

Coupe, d'après A. Geikie, d'une forêt submergée
sur les côtes de la Cornouaille.

de terre noire où sont plantées les souches, et dans laquelle vous
pouvez recueillir des noisettes, des feuilles, des branches, et quelquefois le corselet d'un scarabée ou quelque ossement d'un animal
terrestre. En examinant les souches de la plage, vous voyez *qu'elles
ont toutes la position verticale naturelle aux arbres.* La terre noirâtre où s'étendent leurs racines est évidemment un sol ancien,
dans lequel on ramasse aujourd'hui les branches, les feuilles et
les fruits de ces arbres avec les débris des insectes qui vivaient à
leurs dépens. Les souches du rivage ont évidemment fait partie
autrefois d'un bois ou d'une forêt. »

« Dans le comté de Caërmarthen, écrit Zimmermann [1], on avait
creusé un bassin au milieu du delta formé par le Barry et une
autre petite rivière. Après le déblai du sable, on découvrit la forêt
sous-marine, dont le sol était sillonné de sentiers dus aux passage
des cerfs et des taureaux, et conservait des empreintes très distinctes
de leurs pas. On y découvrit, en outre, des ossements et des cornes de
la plus grande espèce de taureau qu'on a nommée *Bos primigenius*
et dont les cornes avaient plus de cinq pieds de longueur. A l'intérieur des collines que longaient ces rivières, il y a de nombreuses
cavernes renfermant des débris de rhinocéros, d'éléphants, d'hyènes,
d'ours gigantesques et de l'espèce de lion dite *Felis spelæa,* beaucoup plus grande que l'espèce actuelle. La submersion doit avoir
eu lieu sans aucune secousse [2] puisque *les arbres ont gardé leur
position naturelle,* et que les empreintes de pas n'ont pas été
effacées. »

« La forêt enfouie de Cromer (Norfolk), lisons-nous dans *l'Ancienneté de l'homme,* par Lyell, a été reconnue sur plus de 64 kilomètres. Quand la saison et l'état de la côte le permettent, *elle se
voit entre la haute et la basse mer.* Elle s'étend de Cromer à Kessing
land *et se compose de nombreux troncs d'arbres restés debout et attachés encore à leurs racines,* qui pénètrent dans toutes les directions
dans le limon ou ancien sol végétal sur lequel les arbres ont poussé.

1. *Le Monde avant l'Homme.* Un vol. gr. in 8° compacte, page 383.
2. Comme sur nos grèves de la Rance et de Dol.
3. Un vol. in-8° compacte. Edition française de 1870. Page 34.

Ils marquent l'emplacement d'une forêt qui a existé là fort long-temps ; car, outre ces troncs d'arbres debout, dont quelques-uns ont soixante à quatre-vingt-dix centimètres de diamètre, les lits d'argile immédiatement sous-jacents contiennent une énorme accumulation de matières végétales . . . Pour que les troncs soient visibles, il faut que la violence des vagues ait déblayé une quantité considérable de sable et de galets. Comme la mer s'avance constamment aux dépens de la terre ferme, elle met au jour de temps en temps de nouvelles rangées d'arbres, et montre que la largeur aussi bien que la longueur de l'espace occupé par cette forêt doit avoir été considérable. »

En Belgique et en Hollande, mêmes constatations. «Tandis que les eaux de la surface marine apportent le sable qui sert à la formation des dunes et les vases qui comblent les estuaires, le flot de fond ne cesse d'entamer la côte au-dessous de la berge sous-marine. Des tourbes où l'on reconnaît des feuilles de chêne, des noisettes et même des semences de genêt, ainsi que d'autres débris provenant de terrains submergés, sont rejetées chaque jour par la vague sur l'estran [1]. »

« On a trouvé (en Hollande) sous la tourbe des forêts entières ; on pouvait encore reconnaître les couches de feuilles qui y étaient tombées d'année en année. La plupart des troncs d'arbres étaient renversés, *d'autres tenaient encore debout avec leurs racines, leurs feuilles et leurs fruits*. Il n'y avait donc pas moyen de douter que ces arbres n'eussent végété sur place [2] ».

XII. — La succession de restes de forêts sous-marines n'est donc pas moins bien démontrée du Coesnon à l'Escaut que du Coesnon à la Loire. Il nous serait facile de prolonger cette revue vers le nord et le midi, et de montrer à l'embouchure de l'Elbe, d'une part, à celle de la Charente et sous les dunes de la Gascogne, de l'autre, des traces de forêts submergées par la mer à diverses époques géologiques, mais presque toutes sur les confins de la période quaternaire et de la période moderne. Nous devons nous borner, et,

1. Él. Reclus. *Géographie universelle,* tome IV, page 67.
2. Alph. Esquiros, *La Néerlande.* 1855.

revenant sur nos pas, concentrer désormais notre exploration sur la contrée du golfe normanno-breton et notamment sur la forêt de Scissey qui en est l'un des plus intéressants problèmes.

NOTES DU CHAPITRE XV.

Note A, page 217. «.. que notre littoral a été violemment bouleversé ».

Nous faisons nos réserves à l'égard de ces derniers mots, qui sentent trop l'ancienne école géologique. Sans nier les désordres amenés par les commotions atmosphériques ou terrestres et même par certaines accélérations des oscillations du sol, nous croyons que les révolutions de la terre, depuis l'époque miocène, se sont accomplies dans notre région avec une lenteur extrême, et sans laisser de traces de bouleversements.

Note B, page 217. «... vouloir mettre en doute ».

« Je réserve la question du développement sur place des gros troncs d'arbres enfouis. » M. Sirodot. Mémoire sur la constitution du marais de Dol, adressé à l'Académie des sciences. *Comptes-rendus*, 5 août 1873, page 267.

Cette réserve est en rapport avec la négation qu'a opposée le savant professeur à M. l'abbé Herbert, de Paramé, lorsque, sur place même, ce dernier montrait le bloc de bois qui effleurait la grève de Rochebonne, et qu'il émettait la conjecture, vérifiée le lendemain par l'extraction du bloc, *que c'était bien une souche d'arbre encore pendante par ses racines*. La conjecture, en elle-même, n'avait cependant rien de bien exorbitant, en présence des innombrables exemples de souches d'arbres trouvées debout avec leurs racines, sur la place où elles avaient végété, le long des rivages océaniques de l'Europe moyenne.

Note C, page 221 «... et à la contrée des *Fens* ».

Il existe en France, à l'embouchure de la Charente, une forêt du même genre mais plus ancienne. Elle appartient à l'assise inférieure de l'étage glauconieux (crétacé inférieur). Les troncs y sont percés par les tarets et les pholades. La côte de Boulogne porte aussi les vestiges pétrifiés d'une forêt qui date presque de la même époque. Sur la côte opposée, Portland montre sa merveilleuse forêt sousmarine de Zamias, de Pandanus et de Cycadées, immobilisée par la transformation de ses tissus végétaux. Enfin, nous avons, dans notre contrée même et d'une époque encore indéterminée, les végétaux encroûtés ou concrétionnés (?) de l'anse du Garrot.

Note D, page 229. «... de 42 pieds anglais (10 m. 66) à mer haute ».

La dénivellation moyenne dans le golfe étant de 14 mètres, on voit que l'emplacement des anciennes forêts de Saint-Ouen, Saint-Brelade et Saint-Aubin doit découvrir de trois à quatre mètres dans les plus basses mers. Le sol forestier de Rochebonne-sous-Paramé est à trois mètres environ plus bas.

CHAPITRE XVI

MÊME SUJET *(Suite)*.

I. Forêt de Scissey. — II. Discussions sur cette forêt.— III. Témoignages de son passé.— IV. Preuves historiques.— V. Preuves matérielles.— VI. Forêts de Kauquelunde, de Cantias et de Coatis.

I. — Tout ce vaste littoral de la Manche, du canal Saint-Georges, du golfe de Gascogne et de la mer du Nord, que nous venons de parcourir sous la conduite des guides les plus sûrs et les plus autorisés, est compris, depuis le début de l'ère géologique actuelle, dans un même mouvement de subsidence. Tout ce que nous avons vu s'est relié sans effort à la même grande oscillation du sol.

Nous pouvons maintenant rentrer avec confiance dans l'étude des révolutions de la seule région forestière qui fait le sujet principal du présent livre, assuré du moins désormais que les phénomènes de cette région, tels que nous les avons déjà fait entrevoir, n'ont rien qui sente l'exception ; qu'ils sont, au contraire, en parfait accord avec ce qui s'est passé et se voit encore sur tous nos rivages océaniques.

II.— Peu de contestations historiques locales ont entretenu autant de querelles érudites, que celle de l'existence d'une grande forêt au sud de Chausey, à l'époque de l'indépendance de la Gaule et jusque dans les premiers siècles de notre ère. La tradition était constante, mais la notion des vicissitudes traversées par les continents était si peu répandue, que l'on refusait d'admettre que les fonds du golfe normanno-breton eussent jamais pu avoir été changés en terre ferme comme le supposait préalablement l'existence de la forêt [1]. Le sol parlait, mais on ne savait pas le comprendre. Il faut le dire: aussi long-temps que les grandes oscillations de l'écorce terrestre n'en sont pas venues à être universellement admises et à faire la loi de l'école, c'est-à-dire d'après Humboldt jusque vers l'année 1845 ; tant que le niveau des mers depuis les dernières périodes géologiques n'a pas été admis comme l'élément fixe, et celui des terres l'élément variable, des deux côtés, dans le camp des savants comme dans celui des érudits, du côté des de Penhouet (1826) comme du côté des Manet et des Bizeul (1828, 1844), on se débattait dans le vide. Jusque de notre temps, un demi-siècle après que cette théorie a pris définitivement place dans la science [2], on a vu les uns chercher dans des hypothèses en opposi-tion avec les lois naturelles la solution des difficultés de la question : quant à d'autres, ils trouvaient plus commode de fermer les yeux : ils niaient la forêt pour n'avoir pas à l'expliquer, et ne voulaient voir dans les immenses débris qu'elle a laissés sous les flots et dans les tourbières sous-marines, tantôt en place avec leurs racines, tantôt renversés perpendiculairement au vent dominant et à la direction permanente du flot, que des épaves jetées au plein par les vagues !

Les savants étaient et devaient rester à la fin les vérita-bles juges. « Ce n'est pas dans les livres qu'il faut chercher l'ex-plication des monuments, mais, au contraire, dans les monuments qu'il faut chercher l'explication des livres. L'authenticité monu-mentale est la véritable authenticité historique ; elle supplée au si-lence et rectifie les erreurs [3]. » Ici, les monuments abondent : ce

1. M. Sirodot n'en juge pas de même. « Sans rejeter tout à fait l'idée de la succession de ces mouvements (les oscillations du sol), le savant professeur déclare cependant ne l'accueillir qu'avec la plus grande réserve, et cela parce qu'il lui répugne d'admettre qu'un massif grani-tique qui se rattache aux plus anciennes collines de la Bretagne ne soit pas absolument fixe. » Le gisement préhistorique du Montdol, par M. l'abbé Hamard. Rennes, 1877-1880, page 29. — Nous regrettons de ne pas citer le texte même du savant professeur ; son mémoire impri-mé à Saint-Brieuc a été distribué, mais n'a pas été mis en vente, et nous ne le connais-sons que par une communication rapide d'un de nos amis. Aucune protestation n'a été faite, à notre connaissance, contre l'exactitude de la citation, et nous devons la regarder comme admise.

2. En 1836, l'Académie des sciences faisait déjà de la doctrine des oscillations du sol l'une des bases de ses instructions pour l'exploration de Paul Gaymard vers le pôle Nord.

3. Édouard Richer. Discours académique, 1826.

sont ceux de la nature, guides assurés et témoins incorruptibles. Dès 1845, Humboldt après Playfair, Léopold de Buch et Élie de Beaumont, donnait avec autorité la clef du problème : aucun doute ne paraissait plus permis. Et de fait, l'accord s'est établi, non seulement entre les géologues, mais entre ces derniers et les éru_ dits eux-mêmes. Nous n'en voulons pour preuve que deux seules œuvres : le mémoire de M. J. Durocher, professeur à la Faculté des sciences de Rennes (1856), et le livre magistral de M. Ernest Desjardins, professeur à la Faculté des lettres de Douay (1878). Toutefois, quelque protestation se fait de loin en loin entendre ; il ne sera donc pas sans intérêt que nous résumions ici très brièvement les preuves matérielles et les preuves historiques de l'existence de la forêt de Scissey aux derniers temps géologiques et au début de la période moderne.

Au premier point de vue, la tâche est singulièrement abrégée par les exemples accumulés dans le chapitre qui précède ; elle l'est aussi par les faits que nous avons rassemblés dans la IVᵉ partie ci-après du présent ouvrage, tout entière consacrée au marais de Dol. Au second point de vue, qui nous arrêtera plus longtemps, nous aurons à rechercher les mentions les plus anciennes de la forêt et à en discuter le sens et la valeur. Dans une étude suivante, nous exposerons comment et à quelle époque cette forêt a commencé à être assiégée par la mer, et a fini par disparaître sous les sables du nouvel estran et, dans la partie la plus reculée, sous les tourbes d'un marais.

III. — La baie du Mont-Saint-Michel, obéissant au mouvement général du sol de la région, a été plusieurs fois, on l'a vu, immergée et émergée au cours des périodes géologiques. A chaque émersion et pendant toute sa durée, le sol de la baie comme toute terre vierge et féconde que le labeur de l'homme n'a pas encore soustraite à la libre expansion de ses forces productives, se couvrit de végétaux en rapport avec le climat contemporain. De la première émersion sûrement connue, celle qui prend ses racines dans l'époque siluro-dévonienne et qui, à travers bien des vicissitudes, s'est accentuée à l'époque mio-pliocène, il nous reste l'argile noire tourbeuse de Dol (*Pliocène supérieur*) ; de la seconde, dans la période quaternaire supérieure et le commencement de la période moderne, les débris entassés de la forêt de Scissey.

Le plus notable des adversaires de cette forêt, le véritable Bizeul était arrivé lui-même à reconnaître, sur la fin de sa longue et laborieuse vie, qu'à en juger par le mouvement d'ascension progressive de la mer, sur les côtes de la baie (la mer était encore à ses yeux, comme à ceux du chanoine Déric, la grande coupable), un moment avait dû se présenter où le flot n'atteignait pas toutes les grèves actuelles [1]. Que pouvaient alors être les lieux qu'occupent ces grèves, non encore colonisées par l'homme, sinon, comme toutes les terres humides et fertiles, abandonnées à elles-mêmes, une région de bois, de tourbes, de halliers, de prairies, de lacs et de marécages ?

« Évidemment, écrit notre éminent compatriote et ami Paul Féval [2], la tradition qui plante une forêt, maintenant noyée, entre Granville et l'ancien évêché d'Aleth, ne se trompe point. Comment expliquerait-on autrement la présence des innombrables troncs, couchés à diverses profondeurs sous le sol aux environs de Saint-Malo et de Saint-Servan, dans toute l'étendue du marais de Dol, au Bec-d'Andaine près de Genêts, et jusqu'à Bricqueville-sur-Mer, près de Coutances ? Il s'y joint souvent des débris d'animaux dont l'espèce a disparu du pays, et d'énormes quantités de coquillages fossiles. Il m'a été montré à moi-même, sous le bourg de Genêts, vers 1850, toute une stratification végétale qui s'étendait du Bec-d'Andaine au banc de Dragey [3] ; il y avait là des milliers d'arbres couchés avec leurs ramures distinctes et les chênes gardaient leurs glands à demi pétrifiés. »

IV. — L'érudition, cette source de connaissance sur le passé historique, source vive dont nous nous garderons bien de médire, nous qui n'avions jusqu'à présent goûté qu'à ses seules eaux, l'éru-

---

1. *Antiquaires de France*, tome 17, page 349. Année 1844.
2. *Les merveilles du Mont-Saint-Michel*, Paris, 1880.
3. Le banc du Dragey est à vingt kilomètres au large du Bec-d'Andaine.

dition se joint désormais sans réserve aux sciences naturelles pour déposer en faveur de l'existence très réelle d'une vaste forêt au fond et sur les contours du golfe normanno-breton. Seulement, et c'est peut-être là ce qui l'avait mal disposée d'abord : au lieu des auteurs de l'antiquité profane qu'elle était habituée à interroger, il fallait ici, dans le silence de la grande histoire, recourir à des légendes où le trait relatif à la condition physique du pays est rare et manque souvent de précision, à des chroniques tenues dans les monastères, à des chartes éparses qu'il faut rapprocher pour en faire sortir un témoignage, une vision quelque peu nette du temps et des événements ; travail longtemps dédaigné, mine féconde ouverte par l'école bénédictine, et que la génération nouvelle a reçue en héritage et exploitée, à son tour, avec tant d'ardeur et de profit.

Vers l'an 550, à l'époque où Saint Maudé arriva d'Irlande sur les côtes de la baie de Canc-aven (aujourd'hui Cancale) [1], la plaine où il aborda était encore couverte de bois [2], comme celle où Saint-Efflam prenait terre presque au même moment dans la grève actuelle de Saint-Michel. On y remarquait de nombreux monastères, entre autres celui de Taurac qui allait, quelques années plus tard, être détruit par les soldats du roi Chlother. On peut lire dans l'ouvrage consacré par l'abbé Rouault, curé de Saint-Pair, à la *Vie des solitaires de la forêt de Scissey* [3], à quel point cette forêt, bien qu'elle eût reculé déjà au moins jusqu'à la hauteur de Cancale et d'Avranches, devait être encore profonde, pour avoir attiré à elle seule dans son sein, alors que le pays était de toute part couvert de grands bois si favorables au recueillement, tant de saints préoccupés de la pensée d'échapper au monde.

« La foi triomphante renversa les autels des faux dieux, écrivent les RR. PP. du Mont-Saint-Michel [4], et une légion de solitaires accoururent dans cette thébaïde, dont la réputation s'étendait au loin…

1. *Canc-avena.* Cartulaire du Mont Saint-Michel, f° 36, à l'année 1030. *Canc-aven*, celt. Anse du fleuve.

2. *Actes* de ce saint, antérieurs au IXᵉ siècle. Chan. Déric, III, 475. D. Lobineau, édition Tresvaux, I, 260,

3. Un vol. in-18, Coutances, 1757.

4. *Histoire du Mont-Saint-Michel.* Un vol in-12, Coutances, 1877. Page 4.

Une épaisse forêt, nommée « la forêt de Scissey, » couvrait la baie et s'étendait au loin sur le rivage. La cime de la montagne dominait les grands arbres et présentait la forme d'un mausolée. C'est pourquoi, dit un ancien auteur, on lui donne le nom de «Mont-Tombe». La mer s'avança peu à peu, et, vers l'année 709, ce qui restait de bois fut détruit par une grande marée ».

On voit que les vénérables auteurs entrent ici dans une voie éclectique, tendant vers un compromis entre l'ancien et le nouveau système d'explication des phénomènes de la baie. Nous n'y verrions rien à redire, si cette malheureuse date de 709 ne venait sous leur plume par l'effet d'une habitude ou d'un reste de respect pour une fausse tradition.

D'après l'abbé Rouault, la forêt de Scissey, donnait encore son abri à de saints anachorètes au milieu du VIe siècle ; il cite particulièrement d'après les Actes et les Vies des Saints les années 540 et 566. Il ne peut s'agir que de la lisière la plus extrême de cette forêt.

Un poète du XIIe siècle représente la destruction de la forêt comme l'œuvre de longs et cruels assauts de la mer :

> Dès là en chà a faict tel guerre
> Li flotz de la mer à la terre,
> As prés, as bois, as la forest.
> Que n'i a best ne n'i pest ;
> De la forest a faict arène
> Entor le mont et bèle et plène.

Le plus ancien manuscrit du Mont-Saint Michel, dans sa forme actuelle et dans les documents dont il nous a conservé tantôt le texte, tantôt la substance [1], parle en ces termes de la forêt :

« *Qui primùm locus, sicut à veracibus potuimus cognoscere narratoribus, opacissimâ claudebatur sylvâ, longè ab oceani, ut æstimatur, æstu millibus distans sex, aptissima præbens latibula ferarum* [2]. » — « Ce lieu (le Mont-Tombe), comme nous avons pu l'ap-

---

1. Nous démontrons plus loin que ce manuscrit reproduit une chronique contemporaine de l'année 709.

2. *Chartularium monasterii Sancti Michaelis*, n° 210 du catalogue des manuscrits d'A_vranches dans l'Inventaire général des manuscrits des bibliothèques des départements, tome IV. Paris, 1872.

prendre de narrateurs dignes de foi, était , dans le principe, enfermé de toute part dans une très épaisse forêt, distante, estime-t-on, de six milles du flot de l'Océan, et assurant aux bêtes fauves les plus propices refuges. »

Que l'on veuille bien s'arrêter sur le mot « *narratoribus* » : il donne à lui seul à ce passage la valeur d'un document contemporain des événements qu'il retrace. Ce n'est pas une tradition lointaine que reproduit le vénérable auteur de la chronique: c'est le récit de personnages honnêtes et sincères appartenant à une génération témoin ou du moins très rapprochée des faits. L'œuvre de destruction a commencé dès longtemps « *primùm* » ; les déposants, hommes déjà avancés en âge, n'en ont vu de leurs yeux que la consommation dernière ; ils sont obligés de s'en référer à des suppositions traditionnelles, « *ut æstimatur*, » pour donner la distance qui séparait autrefois la forêt de la mer. La bonne foi de l'écrivain n'est pas moins évidente que la proximité des faits. La suite du récit, que nous remettons à un chapitre suivant, confirmera par un trait décisif cet important caractère.

Appuyons-nous encore, malgré sa date relativement récente (XVᵉ siècle), sur le passage suivant d'un autre manuscrit du Mont [1]. Ce passage est précieux à cause de la détermination expresse qu'il donne, d'après des documents qui ne nous sont pas parvenus, de l'étendue de la forêt autour du Mont. « Anciennement, cest rochier estait une montagne eslevée en hault de la terre, laquelle estait tote avironnée de boys et forêts six léeues de long et quatre de large. » Cette indication concorde avec le manuscrit précité, et mieux encore avec le moine trouvère du XIIᵉ siècle, Guillaume de Saint-Pair, qui, dans sa *Chronique rimée* du Mont, donne à la même forêt sept milles (plus de deux lieues et demie) tout autour du Mont, ce qui fait cinq à six lieues dans tous les sens, ou environ 25 à 30 lieues carrées. En tenant compte de la marge littorale de six autres milles, que le manuscrit met entre la forêt et la mer, on obtient pour la distance entre le flot (*æstu*) et la forêt, dans des temps déjà reculés

1. *Varia*, etc. nº 212.

(*primùm*), environ cinq lieues. C'est exactement la distance à laquelle se trouve, dans le nord-ouest, la chaîne de rochers à la mer, que nous avons donnée précédemment[1] comme ayant formé la ligne du rivage dans la phase de soulèvement de 10 mètres. La carte de la contrée, établie par les moines de l'abbaye d'après la tradition, pour l'époque de la conquête romaine, ne diffère de celle du soulèvement de 10 mètres que par une avance prise dès lors par la mer dans le mouvement moderne de subsidence.

V. — Si les preuves historiques sont peu nombreuses et résultent surtout d'une tradition constante, recueillie et transmise dès les premiers siècles du moyen âge par les annalistes et les poëtes, en revanche, les témoignages matériels sont aussi incontestables qu'imposants. Rappelons ces troncs d'arbres de toute essence, que l'on trouve entassés tant dans la baie du Mont-Saint-Michel que dans le Marais de Dol sur une étendue de douze ou quinze lieues carrées, sans compter ce que les flots recouvrent au delà des limites de la basse-mer. Ceux du Marais, accessibles en tout temps, ont fourni, au cours de dix siècles, la matière d'une vaste exploitation pour le chauffage domestique et les constructions publiques et privées. Ils sont loin d'être épuisés. Quelle autre cause que la ruine d'une grande et profonde forêt tombant lentement sous le poids de l'âge, ou succombant sous les coups répétés de la mer et du vent, aurait pu accumuler au fond du golfe normand-breton ces épaves colossales d'une végétation si variée dans ses espèces et si bien appropriée à la diversité des sols sur lesquels on la relève? On a regardé longtemps la forêt de Scissey comme un phénomène étrange, comme un problème à résoudre; il ne peut en être de même aujourd'hui qu'elle se rattache à cette ceinture de forêts sous-marines, reconnues depuis plus d'un demi-siècle, qui entoure les côtes de l'Europe occidentale, et qu'elle est devenue un simple anneau dans la chaîne de ces forêts. « Il n'est plus permis, écrivaient dès 1831 deux de nos plus éminents naturalistes, il n'est plus

1. Voir notre première partie, premier chapitre, et la Planche-Frontispice.

permis de traiter de fable l'opinion si généralement répandue, qu'une vaste forêt aurait autrefois existé entre les îles et la côte 1. »

VI. — Une des dépendances de la forêt de Scissey était la forêt de Kauquelunde qui s'étendait sur toute la baie de Dol. Guillaume de Saint-Pair consacre à cette forêt les vers suivants souvent cités :

> Desoubz Avrenches vers Bretaigne
> Qui toz tems fut terre grifaigne (*sauvage*),
> Ert (*était*) la forest de Kauquelunde
> Dunt grant parole est par le munde.
> Ceu qui or est meir et arêne,
> En icel tems ert forest plène
> De meinte rice veneison,
> Mais ore i noët (*nage*) li poissons. 2

Deux autres régions forestières avaient, à la suite de celle de Kauquelunde, des noms particuliers que la mémoire populaire a conservés. L'une, dont un plateau rocheux sous-marin situé à la hauteur de Saint-Coulomb, a seul retenu l'appellation, était la forêt de Cantias ; l'autre, la forêt de Coat-Is, qui paraît avoir eu pour site l'estuaire actuel des deux Frémur et de l'Arguenon. La submersion de cette dernière est mentionnée dans la *Vie de Saint Thuriau* (VI⁰ siècle), dont la rédaction porte les caractères d'une grande antiquité, et dans la *Vie de Saint-Lunaire* (même époque) : Invenerunt silvam cœlitus eversam et in mare projectam. « *Vita Sancti Leonorii*. Anno 540 — On remarquera cette date de 540, antérieure de près de deux siècles au cataclysme de l'abbé Manet et de ses auteurs. Dans la V⁰ partie du présent ouvrage, nous examinerons ce que l'on doit penser de ce cataclysme.

1. MM. Audoin et Milne Edwards, *Recherches pour servir à l'histoire du littoral français*, page 203.
2. Le savant abbé de la Rue a retrouvé à Londres le poème jusqu'alors ignoré de Guillaume de Saint-Pair, et Francisque Michel en a donné une édition.

QUATRIÈME PARTIE

LE MARAIS DE DOL ET LES BAIES DE CANCALE ET DU MONT-SAINT-
MICHEL ; LEURS VICISSITUDES DANS LE PASSÉ, LEUR ÉTAT DANS LE
PRÉSENT.

CHAPITRE XVII

GÉOGÉNIE DU MARAIS DE DOL

I. Le bassin de Dol pris pour type des oscillations du sol dans la région du golfe normanno-breton. — II. Marais de Carentan. — III. Basses terres d'Ostende. — IV. Atterrissements de la baie de Dol. — V. Cordons littoraux de la Méditerranée. — VI. Phénomènes spéciaux de la baie de Dol. — VII. Digue naturelle de cette baie. — VIII. Première enclave du Marais. — IX. Vallée de Marais noirs. — X. Légende de la ville de Gardoine. — *Notes*.

I. — Il est dans la région normanno-bretonne une contrée privilégiée au point de vue géologique, où chacune des pulsations de l'écorce terrestre semble avoir laissé des traces : c'est la baie que la mer, avec l'aide de la subsidence du sol, a creusée, au cours des plus anciennes époques géologiques, dans les schistes cumbriens qui forment le fond du golfe et particulièrement le bassin de Dol, et qu'à des époques plus rapprochées, elle a, en partie, comblée de ses alluvions.

Nous prendrons ce bassin comme mesure approximative des changements alternatifs de niveau que les affaissements et soulèvements du sol ont fait subir à toute la région. Rien n'indique, en effet, que sur un espace aussi resserré et de constitution primordiale si homogène, la solidarité dans la marche des oscillations n'ait pas été à peu près entière. Nulle part, à compter du milieu des temps tertiaires, point de départ de notre étude, on ne retrouve la trace de ces dislocations, de ces failles, de ces fissures, de ces pénétrations qui affectent certains terrains congénères, et dénotent de grandes inégalités locales dans l'effort souterrain et la résistance des roches. D'autre part, le rapprochement des cotes de hauteur des plages soulevées, tant sur la rive anglaise de la Manche et dans les îles anglo-normandes que sur la rive bretonne, tend à démontrer que l'intensité des mouvements soit ascendants soit descendants a été généralement la même sur toute l'étendue de la Manche occidentale. C'est ainsi que la Cornouaille anglaise a été, comme le golfe, peu affectée par ces mouvements, tandis que, dans la Manche nord-orientale, d'un côté, l'embouchure de la Tamise, et tout le nord de Londres, de l'autre, la rive française, éprouvaient des vicissitudes beaucoup plus sensibles [1].

II. — La baie de Dol n'est pas la seule de la région, on le pense bien, qui ait passé par des alternatives de régime marin et de régime fluviatile : nombreux sont les rivages de la Manche et de la mer du Nord qui ont traversé à des degrés divers de telles révolutions et en ont gardé l'empreinte.

« Le sol des vallées de la Taute et de la Douves (bassin de Carentan, sur le revers oriental du Cotentin), lisons-nous dans les *Ports maritimes de la France* [2], sur plus de 18,000 hectares, s'est formé pendant la période géologique actuelle. Il est composé à la surface ou à une certaine profondeur, de tourbes dont l'épaisseur maximum, qui dépasse vingt mètres, n'a pas été déterminée... Dans la partie inférieure maritime, les tourbes sont recouvertes de sable ou de tangue, de trois mètres d'épaisseur à Carentan, dont la provenance est nettement indiquée par leur pente superficielle, partant du niveau des pleines mers de morte eau, dirigée vers l'intérieur. La pente totale de la surface des tourbes, dirigée dans le même sens que l'envasement, est d'environ 10 mètres sur 20 kilomètres [3]. A Lierville, point de rencontre sur la Douves des pentes opposées de la tourbe et des sables marins, le sol est à plus de 2 m. 50 au-dessous des hautes mers. A vingt kilomètres en amont

---

1. A la Fère, dans la vallée de l'Oise, un sondage a rencontré des couches fluviatiles et des fragments bien conservés de chêne à près de 90 mètres de profondeur.
2. 2ᵐᵉ vol., page 564, Imprimerie nationale, 1876.
3. Un demi-millimètre par mètre.

de Carentan, le sol est au même niveau qu'à Carentan même. — La tourbe recouverte de sable est comprimée, compacte, et présente assez de consistance. C'est dans cette tourbe que sont fondés au moyen de plateformes en béton, les ouvrages hydrauliques de Carentan. La tourbe des vallées supérieures, durcie seulement à la surface par une sorte de combustion, est restée spongieuse, sans consistance, à éléments végétaux n'ayant souvent éprouvé d'autre altération depuis leur enfouissement, qu'un simple blanchiment dû au défaut de lumière. »

Dans cette description, si précise d'ailleurs, un trait reste à vérifier, celui relatif à l'âge uniforme des tourbes. On trouve bien rarement des formations modernes d'une telle puissance. Si un sondage méthodique, tel que celui qui a été exécuté dans le marais de Dol en 1876, était accompli dans le marais de Carentan, il est à supposer que l'on trouverait aussi sur ce point des alternances de couches marines et fluviatiles, et que l'on serait conduit à les attribuer à des époques géologiques diverses.

III. — La région d'Ostende, entre Nieuport et Anvers, en pleine et riche culture comme celle de Dol, a eu trait pour trait les mêmes vicissitudes.

« Au temps des Romains, dit Lyell[1], cette région consistait en bois, en marais et en tourbières, protégés contre l'Océan par une chaîne de dunes sablonneuses[2], à travers lesquelles les vagues, durant les tempêtes, finirent par s'ouvrir un passage, *surtout pendant le V*e *siècle*. Lors de ces irruptions, les eaux de la mer déposèrent sur la tourbe stérile un lit horizontal d'argile fertile rempli de coquilles récentes, et dont l'épaisseur en quelques points s'élève jusqu'à trois mètres. A l'aide du temps et des dunes de sable de la côte, les habitants sont parvenus, non sans éprouver de fréquents désastres, à garantir des atteintes des vagues le sol ainsi élevé par

1. *Principes*, t. Ier, pages 176 et 719. — Cf. Élie de Beaumont, *Géologie pratique*, t. Ier, pages 260 et 316.

2. Prenons sur nous d'ajouter : « et par leur niveau, alors encore supérieur à celui de la mer ». A. C.

le dépôt de la mer. Les excavations pratiquées pour l'établissement
de puits à Utrecht, Amsterdam et Rotterdam ont montré qu'infé-
rieurement au niveau de l'Océan, le sol voisin de la côte consiste
en alternance de sable et de coquilles marines, avec lits de tourbe
et d'argile, qui ont été suivis jusqu'à la profondeur de 15 mètres et
au delà. »

L'illustre géologue aurait voulu retracer les faits principaux de
l'histoire du marais du Dol, qu'il n'aurait pu employer des termes
plus conformes et plus précis. C'est vers le Ve siècle, ainsi que
nous le montrerons, qu'ont eu lieu les progrès les plus marqués de la
mer au fond de notre golfe ; les mêmes alternances des eaux salées
s'y succèdent à de longs intervalles ; enfin, c'est à l'aide de l'appareil littoral naturel, fortifié et régularisé par la main de l'homme,
que le sol « élevé par le dépôt de la mer » sur les plaines basses
du rivage, à mesure qu'elles descendaient au-dessous des eaux
salées, a été conquis et est maintenu à la culture, malgré la subsidence progressive.

Élie de Beaumont confirme ces vicissitudes et en donne un
exemple dans le relevé de deux sondages faits à Rotterdam, en 1772.
« On cultive, ajoute-t-il [1], beaucoup de parties de la Hollande dont
le sol est à 24 pieds au-dessous des hautes mers ordinaires, et à
30 pieds au-dessous des très hautes mers. »

« C'est certainement, écrit M. Virlet d'Aoust [2], l'un des phénomènes les plus dignes de fixer l'attention des géologues, que celui
de cette succession de couches argileuses, d'origine ou de formation sous-marines, alternant avec des terrains tourbeux qui n'ont
pu évidemment se former que lorsque le terrain, d'abord submergé pour recevoir le dépôt des couches marines, se fut suffisamment relevé et émergé pour permettre à la tourbe de s'y déposer
à son tour. »

Quelques années plus tard, M. J. Durocher, ingénieur des mines
et professeur à la Faculté des sciences de Rennes, était appelé à

1. *Leçons de géologie pratique*, t. Ier, pages 260 et 290. Paris, 1845.
2. Société géologique de France. *Bulletin*, t. VI, p. 609, Paris, 1849.

traiter la même question pour le marais de Dol lui-même, à l'occasion de ses *Observations sur les forêts sous-marines de la France occidentale et sur les changements de niveau du littoral* [1] ; il le faisait en ces termes :

« Il résulte de mes recherches qu'avant d'être couverte d'une forêt, la partie du marais située entre Châteauneuf et le Mont-Dol était un fond de mer. Car, dans une quarantaine de sondages que j'ai fait exécuter, j'ai constaté que, au-dessous de la forêt submergée et jusqu'à cinq mètres au moins de profondeur [2], le sol est formé d'un dépôt marin, de nature marneuse, semblable à la tangue qu'on extrait comme amendement de la baie du Mont-Saint-Michel, c'est-à-dire que ce sol consiste en sable très fin et légèrement argileux, renfermant beaucoup de détritus calcaires qui proviennent de la trituration des coquilles marines. Ce fait que j'ai observé en d'autres points, ainsi que sur la côte de Granville, montre que le littoral a éprouvé des oscillations en sens inverse... Une émersion a été nécessaire pour qu'une futaie se formât sur l'ancien fond de mer ; puis un nouvel affaissement a rouvert l'accès aux eaux marines, qui ont produit au-dessus de la couche végétale un nouveau dépôt de tangue... Lors de cette nouvelle invasion, des myriades de mollusques marins ont vécu sur le pourtour de l'espace occupé par l'ancienne forêt, et l'on trouve leurs coquillages entassés sous forme de bancs dans la zone voisine du littoral actuel. »

IV. — Dans une mer à énormes dénivellations comme l'est la partie de l'Océan sur les bords de laquelle nous vivons, les atterrissements littoraux, bourrelets, cordons et même simples dépôts vaseux, sont nécessairement assez restreints. Cependant l'Océan lui-même ne s'accommode pas facilement des enfoncements brusques

1. *Comptes rendus* de l'Académie des sciences. Année 1856, p. 1071.
2. Entre Dol et le Mont-Dol, les formations d'eau douce qui constituent le sol de la forêt ou lui sont sous-jacentes, présentent une épaisseur de 3 m. 66; elles sont supportées par des formations marines d'une puissance non de cinq mètres, mais de 9 m. 89. Voir notre *Tableau géogénique du Marais de Dol*, chap. XVIII ci-après. A. C.

du rivage. « Pour peu, dit Élie de Beaumont [1], qu'il ne s'y trouve pas une grande profondeur, la mer établit des digues régulières qui les interrompent. Il reste derrière ces digues des espaces bas occupés par des lagunes ou étangs qui souvent ne communiquent plus avec la mer. » C'est le cas du marais de Dol, où un bourrelet de sable vaseux et de coquilles, haut de quelques mètres, et large de plusieurs lieues, a précédé le travail de l'homme. Seulement, comme plusieurs petites rivières et ruisseaux se déversaient au fond de la grande anfractuosité formée par la côte, une brèche s'était maintenue dans le bourrelet ; cette brèche a été remplacée par deux barrages éclusés, pour écouler leurs eaux à mer basse.

Il ne se forme guère au large, en face du marais de Dol, que des bancs de sable d'une faible saillie, à l'abri de certaines roches. Même au terme des enfoncements les plus profonds de la côte, il faut, pour qu'un sable vaseux s'accumule et se maintienne, des conditions toutes spéciales dans les courants de rive et la configuration du rivage. Ces conditions se trouvent réunies vers l'extrémité intérieure du golfe normanno-breton : large indentation de la côte, et remous circulaire, à distance du rivage, de la grande vague atlantique, quand elle vient se heurter à la muraille du Cotentin.

Le même remous, suivi des mêmes effets, a donné naissance aux atterrissements de la baie du Routhouan dans l'estuaire de la Rance et a formé à l'entrée de cette baie un bourrelet (le Sillon de Saint-Malo), analogue et synchronique à celui de la baie de Dol.

V. — La rive française de la Méditerranée compte aussi un grand nombre de ces amas, mais il ne faudrait pas se laisser entraîner par des similitudes incomplètes à rapprocher sans réserves expresses nos bourrelets océaniques de ceux qui règnent sans interruption de Port-Vendres au delta du Rhône, et en vue desquels plus particulièrement Élie de Beaumont a proposé et fait adopter le nom de « cordons littoraux ». A les comparer de près, ces deux genres d'atterrissements n'ont guère en commun que de s'être accu-

---

1. *Leçons de géologie pratique*, t. 1er, p. 225.

mulés principalement au débouché des baies plates, où la mer est très peu profonde.

Dans la Méditerranée, le plan d'eau est à peu près constant ; sur l'Océan, deux fois par jour, le flot abandonne au loin les rivages. D'un côté, des lagunes qui se comblent à l'aide de graviers et de limons descendus des montagnes ; de l'autre, des fonds qui se relèvent par les apports de la mer. Dans un cas, rôle prépondérant des eaux douces ; dans l'autre, domination des eaux salées.

A l'origine des cordons méditerranéens, les matières tenues en suspension par les fleuves se déposent au point précis où la masse pesante de la mer se trouve refoulée par l'afflux rapide de l'eau douce. Bientôt un bourrelet émerge du sein des flots, retient les alluvions de l'intérieur, et assure à la terre ferme, dans un temps donné, la conquête du vide qui s'étend jusqu'au rivage.

Sur le pourtour de nos baies et spécialement de la baie de Dol, presque aucun élément semblable : point de rivières torrentielles point de limon arraché en masse et sans cesse aux flancs de montagnes ; point de conflit des eaux douces et des eaux salées. Si l'on relève quelques traces de lutte, elles se déplacent à toute heure et se réduisent dans la proportion infime du volume des rivières et ruisseaux comparé à la masse colossale de la mer montante. Le champ clos n'est plus un point fixe et mathématiquement prévu, d'après la force impulsive des eaux douces et la densité relative de l'eau salée, mais l'espace immense de nos grèves. Le choc a pour durée non le temps indéfini et sans mesure, mais des jours coupés par les longues trèves du reflux. A une situation si différente, il fallait un nom particulier : celui de « sillon », sorti des entrailles du sol et qui n'a rien d'arbitraire, nous paraît la caractériser mieux que tout autre. Nous l'emploierons en concurrence avec le nom générique de « bourrelet », de préférence à celui de « cordon littoral ». On a un exemple de la confusion à laquelle se prête cette dernière expression, quand on voit M. J. Durocher, esprit si net et si lucide cependant, l'employer parfois dans le sens de dépôt ultime de la mer contre la rive même[1].

1. *Bulletin de la Société géologique de France*, 2e série, t. VI, p. 205, 207 et suiv.

VI. — A ne considérer que la baie de Dol et le golfe dont elle fait partie, on reconnaît que des alluvions marines et fluviatiles ont pu lentement s'y former à plusieurs reprises, sur des points qui changeaient suivant la phase et le progrès des oscillations du sol. Un simple accident des grèves, un amas de coquilles, des troncs d'arbres entassés, une saillie du sous-sol rocheux parallèle au rivage, suffisaient souvent pour déterminer la formation de flèches plus ou moins étendues et temporaires de vases, de sable ou de gravier. Ces renflements étagés de l'estran, ces baussaines [1] étaient toujours peu sensibles sur le plan uni de la grève.

Le sable coquillier sans cesse remanié faisait le fonds de ces amas pour peu qu'ils s'écartassent de la rive. L'argile provenant de l'érosion des schistes et de la kaolinisation du feldspath des roches granitiques et granitoïdes, est tellement abondante dans le fond du golfe qu'elle y fait généralement obstacle à la formation des dunes, là surtout où l'agitation de la mer se trouve en décroissance marquée. Il faut remonter au nord, sur la côte moyenne du Cotentin et sur la rive occidentale de Jersey pour en trouver des exemples de quelque importance. Là même, depuis plusieurs siècles, la surface occupée par les dunes va sans cesse diminuant. Appelée par l'affaissement général du sol, la mer ronge le pied des sables ; on cite des postes de douane que l'on a été obligé de reculer à l'intérieur jusqu'à deux fois dans l'espace des cinquante dernières années.

VII. — Un des renflements du sol de la grève, sans compter ceux enclavés dans le marais de Dol, a survécu et fonctionne encore aujourd'hui comme digue à la mer : c'est celui qui s'est constitué à la limite du grand remous de la baie. Les autres, si la vague ne les a pas aplanis à mesure que le flot les a définitivement surmontés, gisent maintenant plus ou moins profondément sous les eaux du golfe, et la sonde elle-même n'en révèle que de indices rares ou douteux. Celui dont nous parlons a vu passer sans faiblir les périodes

1. Du celt. *Bossenno*, qui a la même signification, Renflements, Amas. — Cf. les *Bos-senno* de la grève de Carnac, et les *Bossenno* d'Auray, ces derniers célèbres par la découverte d'une statue miraculeuse.

géologiques pendant lesquelles il s'est formé. Bien plus : il n'a pas cessé de s'accroître dans la période moderne. D'une manière normale, les vases se déposent jusqu'à la laisse des hautes mers de morte eau ; exceptionnellement, au delà. Le relief actuel du bourrelet, depuis la laisse des basses mers, au moins, jusqu'à la vallée des marais noirs, est postérieur à la forêt de Scissey qui a couvert toute la baie à l'époque postglaciaire (*Quaternaire supérieur*); il tient de même ensevelie une autre forêt plus ancienne dont on a retrouvé les restes dans les fouilles du pont d'Angoulême, et à laquelle se serait superposé pendant la deuxième époque glaciaire le banc d'huîtres fossiles du Vivier [1].

Les premiers travaux qui ont fortifié et régularisé la cime du bourrelet naturel, datent, comme nous l'exposerons un peu plus loin, des premiers siècles du moyen âge. A partir du règne de Henri II, vers 1550, ils sont devenus l'objet de soins et d'efforts soutenus, trop motivés par les éventualités de plus en plus menaçantes que faisait naître le rapprochement et le niveau croissant de la mer par rapport à son rivage.

Prenant son centre au Vivier sur le banc d'huîtres fossiles, et son appui aux collines de Roz-sur-Coesnon, à l'est, et à celles de Cancale, à l'ouest, le bourrelet, tel que la digue qui le couronne en dessine le sommet, s'étend sur une ligne courbe de 33 kilomètres (33,208 mètres). Aux temps qui ont précédé l'intervention de l'homme dans l'œuvre de la nature, une brèche très variable en profondeur et en largeur, à laquelle correspondent maintenant une dépression curviligne des fonds marins en face de Pont-Bénoît [2] et une autre dépression en culture mais restée inhabitée, l'ancienne anse *des Mielles* ou *Nielles*, entre le Biez-Jean et les collines de Saint-Méloir, une brèche, disons-nous a dû livrer passage aux eaux douces et à celles de la mer, suivant le jeu des marées. Lors des vives eaux, le flot remontait en arrière du bourrelet dans le thalweg des eaux douces. L'emplacement de cette brèche n'est pas seulement recon-

1. Voir ci-dessus, chapitre VII, § 5. Cf. avec les forêts superposées dans les grèves de Morlaix.
2. Anciennement *Pont-Penhoet*, Pont de la Pointe du bois. Voir ci-après chap. XX, 9.

naissable aux deux dépressions que nous venons de signaler en
amont et en aval du bourrelet : il l'était encore, malgré les grands terrassements faits sur la brèche lorsqu'on prit le parti de la remplacer
par la dérivation du Biez-Jean et le barrage éclusé de Blanc-Essai; il
l'était aussi par un reste de la dépression du bourrelet lui-même.
M. Genée rappelle *(page 130)* que la route côtière établie sur le
sommet du bourrelet et de la digue, n'était encore, au siècle dernier,
praticable que dans les marées de morte eau, ou bien à mer basse
pendant les marées de vives eaux. Pour communiquer entre Saint-
Benoît et Saint-Méloir, on suivait des chemins qui sont loin à l'intérieur du marais.

Le bourrelet, c'est notre conviction fondée sur l'observation des
mouvements du sol et de la mer, le bourrelet n'avait pas cessé
d'être habité depuis que la mer l'avait délaissé. au cours du soulèvement quaternaire ; seulement, le domaine de l'homme était allé
se resserrant et était devenu plus précaire à mesure que la mer se
rapprochait de nouveau. De progrès en progrès, l'eau salée en
vint à mouiller le pied des hauteurs littorales, tout en laissant
émergé le bourrelet lui-même. C'est à cette phase du mouvement
ascendant du flot, que doivent être rapportés les organeaux que
des vieillards du pays ont vus incrustés au pied de l'enceinte gallo-
romaine du Châtellier, en arrière du bourg de Saint-Broladre, les
vestiges de quai sous Châteauneuf reconnus, en 1735, par M. le
Président de Robien, et le port de Winiau, *Portus Winiau* (Saint-
Guinou [1]) mentionné dans la vie de Saint-Samson (VIᵉ siècle).

De son côté, le flot marin de la Rance, lors des phases extrêmes
de subsidence du sol, et, la dernière fois, à l'époque quaternaire
moyenne *(2ᵉ époque glaciaire)*, venait par l'isthme de Châteauneuf,
alors immergé, donner la main au flot de la baie, ou plus exactement, le flot de la baie, à raison de sa plus forte altitude, allait
rejoindre par *la Crevée de Saint-Guinou* les eaux de la Rance. Tous
deux réunis concouraient à donner au bassin de Dol, dans son
ensemble, ce vallonnement étrange, inexplicable même, nous le

---

1. Voir plus loin chap. XXIV. 4. la justification de l'identification proposée.

*Figuration de la Baie de Dol
pendant un affaissement de
de 15 mètres*

BAIE DU MONT-SAINT-MICHEL.

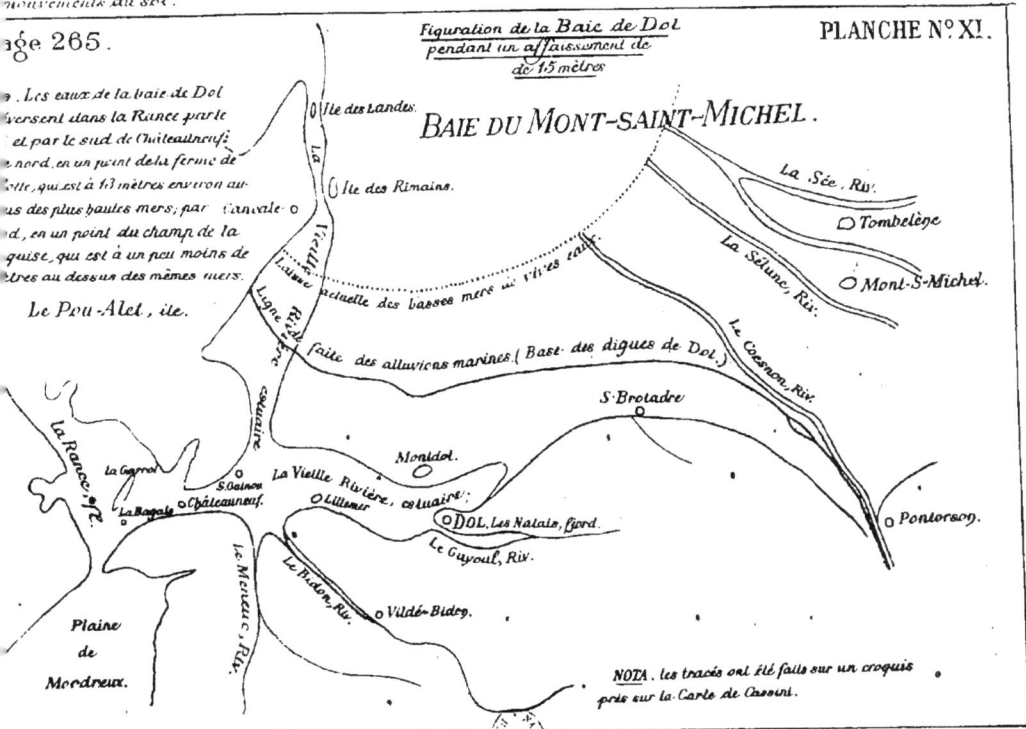

. Les eaux de la baie de Dol
versent dans la Rance par le
et par le sud de Châteauneuf;
nord, en un point de la ferme de
tte, qui est à 13 mètres environ au-
us des plus hautes mers; par l'anvale
d, en un point du champ de la
quise, qui est à un peu moins de
tres au dessus des mêmes mers.

Le Pou-Alet, île.

O Ile des Landes.

O Ile des Rimains.

La Sée, Riv.

O Tombelène

La Sélune, Riv.

O Mont-S.-Michel.

La Vieille Rivière

Ligne actuelle des basses mers ou vives eaux.

Le Coësnon, Riv.

estuaire

faite des alluvions marines (Base des digues de Dol.)

S.ᵗ Brolade
O

Le Menue, Riv.

la Rance, Rʳ.

la Guerol

S.ᵗ Osinou

O Monidol.

O Châteauneuf.

La Bagale

La Vieille Rivière, estuaire.

O Lillemer

O DOL, Les Natais, fjord.

Le Guyoul, Riv.

O Pontorson.

Le Biden, Riv.

O Vildé-Bidon.

Plaine
de
Mordreux.

NOTA. les tracés ont été faits sur un croquis
pris sur la Carte de Cassini.

verrons bientôt, pour l'école de l'abbé Manet et pour ceux qui se refusent à admettre les oscillations du sol de la contrée. C'est ainsi qu'une vallée avec ses accidents divers : flexions, contournements, confluents, érosions et atterrissements opposés, était maintenue au sud du bourrelet littoral, sur une longueur de 13 kilomètres, par le jeu des eaux douces et des eaux salées (*Planche n° XI* ci-contre).

Si faible que semblaient devoir le faire les matériaux dont il est composé, sable fin, coquilles brisées, graviers, limon, marnes argileuses, le bourrelet de la baie de Dol a fait preuve d'une sérieuse consistance. Des ravinements plus ou moins profonds, certaines échancrures au débouché des ruisseaux, des écrètements même sur toute ou partie de la ligne pouvaient se produire : avant la conversion de la cime du bourrelet en digue régulière et continue le mal se réparait le plus souvent de lui-même. Tandis que les défenses de la Frise ont dû être garanties par un triple rang de pilotis et d'énormes quartiers de roches, apportés à grands frais de la Norvège [1], la digue de Dol a pu, avec quelques misérables terrassements, de simples enrochements à pierres perdues, et un revêtement de perrés (ce dernier ouvrage encore tout récent), tenir tête aux tempêtes les plus furieuses tant que la mer n'a pas approché de son niveau moderne. Rarement elle a cédé devant elles ; il faut remonter à près d'un siècle (1791) pour trouver un événement de ce genre. Cette qualité de résistance, elle la doit à l'assiette du bourrelet naturel sur la ligne la plus extrême que puisse atteindre le remous. L'affaissement du sol fît-il pénétrer la mer plus loin qu'elle ne le fait au fond du golfe, l'angle d'incidence de la vague atlantique sur la côte du Cotentin n'étant pas changé, la ligne du remous resterait la même, les alluvions continueraient à se déposer en dedans de cette ligne, entre le remous et le rivage. Comme accident, des tempêtes du N. O. coïncidant avec de grandes marées sont seules sérieusement à craindre ; comme danger permanent et croissant, le mal naît de la subsidence extrêmement lente, mais progressive et constante du sol qui va se dérobant sous les flots.

1. Alphonse Esquiros. *La Néerlande et la vie hollandaise*, 1855.

Des causes de sécurité viennent encore de la très faible inclinaison du talus extérieur du bourrelet (trois millimètres et demi par mètre), du peu de durée du plein (quelques minutes à peine), et de la rapidité avec laquelle les eaux se retirent, laissant à découvert un estran de cinq à six kilomètres.

VIII. — On fait généralement dater de l'année 1024 et de l'initiative du duc de Bretagne Alain V les premiers travaux de la digue de Dol ; c'est vrai peut-être du relief que l'on devait dès lors commencer à donner à la cime du bourrelet littoral, et de la défense de certaines parties plus menacées que les autres. Quant à l'ouvrage fondamental et décisif qui a interdit à la mer l'entrée du marais, il est certainement plus ancien. L'existence bien établie de la paroisse de Saint-Benoît-des-Ondes au sommet du bourrelet, dès le milieu du Xe siècle, est inconciliable avec la situation dangereuse et précaire d'une flèche naturelle de sable et de vase, baignée des deux côtés par la mer. Elle se concilie encore moins, nous n'avons pas besoin de le dire, avec le système d'une marée extraordinaire, arrivée en mars 709, à la suite de laquelle le pays entier serait resté englouti sous les eaux jusqu'au moment où, pour la première fois, en 1024, on aurait tenté de l'arracher au domaine de l'Océan.

Nous sommes donc porté à éloigner de plusieurs siècles dans le passé la construction du premier barrage à clapets, principe de la défense du marais contre l'avance lente de la mer.

Ce barrage devait être placé à l'entrée de l'anse des Nielles, au lieu où se trouve maintenant le village de Pont-Benoît dont le nom à gardé la trace de ce barrage. Il était construit au droit de la rivière du Meneuc ; c'est le « Pomenooc » Pont-Meneuc, de l'Enquête solennelle de 1181 [1]. Comme la brèche qu'il remplaçait, il servait à écouler, non seulement les eaux du Meneuc, mais celles du Guyoul et des autres rivières et ruisseaux du marais, qui avaient alors leur cours par la vallée transversale. D'après Élie de Beaumont [2], l'invention des écluses proprement dites ne remonte pas au delà du

1. Dom Lobineau. *Preuves.*
2. *Leçons de géologie pratique,* tome 1er page 293.

XII° ou du XIII° siècle ; mais bien avant cette époque on se servait de vannes analogues à celles des moulins à eau et de clapets automobiles pour empêcher la mer d'entrer dans les canaux, et pour permettre à l'eau des canaux de s'écouler à mer basse. Plus on reculera la date de l'entreprise, plus on la rapprochera du temps où les eaux salées avaient pénétré dans le marais ; plus aussi on mettra l'œuvre à la portée de populations misérables et clairsemées comme l'étaient en ce temps les colons d'un rivage instable et déjà jonché de ruines.

Une paroisse voisine de Saint-Benoît et qui se trouve dans les mêmes conditions de site, doit être antérieure non seulement au X°, mais au IX° siècle, si l'on en juge par son nom « Hirel, *la Longue* » vocable emprunté au celtique, langue qui a cessé vers cette époque d'être en usage dans la contrée. Tout auprès de Hirel, le nom d'une ancienne paroisse de la digue, Vildé-la-Marine (*Villa Dei*, Ville-Dieu [1]) semble indiquer une origne encore plus ancienne ; mais ici la persistance du latin comme langue liturgique, ôte à l'induction une partie de sa force.

Le parti une fois pris de fermer le passage à la mer qui pendant des siècles déjà avait occupé la vallée, la lutte est devenue incessante, et les efforts ont été fatalement grandissant de siècle en siècle. Toute négligence dans l'entretien du barrage éclusé a eu sa sanction dans des pertes et même des désastres pouvant s'étendre à tout le territoire préservé. Un grand intérêt commun, élément social de premier ordre, se trouvait créé : coûte que coûte, les familles dispersées dans la partie habitable de l'enclave, devaient s'entendre et se concerter pour la défense générale. Il dut y avoir des difficultés graves à réunir ainsi en un seul faisceau les efforts de toute une région ; on peut en juger par les oppositions qui se sont produites à deux reprises jusque vers la fin du siècle dernier (1772-1778), lors de la répartition des frais de destruction du moulin de Blanc-Essai et de la formation de l'association actuelle.

1. La carte de Cassini, par une méprise qui ne lui est pas habituelle, écrit « Ville-de-la-Marine ».

C'est sans doute ce qui motiva l'intervention du pouvoir ducal et celle des deux évêques de Dol et d'Aleth [1].

L'effet de cette intervention ne se fit pas attendre : au XIIIe siècle, on transporte près de Saint-Benoît, en profitant du canal du moulin de Blanc-Essai, le débouché des eaux douces, qui était resté à Pont-Bénoit, et l'on dirige sur ce point le nouveau canal du Biez-Jean ; l'évêque de Dol, de son côté, dérive les eaux du Guyoul, et les jette à la mer par un nouvel orifice construit dans l'anse du Vivier.

Nous sommes peut-être bien éloignés pour juger sainement cette dernière opération : disons cependant qu'elle a été inspirée bien moins par la pensée de venir en aide au dessèchement des marais, que par l'intérêt de la création de chutes d'eau et de moulins dans la vallée du Guyoul. On peut penser qu'il y aurait eu avantage à maintenir un débouché unique aux eaux douces : le dénoiement de la Bruyère et de la Rosière n'eût pas été moins praticable, et la sûreté de la digue à la mer eût grandement gagné à ne s'ouvrir que par un seul orifice.

Quoi qu'il en soit, de ce moment, la défense contre la mer et le dénoiement de l'enclave se sont dessinés dans leurs deux traits essentiels, tels qu'on les voit encore aujourd'hui.

Le succès obtenu fut, dans les premiers temps, sujet à bien des retours ; la mer dut prendre plus d'une fois sa revanche du frein qu'on avait voulu lui imposer. L'oubli de l'histoire a couvert ces catastrophes. A défaut de textes, on en lit la succession dans les feuillets mêmes du sol : aux rentrées passagères de la mer correspondent ces minces plaques de marne que l'on trouve intercalées, par places, dans la tourbe moderne des marais noirs.

En intervenant dans l'œuvre de la nature pour en changer le caractère, la main de l'homme a décidé la préservation et, par endroits, la reprise d'un vaste domaine agricole (15,000 hectares) dont la valeur actuelle touche, si elle ne le dépasse, le chiffre de 60,000,000 de francs. Mais quant au large et épais bourrelet naturel

[1]. Saint-Benoît et plusieurs autres paroisses voisines ayant des terres dans le marais, faisaient partie du diocèse d'Aleth et non de celui de Dol.

à l'aide duquel l'œuvre a pu être réalisée, elle l'a mis en danger plus peut-être qu'elle ne l'a servi. Le flot, il est vrai, a cessé de l'envelopper chaque jour, de le surmonter même dans les vives eaux ; en revanche, l'équilibre des deux pentes, qui se maintenait de lui-même, a été atteint. A mesure qu'ils s'écouleront, les siècles sont destinés à mettre dans tout son jour cette vérité encore peu sensible. Dans la phase de subsidence que nous continuons à parcourir, le talus extérieur du bourrelet s'élève peu à peu ; les apports de la mer compensent l'affaissement dans l'exacte proportion où cet affaissement se produit. Au contraire, le talus intérieur, représenté par les terres en culture jusqu'à la rencontre des prairies tourbeuses, reste stationnaire ; tout au plus le travail agricole en ameublissant la terre, le vent en portant à l'intérieur les sables de la plage, les amendements en introduisant des matériaux du dehors, le curage des biefs, gouttes et essais en répandant à la surface les alluvions venues du terrain, relèvent-ils la zone habitée. A plusieurs reprises il a fallu exhausser et renforcer les sommets de la digue ; une vigilance et des efforts soutenus deviendront chaque jour plus nécessaires.

« La conquête des *Marsh* (marais littoraux) au moyen de digues, dit à ce sujet Élie de Beaumont[1], tout en dotant l'agriculture de terres très productives, a l'inconvénient de les empêcher de continuer à s'accroître et à être fertilisées. L'accroissement se continue en dehors des digues... Instruits par l'expérience, ceux qui ont pris possession de ces terrains naissants, ne les ont point enfermés de digues ; ils se sont contentés d'élever le sol au-dessus du niveau des plus hautes eaux, et ayant ainsi pourvu à leur sûreté, ils ont cultivé le terrain comme s'il était totalement à l'abri de l'inondation. De dix récoltes ils en perdent une. »

IX. — Seule, la vallée, maintenant privée de débouchés naturels, qui s'étend de Baguer-Pican à Châteauneuf et à Château-richeux, entre le pied intérieur du talus des alluvions marines

---

1. *Leçons des géologie pratique*, tome Ier, page 221.

et la ligne des coteaux, a vu pendant des siècles son niveau s'exhausser suivant un progrès lent et continu. La cause en est dans la végétation tourbeuse qui s'en est emparée aussitôt que le flot marin a cessé de la parcourir. La tourbe que l'on a sous les yeux, est donc toute moderne ; la couche de marne sous-jacente qui a recouvert la forêt littorale, la sépare, avec cette forêt, de la tourbe des temps géologiques.

Depuis que la vallée est rentrée sous le régime des eaux douces, eaux douces refoulées par le long barrage éclusé de l'enclave, les résidus carbonisés par voie humide de cette végétation touffue sont parvenus à combler tous les bas fonds. Un manteau uniforme de verdure sombre a étendu ses plis sur l'ancien thalweg. Mousses, joncs, glaïeuls, roseaux, sphaignes, conferves, graminées, certains fucus même, toutes les plantes qui prospèrent dans l'eau ou dans une humidité constante sous notre climat, sont les agents sans cesse à l'œuvre de cette bienfaisante transformation. Là où le sol est raffermi, le blé, les racines fourragères, les légumes viennent à souhait sur la tourbe, colmatée qu'elle est par les eaux limoneuses d'inondations fréquentes. Ailleurs, des prairies, des rosières [1], des aulnaies, de longues rangées de peupliers, des fossés et des canaux de dessèchement, des flaques d'eau dormante où la lumière se joue, forment les traits principaux d'un paysage dont la tristesse et la monotonie même ne sont pas sans charmes.

Bien que rehaussé d'un à trois mètres par la croissance de la tourbe et les alluvions fluviatiles, le plan général de la vallée est encore de trois à quatre mètres au-dessous des plus hautes mers. La partie orientale, sous Dol, compte un demi-mètre de profondeur en plus que la partie occidentale, sous Châteauneuf ; c'est la suite, non encore compensée, de remous qui se produisaient à l'époque maritime vers le fond de la vallée. Le même effet se remarque dans l'extrême ouest, sur l'emplacement et autour de la Mare-Saint-Coulman ; mais ici le fond rocheux du sillon granitique de Châteauneuf, voisin de la surface, a limité de tout temps la dépression.

1. De *Ros*, Roseau.

L'époque, déjà bien éloignée de nous, où la mer venait deux fois par jour s'épandre librement dans cette vallée, a laissé son souvenir dans le contour de l'ancien rivage. On le retrouve dans ces noms de hameaux qui n'ont plus depuis des siècles aucune raison d'être : le Havre, le Port-Erray, l'Isle à l'angle, la Chaland-ière, l'Isle-Potier, l'Isle-grande, l'Ilet, la Grande-Rivière, etc. On le retrouve encore dans ces vestiges de quais, dans ces organeaux que l'on a vus longtemps sous Châteauneuf et à Saint-Broladre ; dans ce golfe en miniature, ouvert par un véritable goulet, qui s'arrondit et s'enfonce dans les terres sous la presqu'île et le promontoire du Grand-Mongu. Il n'est pas jusqu'à une masse de rochers dioritiques, les rochers restés à nu de la Chaîne, et dont la cote supérieure est à 2 m. 70 au-dessous du niveau des hautes mers, qui ne figurent dans l'ancien chenal, en face du goulet, les récifs que la terre ferme détache au large de ses bords.

X. — Une tradition recueillie dans la première moitié du XIIᵉ siècle par le trouvère inconnu, auteur de la chanson de geste, le le *Roman d'Aquin*, veut qu'il ait existé dans ces parages mêmes une ville importante, Gardoine, « la mirable cité », dont l'occupation par les païens aurait attiré sur elle et sur le pays voisin, au VIIIᵉ siècle, le feu du ciel et l'inondation de la mer [1].

C'est toujours sous des formes mythiques de ce genre que l'imagination populaire en vient, à la longue, à se représenter les grandes catastrophes naturelles. En dépit des couleurs fabuleuses dont elle se plaît à les revêtir, ces catastrophes n'en sont pas moins réelles. Nous en avons la preuve pour l'ensemble du marais de Dol ; peut-être bien la découvrirait-on pour la ville morte de Gardoine, si des recherches étaient instituées sur le site où on la place [2].

1. Les extraits qui vont suivre de ce poème ont été pris sur la recension des textes par Bizeul, à la bibliothèque publique de Nantes, avant la nouvelle recension et la publication très opportune de M. Joüon du Longrais, au nom de la Société des Bibliophiles bretons.

2. Il conviendrait de la rechercher non seulement dans la maré Saint-Coulman où on veut généralement qu'elle ait été engloutie, mais autour de l'ancien Bonaban et notamment à La Garde. Ce dernier lieu répond mieux à la condition d'être « sur l'esve de Bidon ».

Nous reproduisons, en l'abrégeant, ce curieux épisode d'un poème source d'informations précieuses sur l'état ancien de notre pays.

> Li rois (*Charlemagne*) a moult Dame-Dieu (*Seigneur-Dieu*) réclamé,
> Par moult grant ire (*colère*) a mauldit la cité.
> Et si (*ainsi*) tantôt fit un si grand oré (*orage*)
> De vent, de pluie et de grant tempesté.
> En l'air espart (*éclair*) moult forment (*fortement*) a toné.
> Après mes nuict quand li coqs eut canté,
> De maintenant trébuce la cité,
> La forteresse, li murs et li foussé.
> La meir salée essault (*saillit*) par le régné (*contrée*)
> Et est issue de son mestre chané (*chenal*)
> Jusqu'au terrain, ben six léeues de lé,
> Et deux de long, ce dit de vérité ...
>
> Quatre jors dure et li veuts et l'oré,
> Fier (*fort*) et obscur, tel ne fut regardé (*vu*).
> Mais l'Empérire en fut moult effraïé :
> L'esve (*l'eau*) lour bat ès flancs et ès costés. ....

On voit que le moyen âge, avec son imagination frappée vivement par un désastre que des causes naturelles ne semblaient pas pouvoir expliquer, avait attribué à la malédiction prononcée par Charlemagne et à la vengeance divine la submersion du bassin de Dol et de sa ville principale. C'est ce qu'on avait déjà vu pour la catastrophe du lac de Grand-Lieu et de la ville qui avait donné son nom à la contrée [1]. La légende avait pris place dans l'histoire, telle qu'on pouvait l'écrire alors, à côté de Ker-Is, de Ker-Héol, de Tolente, de Nazado, de la Lieue de grève, de Bouillon, d'Herbadilla, de Lionesse et de Cardigan. Longtemps en butte à la dérision d'une fausse science et d'une non moins fausse érudition, ces légendes ont été reprises par la science et l'érudition modernes, non sans doute comme explication des faits, mais comme témoignage d'événements dédaignés par la grande histoire.

mise par le poète; il a de plus le même radical que Gardoine: *Gward* ou *Ward*, hauteur fortifiée.

1. Voir ci-dessus chapitre III, 7, page 49

CHAPITRE XVIII

MÊME SUJET *(suite)*

I. — Avant les forages entrepris depuis trente ans, en vue des besoins de l'agriculture et des chemins de fer, sur divers points du littoral et particulièrement dans le bassin de Dol, on soupçonnait à peine les alternances répétées des dépôts fluviatiles et marins de nos estuaires et de nos baies. Avec cette divination hardie que donne une science sûre d'elle-même, un jeune professeur de la Faculté des sciences de Rennes, M. J. Durocher, si vite enlevé à une carrière qu'il honorait, en avait eu, il y a vingt-cinq ans déjà, une véritable aperception. Les faits révélés par des explorations ultérieures ont pleinement confirmé l'excellence de ses vues théoriques, et leur ont même ouvert un plus large horizon. Depuis l'année 1876, date d'un dernier sondage plus complet que les précédents, exécuté sous la direction de M. Mazelier, ingénieur de la compagnie des chemins de fer de l'Ouest, entre Dol et le Mont-Dol, sur le bord du chemin de fer de Rennes à Saint-Malo, l'histoire géologique de la région est en possession d'une base de raisonnement, aussi ample que solide, pour tout ce qui touche les révolutions de la terre et de la mer dans la région même et à ses abords.

II. — Au premier coup d'œil, il est vrai, tout paraît confus et obscur dans le *Relevé graphique* de ce dernier sondage. La succession des couches d'eau douce et d'eau salée dans une baie si largement ouverte au flot de l'Océan, et où ne se déversent que de faibles rivières et ruisseaux, paraît difficilement explicable. Quand nous avons abordé le déchiffrement de ce problème, au lieu de nous jeter dans des voies nouvelles et inconnues, nous avons demandé un fil conducteur à l'enseignement des maîtres, et nous avons cherché à pénétrer plus avant dans le sentier frayé par M. J. Durocher. A la lueur de la théorie des oscillations du sol, et des révélations toutes récentes encore (vingt ans à peine) de la grande période glaciaire, nous avons vu les dix-sept couches superposées du Marais de Dol devenir comme les feuillets d'un livre, d'un livre qui constaterait les générations successives, avec le nom propre, l'âge et le signalement de ces couches, d'un livre qui serait le registre authentique de l'état civil de la baie.

Mais ce n'était pas assez, avons-nous pensé, de connaître la cause et l'enchaînement des faits; il fallait, pour établir plus sûrement le sens que nous leur donnions, trouver à ces faits des synchronismes dans les mouvements du continent européen. Tout se tient, tout se relie dans le monde physique, et rien n'y est livré à l'arbitraire et au hasard. Les interprétations et les rapports que nous avons été conduit à proposer sont loin de nous paraître à nous-même à l'abri de toute contestation. Telles que nous allons les présenter, elles doivent être considérées comme une simple tentative d'exégèse des formations de notre sol, dans celle de ses parties qui appelle le plus la lumière.

III. — Le classement des faits et la série des événements ont leur point de départ dans l'identification que nous faisons de l'une des couches les plus profondes, celle qui porte le n° 15, avec la couche qui vient affleurer au pied du Mont-Dol, et dans laquelle ont été trouvés en si grande abondance des ossements d'animaux de races éteintes ou émigrées, en contact intime avec des débris de l'industrie humaine des premiers âges. Ces deux couches appartiennent à *l'âge des graviers* ; elles sont, croyons-nous, le prolongement l'une de l'autre, et font partie d'un même cône de déjection qui, porté par les eaux torrentielles du Guyoul dans le lac de Dol, est venu suivant une courbe régulière et modérée relever et disperser ses matériaux les plus ténus sur la rive gauche de ce lac, au pied du Mont-Dol. Pour la justification complète de cette conjecture fondamentale, deux nouveaux sondages confirmant l'allure de la courbe, l'un en amont, l'autre en aval du premier, seraient nécessaires. La dépense à faire était au-dessus de ressources toutes privées comme le sont les nôtres. Dans l'état, l'identité des caractères minéralogiques des deux couches mises au jour autorise à suffire l'hypothèse proposée.

Appuyé sur le caractère de la faune et sur le type des armes et outils préhistoriques qu'elle contient, nous avons, on l'a vu plus haut[1] ; attribué cette formation à l'époque interglaciaire, et, de préférence, aux derniers temps de cette époque, c'est-à-dire au quaternaire inférieur.

IV. — Une fois en possession de ce point, regardé comme assuré, nous avons demandé tout d'abord à des oscillations locales du sol l'explication des phénomènes d'alternance. La voie était commode et devait tenter l'infirmité de nos moyens. Sur place même, elle conduisait à tout ; par malheur, au dehors, elle ne se reliait à rien, et laissait les faits livrés à une incohérence absolue. Bientôt nous nous sommes senti sollicité par la solidarité déjà entrevue des mouvements de l'écorce terrestre à travers de grandes aires du globe. Nous avons donc déserté le champ mobile, arbitraire et borné de l'exception pour nous placer sur le sol ferme, large et souverain de la règle. Le chemin est à peine ouvert ;

1. Chapitre IX.

ténèbres et périls s'y accumulent, mais quelques lueurs se dégagent et nous marchons dans leur sillon.

V. — Notre recherche s'est portée, dès le premier moment, sur l'accord probable des alternances du Marais de Dol avec les grandes oscillations générales reconnues dans l'Europe du nord-ouest. Appliqué au bassin de Dol, le procédé devait avoir ce résultat, si les relations étaient trouvées exactes, de faire de ce bassin la représentation des mouvements de la région étudiée. Disons-le sans plus tarder : les concordances rencontrées sont assez nombreuses pour qu'il soit difficile de les mettre sur le compte du hasard. Volontiers les dirions-nous merveilleuses, s'il y avait jamais à s'étonner de l'harmonie des effets dans le fonctionnement des lois naturelles, et si, au contraire, l'étonnement ne devait pas naître là seulement où l'on croit se trouver en face d'une exception à ces lois.

VI. — Comme le bassin de Dol, la forêt sous-marine de Cromer, sur la rive orientale de l'Angleterre, fournit un exemple de la succession normale des phases d'immersion et d'émergement pendant toute la durée des périodes mio-pliocène, quaternaire et moderne. Mise à nu par les vagues, tout le long de la côte, pendant l'affaissement actuel, elle a pu être minutieusement observée dans tous ses détails sur une longueur de 64 kilomètres [1]. En même temps, la vue des terrains qui sont venus la recouvrir, et de ceux sur lesquels elle est assise, a présenté à l'étude des époques glaciaires le champ le plus vaste et le plus solide.

Si l'on rapproche les faits principaux révélés par cette étude, des faits de la baie de Dol et de la forêt sous-marine de Scissey, on voit bientôt que, sauf l'amplitude [2], la conformité des mouvements est absolue.

---

1. Voir les études que lui ont consacrées Lyell, Murchison, Ramsay et en dernier lieu le professeur Archibald Geikie.
2. Cromer est à mi-hauteur, et Scissey au pied du plan incliné d'oscillation.

VII. — Des dénivellations analogues, quoique moins importantes, comme le faisaient pressentir les faibles oscillations du sud de l'Angleterre, comparées à celles du nord, ont été constatées sur divers points des côtes de la Manche ; elles concordent avec nos identifications de la baie de Dol. Citons-en seulement deux témoignages irrécusables.

Au Havre de Grâce, les fouilles faites en 1876 pour la construction d'un avant-port, ont mis à nu, sur une profondeur de quelques mètres, trois formations bien distinctes : *une première*, exclusivement marine ; nous attribuons son origine à la période géologique moderne ; on y a trouvé des débris de l'époque romaine ; *une seconde*, fluviatile ; nous la regardons comme une alluvion postglaciaire ; elle contient des objets de l'âge néolithique ; *une troisième*, celle à laquelle les fouilles se sont malheureusement arrêtées, est purement marine et doit avoir pris naissance pendant la 2ᵉ époque glaciaire.

A Abbeville, dans la vallée de la Somme, on constate, en prenant les choses dans l'ordre inverse, plusieurs alternances fluviatiles et marines, trois comme au Havre. Dans la plus ancienne (*2ᵉ époque glaciaire*), la mer remontait jusqu'à l'emplacement où la ville a été bâtie ; dans la suivante (*époque postglaciaire*), le soulèvement du sol repoussait au loin les eaux salées ; dans la plus récente (*époque géologique moderne*), le flot marin, rappelé par la subsidence du sol, remonte déjà au delà d'Abbeville.

VIII. — Si, comme nous en sommes convaincu, le bassin de Dol n'a fait autre chose que partager le sort commun de toute l'Europe nord occidentale dans les grandes oscillations du sol, le tableau des transformations qu'il a subies devra cadrer avec les vicissitudes de la côte orientale de l'Angleterre, et celles des embouchures de la Somme et de la Seine.

Pour représenter ces mouvements, nous nous sommes arrêté, parmi les nombreux sondages faits depuis trente ans dans le Marais, à celui exécuté en 1876, sous la direction de M. Mazelier, et dont nous devons la connaissance, ainsi que des opérations analogues faites dans les vallées du Meneuc, de la Sée et de la Sélune à une obligeante communication de cet honorable ingénieur.

Dans le *Tableau n° 1* ci-contre, nous reproduisons le *Relevé officiel* de ce sondage, et nous proposons notre interprétation personnelle des nombreuses couches dont il a ramené des spécimens à la lumière. Au lieu de suivre comme le *Relevé* la progression de la sonde des couches supérieures aux couches inférieures, nous avons mis en tête les dernières. Cette méthode a l'avantage de suivre pas à pas le développement des phénomènes.

Les dix-sept couches du tableau peuvent être ramenées à quatre grandes formations, une de plus qu'au Havre et qu'à Abbeville. La différence tient, non à ce que les grands mouvements du sol et par suite les alternances fluviatiles et marines n'auraient pas été les mêmes sur les trois points, mais à ce qu'à Dol la sonde a atteint des roches plus anciennes.

X. — Les faits principaux qui se dégagent de ce tableau sont les suivants :

1° Le bassin de Dol, et par voie de conséquence toute la région dont il fait partie, ont obéi fidèlement, mais dans une faible mesure, mesure proportionnée à la place qu'ils occupent sur le plan incliné de l'aire générale d'oscillation, à chacune des impulsions qui, depuis l'époque miocène, à deux reprises dans chaque sens, ont élevé au-dessus de la mer ou fait descendre sous les flots le massif des Iles britaniques.

2° Exhaussements et subsidences se sont produits lentement et sans secousses graves ; aucun cataclysme n'a laissé de traces dans les dépôts du bassin de Dol. Au cours de la période géologique moderne, la forêt littorale du golfe normanno-breton est tombée de proche en proche, à mesure que la mer s'en rapprochait davantage et qu'elle était exposée de plus près au vent du large.

Longtemps avant le contact immédiat de la mer, le sol forestier avait dû être affouillé par les eaux douces dont là subsidence du sol contrariait de plus en plus l'écoulement.

3° La première époque glaciaire s'est produite au cours d'un mouvement ascendant du sol ; la seconde, au cours d'un mouvement descendant. Rien à inférer de l'influence propre de ces événements sur le climat pour remonter à la cause première du refroidissement glaciaire.

4° L'ensemble des formations de la 2ᵉ époque glaciaire dans le centre du Marais, comporte une puissance de 9ᵐ, 89. Cette quantité est en rapport avec l'épaisseur de certains bancs marins émergés que nous avons attribués à l'immersion de cette époque, notamment des poudingues de Kerguillé et des galets de Perroz.

5° L'affaissement qui date de l'ouverture de la période géologique moderne, a pour mesure minimum, dans le bassin de Dol, 6ᵐ, 55, total des dépôts et formations fluviatiles de l'époque postglaciaire (3ᵐ, 66) et des dépôts marins, effectifs ou virtuels, de la période moderne jusqu'à ce jour (2ᵐ, 89).

IX. — TABLEAU GÉOCHRONIQUE

DES FORMATIONS DU MARAIS DE DOL.

NOTA. — Ce tableau a pour base un sondage fait, en 1876, entre Dol et le Mont-Dol, sous la direction de M. Mazelier, ingénieur de la Compagnie des chemins de fer de l'Ouest. Nous empruntons au relevé et ce sondage les colonnes 1, 3, 7 et 8 du présent tableau. Le autres colonnes, le dernier article « Atmosphère » et la répartition des couches entre le régime marin et le régime fluviatile sont sous notre responsabilité.

No des couches.	RÉGIME	NATURE des COUCHES	ÉPOQUES GÉOLOGIQUES qui Y CORRESPONDENT	PHASES des OSCILLATIONS	INTERPRÉTATIONS PROPOSÉES	COTES de HAUTEUR	ÉPAISSEUR	HAUTEUR par PÉRIODES
1	2	3	4	5	6	7	8	9
7.		Schiste en formation (un peu tendre)	ÉPOQUE PRÉGLACIAIRE Tertiaire : pliocène inf. | Émersion.		Les schistes cambriens sont à découvert. Climat tempéré chaud.	12 m. 98		
6.		Argile noire tourbeuse.	1re ÉPOQUE GLACIAIRE. Tertiaire : pliocène | Émersion. moyen.		Chaleur décroissante climat humide; premières tourbes.	12,69	0 m. 29	Alluvions fluviatiles :
5.	fluviatile.	Gravier de schiste et quartz, mêlé de sable gris.	ÉPOQUE INTERGLACIAIRE. Tertiaire : pliocène | Émersion. supérieur.		Retour de la chaleur; diluvium gris; le bassin de Dol se comble.	10,10	2,59	3 m. 44
4.		Argile mélangée de tourbe, avec grav. de sch. et de quartz.	MÊME ÉPOQUE Tertiaire (fin du) et | Émersion. quaternaire inférieur.		Oscillations du climat. Derniers lits de déjection. Le sol commence à s'affaisser.	9,54	0,56	
3.		Argile bleue mélangée de tourbe.	2me ÉPOQUE GLACIAIRE. Quaternaire moyen.| Immersion.		Reprise du froid; progrès de la mer : conflit des eaux douces et des eaux salées.	9,14	0,40	
2.		Tangue molle. (très fluide)	MÊME ÉPOQUE. Quaternaire moyen.| Immersion.		Le bassin de Dol en communication avec la Rance; veines liquides dans la tangue.	5,37	3,77	Dépôts marins :
1.	marin.	Tangue verdâtre argileuse.	MÊME ÉPOQUE. Quaternaire moyen.| Immersion.		Détente du froid; diluvium rouge du bassin de Paris; matières végétales.	3,27	2,10	9 m. 89
0.		Tangue grise.	MÊME ÉPOQUE. Quaternaire moyen.| Immersion.		Régime marin normal : la baie de Dol est en entier sous les eaux.	1,05	2,22	
9.		Tangue grise mélangée d'argile tendre.	MÊME ÉPOQUE. Quaternaire moyen.| Immersion.		Renversement de l'oscillation du sol, boues fluvio-marines.	0,35	1,40	
8.		Tourbe.	ÉPOQUE POSTGLACIAIRE. Quaternaire supérieur.|Émersion.		Les eaux salées ont quitté le bassin; la tourbe en prend possession.	1,68	1,33	
7.		Argile, mélangée de tourbe.	MÊME ÉPOQUE. Quaternaire supérieur, |Émersion.		Colmatage de la tourbe : pluies abondantes; le climat se détériore.	3,04	1,36	Formations fluviatiles :
6.	fluviatile.	Tourbe.	MÊME ÉPOQUE. Quaternaire supérieur,|Émersion.		Flore des chênes, forêt de Scissey dans le fond du golfe normo-breton.	3,62	0,58	3 m. 66
5.		Bois de chêne.	MÊME ÉPOQUE. Quaternaire supérieur,|Émersion.		L'oscillation du sol commence à se renverser; approche de la mer. chute progressive de la forêt.	4,01	0,39	
4.		Tangue bleue.	ÉPOQUE ACTUELLE. Actuelle inférieure. | Immersion.		Retour de la mer; tangue fine; aucune trace de violence.	4,40	0,39	
3.		Tangue, mélangée de tourbe.	MÊME ÉPOQUE. Actuelle inférieure. | Immersion.		Ravinement des nouvelles plages; débris de tourbe.	5,38	0,98	Dépôts marins
2.	marin.	Tangue, mélangée d'argile.	MÊME ÉPOQUE. Actuelle inférieure. | Immersion.		Boues d'estuaire.	5,84	0,46	2 m. 89
1.		Terre végétale.	MÊME ÉPOQUE. Actuelle supérieure.| Immersion.		Intervention de l'homme; formation et régime des polders.	6,38	0,54	
0.		Atmosphère.	MÊME ÉPOQUE. Actuelle supérieure.| Immersion·		Tranche d'air : différence de la ligne des hautes mers et de la surface du polder.	6,90	0,52	
						«	19 m 83	19 m 88

Époque préglaciaire. — Soulèvement de l'Europe et de l'Asie moyennes; affaissement correspondant des contrées arctiques et du nord-africain. *Première période continentale des Iles britanniques.* Faune du mastodonte, flore méridionale. Approches du froid glaciaire ; précipitations aqueuses abondantes dans les plaines basses, et neiges dans les massifs montagneux.

Ire Époque glaciaire. — Première extension des glaciers autour des montagnes; blocs erratiques scandinaves et finlandais portés par les glaces dans la Russie septentrionale; froids intenses sur les hauts plateaux; température modérée dans les plaines, douce et humide sur le littoral océanique de la France. La flore perd son faciès américain pour prendre celui du nord mio-pliocène. Faune caractérisée par l'*Ursus spelæus.*

Époque interglaciaire. — Détente générale du froid glaciaire, débâcle et recul des glaciers ; terrasses de graviers en Auvergne; moraines frontales suisses et lombardes ; premiers dépôts du lœss, œsars de la Suède. Terres noires de la Russie méridionale, limon jaune des plateaux. Climat tempéré chaud dans l'Ouest de la France; oscillations dans le cours de l'époque, signalées en Angleterre. Flore de la Celle-sous-Moret dans le bassin de Paris. Forêt de Cromer ; lignites de Zurich. Faune de l'*Elephas meridionalis,* puis de l'*Elephas antiquus,* enfin de l'*Elephas primigenius.*

IIme Époque glaciaire. — Renversement de l'oscillation générale mio-pliocène du sol ; affaissement de l'Europe et de l'Asie moyennes ; soulèvement du nord européen et du nord africain. *Première période insulaire des Iles britanniques.* Le froid glaciaire reprend son empire ; il a, cette fois, son centre principal dans le nord. Glaces flottantes scandinaves jusque vers le Pas-de-Calais actuel ; blocs erratiques portés par les glaces dans l'Allemagne du nord et en Russie. Dans l'ouest de la France, flore des zones tempérées; faune du Renne.

Époque postglaciaire. — Fin du froid glaciaire ; débacle. L'oscillation du sol se renverse ; *Deuxième période continentale des Iles britanniques.* Flore des chênes. Animaux domestiques.

Époque actuelle. — Climat normal à zones étagées. Nouveau renversement de l'oscillation du sol ; *Deuxième période insulaire des Iles britanniques.* Le mouvement se poursuit : subsidence dans le centre européen et asiatique, soulèvement des contrées arctiques correspondantes et du Nord-Africain.

CHAPITRE XIX

ÉTAT PHYSIQUE DU MARAIS

I. Les marais noirs. — II. Bassin hydrographique de ces marais. — III. Flore et faune. — IV. L'ancienne forêt. — V. Les coërons. — VII. Mare Saint-Coulman. — VIII. Debouché vers la Rance.

I. — De longtemps déja le marais de Dol avait été conquis sur le domaine des flots ; des siècles avaient passé sur la défaite précaire et sujette à plus d'un retour, de la mer voisine, que l'aspect de la vallée qui a été si bien appellée « les marais noirs » [1] était encore celui d'une désolation profonde. Ici, ni habitants ni cultures ; aucun de ces bruits qui rappellent la vie sociale. Au lieu de la fumée joyeuse des toits, les lourds panaches du brouillard et les miasmes paludéens ; au lieu du bêlement des troupeaux, la voix confuse et discordante des bêtes fauves.

A vrai dire, ce déplorable état de choses n'a commencé à changer que dans la seconde moitié du siècle dernier. La concession de 1,000 hectares de terres noyées, le quart environ de l'ensemble de ces terres, au riche et entreprenant financier nantais, M. Graslin (1776), et la suppression du moulin de Blanc-Essai (1778) [2] en ont été comme le signal.

1. M. l'ingénieur Vossier, 1865-67. — M. Genée, 1868.
2. Ce moulin appartenait à la famille de la Chalotais ; il était antérieur aux premiers travaux de la digue de Dol, et avait été construit originairement sur une dérivation de l'*Ancienne Rivière*.

II. — De ce moment, des ouvrages ont été entrepris pour le dénoiement de la vallée intérieure. L'effort d'ensemble qui, seul, pouvait avoir raison des difficultés de la situation, et résoudre un problème d'hydraulique des plus compliqués, a succédé à des tentatives isolées et impuissantes. Il ne s'agissait de rien de moins que de donner issue, à mer basse, aux cours d'eau qui se déversent dans le marais, et d'emmagasiner leur débit dans des réservoirs suffisants, pendant l'intervalle des marées.

Le bassin de ces cours d'eau comporte une surface d'environ 600 kilomètres carrés. Si l'on suppose parité de conditions météorologiques entre la région de Dol et celle de Saint-Malo, la quantité d'eau à écouler à la mer représente, déduction faite des deux tiers de la pluie tombée, pour évaporation, infiltration et autres pertes, une tranche uniforme de 0 m. 33 environ sur toute la surface [1]. Ce serait donc une quantité de deux cents millions de mètres cubes, en chiffres ronds que les orifices de la digue d'enclave auraient à écouler annuellement.

Avant ces grands travaux, de vastes flaques d'eau à étiage très variable, et dont la Mare-Saint-Coulman est de nos jours restée le type, portaient par leurs émanations des fièvres endémiques sur les deux versants de la vallée. Des bandes innombrables d'oiseaux aquatiques animaient seules ces mornes solitudes. La récurrence dans les noms de lieux de la contrée, des mots comme « Chanteloup, Louvigné, Louvière, Louvras, Louppendu, les Louvetaux, la Ville-aux-Loups, montre assez dans quelle terreur le voisinage devait vivre. En Hollande, dans un milieu analogue, les loups étaient devenus si nombreux au XIIIe siècle, que, non contents de déchirer les vivants, ils venaient jusque dans les villages arracher les morts à leur sépulture [2].

Les rapaces diurnes et nocturnes de l'air ne manquaient pas

1. Dans une carte du régime des pluies en France pendant l'année 1878, le bassin de Dol est rangé dans les contrées où il est tombé 1 m. à 1 m. 20 d'eau (l a Nature, livraison du 7 août 1880. Article de M. Th. Moureaux). A l'observatoire de M. Bouvet (Saint-Malo-Saint-Servan), on compte en moyenne 0 m. 90 seulement pour Saint-Malo-Saint-Servan.

Alph. Esquiros, La Néerlande, Paris, 1855.

non plus eux à ce rendez-vous des bêtes fauves. « On voit en hiver, lisons-nous dans un mémoire de M. Miorcec de Kerdanet, daté de 1826, on voit sur les marais de Dol des aigles et des aiglons, quelques vautours ; en toute saison, des pies-grièches et plusieurs petits oiseaux de proie, des milans, des buses, des éperviers, des émerillons, des chouettes grises et noires avec des yeux bleus et des huppes [1]. »

A l'état sauvage, les animaux terrestres autres que le loup, étaient représentés par la belette, l'hermine, le blaireau, la fouine. Les eaux saumâtres nourrissaient peu de poissons ; on pêchait cependant aux abords des ponts éclusés une anguille estimée, des plies et des aloses. L'esturgeon et le saumon, communs au moyen âge dans les chenaux et les pêcheries de la grève (Voir dans D. Lobineau, *Preuves,* l'enquête de 1181), ne fréquentent plus la côte et ne se retrouvent que dans le Coesnon.

Çà et là sur la surface des marais noirs, comme dans la Camargue arlésienne, des plaques blanches émergées faisaient miroiter au soleil estival leurs efflorescences salines ; elles rappelaient à la fois l'ancien séjour prolongé et les incursions passagères de l'Océan. Aujourd'hui encore dans tout le marais, bocage, terres blanches et vallée tourbeuse, les puits donnent des eaux saumâtres, impropres à la plupart des usages domestiques.

III. — De grands roseaux se courbant au moindre vent, des touffes de joncs, des mousses, des plantes à racines traçantes se renouvelant sans cesse sur le tissu serré des racines mortes couvraient le sol et fournissaient la matière de la tourbe. On voyait ici réalisées les meilleures conditions pour l'accroissement de cette matière : climat tempéré froid, eaux fluant des vallées voisines et s'épanchant en nappes minces, régime régulier de ces eaux maintenu par les ponts éclusés de Blanc-essai et du Vivier, de telle façon que les plantes eussent leurs racines dans l'eau, sans être elles-mêmes entièrement immergées

1. *Lycée armoricain,* 1826, p. 342.

Les végétaux qui entrent dans la composition des marais noirs ont un caractère lacustre prononcé ; c'est par exception que l'on y rencontre des débris de plantes marines, telles que les fucus ou varechs. Comme dans toutes les tourbes qui ont pris naissance sur une forêt renversée, le ligneux y est très abondant, surtout dans les parties profondes ; il est à l'état de brindilles, de fragments fibreux, de racines et d'écorces, le tout formant un lacis inextricable. La densité est très variable suivant le hasard des éléments qui y sont entrés, la nature du sous-sol et des eaux, et la durée du séjour accidentel des eaux salées.

IV. — Du sein des fondrières montaient à la surface, avec leurs branches dépouillées, les arbres anciennement renversés par les ouragans ou par les flots. On les retrouve encore aujourd'hui, maintenant que la tourbe a achevé de les ensevelir, et que la pourriture a consommé les racines et les rameaux, on les retrouve pour la plupart à l'endroit même où ils sont tombés. Ils affectent des positions très diverses : cependant le plus grand nombre gisent dans la direction de l'ouest à l'est. C'est dans ce sens et, d'une manière plus générale, dans un sens répondant à toutes les aires de l'ouest, que l'effort principal du vent et des flots devait en effet opérer : du vent, dont les tempêtes sévissent toujours de la partie du sud-ouest à la partie du nord-ouest de l'horizon ; du flot qui, lorsque la mer vint à se rapprocher de son ancien rivage, entra dans la vallée actuelle des marais noirs par le seuil des eaux douces, celui de « l'Ancienne Rivière », sous les coteaux de Cancale, prenant à revers le bourrelet littoral, et s'avança peu à peu de l'ouest à l'est jusqu'à atteindre à la longue les coteaux de Baguer-Pican. C'est seulement plus tard et de mer haute, qu'elle attaqua de front par le nord les massifs boisés qui croissaient sur le talus tant intérieur qu'extérieur du bourrelet, talus d'un relief alors moins élevé qu'à présent. De siècle en siècle, dans sa marche ascendante vers le fond de la vallée, l'eau salée, jointe aux eaux douces refoulées, affouilla les arbres touffus qui s'y pressaient ; l'effort du vent fit le reste.

La couche du marais qui représente l'ancien sol forestier, n'a qu'une faible épaisseur. « Une forêt, écrit Charles Lyell [1], serait-elle aussi épaisse que celles du Brésil, serait-elle remplie d'une oule innombrable de quadrupèdes, d'oiseaux et d'insectes, que rien de tout cela ne saurait empêcher qu'au bout d'un millier d'années d'existence, une couche noire de terre végétale DE QUELQUES CENTIMÈTRES D'ÉPAISSEUR ne soit peut-être l'unique représentant des myriades d'arbres, de feuilles, de fruits et de fleurs qui en faisaient l'ornement, ainsi que des débris sans nombre des oiseaux, des quadrupèdes, des reptiles, qui l'habitaient. Bien plus : si le sol qui la portait venait à être submergé, peu d'heures suffiraient pour que les vagues de la mer entraînassent la couche mince de terre qui la recouvrait, et pour qu'il n'en restât pas d'autre trace que la teinte légèrement rembrunie qu'elle communiquait à la couche de sable, de marne ou de toute autre matière récemment déposée, sur laquelle elle se répandrait. »

Depuis que la mer, retenue par un barrage éclusé, a cessé de parcourir librement la vallée dans son double flux et reflux quotidiens, et de s'y épancher même en grand, dans certaines circonstances, par-dessus le bourrelet naturel de la baie, la végétation tourbeuse s'est emparée du bassin. Elle a recouvert partout l'ancien sol maritime d'un manteau continu de verdure sombre. Chaque année a épaissi ce manteau jusqu'à ce qu'enfin la culture et le perfectionnement des canaux de dessèchement aient fait baisser le niveau habituel des eaux douces, et modéré sinon arrêté le travail souterrain de la tourbe.

On ne peut guère douter que les arbres les plus profondément enfouis aient péri par le seul effet de la vieillesse ; leur réduction à l'état de terre d'ombre en est un indice. Ils reposent sur une argile assez ferme, mêlée de coquilles marines, huîtres, peignes, coques, bucardes, patelles, et pénétrée de détritus végétaux carbonisés. Ceux qui ont été plus tard renversés par la force des eaux ou de l'air, sont plus près de la surface ; leur écorce, consommée en des-

1. *Principes de géologie,* tome Ier, p. 403. Édition française de 1873.

sus et sur les côtés est souvent restée intacte au ras du sol. Nous y avons vu attachés les lierres qui avaient grimpé le long du tronc. Il est évident qu'une fois tombés, ces arbres sont restés longtemps exposés aux injures de l'air et à celles des eaux alternativement douces et salées, mais qu'ils n'ont pas été roulés par le flot. Tout au plus peut-on admettre cette dernière circonstance pour les bois blancs, à tissu lâche et celluleux, venus sur des terrains bas et inondables. Des bois durs mêmes, qui auraient crû sur des glacis, ont pu, lors du retour de la mer, subir des déplacements après leur chute. Le chêne qui forme la très grande masse des arbres enterrés, le chêne est trop dense pour rester longtemps sur les eaux. Le marronnier, d'une densité inférieure, plonge assez promptement. Si plus tard l'expansion des gaz le fait surnager, il retombe bientôt lorsque ces gaz sont absorbés ou dissous [1].

Il est donc certain que le chêne au moins a dû croître là même où l'on rencontre ses troncs noircis et dépouillés. En vouloir faire un produit étranger au marais, ce n'est, du reste, qu'éloigner la difficulté, si toutefois la difficulté pouvait exister. Impossible de songer à faire transporter par les vagues, d'un point lointain des rives opposées de l'Atlantique (1,200 lieues) tout l'ensemble archiséculaire d'une grande forêt, arbres, arbustes et buissons, comme on ferait d'une simple épave. Il n'y a pas à distinguer ici les grands végétaux des plus simples tiges : tous sont intimement enchevêtrés dans la mort comme ils l'étaient dans la vie. « Dans nos mers de France, dit M. Delesse [2], les courants permanents n'apportent pas de bois provenant d'autres régions ; il n'y flotte guère que des sapins et des fruits à enveloppe dure comme ces bois légers et ces noix de cocotier qu'a observés M. de Geslin de Bourgogne dans la baie de Saint Brieuc. »

V. — Les tiges des arbres fossiles de Dol sont droites et élancées ; leurs premières bifurcations se présentent à une certaine hauteur.

Les diverses essences forestières ont eu leurs lieux d'élection

1. Expériences de M. Maumené, *Comptes rendus* de l'Académie des sciences, 2e sem. 1878, page 943.

2. *Lithologie du fond des mers*, page 114, tome Ier.

Tout dénote en elles une croissance rapide, dans un milieu serré, étouffé, comme l'est celui des forêts vierges. La richesse d'un sol où s'étaient accumulés tour à tour tant de détritus organiques, devait être extrême ; elle est exceptionnelle encore aujourd'hui après des siècles de culture intensive. Les parties basses où la tourbe seule avait pu végéter, s'étaient elles-mêmes assainies. A mesure que le soulèvement quaternaire, celui-là même qui a précédé l'affaissement actuel, et pendant lequel, remarquons-le bien, a vécu de sa vie la plus plantureuse la forêt de Dol, à mesure que ce soulèvement avait porté de plus en plus haut au-dessus de la mer le niveau de la contrée, on avait vu le régime des eaux devenir mieux réglé. Les ruisseaux avaient gagné de la pente et approfondi leur lit ; les eaux stagnantes avaient pris un écoulement plus facile. La nappe d'eau souterraine elle-même baissait dans une semblable proportion ; la tourbe se convertissait en humus, et es racines des arbres, après l'avoir traversée, allaient plonger dans un sol sain, ferme et dessalé par les pluies. On s'explique ainsi comment les arbres résineux ont eu leur jour de prospérité dans le bassin, comment aussi le chêne, qui vient mal maintenant dans le marais, a prospéré à ce point d'envahir dans presque toute son étendue le sol de la forêt vierge.

Les vents du large, parfois si violents sur nos côtes, devaient faire souvent de terribles ravages, de profondes éclaircies dans les fourrés. C'est à eux et non à la mer que sont dus ces amas, ces longues traînées de bois qui ont fait la fortune des premiers exploitants. Heureusement pour la forêt, aux plus beaux temps de son existence, la mer avait reculé à l'horizon jusqu'à la ligne de Chausey et au delà ; l'effort des tempêtes s'amortissait sur des bords déjà éloignés, en moyenne, de huit à dix lieues.

Quand des tranchées mettent des arbres à nu, on voit le plus souvent les branches et les racines consommées, mais le tronc est resté entier. Le chêne seul a gardé sa consistance. Il le doit à sa texture serrée et à la quantité de tannin que contient son écorce. Le bois est noir ; au contact de l'air, il devient assez dur pour recevoir un beau poli.

Les diverses essences forestières ont eu leurs lieux d'élection suivant les qualités du sol, les pentes, l'orientation, les abris, l'humidité. Certaines espèces, de nature plus sociable que les autres, sont toujours agglomérées. L'état avancé de pourriture les rend pour la plupart malaisées à distinguer les unes des autres.

Après le chêne, le châtaignier est le plus abondant. Des arbres résineux, assez clairsemés, sont à l'état de pâte rougeâtre. Le cerisier est commun : nous avons pu en reconnaître d'énormes troncs. Viennent ensuite le peuplier-tremble, le charme, le frêne, l'érable et le noyer. Le bouleau et le hêtre sont plus rares; on trouve cependant une assez grande quantité de faînes, ce fruit des hêtres, brun, luisant et trigone. Le coudrier foisonnait sur les sols secs, et l'aune sur les sols humides.

Tirons dès ici de la rareté du pin, du bouleau et même du hêtre cette conséquence qui sera bientôt démontrée par d'autres faits : que la forêt, dans son dernier ensemble, date d'un temps assez avancé dans l'époque postglaciaire, en d'autres termes, dans la période quaternaire supérieure, pour que la flore des chênes fût venue dans notre pays comme dans le Wash anglais, en Hollande et dans les Skowmoses danoises, remplacer celle des bouleaux et des pins, pas assez avancée cependant pour que l'humidité du sol, amenée par la subsidence moderne et le refroidissement synchronique du climat eussent conduit la flore du hêtre, cette flore si rapidement envahissante, à se substituer à la flore du chêne. Aujourd'hui encore, l'isotherme le plus septentrional du chêne remonte jusque dans la Finlande méridionale [1], mais on ne l'y rencontre plus que comme une exception parmi les autres essences.

V. — On trouve des troncs d'arbres couchés sous le talus extérieur du bourrelet de la baie, aussi bien que sous le talus interne et sous le val des marais noirs. L'ouragan du 9 janvier 1735, qui mit à découvert les ruines de Saint-Etienne de Paluel, fit sortir des sables de la grève, rapporte le chanoine Déric, témoin oculaire [2],

1. M. de Quatrefages, *Journal des Savants,* 1880, page 347.
2. *Hist. ecclés. de Bret.* Saint-Malo, 1777.

une quantité prodigieuse de troncs d'arbres. Tous étaient couchés du nord au sud, ce qui prouve bien que ce n'étaient pas des arbres de dérive, jetés confusément çà et là, et que la tempête soufflait des parties du nord. [1]

Tels que nous les montrent les ravinements accidentels de l'estran, le forage des puits, les fouilles des travaux neufs, les tranchées des tireurs de coërons, on peut les regarder comme gisant à des profondeurs de trois à six mètres au-dessous des plus hautes mers de la baie.

Une croyance générale veut que, dans les années sèches surtout, leur niveau relatif s'élève. La tourbe, en s'affaissant avec la nappe d'eau souterraine, peut produire cette apparence autour du noyau solide de l'arbre. Notons cependant qu'en Hollande le même phénomène a été constaté en dehors de l'influence des saisons. L'interversion qui en résulte jette quelque trouble dans la chronologie des dépôts et les découvertes archéologiques.

L'exploitation des arbres couchés dans les marais se faisait encore vers l'année 1828, en « immenses quantités, » suivant l'abbé Manet; elle s'est bien ralentie depuis lors et a presque cessé de nos jours. Le réservoir où l'on a puisé pendant tant de siècles, n'était pas intarissable. Ajoutons que les deux principaux usages de ces bois, le chauffage domestique et la construction des charpentes, ont été chaque année en diminuant : le progrès de l'aisance a écarté du foyer un combustible qui répand une odeur répugnante ; d'un autre côté, l'amélioration des voies de communication a fait pénétrer l'ardoise à travers toute la contrée, et l'abandon des couvertures en roseaux a ôté aux poutres et aux chevrons tirés du Marais leur principal intérêt, celui d'éloigner du chaume les rongeurs et les insectes.

---

1. Nous lisons dans un mémoire de M. L. Brault, officier attaché au dépôt des cartes de la marine (*La circulation atmosphérique de l'Atlantique.* Broch. in-8°. Paris, 1879) : « La caractéristique du mouvement général de l'atmosphère dans l'Atlantique nord est un immense tourbillon dont le centre est le plus généralement près des Açores. « La *Carte* n° II représente ce tourbillon comme venant du sud-ouest et abordant les parages de la Manche par l'ouest, avec tendance au nord-ouest.

Le nom de « Coëron » sous lequel les arbres fossiles sont restés connus, est à lui seul un indéniable témoignage de l'antiquité de leur emploi. Le mot est emprunté à la langue celtique, comme l'a déjà fait remarquer l'abbé Manet : Coët-raon, bois rompu [1]. Or, la contrée de Dol a cessé dès le IXe siècle de parler cette langue [2]. L'emploi des bois enfouis sous les alluvions marines ou sous la tourbe remonte donc au delà de cette époque. Les nouveaux colons leur ont conservé, sans le comprendre, le nom sous lequel la tradition les désignait [3].

VI. — D'elle-même, avant de se retirer, à la fin de l'époque quaternaire moyenne, la mer semblait avoir préparé la division actuelle de marais en trois bassins distincts. Dans les grandes marées poussées par le vent, le flot surmonta longtemps encore par endroits ce vaste renflement de la grève, que nous avons désigné sous le nom de « Bourrelet littoral » pour le distinguer des cordons littoraux de la Méditerrannée, formés dans de tout autres conditions. La vague en échancrait ou écrêtait des parties. Les matériaux de démolition, joints aux sables et aux limons tenus en suspension dans l'eau salée, allaient se déposer à l'intérieur. Ils y étaient repris et ramenés vers le dehors par le reflux et par les eaux douces, mais cette double force était souvent insuffisante. Le seuil de la brèche de Pont-Bénoit s'élevait sans cesse. La vallée elle-même aurait fini par se combler et ne laisser aux eaux douces refoulées qu'un étroit thalweg, si l'œuvre de l'homme n'était pas intervenue pour en fermer l'entrée à la mer.

C'est dans les dernières phases du régime marin que se dessinèrent suivant leur profil actuel, les flèches de vase ou sillons qui coupent la vallée actuelle des marais noirs au droit des éminences de Mont-Dol et Lillemer.

1. Cf. *Ker-bé-raon*, aujourd'hui Quibéron, mot qui rappelle l'ancienne séparation de la presqu'île du continent.

2. Aurélien de Courson, *Cartulaire de Redon*. Introduction et carte.

3. Il en est de même du mot « Bourban » sous lequel on désigne la tourbe fibreuse ou bocagère. Voir le *Dictionnaire de Littré*, vo *Bourbe*.

Raffermies et consolidées avec le temps, ces flèches avaient été, dans le principe, l'effet naturel des contractions de la nappe liquide s'épanchant entre les deux obstacles, et de l'obstruction de la brèche de Pont-Bénoit. Nous sommes journellement témoins de phénomènes semblables sur nos grèves, parsemées qu'elles sont de saillies rocheuses, débris des anciens rivages.

Comme le sillon de Saint-Malo, les flèches de Dol et de Lillemer ont eu leur origine dans la submersion de la deuxième époque glaciaire. Le soulèvement quaternaire y a ajouté la mince couche de tourbe que l'on y remarque près de la surface (0 m. 25, suivant M. Genée [1]) ; enfin, l'affaissement moderne, qui a ramené la mer dans la vallée, a décidé la reprise du travail de la première submersion, et des vases marines ont recouvert la tourbe jusqu'au moment où la fermeture de la brèche du bourrelet a interdit à la mer l'entrée du marais.

Quand les flèches de vase eurent atteint, l'une, La Motte-sous-Dol, l'autre, les rochers de la Chaîne-sous-Lillemer, les deux sillons se trouvèrent constitués, et restèrent plus tard émergés. Au lieu d'une seule vallée, les marais noirs formèrent les trois bassins de Dol ou du Pont-Labat, de la Bruyère et de la Rosière. Chacun de ces bassins devint une lagune, puis un lac ; lagunes et lacs ne cessèrent de se déverser l'un dans l'autre que quand une brèche artificielle du bourrelet général de la baie eut donné une issue directe, à l'endroit du Vivier, au ruisseau oriental de la Banche et au cours d'eau central du Guyoul, et que les eaux du Cardequin, du Bidon et du Meneuc eurent été conduites à la mer par les canaux et l'écluse de Saint-Bénoit, remplaçant l'*Ancienne Rivière* et la brèche naturelle du bourrelet littoral.

Dans les temps modernes, on a fait du fond extrême de la vallée, vers l'est, un bassin particulier en rejetant le ruisseau de la Vieille-Banche et les canaux qui, de ce côté, écoulaient leurs eaux dans le Pont-Labat, vers l'orifice commun du Vivier où une sortie spéciale leur a été ménagée. On a ouvert de même une sortie sur ce point et

1. *Mes Marais*, p. 123.

sur la rive gauche à une portion des eaux du Cardequin. De ce moment, l'ensemble du Marais a formé quatre polders à peu près indépendants au point de vue des eaux douces, mais toujours solidaires au point de vue des eaux salées.

Nous ne parlons pas de l'extrémité orientale du Marais, qui, à partir des Quatre-Salines, verse ses eaux dans le Coesnon. C'est une lisière étroite que protège la continuation de la digue de Dol, mais qui diffère à certains égards de la masse de l'enclave et n'a été conquise que plus tard. Après avoir été longtemps la partie la plus en danger, elle est maintenant en voie de devenir la plus sûre. Le Coesnon est contenu dans un lit rectiligne par des digues puissantes qui vont prendre leur appui au Mont-Saint-Michel. On s'occupe de la construction d'une nouvelle digue entre les Quatre-Salines et le Mont, ouvrage qui doit livrer à la culture les vastes grèves, pendant tant de siècles théâtre des divagations du fleuve. Sur toute cette étendue, la digue de Dol ne sera plus qu'une seconde ligne de défense.

VII. — Il est une dernière région du Marais, comprise dans le périmètre de la Rosière, qui a eu longtemps le privilège de fixer l'attention par des phénomènes étranges dont on la disait le séjour : c'est le grand amas d'eau stagnante que l'on voit à l'orient de Châteauneuf. Il est connu sous le nom de « mare Saint-Coulman », du nom d'un anachorète irlandais qui bâtit, au VIe siècle, sur l'emplacement qu'il occupe, une cellule, puis un monastère. On l'appelle encore, dans les titres de Dol, « Crevée de Saint-Guinou » du nom d'un bourg qui s'élève sur ses bords. Enfin, les gens du pays l'appellent simplement « La Moère », vocable emprunté au patois normand, indice du repeuplement du Marais, après le IXe siècle, par des populations neustriennes, indice aussi de la formation très moderne de cet amas, puisqu'il n'avait pas de nom parmi les populations celtiques.

Dans notre opinion, cette cavité très peu profonde, du reste, a été creusée par le flot, au temps où l'affaissement général du sol faisait descendre l'isthme de Châteauneuf au-dessous de l'Océan.

Cet événement, nous l'avons déjà dit, s'est produit à l'époque quaternaire moyenne ; il se reproduira, suivant toute vraisemblance, dans la période géologique moderne, quand, au bout de deux à trois mille ans, la progression de la subsidence aura ramené sous les eaux le sol de l'isthme [1].

Nous sommes tenté de voir un souvenir de la première arrivée du flot sur ce point, alors qu'à mer montante les eaux de la baie de Dol surmontèrent le déversoir granitique de Châteauneuf, dans ce nom de « Crevée de Saint-Guinou », qui est resté à travers les siècles au lieu où se produisit la catastrophe. La carte de Cassini *(Premières années du XVIIIe siècle)* porte encore la trace du très ancien état des choses ; cette trace est déjà plus obscure mais encore reconnaissable dans la Carte de l'Etat-major *(milieu du XIXe)*. On voit que les eaux de la baie et de la Rance ont dû se rejoindre en contournant par le sud l'éminence sur laquelle était bâtie l'ancienne forteresse de Bure, dans l'emplacement du bourg de Châteauneuf-de-la-Noë ou Châteauneuf du Marais.

L'aire de la Mare-Saint-Coulman varie singulièrement avec les phases de l'année. Dans les saisons pluvieuses, les limites de cette mare semblent s'effacer ; elles se confondent avec l'aire générale du marais voisin qui est alors entièrement sous les eaux. A l'état normal, la largeur et la longueur sont de plus d'un kilomètre. Les eaux ne sont pas profondes : le point le plus bas de la mare a été trouvé, en 1793, à 4 mètres 800 au-dessous du niveau des plus hautes mers. C'est encore 0 m. 121 millimètres, on aurait peine à le croire si les nivellements n'en faisaient pas foi, au-dessus de certains terrains en pleine culture du Pont-Labat, sous Dol. Un été d'une sécheresse extrême, celui de 1802, permit de voir à nu, au centre de la Mare, un plateau granitique, prolongement évident du sillon rocheux de Châteauneuf. On découvrit sur ce plateau les restes de la chapelle et du monastère de Saint-Coulman. Des lettrés du temps voulurent y voir les ruines de la ville maudite de Gardoine, dont une ancienne tradition porte sur ce point l'empla-

1. Voir ci-dessus, chapitre XII, *Planche* n° IX. — La largeur de l'isthme de Châteauneuf est de 200 mètres à peine, et, dans sa partie la plus basse, il est à 9 m. au-dessus du marais.

cement. Les habitants du village de Langle, en Miniac-Morvan, y prirent, pour la construction de leurs maisons, un certain nombre de pierres de taille, dont quelques-unes chargées de sculptures et d'inscriptions.

L'abbé Manet raconte, non sans quelque complaisance, les fables qui se sont accumulées autour de la Mare. Tantôt cratère de volcan, tantôt bouche de l'Enfer et nouvel Averne, tantôt enfin Mer morte avec sa cité engloutie, ce lac a occupé longtemps une place dans les terreurs superstitieuses et la crédulité du pays. Les feux-follets qui s'allument et voltigent sur ses eaux pendant les belles nuits d'été, ne figuraient pas trop mal les âmes en peine des trépassés, et, par les sombres nuits du premier printemps, *le Beugle-Saint-Coulman* était aisément pris pour l'écho de leurs gémissements. Nous n'avons pas besoin de dire que les feux sont tout simplement le produit de la combustion des gaz qui se dégagent des matières organiques en fermentation dans le lac ; quant au Beugle, c'est le cri sourd et prolongé d'un héron, de celui auquel les naturalistes donnent le nom de « Héron étoilé » et le peuple celui de « Butor *(Bos-Taurus)* » à cause du mugissement très rapproché de celui du bœuf, qu'il fait entendre quand il a le bec plongé dans l'eau.

La version dominante dans les campagnes voisines de la Mare-Saint-Coulman, au sujet de l'effondrement qui aurait donné naissance à cette mare, est la suivante :

Un anachorète avait établi sa cellule et son oratoire au sein de la forêt. Il arriva, un jour, pendant qu'il disait la messe, que le diable, sous la forme d'un corbeau, vint se percher sur l'humble toit de la chapelle, et s'efforça de troubler le saint homme par ses croassements. Plusieurs fois chassé, le corbeau revenait toujours. Une dernière fois, au moment où, se retournant vers les fidèles, l'officiant commençait à prononcer l'antienne « *Dominus vobiscum !* » un cri plus âpre et plus strident se fit entendre : le prêtre lève la tête et ne peut retenir un jurement. Aussitôt un craquement effroyable ébranla les airs ; le sol s'entrouvrit, et forêt, chapelle, prêtre, assistants, tout descendit dans l'abîme. Le mugissement étouffé qui sort par intervalles du fond des eaux vengeresses, c'est la voix suffoquée du pauvre anachorète, s'efforçant, mais en vain, de prononcer la fin de l'antienne si tragiquement interrompue.

VIII. — La Mare-Saint-Coulman est maintenent presque entièrement envahie par les roseaux ; la carte du Cassini, il y a deux siècles, marquait à peine sur l'espace qu'elle occupe une région de ces plantes. En ce seul point du marais de Dol, on a utilisé la tourbe pour le chauffage ; naguère encore une usine locale en faisait des briquettes comprimées qu'elle livrait à la consommation des villes voisines. Depuis quelques années, les eaux s'y maintiennent à une hauteur inaccoutumée ; il en est de même pour toute l'étendue de la Rosière et de la Bruyère. Cet état de choses est-il dû à l'inclémence des saisons ou à l'obstruction et à l'insuffisance croissante des anciens débouchés ? Il importe que la question soit soumise à une enquête sérieuse. La santé publique ne souffre pas moins de cet état de choses que l'agriculture.

Le remède décisif serait dans le retour, au moins partiel, à un projet de Vauban. On sait que le grand ingénieur de Louis XIV avait, dans un double intérêt économique et militaire, proposé de couper l'isthme de Châteauneuf, de réunir dans un même canal de navigation les eaux du Coesnon, du Guyoul, du Bidon, du Meneuc et généralement toutes les eaux du terrain et du marais, et de les jeter dans la Rance par un déversoir éclusé pratiqué dans la coupure[1].

Cette communication entre le Marais et la Rance a existé aux moyens temps quaternaires. La rétablir artificiellement, et la rétablir dans des conditions nouvelles, avec concours de canaux d'irrigation, réservoirs d'eaux potables, ne serait guère que reprendre une œuvre préparée par la nature, et saisie avec son coup d'œil d'aigle par le plus grand ingénieur des temps modernes.

1. On trouve dans le travail de M. Baude, ancien préfet, sur « *les Côtes de France* » (Paris, 1851) de nombreux et intéressants détails sur le projet de Vauban, détails que, croyons-nous, on chercherait en vain ailleurs.

CHAPITRE XX

ÉTAT ÉCONOMIQUE

I. Le Marais, refuge des populations dans les anciennes guerres. — II. Repeuplement de la contrée. — III. Le Mont-Dol, centre de colonisation. — IV. Le Marais en 1181. — V. Paroisses envahies par la mer. — VI. Premiers ouvrages de défense. — VII. Véritable caractère de l'entreprise. — VIII. L'Archevêque Baldéric. — IX. Pont-Penhoet devenu Pont-Bénoit. — X. Dérivation du Guyoul. — XI. Le Marais au XVIᵉ siècle. — XII. Régime antérieur à 1789. — XIII. État contemporain. — XIV. Valeurs foncières comparées. — XV. Hommage aux premiers colons.

I. — Au temps où écrivait le trouvère inconnu, auteur du *Roman d'Aquin* (milieu du XIIᵉ siècle), cette chanson de geste qui nous a conservé le récit légendaire de l'effondrement de la ville maudite de Gardoine et de l'irruption de la mer dans la contrée de Dol [1], les ruines qu'avait faites l'invasion des eaux salées et le refoulement des eaux douces devaient être encore palpitantes. On avait bien depuis deux ou trois siècles fermé l'entrée du Marais à la mer, et commencé à fortifier le bourrelet naturel de la baie à l'endroit le plus en péril, c'est-à-dire au débouché des rivières et ruisseaux ; mais c'est à peine si, dans le val des marais noirs, la verdure compatissante et la tourbe pieuse avaient pris à recouvrir de leur linceul les cadavres géants des arbres de la forêt.

Longtemps les parties hautes elles-mêmes, sauf de distance en distance des parties encloses et habitées, avaient ressemblé aux grèves herbues dont nous voyons le long et en dehors des digues

1. Voir ci-dessus, chapitre XVII, 90

actuelles les derniers lambeaux. Ces îlots au sol mobile et vaseux furent, pendant l'ère romaine à son déclin, le refuge des insurgés et des Bagaudes [1], puis des aventuriers, des déclassés, des *Out-laws* de la société féodale naissante. De là le renom douteux et le plus souvent immérité, demeuré en souvenir au fond des défiances voisines, de là l'hostilité même de la population indigène du terrain contre la population adventive du Marais [2]. Mais, disons-le, ces labyrinthes inabordables, tristes épaves d'une contrée abîmée sous les eaux, furent aussi la ressource et l'asile suprême de nobles souffrances, de victimes échappées au tumulte confus des invasions étrangères et des guerres intestines, ce que furent en Angleterre pour les Saxons, après Hastings, l'Ile sainte d'Ely et les *Fens*, cette contrée marécageuse, si semblable à notre Marais de Dol, qui enveloppait le dernier sanctuaire de la patrie [3].

II. — Il n'est resté qu'un petit nombre de mots bretons dans les noms de lieux et de familles, tels que Kercou, le Joël, Goriou, Kerpen, le Han, Kermieu, Pican, le Bidon, le Meneuc, Herpin, Bonaban, Bec-à-Lane, Carfantin, Hirel, Dol, Roz-Landrieux, les deux Baguer, Miniac-Morvan, Guenheuc, Caridan, la Banche, Cardequin. Les appellations de ce genre abondent, au contraire, sur la rive gauche et même sur la rive droite de la Rance. On doit en induire, ainsi que de la maladresse avec laquelle ont été traduits soit en entier soit partiellement plusieurs mots bretons, simples ou composés, que le repeuplement fut en général l'œuvre de populations étrangères à la Bretagne, et n'eut lieu en masse que dans la seconde moitié du IXe siècle et au commencement du Xe, époque où la destruction et la dispersion des indigènes amenèrent l'extinc-

1. *Bagad,* celt., rassemblement. Cf. les noms du Marais, qui ont conservé l'empreinte de ce mot : *Baguer*-Pican, *Baguer*-Morvan, les Bégauds, la Bégaudière, etc.
2. Note A.
3. En 1029, le duc de Normandie, Robert-le-Diable, fit élever sur le bourrelet littoral, alors plus étendu et sans doute plus peuplé, le fort qui est devenu l'origine du château de l'Aumône, commune de Cherrueix. Ce fort, perdu dans le Marais, ne pouvait avoir pour but que de maintenir les habitants dans la soumission et de paralyser les agressions dont ce pays si difficilement abordable était devenu le centre.

tion de la langue bretonne dans la contrée. Des immigrations neustriennes, suite de l'occupation définitive de la région franke la plus voisine par les Northmans (année 912) firent le principal noyau de la colonisation. Des signes indélébiles en sont restés dans la race, dans les mœurs, dans le langage, dans ces noms mêmes de Village-lès-bretons, de la Bretonnière, opposés aux Villages-ès-Normands et à tant de noms d'origine française ou northmane [1].

III — Le Mont-Dol, qui s'était trouvé sur le passage de la voie romaine de Corseul à Ingena par Aleth, avait possédé sans doute l'un de ces relais ou gîtes d'étape *(Mansiones, Mutationes, Hospitia)* qui s'étageaient sur toutes les voies officielles de l'empire.

Comme son voisin le Mont-Saint-Michel, il a été un lieu d'élection pour les cultes qui se sont succédé dans le pays. L'empreinte du pied du géant et demi-dieu préhistorique Gargantua, confondu au moyen-âge avec le diable, y a été remplacée, comme dans plusieurs autres lieux similaires, par l'empreinte du pied de l'archange, chef de la milice céleste. Les latins y avaient élevé un édicule qui était devenu le site d'une chapelle élevée en l'honneur de Saint-Michel. Détruit au commencement de ce siècle, l'édifice a légué comme unique souvenir un modèle en raccourci, que les vandales modernes ont eu du moins le scrupule de laisser après eux [2]. L'autel en forme de Taurobole, était devenu la table sacrée de la chapelle ; la cavité même d'où le fidèle sortait inondé et purifié par le sang de la victime, s'était conservée intacte.

On trouve au Mont Dol dans le moyen âge un « Hospice », indica-tion fréquente d'une ancienne station romaine, quand ces établis-sements se trouvent en pleine campagne et loin des villes. Comme point de convergence des terrains défendus contre la mer, il devint, ainsi que l'a fait déjà remarquer M. Genée, la tête incontestée de la colonisation nouvelle.

C'est sur ce point que l'on rencontre dans les chartes l'une des

---

1. Parmi ces derniers on peut citer les Nays ou Nez *(Ness)*, les Hogue *(Hawg)*, les Grunes *(Grœn)*, les Fleurs ou Fleurs *(Fiords)*, Godebourg *(Gott-burg)*, etc.
2. On peut voir ce modèle dans les archives de la mairie de Dol et au musée de Saint-Malo.

plus anciennes mentions de centre religieux constitué dans le Marais (1158). La paroisse de Saint-Bénoit paraît avoir une origine encore plus reculée. En l'année 996, le duc de Bretagne Geoffroy en fait don à l'abbaye du Mont-Saint-Michel ; il déclare qu'en agissant ainsi il ne fait que se conformer aux intentions de son père décédé, et confirmer sa promesse.

IV — A partir du XIᵉ siècle, le pouvoir de l'Eglise avait été sans cesse grandissant. Jusqu'alors les lais et relais de mer et tout ce que le flot de mars peut couvrir, avaient fait, aux termes de la loi romaine, partie du domaine public ; il en était de même sous la Coutume de Bretagne [1]. Au XIIᵉ siècle, on les trouve passés à Dol dans le domaine de l'évêque. Le fait de cette possession est implicitement affirmé à plusieurs reprises comme droit commun du diocèse, dans l'enquête solennelle faite en l'année 1181, sur l'ordre de Henri II, roi d'Angleterre, tuteur de son fils Geoffroy, duc de Bretagne, par l'archevêque Rolland au sujet des rentes et propriétés de l'église de Dol [2].

De cette enquête qui, en raison de l'extrême pauvreté des documents, forme la source la plus sûre et la plus riche de l'histoire écrite du Marais, nous avons déduit les observations qui vont suivre. En définissant la manière dont s'exerçait au XIIᵉ siècle le droit de propriété sur les terres conquises ou simplement préservées, peut-être jetterons-nous un certain jour sur la marche de la mer et sur le principe des efforts qui lui avaient été opposés, c'est-à-dire sur ce qui fait l'objectif dominant du présent travail.

En règle générale, les évêques de Dol ont été, à partir du XIIᵉ siècle, et probablement plus tôt, investis des droits utiles sur toutes les terres vaines et vagues du Marais, lais et relais de mer, grèves herbues, marécages et terres noyées soit par les eaux salées soit par les eaux douces. Les témoins déposants, clercs comme laïques, n'invoquent aucun titre ; tous semblent faire reposer le

1. Duparc-Poulain, *Principes du droit français suivant la Coutume de Bretagne.* Tome II, p. 15 et 16. Douze volumes. Rennes, 1760.
2. Dom Lobineau, *Preuves,* tome Iᵉʳ, p. 134.

droit sur une base immémoriale. La jouissance du reste du territoire dans le Marais, devait être fondée sur des titres. Et de fait, si,
comme nous le croyons, en opposition avec l'école de l'abbé Manet, le marais de Dol dans son ensemble a été plutôt défendu
contre la mer que conquis ou reconquis sur elle, l'antique possession en elle-même et en dehors des terres définitivement occupées
par le flot et restées sans maîtres, n'avait pas dû subir d'interruption ou n'avait eu que des éclipses passagères.

Les évêques ont possédé à titre privé et suivant le droit commun,
un assez grand nombre de terres en culture. Ces terres se trouvaient réparties très inégalement sur toute l'étendue du marais,
sans qu'on pût dire l'origine de leur acquisition, soit conquête sur
la mer, soit desséchement, soit donation ; cette dernière source
est la plus probable en raison de la dissémination des parcelles et
des fonds. Les autres propriétés du marais sont possédées par des
particuliers, soit comme terres allodiales, soit comme afféage-
ments, soit en vertu du droit de première occupation.

L'enquête attribue à l'évêque un grand nombre de terres ; cependant, mise en regard des quinze mille hectares du Marais,
l'étendue des propriétés ecclésiastiques, du moins celle des propriétés en culture, est assez faible. Presque tout le bocage et les
terres blanches, c'est-à-dire la meilleure partie du Marais, restent
dans la propriété privée, libres et francs de redevances. Comme
l'Église n'aliénait jamais et se bornait à afféager, on peut déduire
de cette franchise des terres, qu'elles avaient été directement ap-
propriées par les colons avant la naissance du droit féodal et la
main-mise de l'évêque, seigneur de la contrée, sur les terres vaines et vagues.

Cette conséquence, hâtons-nous de le faire remarquer, est en
harmonie parfaite avec notre système géogénique du Marais. Le
bourrelet littoral de la baie est, dans notre opinion, de même que
le sillon de Saint-Malo, un produit de la submersion glaciaire.
Émergé pendant l'époque quaternaire supérieure, il s'est couvert
de bois comme le reste de la plaine. Les clairières ont été de
bonne heure habitées, et n'ont pas cessé de l'être. C'était, sur une

longueur et une largeur de plusieurs lieues, la région la plus saine de la baie, alors en entier soustraite aux eaux salées. Les solitaires chrétiens y abritèrent leurs cellules sous les grands arbres dont on a retrouvé dans le sous-sol les prodigieux débris. Les princes de la lignée domnonéenne y avaient un rendez-vous de chasse près du village et de l'abbaye de Lan-Kat-Frout [1], et les réfugiés bretons y fondaient de nombreux monastères ; enfin, dans ce temps d'uni, verselle insécurité, les éminences isolées du Garrot, de Lillemer, du Mont-Dol et des Deux-Tombes, durent renouveler la tradition des oppides. Lorsque la mer, appelée par l'affaissement du sol, eut amené de proche en proche le dépérissement, puis l'effondrement de la forêt, les parties hautes du bourrelet, raremement surmontées par le flot, continuèrent à être cultivées, non sans danger et sans fréquents désastres. On doit même croire, quand on voit dès le Xe siècle y apparaître des agglomérations religieuses et civiles, que la chute de la forêt sous l'effort du vent, y avait de long temps préparé pour la culture de plus vastes espaces.

V. — Dans l'enquête de 1181 ne figurent aucune des sept paroisses dont les bourgs et territoires situés sur le talus externe du bourrelet littoral, sont descendus sous les eaux à des époques rapportées du commencement du XIIIe siècle au premier tiers du XVIIe. Tommen [2] seul est nommé ; encore ne l'est-il qu'accidentellement comme entré dans le nom de famille du seigneur du lieu : « *Chaperon, miles de Thoumen, juratus, dixit.* » — Chaperon, chevalier de Tommen, après avoir prêté serment, a dit. « Cette paroisse existait encore au XIVe siècle : dans un Pouillé de Dol de cette époque récapitulant les revenus et les droits de l'évêque, on lit : « *Thoumen, episcopus visitat et procurat.* » Elle n'est plus représentée que par un récif sous-marin de la baie de Cancale [3].

1. Celt. *Torrent du champ de bataille.*
2. Celt., *Tum-men,* Éminence rocheuse.
3. Nous ne parlons ni de *Portz-Pican,* Petit-Port, ni de *Portz-meür,* Grand-Port, parce que leur descente sous les eaux est antérieure à l'enquête. Il n'en est plus fait mention dans les titres à partir de 1030.

La mer paraît avoir successivement et à peu d'intervalle envahi
les bourgs de Tommen, de Mauny [1], de Saint Louis [2], de Sainte-
Marie, de Saint-Nicolas du Bourgneuf [3], de la Feillette [4], et de Saint-
Etienne de Paluel. Cette dernière ne succombe qu'en 1630, laissant de son territoire le seul village de Paluel [5], rattaché plus tard
à Roz-sur-Coesnon. Sauf Tommen qui faisait face à Cancale, ces
paroisses occupaient les régions élevées du talus externe de la
digue naturelle, entre Cherrueix et le Coesnon. Leur existence
au XIIIe siècle est attestée par des donations de biens faites dans
leurs enclaves à l'abbaye de la Vieuville, en Epiniac ; les livres
synodaux de Dol en réfèrent les noms jusqu'en 1664. D'après le procès-verbal de Pierre Descartes, commissaire du Parlement, en date
du 20 décembre 1643, on voyait encore soixante ans auparavant
un grand village et des salines, avec une chapelle, à peu près sur
l'emplacement où a été construite la contre-digue de Sainte-Anne.
Village, salines, chapelle avaient été emportés par la mer !

Rien ne montre mieux que le sort de ces paroisses la progression de l'affaissement du sol et la marche correspondante du flot.
Il est difficile de supposer que l'évêque de Dol n'ait eu, au
XIIe siècle, aucune possession dans ces parages avancés de la
baie ; on est ainsi disposé à croire que leur création est postérieure
à cette date. Si cette conjecture est fondée, un jour très vif se
trouve projeté sur la condition du littoral extrême de la baie vers la
fin de ce même siècle. Un tel littoral, sans protection naturelle,
exposé, au contraire, plus que tout autre terrain aux coups de la
mer et aux divagations furieuses de la rivière voisine, jouissait
d'une sécurité assez grande, non seulement pour être habité et
cultivé, mais pour qu'on y formât de toutes pièces, par démembre-

1. Une contre-digue, près Sainte-Anne, a retenu le nom de cette paroisse.
2. Même observation que pour Mauny.
3. Mentionné dans une bulle du pape de 1294, et dans le Pouillé de Dol du XVe siècle
en ces termes : *Prior de Sancto Nicolao*, XXI. » La submersion de cette paroisse date, suivant Ogée, du XVe siècle.
4. Pour *La Fayette*, lieu planté de hêtres.
5. « *Paluel, Abbas de Monte-Morelli.* » Pouillé de Dol du XIVe siècle. — « *Rector de Paluel*, XII. » Pouillé de Dol du XVe siècle, dans les archives départementales. »

ment des paroisses voisines, comme nous en avons la preuve pour le Vivier, des circonscriptions civiles et religieuses.

Remarque importante et en harmonie parfaite avec ce qui précède : une seule fois il est question dans l'Enquête de digues ou autres obstacles élevés à la mer : « *Veteres disci* », et ces digues, ces « vieilles digues » sont données comme voisines du Coesnon. C'étaient sans doute d'anciennes défenses, élevées dans la baie du Mont-Saint-Michel, et dont la mer avait eu depuis plus ou moins longtemps raison. Là, en effet, au fond de l'entonnoir que forme l'embouchure de trois rivières, a dû se présenter sous sa forme la plus menaçante l'envahissement de la mer ; là on a dû pour se garantir, élever les premiers ouvrages. C'est encore de ce côté que, dans les temps modernes, les désastres ont eu les plus terribles proportions, et que, de 1604 à 1606, on s'est vu obligé de faire une nouvelle part à la mer, aux dépens de l'enclave, en sacrifiant tous les coudes qui existaient entre la chapelle Ste-Anne et la Croix-Morel.

Pour les parties centrale et occidentale du Marais, le bourrelet naturel de la baie et le barrage de Pont-Bénoit (Le *Pomenooc,* Pont-Meneuc, de l'Enquête) suffisaient encore en 1181 à défendre le Marais contre la mer. Le flot ne pouvait alors surmonter le bourrelet, en voie constante d'exhaussement, qu'à la hauteur des débouchés des eaux douces : là était le danger, danger de plus en plus grave et imminent. De digues continues proprement dites, couronnant la crête du bourrelet, il n'en existait pas encore ; autrement, elles n'auraient pu, dans l'Enquête, être passées sous silence.

Pas une seule des grandes dérivations, aucun des biez, gouttes, essais et canaux ne sont encore entrepris. Comme en Hollande jusqu'en 1452, le niveau atteint par la mer en 1181 n'était pas encore assez élevé pour faire obstacle d'une manière trop dommageable à la sortie des eaux douces. Ces eaux s'écoulaient en vives eaux, et plus facilement encore en morte eau, pendant les longs intervalles où la mer restait alors loin du barrage. Avec les siècles suivants, ces intervalles ont diminué ; le danger a grandi. Il a fallu abaisser à plusieurs reprises le seuil des débouchés dans la grève, en diminuer le nombre pour donner moins de prise au flot, contenir les cours d'eau dans des canaux artificiels, pourvoir à l'emmagasinement des eaux dans les hautes mers, enfin, créer tout un réseau de veines et d'artères conjuguées pour tenir les terres à sec.

VI. — Dès le temps de l'enquête, ces travaux d'ensemble ne devaient pas tarder à s'imposer comme une impérieuse nécessité; ils ont été l'œuvre du XIII° siècle, du siècle de saint Louis, de ce siècle qui voyait s'élever de toute part nos merveilleuses cathédrales, et à qui est due cette noble église de Dol, chef-d'œuvre parmi tant d'autres chefs-d'œuvre ! A lui l'honneur de les avoir conçus, et d'en avoir exécuté les deux traits fondamentaux: la dérivation du Guyoul et celle du Meneuc.

L'évêque de Dol, bien que le plus intéressé, ne reste pas seul à la tête du mouvement décisif qui se dessine: le duc de Bretagne tient à honneur et peut-être à intérêt d'y concourir. N'a-t-il pas charge de défendre le droit du domaine public, droit qui va reprendre son ancienne autorité ? Le temps des légistes approche (Philippe-le-Bel, 1285-1314); au XV° siècle, les agents du fisc revendiquent devant les nouvelles juridictions la propriété des terres couvertes par le flot de mars, et cela dans un procès intenté par le duc de Bretagne au Chapitre seigneurial de Saint-Malo, à l'occasion de ce qui restait des prairies, ou plus exactement, des grèves herbues de Césembre. Le nom du duc Jean I°r, dit le Roux (1237-1290), est demeuré, et c'est justice, attaché à l'un des plus grands ouvrages du Marais, le Biez-Jean-Roux, et par abrégé « le Biez-Jean ». L'un de ses successeurs, à qui l'on attribue quelquefois cet ouvrage, le duc Jean V, dit le Sage (1390-1442); n'eut qu'à compléter ce travail (1420) par la levée des Perches. Cet ouvrage important sépare l'un de l'autre les bassins de la Rosière et de la Bruyère.

VII. — Dans le principe, l'œuvre avait dû se présenter comme facile ; elle ne dépassait pas ce que nous voyons faire pour la création des moindres moulins de marée. Le barrage de Pont-Bénoit devait être un fait accompli au IXᵉ siècle, à la même époque où les Northmans posaient les fondements des premières défenses de la Zélande, peu d'années après la création par le roi Nominoë du siège métropolitain de Dol (année 846). Pour les contemporains, c'était, nous l'avons fait remarquer, un acte de préservation et non une entreprise de conquête ; l'œuvre n'a pu apparaître sous ce dernier jour que quand les traditions relatives au mouvement lent et mesuré de la mer se sont effacées, et que la notion d'une révolution subite, d'un cataclysme, notion bien plus dans le courant de l'imagination populaire, a pris le dessus, dans le Marais de Dol comme partout ailleurs, sur le témoignage des sens, sur l'enseignement du passé. Là est l'explication du peu de trace qu'ont laissée dans l'histoire et l'événement en lui-même de l'avance de la mer, et les premiers efforts faits pour en conjurer les menaces.

Le mal une fois en voie de se consommer, et le bourrelet naturel de la baie arrivé à être en danger, la vallée qu'il protégeait une fois changée en marécage par le refoulement des eaux douces et les irruptions intermittentes de la mer, quel plus beau champ les nouveaux et entreprenants archevêques de Dol pouvaient-ils trouver pour leur activité et pour la fortune de leur église, que la sauvegarde d'un vaste et riche territoire, que l'assainissement d'une région fiévreuse, en contact immédiat désormais avec leur ville épiscopale, avec ces beaux et riants jardins, avec ces vergers plantureux qu'y avait créés l'industrie de saint Samson et de saint Théliau ? Pourquoi ne serait-ce pas de Nominoë lui-même qu'ils auraient tenu les droits régaliens dont nous venons de les voir en possession ? Ainsi s'expliquerait plus naturellement que par toute autre conjecture leur main-mise sur toutes les terres noyées, depuis longtemps déjà sans maître, et que ce premier pas, cette intelligente initiative allaient permettre de rendre un jour à la culture.

VIII. — Nous avons ici la bonne fortune de prendre sur le fait un des prélats qui se sont honorés en donnant des soins personnels à cette entreprise. Dans l'enquête de 1181, on représente Baldéric (année 1107) prenant pied sur le sol à mettre en valeur, dirigeant par lui-même la charrue et la herse, et y attelant jusqu'à son propre palefroi. Haut et noble encouragement au travail, tradition fidèle de ces moines obscurs des débuts de la foi chrétienne dans l'Occident, qui, de la même main dont ils défrichaient les forêts et rachetaient les âmes, copiaient les manuscrits et conservaient les monuments de l'histoire et de la littérature du passé !

Baldéric, né près d'Orléans et abbé du monastère de Bourgueil-sur-Loire, devenu archevêque de Dol, se trouva de bonne heure dépaysé sur les bords sauvages et brumeux de notre océan, sur une terre dont il fallait disputer aux eaux du ciel et de la mer presque chaque parcelle. Dans une lettre intime sur les mœurs des Bretons, il se plaint amèrement de ne pas retrouver autour de lui les roses de la Touraine, et laisse exhaler le découragement d'une âme enthousiaste mais faiblement trempée : « *In dolensi sede pallio episcopali decoratus, Britannorum citeriorum fines cœpi deambulare. Sed rosas Burgaliensium aut similes illis in campestribus nequâquàm potui reperire ; seu enim aliquantulùm emarcuerant, seu penitùs aruerant, seu, radicitùs extirpatæ, nulla signa quod fuerant, proferebant, sed deserta inculta et squalidas salsugines solitudo illa prætendebat.... Insisti paulisper agris exossandis, oleis plantandis ; sed terræ maritimæ barbarâ amplectu devictus, substiti ; quià incassùm laboraveram, erubui.* » — « Décoré du pallium sur le siège épiscopal de Dol, je me pris à parcourir les confins de la Haute-Bretagne. Mais je ne pus trouver nulle part dans ces campagnes les roses de Bourgueil ni rien qui leur ressemblât. Étaient-elles tombées desséchées, avaient-elles été atteintes par des souffles impurs, ou bien les avait-on arrachées jusqu'à la racine ? Aucun signe ne rappelait au moins qu'elles eussent existé. Déserts incultes, sordides marais saumâtres, voilà ce que cette solitude étalait au regard. Je m'appliquai cependant pour un temps à défricher des terres [1], à planter des oliviers ; mais bientôt étouffé dans le barbare embrassement d'un sol voué aux flots, je m'arrêtai, rougissant de l'avoir jamais mouillé en vain de mes sueurs. »

1. Confirmation inattendue de deux des témoignages de l'enquête de 1181, soixante-quatorze ans plus tard.

Il ne faudrait pas prendre à la lettre ces plaintes pusillanimes d'un homme qui cherche à faire excuser sa désertion d'une tâche d'abord vaillamment abordée. Baldéric ne fit guère que paraître au siège épiscopal de Dol. Réfugié bientôt dans une abbaye de la grasse et plantureuse Normandie, loin de ces exhalaisons fétides qui lui faisaient tant regretter le parfum des roses de la Touraine, il y vécut de la vie des lettrés de la décadence, laissant aussi lui

> A des chantres gagés le soin de louer Dieu,

à des dignitaires de son Chapitre l'administration de son diocèse et le soutien des âmes ; usant de loin, ainsi que son voisin et contemporain Marbode, évêque de Rennes, retiré comme lui dans une grasse abbaye, usant de loin sa verve à décrier son pauvre diocèse[1]; plus souvent, par bonheur, partageant ses heures entre les vers aimables, une érudition facile et les plaisirs de la table. Ce relâchement allait au point que Baldéric comparait à un juif l'un des moines qui voulait observer le précepte de l'église sur l'abstinence du samedi :

> « Sabbata custodis, tanquàm judæus Apella,
> Quùm tamen alterius legis iter teneas. »
> « Tu observes les samedis non moins que ne le ferait un juif Apella [2], sans vouloir te souvenir que tu marches dans le sentier d'une tout autre loi. »

Nous voici loin de ces débuts austères de Baldéric sur le siège de Dol, de cet exemple qu'il avait voulu donner du rachat des miasmes infects du Marais par le travail, par le travail béni du défricheur et de l'apôtre. Retenons seulement de ce tableau qu'il trace, ce qui intéresse nos études du moment : les évêques de Dol travaillant de leurs mains à la mise en culture du Marais ; les eaux de la mer pénétrant parfois et à certaines places dans l'enclave et

---

1. Voir dans les œuvres de ce prélat la peinture qu'il fait des mœurs publiques et privées de sa ville épiscopale :
   Urbs Redonis, spoliata bonis, viduata colonis,
   Plena dolis, odiosa polis, sine lumine solis, etc.
et toute une suite de vers macaroniques, inspirés par le même sentiment pour son ancien troupeau.
2. Réminiscence d'un passage des satires d'Horace.

en empoisonnant les eaux *(salsugines)* ; le peu de densité de la population *(solitudo)* ; enfin, ces plantations d'oliviers, souvenir des arbres fruitiers de saint Théliau, et des vignes cultivées par saint Mac-Law sur les bords de la Rance. Ces faits si frappants comme expression de l'œuvre civilisatrice accomplie par les missionnaires chrétiens, ces faits, surtout celui de la culture de l'olivier au fond du golfe normanno-breton en plein douzième siècle, deviennent aussi, pour qui sait les lire, une révélation précieuse du climat contemporain. Ils sont, nous le faisons remarquer sans y insister autrement, en harmonie avec la théorie astronomique qui fixe à l'année 1256 de notre ère, pour l'hémisphère nord le maximum de chaleur d'une période actuelle de 21,000 ans [1].

IX. — Malgré une défiance générale pour les étymologies, trop justifiée par d'intolérables abus, nous en trouvons une, à cette place, que nous devons proposer parce qu'elle concorde avec un point capital de notre système de constitution du Marais : le progrès lent de la mer, et l'*écoulement ancien des eaux douces par une brèche du bourrelet littoral à Pont-Bénoit, dans l'anse des Mielles.*

Ce nom de lieu « *Pont-Bénoit* » est, dans notre opinion, une altération des mots « *Pont-Penhoet* » Pont de la pointe du bois, nom hybride donné par les colons français à l'ouvrage appuyé au musoir du bourrelet. Il montre que le passage établi sur ce point, au débouché de l'*Ancienne Rivière* dans la grève, faisait en effet communiquer l'extrémité boisée du vieux sillon avec la côte voisine. Dans l'enquête de 1181, on trouve cet ouvrage, le premier sans doute du Marais, désigné sous le nom de « Pomenooc » qui se prononçait certainement « Pont-Meneuc », par le clerc anglais ou français rédacteur de l'acte. Si au lieu de précéder la constitution de la paroisse de Saint-Bénoit, le village de Pont-Bénoit l'avait suivie, il est bien évident que le village se fût appelé « *Pont-Saint-Bénoit* » du voisinage de la principale agglomération voisine.

Il y a en Bretagne plusieurs exemples de cette déviation de

1. *Les Révolutions de la mer,* par Adhémar. Un vol. in-8°, Paris, 1844.

« *Penhoet* » en « *Bénoit* » ; tous datent de cette époque de lutte
et de confusion où l'influence du français commençait à prendre
dans les titres le dessus sur l'idiome local [1].

La supposition que nous formons n'est pas un de ces jeux d'esprit qui ont tant de fois eu pour effet de déconsidérer une science
aujourd'hui si sérieuse, fondée qu'elle est, non plus sur de simples
consonnances de hasard, mais sur les lois de la phonétique et de
la philologie comparée : c'est une preuve à l'appui d'un fait de
premier ordre pour l'histoire du Marais de Dol, fait dont la trace
n'était restée ni dans les traditions ni dans les textes, et qui se
retrouve seulement dans ces deux noms de lieux « *Pont-Penhoet* »
et « *Vieille-Rivière* ». Ainsi incarné, le souvenir vient très oppor-
tunément confirmer les révélations que nous a fournies l'étude du
sol.

X. — Le Biez-Jean-Roux a sa date fixée, comme nous l'avons
déjà fait observer, par son nom même (1237-1290). La dérivation
du Guyoul dans la direction du Vivier doit avoir précédé le Biez-
Jean ; autrement, le débouché de ce dernier aurait reçu des
dimensions beaucoup plus considérables. L'évêque de Dol l'avait
fait tracer à ses frais comme continuation de son canal des Natais, autre rectification antérieure du Guyoul, avant l'entrée de cette rivière
dans le Marais, faite dans le but de créer des chutes d'eau et des
moulins. A cet effet, il avait dû préalablement barrer le Guyoul,
à l'endroit des Tendières, sous Dol, où cette rivière se perdait dans
la vallée des Marais noirs. Ces Marais reçurent ainsi un premier et
important soulagement, et, de cet instant, on put songer à en afféager des parties. Comme tradition de l'intérêt principal auquel il
répondait, le Biez-Guyoul demeura jusqu'à la Révolution à la charge
exclusive des évêques de Dol.

Après l'achèvement de ces deux grands ouvrages, la conquête
du Marais sur les eaux douces était virtuellement assurée. Il n'en
était pas de même de la défense contre les eaux salées qui se rap-

1. Note B.

prochaient de plus en plus du sommet de la digue naturelle. De ce côté, toute la seconde moitié du moyen âge (années 1200 à 1500) fut un temps d'angoisse et d'épreuves. C'est dans cet intervalle que se place la perte de plus de sept lieues carrées de terrain dans la baie (année 1244), rapportée par un chroniqueur contemporain[1], et la submersion définitive des paroisses qui s'étendaient sur les talus extérieurs du sillon littoral.

XI. — Au XVIᵉ siècle, bien que l'affaissement du sol, et par suite les conquêtes de l'Océan, eussent commencé à se ralentir, le danger tenait encore les esprits en éveil. Que l'on en juge par ces paroles découragées de notre historien national Bertrand d'Argentré, délégué vers l'année 1560 par le monarque français pour parer à des éventualités qui paraissaient alors imminentes. Dans son grand ouvrage sur la Bretagne (1582), il rappelle que « sur la plainte des habitants du territoire dolois, ayant eu par deux fois commission du Roy pour obvier par œuvre de main aux invasions de la mer, et contraindre les habitants à contribution, après avoir faict tout ce qu'on a pu par assemblée d'hommes et de conseils, il ne s'est pu trouver jusqu'ici beaucoup de moyens de réfréner ce furieux élément, qu'il n'ait ruyné édifices, villages, et faict un dommage inestimable, dont l'inconvénient prend chaque jour de l'accroissement. »

On doit voir dans ces derniers mots une allusion aux bourgs et territoires situés sur le revers extérieur du sillon littoral, que la mer avait engloutis dans le cours des trois derniers siècles, et un pressentiment du sort qui attendait à quelque temps de là le bourg de Saint-Étienne et le populeux village de Sainte-Anne.

XII. — C'est au prix seulement d'une action centrale énergique et d'une vigilance soutenue que le mal, toujours menaçant, pouvait être contenu dans certaines limites. Les évêques de Dol y pour-

---

1. « Mare inter Normanniam et Britanniam excendens, multum peremit, septem leucas et plus occupans de terrâ. » *Chronique* de Gérard de Frachet, dans le tome XXI des *Histoires de France,* de M. L. de Wailly, à l'année 1244.

voyaient tant bien que mal par leurs officiers et par la juridiction des Régaires [1] ; les paroisses, les grands et les petits tenanciers par des agents spéciaux sous le nom de « Châtelains », et par l'appel aux justices seigneuriales. A la suite de l'union de la Bretagne à la France, le Parlement de Rennes prit vigoureusement en main la police générale de l'enclave et la haute direction des mesures tant financières que techniques. Des commissaires par lui départis se rendaient sur les lieux avec pleins pouvoirs, allant jusqu'à décréter des impositions soit annuelles soit extraordinaires, et partageant d'autorité entre les paroisses la charge des travaux à exécuter [2]. Leurs ordonnances, une fois enregistrées, valaient comme arrêts de règlement et créaient des précédents décisifs, précédents que l'on invoque encore aujourd'hui. L'Intendant de la province, en ce temps de confusion de pouvoirs judiciaires et administratifs, n'avait autre chose à faire qu'à en assurer l'exécution.

Parmi ces commissaires nous voyons figurer, en 1643, le père de notre grand Descartes.

Les États de Bretagne tant par eux-mêmes que par leur commission intermédiaire permanente, et par deux commissaires spéciaux choisis lors de chaque tenue dans l'ordre de la noblesse, prirent de leur côté une part considérable à cette action tutélaire, et continuèrent ainsi l'œuvre généreuse des souverains bretons. Un procès-verbal de Picquet de la Motte, conseiller au Parlement, en date des 18 et 19 juillet 1736, reconnaît que les digues du territoire de Dol avaient été presque toujours réparées par les États, et qu'on n'entendait alors charger les propriétaires du Marais de leur entretien que lorsqu'elles se trouvaient en bon état de perfection et de rétablissement.

La corvée, alors en usage pour tous les travaux de voirie, était le ressort principal des gros ouvrages : terrassements et ensable-

---

1. Juridiction temporelle des évêques, en Bretagne.

2. En 1736, M. Picquet de la Motte, commissaire du Parlement, frappe les propriétaires du Marais d'une imposition de 25 sols par journal, somme très considérable pour le temps, et qu'il faudrait quintupler pour trouver son rapport entre les facultés contemporaines des habitants du Marais et les ressources modernes dont ils disposent.

ments de la digue, entretien et réparation des biez et levées intérieures. Un impôt annuel en argent sur la terre, tantôt de 10 sols, tantôt de 15 sols, et quelquefois même de 25 sols par journal submersible mis et maintenu en valeur, faisait face aux travaux d'art et aux dépenses du personnel de direction et de surveillance. Sous de nouveaux noms, prestations en nature et centimes additionnels, les choses se passent encore ainsi pour la voirie vicinale. La moyenne de la contribution annuelle que s'impose l'association syndicale du Marais, maintenant que tous les grands ouvrages de défense et de dénoiement ne demandent plus de sacrifices extraordinaires, est de 25,000 fr. Pour 15,024 hectares submersibles, c'est un impôt de 1 fr. 73 par hectare, ou 0 fr. 83 par journal.

Dans les grandes calamités et dans les besoins pressants, on mettait en réquisition les travailleurs et les harnais des paroisses du terrain les plus voisines. On a eu recours pour la dernière fois, en 1791, à ce moyen extrême. Ce n'était pas un des moindres sujets de querelle entre le Terrain et le Marais.

XIII. — Les divisions anciennes du Marais constituaient trois régions administratives distinctes: la partie orientale, de Pontorson au dick de la Croix-Morel, formait un fief des seigneurs de Combourg; la partie centrale, de ce dick au Biez-Jean, était sous l'autorité immédiate de l'évêque ; la partie occidentale, du Biez-Jean à Saint-Méloir-des-Ondes, relevait des seigneurs de Châteauneuf.

En 1790, ces divisions font place à deux circonscriptions seulement, ayant pour limite commune le Biez-Guyoul: *Partie orientale* et *Partie occidentale*. C'était trop encore: de vieilles querelles y trouvaient un groupement, un moyen d'antagonisme et un appui. On en fit l'épreuve quelques années plus tard, quand il s'agit de former un syndicat unique, une association générale. Aujourd'hui, ces mots n'ont plus que la valeur d'une expression géographique. La solidarité est devenue complète entre les terres submersibles; après une dernière convulsion en 1799, elle a été universellement acceptée pour les travaux à la mer sur toute l'étendue de la grande digue, et elle tend à se fortifier pour l'aménagement des eaux douces.

L'affermissement de l'entente générale et de l'esprit de justice dans le gouvernement du Marais a été, à la longue, l'œuvre d'une loi du 4 pluviose an VI qui, en assimilant le Marais de Dol pour son administration à ceux de la Charente et de la Vendée, a étendu au Marais de Dol le bienfait de dispositions justifiées par une pratique déjà ancienne. La constitution libérale qui régit l'association, fonctionne depuis quatre-vingts ans ; elle est restée intacte à travers les régimes politiques qui se sont succédé. L'organe fondamental est une assemblée délibérative de 67 membres, élus annuellement par les propriétaires des terrains submersibles dans les vingt-deux communes de l'enclave. Pour l'intervalle des tenues, une commission administrative de quinze membres, prise dans son sein, et assistée d'un syndic et d'un conducteur des travaux, pourvoit à l'exécution des votes de l'assemblée et à la police du Marais.

Ni l'État moderne ni le département d'Ille-et-Vilaine ne se sont cru liés par la tradition des anciens souverains et des États de la province ; on citerait à peine un ou deux exemples de secours directs accordés à l'association. Seulement, l'État et le département ont concouru par d'autres voies au bien-être et à la prospérité de l'enclave. Pendant qu'une large organisation de l'instruction primaire, due à un grand ministre, M. Guizot, tendait à affranchir les esprits du joug de l'ignorance, un réseau de chemins, de routes et, en dernier lieu, de chemins de fer, ouvert ou subventionné par les pouvoirs publics, donnait aux personnes et aux produits la liberté des mouvements, en substituant dans tous les sens aux voies fangeuses et lentes du Marais des communications rapides et faciles. Un petit port était construit au débouché du Guyoul, et une grande part de l'excédant des denrées de toute espèce sur la consommation locale y affluait. Le Marais n'est plus ce territoire à part, ni la population cette caste retranchée dans des mœurs propres, que l'on y connaissait encore dans le premier quart de ce siècle. Comme les eaux, la vie a cessé d'y être dormante. Pierres, chaux, ardoises, vitres, bois du nord, tous matériaux presque impossibles à se procurer autrefois, ont renouvelé l'économie des habitations. Des fièvres endémiques épuisaient chaque année, à l'automne, les constitutions les plus vigoureuses ; le dénoiement des terres, joint à une diète mieux entendue, à une hygiène plus intelligente et à l'aisance devenue générale, est en voie de conjurer le fléau. Peu de traits, dans l'ensemble, rappellent la morne solitude, les eaux stagnantes et saumâtres, les miasmes infects qui décourageaient si fort, aux débuts du XII⁰ siècle, l'archevêque Baldéric ; rien, si ce n'est cette aptitude merveilleuse du sol à produire, aptitude que n'a pu épuiser la culture la plus intensive, continuée depuis au moins dix siècles.

XIV. — La propriété est assez divisée dans le Marais ; elle l'était déjà bien avant 1789. Aussi l'édit qui avait limité au tiers de la surface totale l'étendue des terres tenues en roture, n'avait-il pu recevoir d'application dans cette région toute spéciale, où la défense des cultures contre les eaux avait été une œuvre individuelle avant de faire l'objet d'une œuvre d'ensemble. Ce qui reste de grandes propriétés compactes représente le plus souvent les anciennes terres seigneuriales.

Après le droit de première occupation et les héritages dont l'origine remonte jusqu'à l'époque gallo-romaine, ce sont les arrentements de l'Évêque et du Chapitre, et les concessions des seigneurs de Combourg et de Châteauneuf, faits le plus souvent aux dépens des terres vaines et vagues ou noyées, qui ont eu le plus de part dans la création de la classe des petits propriétaires. Citons un exemple, conservé par M. Genée, du prix auquel on pouvait, il y a un siècle et demi, devenir propriétaire dans la meilleure partie, partie très anciennement en culture, du Marais de Dol, et cherchons à faire apprécier le fait par la comparaison des valeurs au moment de la concession et de nos jours.

« En 1732, le Chapitre de Dol arrenta à la même personne quatre parcelles du Bocage, distantes d'ici et de là de deux kilomètres, en suivant les contours des chemins ; au total, 7 journaux 36 cordes, ou, selon les mesures modernes, 3 hectares 72 ares. Le preneur s'engageait à payer annuellement 21 boisseaux (12 hectolitres 50 litres) froment marais, mesure de Dol, plus huit sols monnaie, une poule et huit œufs, rendus au palais épiscopal ou aussi loin, quittes de port[1]. »

Cherchons à préciser ce renseignement et à en déduire les conséquences par une comparaison des valeurs d'alors et de celles de nos jours, sans même tenir compte de cette considération si importante, savoir que, pour une concession perpétuelle de cette nature, aucun capital, si minime qu'il fût, n'était à verser par le concessionnaire.

Si, comme tout porte à le croire, bien que M. Genée ne s'explique pas à ce sujet, les terrains concédés étaient, comme agents naturels, dans la moyenne générale du Bocage, ils vaudraient aujourd'hui, à raison de 5,000 fr. l'hectare, 18,600 fr. en capital, et en rente de la terre, 558 fr. Ils étaient alors acquis pour une rente dite perpétuelle qui, confondue avec les droits féodaux, a cessé d'être payée en 1790. Cette rente, valeur du temps, ne peut être portée au delà de 113 fr. 90, savoir :

12 hect. de froment à 9 fr. prix moyen des années 1620
   à 1750, d'après Michel Chevalier, ci.............. 112 f. 50
   8 sols monnaie.............................. 0, 40
   1 poule...................................... 0, 80
   8 œufs....................................... 0, 20

                           TOTAL ÉGAL... 113 f. 90

Le prix du blé a juste doublé depuis 1732. Si on le prend comme régulateur des valeurs, on voit que la monnaie a perdu dans cet intervalle la moitié de sa valeur d'échange. La somme ci-dessus doit donc être doublée pour donner la charge réelle de l'afféagiste, exprimée en monnaie moderne, soit 227 fr. 80. La rente nette de la terre étant aujourd'hui de 558 fr., la différence, 330 fr. 20, représente le progrès de l'agriculture et de l'aisance depuis un siècle et demi, et surtout depuis quarante ans.

1, *Mes Marais*, page 105.

La valeur foncière totale des terres submersibles par la mer, dans le Marais de Dol, était, en 1855, officiellement évaluée à cinquante millions. Pour 15,024 hectares, le prix moyen ressort à 3,330 fr. l'hectare en nombre rond. Il n'est pas rare de voir ce prix porté à 6,000 fr. pour les terres de première qualité.

XV. — A la différence des temps nouveaux, où des compagnies disposant de grands capitaux et mettant en œuvre la puissance des machines, portent d'un seul coup des défis à la mer, chaque parcelle défendue ou gagnée dans le passé contre les flots a incarné le labeur de bien des générations humaines. Il en est de même de toute motte de terre arrachée à la prétendue libéralité de la nature : le travail qu'elle représente en fait souvent toute la valeur. Ce qui a dû être dépensé ici d'endurance et d'énergie à chaque avance prise sur les eaux salées et les eaux douces, dépasserait toute croyance si, à défaut d'histoire locale, les annales de la Hollande, plus soigneuses de l'honneur des générations éteintes, ne nous avaient pas conservé minutieusement le récit de luttes semblables, soutenues au même temps dans cette région contre les mêmes éléments.

Quelque étranger que puisse paraître à nos études du moment, études consacrées au sol seul et qui n'abordent pas encore l'histoire de ses habitants, un retour ému vers les héroïques pionniers de ces siècles si fortement trempés, nous ne pouvons, nous qui avons si souvent parcouru ces plaines fertiles, théâtre de leurs souffrances et de leurs victoires sur la nature conjurée, nous ne pouvons retenir un hommage à leurs courageuses entreprises. Tous ont leur part dans ce souvenir, comme tous l'ont eue dans l'œuvre accomplie. Que leurs heureux descendants, ces dix mille habitants qui se pressent dans les vingt-deux communes du Marais et sur les quinze mille hectares de l'enclave, pensent quelquefois, au sein de l'affluence et du bien-être mérités dont ils jouissent, à ceux qui leur ont valu ces bienfaits, et dont les ossements ignorés blanchissent derrière la grille des Reliquaires, ou bien se consument sous leurs pieds dans la terre arrachée à l'invasion des flots !

NOTES DU CHAPITRE XX.

Note A, page 298. «... contre la population adventive du Marais ».

« Quelque faible que fût, écrit M. Genée (*page* 79) la distance du Terrain au Marais, il s'éleva entre les habitants de l'une et de l'autre contrée des usages opposés ou plutôt des barrières infranchissables. Bien que de même origine et proches voisins, les garçons de la Basse-Terre n'épousaient jamais les jeunes filles du Haut-Pays, et *vice-versá*, jamais les jeunes gens d'ici ne rencontraient ceux de là sans se quereller et se battre. »

Note B, page 310. «... sur l'idiome local ».

Dès 1382, le château Penhoet, en Plœmeûr, près Lorient, est désigné dans une charte écrite en français sous le nom de « *Quoit* (pour *Coet* ou *Hoet*, bois) — *Bénoit*[1]. Interversion et pléonasme étranges !

C'est ainsi encore que l'on a fait successivement de « *Pen-ic* », petite pointe, nom d'une ville et d'un port des Côtes-du-Nord « Bénic » puis « Binic ». On dit encore des habitants « les Pénicans » et « les Bénicans ».

1. *Chronique lorientaise*, par M. Mancel, ancien préfet. Lorient, 1840.

CHAPITRE XXI

THÉORIES AUXQUELLES A DONNÉ LIEU LA CONSTITUTION DU MARAIS DE
DOL ET DES BAIES DE CANCALE ET DU MONT-SAINT-MICHEL.

I. Explications diverses de la formation du Marais de Dol. — II. La marée de
l'an 709. — III. Une période de surélévation du niveau de la mer. — IV. Un
cordon littoral.

I. — Le problème de la formation du Marais de Dol, avec cette
alternance de couches fluviatiles et marines que la sonde révèle
dans les strates de ce Marais, n'a pas été, on le pense bien, sans
tenter avant nous plusieurs esprits curieux. D'illustres naturalistes
comme M. de Quatrefages, des savants renommés comme M. Alfred
Maury, de profonds érudits comme M. Ernest Desjardins, d'éminents ingénieurs comme M. J. Durocher, en ont fait unanimement
reposer la solution sur la théorie des oscillations du sol. Pénétrant
plus avant dans la voie qu'ils ont frayée, nous avons cherché à nous
rendre compte de la progression des phénomènes, non seulement
depuis l'ouverture de l'ère actuelle qui a seule préoccupé les écrivains que nous venons de nommer, mais aussi à travers les époques
géologiques antérieures.

Les solutions cherchées en dehors des mouvements du sol, se
réduisent à trois et se personnifient dans les travaux de l'abbé Manet,
de M. Genée et de M. Sirodot. Sans même tenir compte de ce qu'un
système proposé ne peut être regardé comme solidement établi
tant que se dressent en face de lui des systèmes contraires non

réfutés, il ne nous est pas permis, dans un travail principalement historique tel que le nôtre, de négliger la relation de ces systèmes et de l'influence qu'il ont pu, chacun à son jour, avoir sur les esprits. Ramenée à ses véritables termes, la question est celle de la genèse et du sort futur de nos rivages dans leur ensemble; tous en effet ont partagé les vicissitudes qui sont restées si lisiblement marquées dans le Marais de Dol. Au premier point de vue, celui du passé, la curiosité scientifique s'éveille d'elle-même ; quant au second, celui de l'avenir, il en est peu, malgré la distance, dans le temps, des intérêts engagés, il en est peu qui méritent davantage de fixer l'attention et peut-être même la sollicitude du pays.

II. — Le premier en date, l'abbé Manet, s'est fait parmi nous le reproducteur attitré, non d'une conception scientifique et raisonnée mais d'une tradition relativement moderne, qui rapporte à une marée de l'an 709 la submersion de notre ancien littoral et la formation du Marais de Dol. Le *Mémoire sur l'état ancien et l'état actuel de la baie du Mont-Saint-Michel* date de l'année 1828 [1]; il fut couronné par la Société royale de géographie. L'impression qu'il produisit, on peut s'en étonner aujourd'hui, mais il serait futile de le contester, fut profonde; elle dure encore, et toute la génération actuelle a été apprise à ne jurer que par la marée de 709. On la professe encore maintenant dans les écrits sur l'histoire et la géographie de la contrée normanno-bretonne et de l'archipel anglo-normand; elle se retrouve seule et sans conteste expresse jusque dans des régions officielles [2], et semble n'avoir rien perdu de son autorité sur l'opinion publique.

Partie d'un texte où une tradition plus ancienne avait été interpolée, l'œuvre de l'abbé Manet ne soutient pas plus la critique au regard de l'érudition qu'à celui des sciences naturelles. Le dernier retour de la mer sur nos rivages, le seul qu'ait connu le vénérable écrivain, nous donnera l'occasion, quand l'ordre chronologique

1. Broch. in-8°, Saint-Malo, 1828.

2. Voir les *Notices* consacrées à plusieurs de nos ports, dans le grand ouvrage, *Les ports maritimes de la France*, en publication au Ministère des travaux publics, et dont quatre volumes ont déjà paru.

nous y aura amené (V° partie du présent ouvrage), de revenir à cette
œuvre et de montrer sur quels fondements purement imaginaires
elle repose.

Dès ici, opposons-lui une observation bien simple, si simple que
l'on doit s'étonner de ne pas l'avoir vue venir tout d'abord à l'esprit
des disciples de cette école. Fulgence Girard la formulait ainsi dans
un ouvrage qui date de l'année 1843 : « Nous ne pouvons admettre
que cette invasion de la mer soit uniquement le résultat d'une
marée équinoxiale favorisée par une tempête. Si telle était la cause,
la submersion n'aurait été que momentanée. Le vent tombant,
la mer fût rentrée dans son lit, et la rive ancienne lui eût de nouveau
opposé sa barrière [1]. »

L'objection est dirimante. Ajoutons que l'érosion a bien eu un
rôle dans l'occupation par la mer de la baie du Mont-Saint-Michel
comme de toutes nos autres baies ; mais ce rôle a été très secondaire, et est, en tout cas, fort antérieur au dernier retour de la mer
pour la très grande masse de ses effets. L'affaissement du sol, en
amenant peu à peu dans la sphère active de la lame les couches
friables du terrain, a seul déterminé la conquête définitive par la
mer du littoral géologique et mis en danger le littoral moderne.
Un raz de marée, tel que celui du 31 octobre 1876, a bien pu envahir sur dix kilomètres de largeur les rives du Gange, détruire des
villes entières, renverser des forêts séculaires, faire périr 200,000
personnes en quelques minutes ; mais, avec le jusant, la mer est
rentrée dans son lit pour n'en plus sortir, et l'on n'a pas vu les
ruines qu'elle avait faites rester à jamais sous les eaux, comme cela
s'est produit à la longue pour les forêts littorales et pour des
établissements de l'époque romaine et du moyen âge dans le golfe
normanno-breton. Rien donc de moins raisonnable et de moins
raisonné que la prétendue marée extraordinaire de l'abbé Manet.

III. — Avec l'auteur de l'opuscule intitulé « Mes Marais [2] »
M. Genée, nous sommes porté sur un tout autre terrain. De

1. *Histoire du Mont-Saint-Michel*, page 25. Avranches, 1843.
2. Un volume in-18, de 220 pages. Saint-Malo, 1867.

l'étude poudreuse des textes nous passons sans transition à l'observation palpitante des faits, et chose regrettable, des faits seuls. Position meilleure assurément, mais cependant trop exclusive. La vérité dans des péripéties où le conflit des sociétés humaines a été mêlé de près ou de loin au conflit des éléments, la vérité ne doit pas être cherchée sur une seule voie : elle ne peut sortir entière et dans tout son éclat, la suite de ce travail le montrera, que du contrôle des témoignages du sol par les dépositions de l'histoire.

M. Genée connaît trop bien « ses marais » comme il les appelle avec amour, pour ajouter foi à la marée de l'an 709. Sans protester directement contre la fable de l'abbé Manet, dont il ne prononce pas une seule fois le nom, il se déclare nettement contre elle. « Aucune tempête, dit-il (page 35), eût-elle duré cinquante ans consécutifs, n'aurait eu pour conséquence de déplacer autant de bois et de terre, et encore moins de permettre aux coquillages de former des bancs aussi considérables. » Il voit très clairement que la submersion actuelle du littoral géologique est due à un changement de rapport entre la terre et la mer; mais où il semble se laisser dominer par les préjugés de la vieille école, celle qui a régné sans partage depuis Celsius et Linné (1732) jusqu'à Playfair et Léopold de Buch (1802-1810), c'est quand, ayant à choisir entre les deux éléments dont la mobilité peut faire le changement de rapport, il incline visiblement à prendre la mer et non la terre pour lui faire accomplir l'évolution de laquelle est sortie la ruine de nos anciens rivages. Nulle part, il est vrai, il ne professe ouvertement cette opinion, mais nulle part aussi il ne parle des mouvements du sol comme cause des conquêtes de la mer sur la terre. La phrase la plus significative que nous ayons remarquée est la suivante : « En un temps donné, les rivages de la Manche furent envahis par la mer, *bien au-dessus du niveau où elle était descendue précédemment, et plus tard, les alluvions ayant exhaussé le terrain primitif,* les limites extrêmes du Marais se trouvèrent réduites, à quelque chose près, au point où elles se passent aujourd'hui. »

La notion des oscillations du sol a donc manqué à M. Genée: aussi ne faut-il pas s'étonner de la critique qu'il fait du genre de défense opposé à la mer dans les siècles du moyen âge. « N'était-ce pas, dit-il, surfaire l'expression que de qualifier du nom de « digue » ce cordon de terre et de sable qui fut le seul ouvrage qu'on opposa aux grandes marées » (page 132). Si misérable cependant que puisse paraître ce travail, il n'y en avait pas d'autre qui fût nécessaire quand la mer restait de deux à quatre mètres au dessous de son niveau actuel. Avec le progrès seul de l'affaissement du sol, le danger a pu aller croissant; c'est au XVIIe siècle seulement que, dans la baie de Saint-Malo comme dans celle de Dol, on a dû songer à des ouvrages plus puissants de préservation. La première mention d'une levée en maçonnerie date à Saint-Malo de 1687, et c'est de nos jours seulement qu'on prolonge ce genre de défense jusqu'à Rochebonne où le sillon va s'appuyer aux roches du littoral; de même à Dol, où un simple revêtement en perrés a paru suffire jusqu'à présent, c'est depuis moins de cinquante ans sauf pour quelques parages plus en danger, que ce travail s'exécute et s'achève. De simples terrassements et des enrochements à pierres perdues en avant de la cime du bourrelet littoral avaient été opposés à la mer. La situation ne semblait pas appeler de plus grands efforts, de plus puissants moyens de résistance.

Contestable comme doctrine, le petit livre de M. Genée est un guide généralement sûr pour apprécier l'ensemble des efforts faits pour conjurer les dangers de la situation. Avec lui on saisit facilement le mécanisme compliqué de la double défense contre la mer et les eaux douces; on suit pas à pas les résultats dûs à la persévérance déployée dans la lutte. A part certains hors-d'œuvre déclamatoires, le travail de M. Genée, inspiré par l'amour du pays natal et par le désir d'être utile, méritait de fixer plus qu'il ne l'a fait l'attention de ses concitoyens.

Il est pourtant un point de fait, point très grave, sur lequel nous devons tenir en garde ceux qui auront ce livre sous les yeux: c'est quand il affirme que, lors de la submersion progressive, du Marais « la mer gagna bien la pointe ouest de la colline de Dol, mais que la Bruyère et la Rosière, qui sont bien plus avancées vers le terrain, ne furent pas entièrement couvertes par la mer » (pages 37 et 41).

M. Genée, qu'il nous permette de le lui dire, est ici victime d'un trompe-l'œil trop commun, de l'une de ces apparences qui ont fourni à Frédéric Bastiat la matière de son admirable pamphlet : « *Ce qu'on voit, et ce qu'on ne voit pas* » [1].

« Ce qu'on voit », c'est une couche de tourbe épaisse, occupant sur un plan uniforme toute la vallée des marais noirs, sauf les deux sillons, les deux flèches de vase de Dol et de Lillemer ; « ce qu'on voit encore », c'est le vert sombre de cette tourbe, resté pur de toute tache grise venant de sédiments marins. — « Ce qu'on ne voit pas », c'est le plongement continu sous la tourbe, des alluvions antérieurement laissées par le flot salé dans le lit et sur les bords de « *l'Ancienne Rivière* », c'est-à-dire dans l'espace même qui est devenu la Bruyère et la Rosière ; « ce qu'on ne voit pas », c'est que la tourbe n'a commencé à combler cet espace qu'après la fermeture de la brèche du bourrelet littoral, du seuil à la mer de cette « *Ancienne Rivière* » formée de tous les affluents du Marais noir.

Nous nous étonnons que M. Genée n'ait pas été frappé tout d'abord de ce fait éclatant, irrésistible, indéniable, savoir : que la vallée des Marais noirs est, dans toute son étendue de 16 à 17 kilomètres, entre Saint-Broladre, Châteauneuf et Saint-Bénoit, plus basse que les alluvions marines qui la bornent au nord, et que, même à la hauteur où l'a portée la croissance de la tourbe pendant des siècles, elle est encore maintenant à près de quatre mètres, en moyenne, au-dessous des plus hautes mers de la baie. A un tel niveau, rien ne pouvait la sauver des invasions de l'océan, tant que la brèche ouverte et maintenue dans le bourrelet littoral par le jeu alternatif des eaux douces et du flot, ne serait pas obstruée naturellement ou fermée de main d'homme. L'erreur de M. Genée a été, nous allons le voir tout à l'heure, reproduite par M. Sirodot ; l'appareil scientifique déployé en faveur de l'immunité d'une partie notable du Marais, ne rendra pas, croyons-nous, cette immunité prétendue plus acceptable.

IV.— Nous arrivons au nouveau système de formation du Marais.

1. Brochure in-18, Paris, 1849.

mis en avant, pendant ces dernières années, à plusieurs reprises, par l'honorable M. Sirodot, avec une insistance qui dénote une conviction profonde.

Le savant doyen de la Faculté des sciences dé Rennes abordait le problème avec de grands avantages. Toutes les ressources et les relations d'un grand centre d'études étaient à la disposition du professeur ; de précieux concours étaient acquis à sa position officielle, et le budget du département lui était libéralement ouvert.

Nous avons parlé plus haut du dépôt ossifère et de la station préhistorisque du Mont-Dol, qui ont été l'occasion première de ces longues et patientes explorations du Marais, pendant les années 1872 à 1878. Le résultat final est condensé dans un mémoire d'ensemble, présenté le 5 août 1878, à l'Académie des sciences, sous ce titre : « *Age du gisement du Mont-Dol. Constitution et mode de formation de la plaine basse, dite Marais de Dol.* » Ce mémoire a eu les honneurs de l'impression *in extenso* dans le *Compte rendu* des séances.

Inutile de revenir ici sur la critique à laquelle nos études personnelles nous ont conduit de l'opinion émise par l'auteur du mémoire sur l'âge du gisement [1] ; la seconde partie, celle relative à la constitution du Marais, est le seul objet de l'examen qui va suivre.

Ce que l'abbé Manet explique par la force impulsive du vent et du flot dans une marée extraordinaire ; M. Genée, par une période de surélévation du niveau de la mer et par des alluvions marines qui, en s'accumulant, auraient fait reculer la limite extrême de la mer, M. Sirodot l'attend de la formation, de la rupture et du relèvement d'un cordon littoral qui se serait élevé et renversé à plusieurs reprises sur la ligne frontale du golfe.

Déjà, dans une *Conférence* du 8 mai 1874, faite et imprimée à Saint-Brieuc, il avait émis cette même idée. Quatre ans plus tard, en 1878, il en a fait le sujet d'une lecture à la Sorbonne devant les délégués des sociétés savantes des départements. Le *Journal offi-*

1. Voir ci-dessus Chapitre VI, 3, et Chapitre VIII, 4.

ciel du 27 avril analyse ainsi qu'il suit cette lecture : « M. Sirodot rend compte... Les résultats de huit sondages à ciel ouvert font connaître la structure géologique du Marais de Dol. Le mode de formation du Marais est attribué à l'influence d'un cordon littoral qui, à différentes reprises, aurait été rompu et rétabli. »

Dans cette même année 1878, M. Sirodot a donné au Congrès international des sciences anthropologiques (séance du 19 août, page 123 du *Compte rendu* officiel) communication d'un extrait de son mémoire précité à l'Académie des sciences.

Toujours au cours de la même année, le savant professeur a traité de nouveau la question au sein de l'Association française pour l'avancement des sciences. Nous reproduisons ses communications d'après le *Compte rendu* officiel de la session. « Page 535. M. Sirodot, doyen de la Faculté des sciences de Rennes. — *Le plan du gisement du Mont-Dol et la série des terrains stratifiés, et mode de formation de la plaine basse constituant le Marais de Dol.* — Séance du 24 août. M. Sirodot donne le plan du gisement du Mont-Dol ; il indique la série des terrains stratifiés qu'il a pu reconnaître, grâce à de nombreux puits qu'il a fait creuser à cet effet. Les différentes formations qui constituent le sol du Marais de Dol et la baie du Mont-Saint-Michel, ne doivent pas leur diversité à des oscillations du sol ; elles délimitent autant de périodes pendant lesquelles la baie du Mont-Saint-Michel a été ouverte ou fermée à la mer par suite de la rupture et du rétablissement d'un cordon littoral. — Page 893, Séance du 29 août. M. Sirodot, Doyen de la Faculté des sciences de Rennes : *Age du gisement du mont Dol.*[1] »

Aucun effort n'a coûté, on le voit, à M. Sirodot pour saisir les corps savants et le public de son système. Et cependant, sauf une protestation, restée isolée, de M. l'abbé Hamard[2], le silence s'est fait autour de ces communications répétées. Autant avait été bruyant le retentissement donné au fait en lui-même des fouilles, autant on semble s'être accordé à ne donner aucun écho aux théories

---

1. Le *Compte rendu* ne contient pas l'analyse de ce second mémoire, mémoire étranger, du reste, à la question qui nous occupe à cette place.

2. *Le gisement du Mont-Dol*, 1877-1880. — *Journal de Rennes*, 1877.

émises par le savant professeur pour l'explication des phénomènes constatés. Est-ce prudence, ménagement, préoccupation, indifférence ?.... Serait-ce que l'adhésion s'est imposée, victorieuse à ce point que la voix de l'abbé Hamard s'est trouvée perdue au sein d'un assentiment unanime ?... Nous ne savons, mais on pourrait le croire. Dans une circonstance toute récente et avec bien moins d'apparences favorables, n'avons-nous pas vu l'auteur d'une théorie nouvelle et très contestable des monuments mégalithiques, s'étayer hautement du défaut de réfutation comme d'un signe non équivoque du triomphe de ses idées ? ... « Personne, dit-il, ne s'est présenté pour les combattre ni les défendre. Cependant je ne puis croire que ces deux publications aient passé inaperçues, et, comme aucune objection ne m'a été faite ni en public ni en particulier, il m'est permis de voir dans ce silence une approbation. »

Les titres nous manquent pour juger au point de vue purement scientifique la conception de M. Sirodot ; c'est affaire à ses pairs, et nous espérons qu'ils ne s'y déroberont pas plus longtemps. En attendant, nous examinerons cette conception à la seule lueur des informations que chacun a sous la main.

Vidons préliminairement la question de l'anse de Polus (Côtes-du-Nord), citée pour exemple d'une localité où un cordon littoral se serait élevé et rompu à plusieurs reprises.

Nous avons en vain cherché cette anse sur les cartes locales, sur la carte de l'État-major, dans les diverses géographies tant générales que spéciales, dans le *Portulan de la Manche*. Il faut qu'elle ait bien peu d'importance. Telle qu'elle puisse être, nous doutons que ce qui s'y est passé puisse jamais être mis en balance avec les actions et réactions colossales que M. Sirodot met en jeu dans le golfe normanno-breton.

Pour la clarté de la discusson nous divisons en onze paragraphes l'exposé du système. Nous croyons n'avoir rien omis d'essentiel dans cet exposé littéralement emprunté au mémoire précité du 5 août 1878.

---

1. James Fergusson. *Les monuments mégalithiques.* Un vol. in-8, Paris, 1878.

1° « *Pour rendre compte de la constitution du Marais de Dol et des vastes dépôts tourbeux de la baie du Mont-Saint-Michel et de la côte normande, il ne me paraît pas possible de faire intervenir un affaissement lent ou des oscillations du sol.* »

On verra tout à l'heure la raison, raison de fait, sur laquelle cette opinion est appuyée. Quant à la raison théorique, M. Sirodot l'a prise sans doute dans « la répugnance qu'il éprouve à admettre qu'un massif granitique qui se rattache aux plus anciennes collines de la Bretagne, ne soit pas absolument fixe ». Un tel *sentiment* a lieu de surprendre chez le savant professeur, en face des oscillations si bien démontrées et si connues de la Scandinavie, massif granitique s'il en fut. N'est-il pas appris, d'ailleurs, que le granite est le support de tous les sols, quelles que soient les formations qui les recouvrent. Où est donc la raison de la distinction que M. Sirodot tend à établir entre eux sous le rapport des pulsations de l'écorce terrestre ?

2° « *Sur les contours du bassin tourbeux, les diverses couches affleurent au même niveau ou n'en forment plus qu'une seule.* »

Dans notre *Tableau géochronique* de formations du Marais de Dol [1], nous avons donné à l'avance la réponse à cette assertion. Le sondage que reproduit ce tableau a été exécuté entre Dol et le Mont-Dol. En ce point, on se trouve bien « sur les contours du bassin tourbeux ». La sonde opérait, en effet, à un kilomètre de la terre ferme, et à 45 kilomètres du cordon littoral invoqué comme limite du bassin vers la mer [2]. Or les couches rencontrées sont restées alternantes et distinctes, savoir, dix-sept couches tantôt fluviatiles tantôt marines, sur une profondeur de 19 m. 36. La raison de fait n'échappe donc pas moins à M. Sirodot que la raison purement théorique.

3° « *Toutes les circonstances relevées par l'observation s'expliquent, au contraire, très naturellement par l'existence d'un cordon*

---

1. Chapitre XVIII, 9.

2. « Les couches de tourbe ne sont pas limitées au Marais de Dol, elles s'étendent dans toute la baie du Mont-Saint-Michel, et de plus, des sondages ont attesté leur présence dans l'espace compris entre le littoral ouest du département de la Manche et la ligne des Iles normandes. » *Même mémoire du* 5 *août* 1878.

littoral qui aurait compris dans sa ligne les Iles normandes, les Iles Chausey, le plateau des Minquiers et peut-être l'île de Césembre. »

Élie de Beaumont, l'un des savants français qui ont le plus fait pour vulgariser la théorie des mouvements du sol, Élie de Beaumont avait dit : « L'existence des dépôts tourbeux (*en Hollande*)... s'explique très naturellement dans la même supposition (*celle d'un affaissement du sol*).[1] » M. Sirodot adopte la forme du raisonnement et en repousse le fond.

Se rend-on bien compte de ce qu'a dû être « le cordon littoral » proposé par M. Sirodot ? Mieux inspiré d'abord, le savant professeur lui avait donné le nom de « barrage[2] ». C'est bien, en effet, d'un barrage qu'il s'agit : du barrage non d'un golfe presque fermé comme le Palus-Méotide, mais d'une mer ouverte en plein sur le grand Océan. Sous la nouvelle et modeste appellation, il n'est question de rien de moins que d'un obstacle continu, sans la moindre lacune et fissure possibles, élevé à 75 kilomètres, par endroits, de la rive française, sur le parcours de la vague atlantique, par des fonds de 24 à 64 mètres d'eau, à mer haute, avec un fruit proportionné à cette énorme hauteur de même qu'au hasard et à la mobilité de dépôts accidentels.... Pélion sur Ossa !

Il est bien vrai cependant que la baie de Dol offre l'exemple d'une sorte de « cordon littoral » ; mais ce n'est pas la construction qui aurait enveloppé dans son enceinte le golfe presque tout entier : c'est le vaste bourrelet d'alluvions marines, en arrière duquel se sont formés, d'abord la lagune, puis le lac et enfin le marais de Dol. Rien de plus dissemblable que ces deux choses.

Le barrage de M. Sirodot serait, à la rigueur, concevable dans une formation première du moins, si, au lieu d'être supposé, comme nous allons le voir, le fait de banquises venues du dehors, il était présenté comme un dépôt des blocs erratiques, des graviers et du limon de glaciers terrestres qui auraient eu leur moraine

---

1. *Leçons de géologie pratique*, tome Ier, page 318.
2. Conférence du 3 mai 1874.

frontale sur l'emplacement du barrage. Mais où prendre ces glaciers sur le littoral du golfe, là où les hauteurs les plus élevées restent à des cotes de moins de 200 mètres ?

4° « *En arrière de ce cordon littoral, une vallée basse offre les conditions les plus favorables au développement de la tourbe.* »

Élie de Beaumont avait dit, toujours à propos de la Hollande : « Les bords de ce lac remplissaient les conditions qui sont les plus favorables à la production de la tourbe. »

Remarquons bien ici que, le système des oscillations du sol une fois écarté, le rapport de la terre à la mer n'a plus à varier. Le niveau de la mer est, en effet, regardé comme s'étant conservé sans altération sensible depuis les derniers temps géologiques. Or, le barrage une fois porté à toute sa hauteur, les eaux des bassins fluviaux qui se déchargent dans le golfe, remplacent nécessairement les eaux salées et s'élèvent sur le talus intérieur jusqu'à ce que le sommet, nous allions dire la tablette, leur serve de déversoir. Le golfe entier, du cap de la Hague au Sillon de Talber (car M. Sirodot n'a été conséquent ni avec lui-même ni avec les faits en s'arrêtant à Césembre), le golfe entier ne sera plus qu'un lac, non ! une mer d'eau douce, avec des profondeurs s'étageant de 64 mètres à 0 [1]. Aucune filtration ne doit se produire à travers le barrage : si, d'une part, elles étaient favorables à l'écoulement des eaux douces au dehors, de l'autre, elles permettraient à l'eau salée de reprendre plus ou moins leur empire dans le golfe, et seraient un obstacle à la végétation tourbeuse.

Que devient, en toute hypothèse, « la vallée basse » de M. Sirodot ? Comment trouver là « les conditions les plus favorables au développement de la tourbe », de la tourbe qui exige pour s'accroître que l'eau ne dépasse pas habituellement le niveau des bas fonds où elle végète ?

5° « *Que ce cordon vienne à se rompre, la mer roule sur un terrain spongieux qu'elle comprime et submerge.* »

---

[1]. La baie de Saint-Brieuc contient la même tourbe, la même forêt sous-marine que les parages de Cancale, de Dol, du Mont-Saint-Michel, de Jersey, de Guernesey, de Genets et de Bricqueville près Coutances.

« Qu'elle bouleverse de fond en comble », croyons-nous, tombant en grand comme elle le ferait dans « la vallée basse », de hauteurs allant jusqu'a 64 mètres, avec une impétuosité accrue par le renversement partiel de l'obstacle.

6° « *Mais l'eau incompressible* [1] *qui imprègne la tourbe, reflue en arrière et relève la région la plus éloignée du bassin, qui ne sera pas recouverte.* »

L'invasion de la mer, déchaînée par la rupture du barrage, poursuit, on le voit, sa marche placide et mesurée. L'eau douce recule à travers la tourbe sous la pression de l'eau salée, sur un parcours de plusieurs lieues, sans se laisser pénétrer par un fluide cependant plus dense, allant aux confins du bassin soulever une région entière, six mille hectares de tourbe et de bois, qui, grâce à ce mécanisme, sera préservée seule, toute seule ! de ce nouveau déluge.

Elle ne le sera pas moins, dans toute la suite des temps de la submersion par les marées : car le phénomène de cette région soulevée et affaissée se renouvellera deux fois par jour, aussi longtemps que le barrage du golfe ne sera pas reconstitué sans lacune [2].

« Pour réfuter une pareille théorie, écrit M. l'abbé Hamard, il suffit de l'exposer. »

7° « *Enfin, le sédiment marin ne s'étendra que sur la partie occupée par la mer.* »

Rien à reprendre assurément dans une telle proposition.

8° « *Le rétablissement du cordon littoral devient le point de départ d'une nouvelle période pendant laquelle se reproduit la formation tourbeuse.* »

Il faut, en effet, et c'est peut-être la peine d'une telle conception, il faut que M. Sirodot, nouveau Sisyphe, construise et voie se démolir son barrage, toujours avec les conditions que nous avons déduites de la condition naturelle des lieux, aussi souvent qu'il est constaté par l'observation directe ou par des sondages, que des couches fluviatiles alternent dans les strates du golfe avec des couches marines. En effet, les profils des fonds marins, *si l'on écarte*

1. Incompressible ?... — 2. Conséquence non exprimée, mais nécessaire.

les mouvements du sol, n'ont pu changer assez gravement par les érosions seules, depuis la dernière destruction supposée du barrage (*premiers siècles de l'ère chrétienne au plus tard*) pour que nous ne soyons pas autorisé à prendre l'état actuel des choses pour base dans le calcul des dimensions du barrage proposé. Des canaux, tels que le Passage de la Déroute et la Passe du Décolé, se sont bien creusés à plusieurs mètres de profondeur, depuis les temps historiques, mais ils n'ont pu le faire qu'à l'aide de l'affaissement du sol et à travers les dépôts meubles laissés dans les intervalles des roches par la mer du quaternaire moyen. Les profils généraux des fonds rocheux du golfe (granite, syénite, gneiss, diorite et porphyre) n'ont pu sensiblement changer.

9° « *Comme la couche la plus ancienne des dépôts récents est un sable tourbeux recouvrant le conglomérat granitique, le premier établissement du cordon littoral serait à peu près contemporain du conglomérat.* »

Nous renonçons à comprendre le sens et surtout la portée de la proposition.

10° « *Or, comme aussi ce conglomérat et le sédiment de sable argileux sous-jacent, par leurs propriétés physiques et surtout par la position qu'ils occupent sur une pente très marquée, se présentent avec tout le caractère d'un dépôt résultant de la fonte de neiges et de glaces, il y aurait lieu de rechercher si le cordon littoral invoqué ne serait pas en grande partie le résultat de l'amoncellement des matériaux amenés par les banquises sur les hauts fonds du littoral.* »

Nous devrions bien nous convaincre que le barrage du golfe a eu une existence réelle, puisque les éléments qui le composaient ont pu être étudiés jusque dans « leurs propriétés physiques », et qu'ils ont « tout le caractère d'un dépôt résultant de la fonte de neiges et de glaces ». Il est pourtant une « grande partie » de ces éléments pour la provenance de laquelle on serait fondé à entretenir les doutes les plus graves. Nous voulons parler de ceux qui auraient été amenés par les banquises.

Les rivages de la mer glaciaire sont aujourd'hui parfaitement

connus ; le tracé en est demeuré dans les traînées de blocs erratiques que l'on peut suivre de la rive orientale de l'Angleterre
jusqu'en Russie, en passant par les Pays-Bas et l'Allemagne du
nord. « La barrière de la chaîne hercynienne, écrit M. Hébert [1], se
prolongeant à l'ouest par les saillies du Boulonnais et des Wealds,
a servi de limite aux blocs scandinaves. » La Manche est donc
restée en entier en dehors du parcours de ces blocs et des banquises qui leur servaient de radeaux.

De même qu'on les voit accumulés dans la mer du Nord, on
devrait retrouver dans le golfe normanno-breton les matériaux que
M. Sirodot se montre disposé à demander aux banquises. La dernière
rupture du « cordon littoral » ne peut être plus ancienne, nous
l'avons dit, que les alluvions marines qui ont recouvert les restes
de la forêt littorale, c'est-à-dire, d'après l'ensemble des monuments, que l'ère de la domination romaine. On était bien loin
alors, à des myriades d'années sans doute, des époques glaciaires,
et la première réflexion qui se présente consiste à se demander
quelle est la force qui, dans la période géologique moderne, a
bien pu remettre en place les matériaux dispersés lors de la précédente rupture du barrage. Considérant ensuite ces matériaux en
eux-mêmes, personne assurément ne sera tenté de supposer qu'une
digue naturelle dans laquelle les quatre millions de mètres
cubes de la Grande Pyramide ne compteraient guère que comme
des grains de sable, ait pu en quatorze ou quinze siècles se
menuiser à ce point de ne laisser aucun vestige. Or, cartes marines, portulans, sondages, rien ne révèle les débris d'une aussi
gigantesque construction.

La mer aurait-elle donc été capable, nous ne disons pas de détruire, mais seulement de désagréger les profondes assises du
barrage, de ce « conglomérat granitique », de ces blocs réunis par
un ciment comme le sont tous les conglomérats! Écoutons à ce
sujet les opinions les plus autorisées :

« On admet généralement qu'au-dessous de 15 à 20 mètres

---

1. Société géologique de France. Année 1877.

l'agitation de la surface ne se transmet pas sur les matières meubles qui constituent la plage sous-marine. » M. Ch. LENTHÉRIC, ingénieur des ponts et chaussées. *Les Villes mortes du golfe du Lion*, page 43.

« L'agitation produite par les ondes, même pendant la tempête, ne s'étend qu'à une très petite profondeur.» LYELL. *Manuel de géol. élémentaire.*

« Les enrochements des constructions sous-marines ne sont guère dérangés au-dessous de cinq mètres dans la Méditerranée, et de huit mètres dans l'Océan. » DELESSE. *Lithologie du fond des mers*, tome Ier, page 106.

« Au-dessous de dix mètres de profondeur, les vagues non plus que les courants superficiels et alternatifs des marées (de la Manche) n'ont plus d'action sensible. » M. l'ingénieur BEAU DE ROCHAS. *Comptes rendus* de l'Académie des sciences, au *Journal officiel* du 17 juin 1881.

« Les érosions que produit l'action de la mer m'ont paru s'étendre un peu au-dessous du niveau inférieur des marées ; mais probablement elles ne se prolongent pas beaucoup plus bas, car on sait que l'agitation de la zone superficielle diminue rapidement dans la profondeur. » J. DUROCHER, ingénieur des mines, professeur à la Faculté des sciences de Rennes. *Bulletin de la Société géologique de France,* 2ᵉ série, tome VI, page 200.

S'il en est ainsi à 15 ou 20 mètres pour les sables, et 8 mètres pour les enrochements à pierres perdues, comment le flot aurait-il pu soulever et entraîner au loin des matériaux glaciaires, graviers, blocs erratiques, quartiers de roches, tous cimentés en conglomérat à des profondeurs de 24 à 64 mètres, à mer haute ?

11° *Les observations de M. Charles Barrois sur les côtes du Finistère militeraient en faveur de cette opinion* (celle de matériaux amenés par les banquises).

M. Sirodot a négligé d'indiquer la place où les observations dont il parle ont été consignées. Un hasard heureux nous les a fait retrouver dans un périodique départemental [1].

---

1. Société géologique du département du Nord. *Annales*, tome IV, page 183. Lille, 1876.

L'exploration de M. Charles Barrois s'est particulièrement fixée sur la baie de Kerguillé, au sud de l'anse de Dinant, à l'extrémité occidentale du Finistère. Au lieu du « moelleux tapis de sable » auquel l'avaient « habitué » nos grèves, il aperçoit « avec étonnement » une formation de galets. La formation avait donc, à ses yeux, un caractère tout exceptionnel et n'engageait en rien l'ensemble des côtes du Finistère. Ces galets rappellent à l'honorable géologue les falaises couronnées de « *Boulder-clay,* argile caillouteuse » du nord de l'Angleterre ; mais il se hâte d'ajouter que le rivage de la mer glaciaire ne s'avançait pas au sud plus loin qu'une ligne tirée de l'embouchure de la Severn à celle de la Tamise. Nous avons dit nous-même, avec tous les auteurs, que le « *Drift* » (terrain de transport scandinave) ne dépasse pas la latitude de Londres (51°). Encore une fois, la Manche est donc restée en dehors du parcours des banquises.

Il s'est formé avec les galets de Kerguillé un poudingue dont les éléments ont été agglomérés par un ciment ferrugineux. « Tous les éléments de ce dépôt sont indigènes, écrit M. Charles Barrois, tous ces fragments roulés sont des rochers que l'on connaît en place dans la presqu'île armoricaine... On n'y trouve aucun galet venu du Nord. On ne peut donc assigner à ce poudingue la même origine qu'au *Boulder-clay.* » Ainsi, rien à inférer de l'exemple cité par M. Sirodot, en faveur de son hypothèse de matériaux amenés par les banquises dans le golfe normanno-breton.

Il en est de même à Jersey et dans les îles voisines, là où le « cordon littoral » formé « en grande partie » par les banquises, aurait pris son principal point d'appui. « Nulle part dans les îles, lisons-nous dans David Ansted [1], si ce n'est sur un point de la côte nord-est et est de Jersey, où on a trouvé quelques amas de silex dont l'origine est obscure, nulle part on ne peut constater l'existence de cailloux roulés venant du dehors. » Les silex dont parle l'éminent naturaliste viennent sans doute, comme ceux que l'on trouve en si grande abondance sur nos grèves, de la démolition des falaises crayeuses à rognons siliceux de la Manche.

1. *The Channel Islands.* Un volume in-8°, page 293, Londres, 1861.

La formation de Kerguillé a pour origine, suivant M. Charles
Barrois, des glaçons de charriage, comme il s'en forme parfois sur
les fonds marins, à l'entrée de la Baltique, mer dont la salure est
faible, et au fond des rivières. Le phénomène de ces glaces, contraire à une loi naturelle bien connue, celle en vertu de laquelle
l'eau qui descend à 4 ° 44 centigrades au-dessous de zéro, atteint
son maximum de densité et se précipite vers le fond, ce phénomène,
disons-nous, a donné lieu à de nombreuses hypothèses et est encore mal éclairci. On ferait sagement de ne pas trop en user pour
l'explication de faits du genre de ceux de Kerguillé, qui ont des
causes plus simples et moins objectionnables. Plus que nulle part
ailleurs, à Kerguillé, la formation de glaces de fond est rendue
peu vraisemblable par la violence sauvage de la mer à cette pointe
extrême du continent.

Loin, bien loin, du reste, de contester l'existence d'oscillations
du sol en Bretagne, M. Charles Barrois donne une preuve frappante de ces mouvements dans l'altitude qu'il reconnaît aux poudingues émergés de Kerguillé.

C'est donc, à tous les points de vue, la thèse des oscillations du
sol, et non celle d'un barrage du golfe normanno-breton par un
cordon littoral, qui a droit d'invoquer à son aide les observations
de M. Charles Barrois.

Cette théorie des oscillations de l'écorce terrestre, que, dès
1845, l'auteur du *Cosmos* croyait ne plus faire doute pour aucun
géologue, l'honorable M. Sirodot ne l'a pas toujours aussi dé-
cidément repoussée pour la solution des problèmes de la baie
de Dol. En 1874, il laissait place à l'alternative du choix entre
le barrage et les oscillations. Tout récemment encore, en 1878,
dans son Mémoire à l'Académie, après avoir, au début, écarté les
oscillations, il semble vers la fin vouloir s'en rapprocher. En termes embarrassés et sans précision, il est vrai, il parle « d'un sédiment marin relevé à 14 mètres au-dessus du niveau moyen actuel »,
et il se demande « si le mouvement du sol que ce sédiment accuse, » — il y a donc eu des mouvements, et M. Sirodot n'a plus
la même *répugnance* à y croire, — « n'est pas lié à celui qui,

pendant la même période, s'est étendu sous les mers du Nord. »

Disons-le pourtant : M. Sirodot ne fait que poser la question ; il n'est pas plus fixé à cet égard qu'il ne l'est pour la croissance sur place des grands arbres enfouis dans la tourbe, et pour la provenance des matériaux de son cordon littoral. « Je ne suis pas en mesure de... je réserve la question de... Il y aurait lieu de rechercher si ... » Pourtant, ces problèmes sont soulevés par M. Sirodot lui-même, et nul autre mieux que le savant professeur, après huit années d'études du Marais de Dol, ne doit être préparé à les résoudre.

Il s'agit, nous le répétons, d'une question du plus haut intérêt pour la région dont nous étudions l'histoire. Que les mouvements du sol soient reconnus, avec l'unanimité des naturalistes, pour être la cause de la submersion de notre ancien littoral : la menace suspendue sur nos têtes et sur celles des générations à venir prend une forme et une mesure ; la vigilance des pouvoirs publics est tenue en éveil. C'est ainsi qu'en Hollande on tient registre officiel du progrès de l'affaissement depuis le milieu du XVe siècle, et, en Suède, du progrès du soulèvement depuis l'année 1732. Au contraire, que le système mis en avant par M. Sirodot vienne à prévaloir dans le pays sur lequel se répand son enseignement : la quiétude trouve sa justification. On n'est plus en présence d'un mouvement lent mais continu vers les abîmes, mais d'une éventualité dont les précédents se perdent dans les ombres du passé, et dont rien ne fait préjuger la récurrence. L'apathie trouve un prétexte, et la négligence une excuse.

Terminons par un souvenir qui nous revient, de la conclusion donnée par Lyell, il y a plus d'un demi-siècle déjà, à une contestation portant sur un sujet presque identique.

Il s'agissait du Lœss rhénan et de l'explication que l'on donnait, dans une certaine école alors encore en faveur, de formation de ce terrain, au moyen d'un barrage de la vallée au droit de la ville de Bonn. « Si l'on admet les oscillations de niveau, répondait Lyell, on peut se dispenser d'élever et plus tard d'abattre une barrière de montagnes capable d'exclure l'Océan de la vallée du Rhin pendant la période de l'accumulation du Lœss. »

Cette ironie hautaine vis-à-vis d'adversaires jusque-là en possession de l'opinion, pouvait convenir à un homme comme Lyell,
même à ses débuts dans la carrière qu'il allait illustrer, mais elle
n'est pas à l'usage de simples et obscurs chercheurs comme nous,
pour qui la fréquentation du terrain géologique n'est qu'une excursion passagère, un incident vite oublié, amené par la seule force
d'un plan d'études historiques. Si la science s'était prononcée sur les
communications de M. Sirodot, nous nous serions borné, comme
sur d'autres questions qui ont trouvé place dans ce livre, à enregis-
trer respectueusement son arrêt. Ce n'est pas notre faute si nous
l'avons vainement attendu.

CINQUIÈME PARTIE.

AFFAISSEMENT DE LA PÉRIODE GÉOLOGIQUE MODERNE, ET DERNIER RETOUR DE LA MER DANS LE GOLFE. CONCORDANCES ET SYNCHRONISMES SUR LES RIVAGES DE LA MER DU NORD, DE LA MANCHE ET DU GOLFE DE GASCOGNE.

CHAPITRE XXII

« LA FATALE MARÉE DE L'AN 709. »

I. Préjugés de l'opinion sur les causes de la submersion moderne de l'ancien littoral. — II. L'abbé Manet et son école. — III. Seule source d'informations contemporaines. — IV. Date du manuscrit. — V. 1er passage à examiner. — VI. Suite de la discussion. — VII. 2e passage. *Notes.*

I. — Nous sommes arrivé au moment où la mer va reprendre définitivement, autant du moins que la courte vue de l'homme lui permet d'en juger à de telles distances, possession de ses anciennes plages. Les phases alternatives d'émersion et d'immergement à l'exposé desquelles ont été consacrées nos précédentes études, auront préparé nos lecteurs les plus prévenus à ne plus accueillir sans quelque défiance la fable dont on a si longtemps bercé le pays pour expliquer les ruines accumulées devant nos demeures par le dernier retour de la mer. L'opinion reste avec nos adversaires, et le préjugé est universel. « On sait, écrit M. Charles Lenthéric [1], avec quelle prodigieuse facilité une erreur historique ou géographique, dès qu'elle a pris pied dans ce que l'on appelle un peu pompeusement « le domaine de la science » est adoptée sans contrôle et passe à l'état de vérité parfaitement établie ». C'est ce qui est arrivé parmi nous pour la question de la ruine de notre ancien littoral, à partir du moment où a été tirée d'un trop juste oubli « la fatale marée de l'an 709 ».

1. *Les villes mortes du golfe de Lyon.* Un volume format anglais. Paris, 1876.

II. — L'école qui soutient cette marée a pour livre le Mémoire
De l'état ancien et de l'état actuel de la baie du Mont-Saint-Michel,
et l'abbé Manet est son prophète. Loin de nous la pensée de révo-
quer en doute les services rendus par le vénérable érudit à la cause des études scientifiques et littéraires, études dont il a essayé
en vain de rallumer le flambeau dans la patrie de Chateaubriand,
de Toullier, de Broussais et de La Mennais. Une préparation insuffisante a mal servi une rare application à des recherches soutenues pendant une longue vie[1]. Son Mémoire restera toujours
comme une œuvre à consulter, à cause des traditions et des souvenirs qu'il y a condensés. Quant à l'explication des faits, il faut renoncer à la chercher dans cet ouvrage ; l'auteur s'est radicalement trompé en la demandant moins à l'étude du sol qu'à une
légende apocryphe fondée sur l'interpolation d'un texte primitif et
original.

Cette interpolation est maintenant bien établie.

« Parmi les six manuscrits relatifs à l'origine du Mont-Saint-Michel,
écrit M. l'abbé Hamard ", il en est un qui, au lieu de rapporter la
submersion du pays avant d'en venir à l'apparition de l'Archange
à saint Aubert, comme le font les autres chroniqueurs, intervertit
l'ordre des faits, et place la destruction de la forêt pendant le voyage
des clercs au Mont-Gargan. Or, ce manuscrit semble avoir été le
plus consulté, et cela sans doute parce qu'il est le plus facile à lire. Il
est le plus récent, et remonte, dit-on, à la fin du XVe siècle seulement. Il offre de nombreux remaniements, des transpositions no-
tables, et, sur beaucoup de points, diffère des manuscrits antérieurs.
Il est donc, on peut le dire, sans nulle valeur, et son auteur ne
méritait pas qu'on le prît au sérieux, lorsque, obéissant à une idée
préconçue, il lui plut de modifier la date assignée à l'extension de
la mer sur nos côtes par tous ses prédécesseurs. »

Telle est la source unique, source empoisonnée, s'il en fut, à
laquelle ont puisé les auteurs qui, dans le cours des XVIIe et XVIIIe

1. L'abbé Manet, né à Pontorson en 1764, est mort à Saint-Malo en 1844.
2. *Le gisement préhistorique du Mont-Dol.* Un volume en deux livraisons, avec planches.
Rennes, 1877-1880.

siècles, ont écrit l'histoire de l'invasion de la mer autour du Mont-Saint-Michel : le P. Dom Huisnes, dans sa grande œuvre manuscrite, tout récemment éditée par M. de Beaurepaire ; le P. du Monstier, dans sa *Neustria pia*; l'abbé Desroches, dans son *Histoire du diocèse de Coutances;* l'abbé Lefranc, dans son manuscrit de la Bibliothèque de la même ville ; le chanoine Déric, dans son *Histoire ecclésiastique de Bretagne;* tel est le thème que l'abbé Manet a rajeuni, et sur lequel, à partir de 1828, les écrivains qui l'ont suivi, historiens, érudits, ingénieurs, marins, géographes, touristes, depuis M. Charles Cunat [1] jusqu'à M. Pégot-Ogier [2] ont brodé leurs variations [3].

Il faut à l'opinion, quoi qu'il lui en coûte, cesser de se repaître de ces grands ébranlements atmosphériques qui l'ont à la fois terrifiée et charmée, de ces révoltes instantanées des vents et de l'Océan, qui ont prêté à de si beaux mouvements oratoires. Il faut, avec M. le Président Lainé [4], reléguer au rang des chimères « cette fatale marée de l'an 709, l'une des plus considérables que l'on ait jamais vues sur toute l'étendue de nos côtes, et qui, par malheur, fut soutenue d'un vent du nord des plus terribles » [5]. Il faut rayer de l'*Histoire de la petite Bretagne* [6], œuvre de prédilection de l'abbé Manet, le passage suivant, quelque sensation que, dans l'esprit du bon abbé, il fût destiné à produire : « Au mois de mars 709 eut lieu CETTE MARÉE AUSSI FATALE QU'EXTRAORDINAIRE, qui fit passer sous le domaine de l'Océan tous les environs de la ville d'Aleth, à prendre depuis le cap Fréhel jusqu'au Cotentin, isola le monticule sur lequel est maintenant la ville de Saint-Malo, et creusa son port, forma la baie actuelle de Cancale et du Mont-Saint-Michel, opéra enfin sur nos côtes plusieurs autres ravages horribles. »

Tout dans le tableau de cette marée « aussi fatale qu'extraordinaire», en effet! tout est de pure imagination. Pas une trace n'en

1. *La cité d'Alath.* 1845.
2. *Histoire des Iles de la Manche,* 1881.
3. Note A.
4. Mémoire lu à la Sorbonne, 1865.
5. Abbé Manet, page 11.
6. IIᵉ volume page 144.

existe dans les faits ni dans l'histoire : dans les faits, nous pensons l'avoir montré ; dans l'histoire, c'est ce qui nous reste à prouver.

Disons cependant, pour ne rien omettre, que nous avons récemment trouvé (novembre 1879) dans un des anciens manuscrits du Mont la mention d'un tremblement de terre ressenti dans le mois de mars de la même année 709. Cette mention n'a été, croyons-nous, jamais reproduite ; l'événement paraît avoir été sans importance. Peut-on supposer, alors qu'il avait si peu occupé les contemporains, que la tradition orale s'en soit conservée jusqu'au XVᵉ siècle et qu'elle se soit transformée vers ce temps en celle d'une marée suivie de ravages analogues à ceux qu'aurait produits une immense commotion du sol ? nous ne pouvons le croire. Toujours est-il que l'abbé Manet et ses auteurs ont ignoré cette circonstance, et qu'elle n'a pas servi, comme elle aurait pu le faire à meilleur titre que la marée, pour l'édification de leur roman.

Nous avons eu la curiosité de rechercher à quel jour avaient eu lieu les marées de vive eau dans le mois de mars 709. Le calcul de l'âge de la lune nous a montré que le 2 avait été un jour de pleine lune ; le fait s'est reproduit le 31 mars, et, dans l'intervalle, le 14 a vu une troisième grande marée, celle de la nouvelle lune. Aucune de ces marées n'a laissé de souvenir dans l'histoire des rivages de l'Europe nord-occidentale et moyenne [1].

Quant à la tempête et à « ce vent du nord des plus terribles » qui aurait secondé une intumescence extraordinaire des flots, il n'en est question nulle part dans les documents contemporains ou même prochains. Il est rare sur nos côtes que les tourmentes viennent du nord ; les vents de la partie de l'ouest ou vents d'aval (sud au nord par l'ouest) soufflent dans le golfe pendant les trois quarts de l'année, et c'est dans le nord-ouest qu'ils prennent leur plus grande violence.

III. — Le seul document original qui existe sur les événements

---

1. Voir ci-après chapitre XXV, 6, le *Tableau récapitulatif* des marées exceptionnelles, tempêtes et tremblements de terre que l'histoire a enregistrés depuis l'ouverture des temps historiques, sur le littoral de l'Europe occidentale.

dont le Mont-Saint-Michel et ses abords ont été le théâtre au cours
des années 708 et 709, est la chronique qui se trouve rejetée par un
hasard de la compilation ou plutôt de la reliure d'un ensemble de
vieux documents, à la fin du Recueil intitulé : « *Historiæ Montis-
Sancti-Michaelis* » grand in-4°, n° 34 du catalogue de la bibliothèque
d'Avranches, et n° 211 du catalogue général des manuscrits déposés
dans les bibliothèques du département, v° *Avranches* [1]. La légende
de la fondation du monastère y porte le n° 9. Les archives des
églises voisines, Dol, Aleth, Avranches, Coutances, sont muettes
sur ces événements. Le dernier témoignage que l'on trouve dans
les *Vies des Saints* sur l'existence de la Forêt de Scissey [2], est rapporté par les commentateurs au VIII° siècle, mais une remarque
judicieuse de l'abbé Gallet montre que ce témoignage ne peut pas
dépasser le milieu du VII°. Et de fait, l'histoire physique de la forêt,
telle que la courbe des oscillations du sol permet de la reconstruire
ne permet qu'à grand'peine, et pour l'extrême lisière littorale seulement, une date si rapprochée. Le silence des annalistes bretons,
franks et saxons, ces derniers souvent si précis et si minutieux dans
leurs chroniques, sur une catastrophe aussi soudaine et aussi grave
que celle qui aurait amené l'engloutissement de toute une région
célèbre dans la chrétienté d'Occident, et par une solidarité qui s'impose, la submersion, momentanée au moins, de vastes étendues de
terre sur les côtes de la Manche, ce silence est déjà un indice assez
grave contre la réalité de l'événement. Seul parmi les manuscrits du
temps, celui du Mont-Saint-Michel raconte ce qui s'est passé
au Mont et autour du Mont pendant ces deux années : sous quel
aspect, bien différent de celui de l'abbé Manet, nous allons le voir
tout à l'heure.

IV. — La détermination de l'époque à laquelle remonte la partie

1. Tome IV, *Imprim. nat.*, 1872.
2. *Vie de saint Thuriau.* — Si le Riwallo dont il est question est bien le frère de
Saint-Judicaël (le 3e frère, d'après M. A. de La Borderie. *Annuaire de Bretagne*, 1862, page
56), il ne peut être né que vers la fin du VI° siècle, et son âge d'homme correspond aux
années 610 à 640.

du manuscrit consacrée à l'érection de l'abbaye, c'est-à-dire aux années 708-709, a, dans la question, une importance capitale.

D'après Alfred Maury (*Antiquaires de France*, 1844), le manuscrit est antérieur au Xe siècle. L'abbé Hamard lui donne pour date le commencement du Xe, et peut-être le IXe. « C'est du reste, dit-il, celui qui, par ses caractères intrinsèques, par sa rédaction moins légendaire, présente le plus de garanties-historiques » (*Le gisement du Mont-Dol*, 1877-1880). Paul Féval (*Merveilles du Mont-Saint-Michel*, 1878), fait remonter le même manuscrit au moins au Xe siècle. Fulgence Girard, dans un ouvrage dont le titre promet plus qu'il ne donne (*Histoire géologique, archéologique et pittoresque du Mont-Saint-Michel*; 1843), a porté du moins à l'examen du manuscrit des connaissances paléographiques spéciales. « L'époque, dit-il, à laquelle fut composé l'ouvrage dont nous avons traduit ces citations, ne peut être postérieure au XIe siècle ; son écriture porte, en effet, tous les caractères de la plus haute antiquité. Non seulement les lignes y sont tracées à la pointe sèche, comme cela s'est pratiqué jusqu'à la fin du XIe siècle, mais les *æ* qui, après cette époque, se trouvent écrits en deux lettres séparées, y sont fréquemment exprimés par un *e*, abréviation que l'on ne trouve jamais dans les manuscrits postérieurs à l'an 1100[1]. Une autre preuve non moins concluante de l'ancienneté de ce document, est l'état matériel de son texte : ses lettres sont tracées avec plus de légèreté, n'ont ni la raide simplicité des caractères graphiques des XIIe et XIIIe siècles, ni les formes tourmentées des siècles postérieurs au XIIe. Une remarque qu'il n'est pas moins important de faire, c'est que les couleurs si belles et si persistantes dont s'offrent parées les lettres ornées des anciens manuscrits, ont perdu presque toute leur vivacité, et qu'il faut offrir les feuillets presque horizontalement à l'œil pour que le regard puisse voir rutiler les dorures dont l'action des années a terni et détruit le flave éclat. »

Autre observation, qui nous est personnelle : une note margi-

---

1. Assertion inexacte: voir le cartulaire du Mont, écrit en grande partie à la fin du XIIe siècle, et où les *æ* sont remplacés par des *e*. A. C.

nale dont l'écriture nous reporte au XV⁰ siècle, constate, à la page
203 du manuscrit, que l'on a coupé cinq feuillets, et donne le document dans son entier comme datant du IX⁰ siècle.

Terminons cette revue des opinions émises sur la date du manuscrit, par l'avis d'un érudit des plus compétents. M. le président
Laîné le caractérise ainsi : « Écrit dans le IX⁰ siècle ou dans le
commencement du X⁰ et peut-être composé bien avant, dans un
temps qui devait se rapprocher beaucoup de la fondation de Saint-
Autbert. » *Mémoire lu à la Sorbonne*. 1865.

Quant à nous, à la suite d'un examen attentif dans la forme et au
fond, nous disons : dans la forme, écrit dans la seconde moitié du
X⁰ siècle par les moines bénédictins qui, en 966, vinrent occuper la
Collégiale de Saint Autbert ; au fond, recension, avec mise au
courant des événements, d'un document contemporain de la fondation de l'abbaye.

Cette seconde conclusion se fonde surtout sur le début même du
manuscrit, début dont la portée à ce point de vue n'a pas encore
été remarquée :

« *Post quam gens Francorum, Christi gratia insignita, longe
lateque per provincias superborum colla perdomuisset, Childeberto
piissimo principe monarchiam totius Occidui et Septentrionis nec-
non et Meridiei partes strenue gubernante ; quia omnipotens
Deus...* » — « Après que la nation des Francs, par la grâce du
Christ devenue insigne, eût fait fléchir de toutes parts à travers les
provinces les têtes des superbes, le très pieux prince Childebert
gouvernant d'une main ferme la monarchie de tout l'Occident et
du Septentrion ainsi que de certaines parties du Midi ; comme le
Dieu tout-puissant...»

Qui ne reconnaîtrait dans cette solennité emphatique, dans ce
double orgueil de croyance et de race, dans la servilité des formules,
legs prochain du Bas-Empire, la marque d'une main mérovin-
gienne, de l'une de ces mains qui, deux siècles plus tôt, écrivaient
le fameux préambule de la Loi salique[1] ? L'entête du récit donne,

1. Note B.

à lui seul, la date de l'œuvre, non moins sûrement que ne le ferait la légende d'une monnaie. Après un siècle ou deux écoulés, alors qu'une nouvelle dynastie avait remplacé une dynastie vieillie et tombée dans le mépris, qui donc aurait pu jamais avoir la pensée de parler du fils de Thierry III, du triste Childebert II, dans des termes applicables au seul Charlemagne ?

Non ! La chronique dont nous parlons est donc, comme tant d'autres documents historiques anciens, composée sur des documents originaux et contemporains des faits, faits qui ont passé littéralement, avec leur première rédaction, pour quelques parties du moins telles que l'entête, dans une rédaction nouvelle. Le cartulaire de l'Abbaye, commencé dans la deuxième moitié du XIIᵉ siècle (1154-1186), est, dans son début, un exemple de ce genre de travail, appliqué à un texte plus ancien qu'un heureux hasard nous a conservé : il reproduit presque intégralement le manuscrit du Xᵉ siècle, comme celui-ci avait reproduit le manuscrit du VIIIᵉ.

V. — Après l'introduction de la chronique vient une description du lieu où va s'élever le sanctuaire de l'archange. Aucun trait n'est à dédaigner pour le but que nous nous proposons, dans la peinture vivante d'un si antique état de choses par un témoin oculaire. Nous le donnons en entier en conservant l'orthographe du temps.

« *Hic igitur locus Tumba vocitatur ab incolis, qui in morem Tumuli quasi ab arenis emergens in altum, in spatio ducentorum cubitorum porrigitur. Oceano undique cinctus locus angustum admirabilis insule prebet spatium. Inter hostia situs ubi immergunt se mari flumina Segia nec non et Senuna, prebens quoque habitantibus hinc inde non breve nimium spatium. Longitudine vero ac latitudine a radice qua prominet non multum distat, ut cognoscitur* [1], *ab eo opere quo salvatum immo servatum est humani generis incrementum. Qui ab abrincatensi urbe sex distans millibus, occasum prospectans, abrincatensem pagum dirimit a Britannia … Copia tantum piscium ibidem repperitur, que plerumque fluminum marisque*

---

1. Nous ne sommes pas sûr d'avoir bien lu ces deux mots, peu distincts sur le manuscrit.

*infusione congeritur. Procul vero cernentibus nil fore aliud quam
spatiosa quedam immo speciosa turris videtur[1]. Sed et mare recessu
suo devotis populis bis in die desideratum iter prebet beati petentibus
limina Archangeli. Qui primum locus, sicut a veracibus potuimus
cognoscere narratoribus, opacissima claudebatur sylva, longe ab Oceani, ut estimatur, estu millibus distans sex, altissima prebens latibula
ferarum... Sed quia hic locus, Dei nutu, futuro parabatur mira-
culo sancti que sui Archangeli venerationi, mare quod longe distabat
paulatim adsurgens, omnem sylve magnitudinem sua virtute compla-
navit, et in harene sue formam cuncta subegit, prebens iter populo
terre ut enarrent mirabilia Dei. »* — « Ainsi, ce lieu porte parmi
les habitants de la contrée le nom de « Tombe », parce que, émer-
geant en forme de « Tombeau » du sein des sables, il s'élance
jusqu'à la hauteur de deux cents coudées. Entouré de tous côtés
par l'Océan, il forme dans son étroit contour une île qui fixe le
regard. Deux fleuves, la Sée et la Sélune, le baignent au moment
où ils vont se plonger dans la mer ; des deux parts, un espace suf-
fisant, à la rigueur, reste ménagé aux habitations humaines[2].
Comme longueur et largeur, en comptant du pied même de l'éminence, il ressemble assez bien, suivant l'opinion commune, à cette
œuvre de laquelle a dépendu la préservation, bien mieux, la conservation de la perpétuité du genre humain. Distant de six milles de
la ville d'Avranches[3], aspecté au couchant, il forme la limite du
pagus avranchin et de la Bretagne... On y trouve une abondance
extrême de poissons, amenés en masse pour la plupart au point où
viennent se confondre les eaux des fleuves et de la mer. Pour qui le
voit à distance, il ne peut se comparer qu'à une tour puissante,
disons mieux, resplendissante[4]. La mer, en se retirant deux fois
par jour, laisse libre sous les pieds des populations pieuses un
chemin vers le seuil de l'Archange. Ce lieu, comme nous avons pu

1. Souvenir des gigantesques tombeaux de l'antiquité, les Pyramides, le Tumulus d'A-
lyattes, le môle d'Hadrien, etc.
2. Ces mots semblent indiquer que le lit des fleuves ne passait pas alors au pied même
du Mont.
3. 13,332 mètres. Il s'agit de la lieue gauloise de 2,222 mètres.
4. Jeu de mots un peu puéril, dans le goût du temps.

l'apprendre de narrateurs dignes de foi, était, dans le principe, étroitement enserré par une très épaisse forêt, distante de six milles, estime-t-on, du flot de l'Océan, et assurant aux bêtes fauves les plus propices refuges... Mais comme cè lieu, par la volonté du Tout-Puissant, était en voie (*parabatur*) de se transformer pour servir de théatre à une future merveille et au culte du saint archange [1], la mer qui était dans le lointain, se soulevant peu à peu, fit passer sur la vaste forêt son pesant niveau et ramena tous les accidents du sol au plan uniforme de sa grève, procurant ainsi au peuple de la terre une voie facile pour venir rendre témoignage aux miracles de Dieu. »

Rien, on le voit, dans ce récit, rien ne porte la moindre trace de violence, encore moins de cataclysme. Tout y est calme et reposé. Le Mont-Saint-Michel est une île, dans le sens très élastique où le moyen âge entendait ce mot ; l'Océan, à mer haute de vives eaux, l'entoure déjà de toute part. Des conditions géographiques bien différentes ont existé autrefois ; la tradition en est toute récente : elle s'est conservée jusqu'à définir la distance à laquelle parvenait le flot sur le littoral ancien, à l'ouest de la forêt. Mais ce grave changement s'est opéré avec lenteur (*paulatim*), sous l'œil et par l'ordre de Dieu (*Dei nutu*), dans une vue providentielle et non dans un jour de visitation et de colère ; il a précédé et non accompagné l'érection du sanctuaire de l'archange, vers lequel il avait pour unique but d'ouvrir une voie sûre, à la place occupée par des halliers dangereux et inextricables (*loca invia, latibula ferarum*). Une évolution s'est opérée et non une révolution, une lente et heureuse transformation et non une calamité soudaine et sans exemple.

M. l'abbé Hamard fait ressortir avec raison l'importance du mot « *parabatur* », mais la version qu'il en donne ne lui laisse pas toute sa portée. Insistons à notre tour sur le mot « *paulatim* ». L'intention qui le dicte est d'exclure la pensée de tout ébranlement violent, de tout changement à vue subit, comme l'aurait été l'irruption des flots

---

1. La forme de notre phrase ne rend pas l'énergie des mots « *sancti sui archangeli* ».

soulevés et s'abattant sur une région de paisibles forêts. *Paulatim* ne peut être séparé de « *parabatur* » ; il le précise et le complète. Dans ces deux mots se trouve contenue la notion de temps et de durée . Elle est peu accusée, nous le reconnaissons, mais dans cette insuffisance même il faut voir la marche habituelle de l'imagination populaire qui précipite et condense les grands phénomènes naturels du passé ; saisissons-y de même un effet voulu, cherché pour grandir l'événement et prêter au merveilleux. Les faits sont encore trop récents et la vérité est trop connue pour que l'on tente de heurter de front la réalité des choses et que l'on entre de plain-pied dans la légende ; inconsciemment sans doute, on la prépare.

Arrêtons-nous un instant pour admirer ces quelques traits de la fin, qui peignent si bien à des yeux non prévenus l'assurgence de la mer autour du mont, la pression qu'elle exerce sur la forêt, et le linceul de sables mouvants sous lequel elle l'ensevelit. La sobriété de la ligne le dispute à la couleur dans ce tableau si vivant où pas un coup de pinceau n'est sans intention, sans valeur propre. On s'étonne de trouver sous la plume d'un pauvre moine de l'âge de fer de notre littérature, le tour élevé que des siècles de culture nous ont appris à donner à l'expression des phénomènes naturels. La langue même, si déprimée et devenue si barbare dans tant d'autres documents de la même époque et dans presque tout le reste de la chronique, la langue a repris sa pureté ; la phrase est pleine et sonore et du mouvement le mieux soutenu.

Nous appelons l'attention sur ce point important, que la montée de la mer dut s'opérer autour du mont avec une célérité exceptionnelle. D'une part, il y a des indices nombreux et concordants d'une accélération du mouvement de subsidence du sol pendant les siècles qui précèdent et suivent l'ouverture de notre ère ; d'autre part, le terrain est presque horizontal dans un rayon de deux lieues et notamment au nord-ouest, dans la direction même du flot. La condition sous ce rapport devait être peu différente avant que les alluvions marines vinssent étendre sur le sol leur niveau uniforme. De notre temps, la pente n'est que de 2 m. 20 sur huit kilomètres, c'est-à-dire de 0 m. 0002 dix-millièmes. Si l'on porte à un mètre la marche contemporaine et très exceptionnelle de l'affaissement vertical, deux siècles auront suffi pour faire gagner à la mer cette marge de huit kilomètres.

Avec une telle progression, l'invasion se serait montrée sous un aspect saisissable (*parabatur*, *paulatim*), mais non foudroyant comme le suppose le système de la marée de 709. On se demande si, dans ce dernier système, le langage de l'annaliste aurait bien pu être le même. Nourri des grandes images de la Bible, et l'esprit fortement empreint des idées de son temps, eût-il manqué, en face de l'effroyable spectacle qu'il avait sous les yeux, montagnes d'eau s'élevant tout à coup du sein des abîmes, forêts séculaires balayées par les flots, monuments de l'homme enveloppés dans une même ruine subite avec les monuments de la nature, grande voix de l'ouragan dominant le tumulte de la mer, tous les genres d'horreur réunis dans un incomparable cataclysme, eût-il manqué d'invoquer le souvenir des vengeances divines et du déluge des Noachides ! Le temps prêtait à de telles figures : jamais la confusion au milieu de laquelle s'était écroulé l'empire romain n'avait été plus profonde, jamais la barbarie n'avait accumulé plus de désordres. En Bretagne, sous la descendance d'Alain II, ce n'était partout qu'anarchie, guerres intestines et guerres étrangères, meurtres et assassinats ; en Neustrie, la compétition des maires du Palais avait rempli le VIIe siècle et amené les mêmes spectacles ! Eh bien, non !.. Dans le récit, pas la moindre trace de terreur, et encore moins de menaces. Une impression de majesté grave, de force et de sérénité se dégage seule des horizons solennels auxquels l'annaliste nous convie. Au lieu d'un châtiment trop mérité, le pieux moine ne voit dans le progrès de la mer que l'effet de la prévoyance et de la bonté de Dieu, et une dispensation touchante en faveur du culte de son saint Archange, *sancti sui Archangeli*. A la place du blasphème des victimes, il entend de loin dans sa cellule le joyeux concert des théories qui, le long des nouveaux rivages, aplanis exprès pour elles, s'avancent vers la sainte montagne.

Il n'est pas permis de penser qu'on puisse mentir ainsi à sa conscience et à son temps, et, devant ses contemporains, en présence des ruines accumulées, faire du plus incalculable des désastres la plus bienfaisante des transformations. Dieu a bien pu, aux yeux du candide cénobite, qui n'a devant lui d'autre horizon que celui de son couvent, Dieu a bien pu vouloir que des espaces découverts vinssent remplacer les fourrés peuplés de bêtes fauves, mettre une plaine unie de sables dorés à la place de la sombre verdure des halliers et des accidents multipliés d'une forêt (*loca invia*), tout cela en vue seul de rendre plus faciles et plus sûrs les accès du sanctuaire aux pèlerins attirés par la dévotion au chef de sa milice céleste. On retrouve là le moyen âge tout entier avec sa foi naïve, son ignorance des phénomènes naturels et son besoin de croire à la constante intervention de la Providence dans les petites comme dans les grandes choses. Les scepticisme moderne pourra sourire à une application aussi inattendue du principe des causes finales : mais personne ne sera tenté de nier que le pieux écrivain aurait cru offenser Dieu, à l'expresse volonté de qui il faisait remonter l'événement (*Dei nutu*), s'il avait pensé que l'avantage obtenu par les pèlerins, quelque précieux qu'il pût paraître pour l'avenir de son monastère, eût été au prix de si effroyables sacrifices. L'impassibilité, disons mieux, l'enthousiasme à peine contenu du récit, n'a d'explication que dans la marche séculaire du fléau, et dans l'oubli qui couvrait déjà les ruines lentement accomplies.

Un annaliste moins ancien de quatre siècles, Guillaume de Saint-Pair, qui a mis en vers les chroniques de l'Abbaye, semble faire aussi lui allusion au but providentiel du remplacement de la forêt par une plage et une mer ouvertes, quand il écrit :

> Ceu qui ore est meir et arene,
> En icel tems ert (*était*) forest plene
> De meinte rice veneison,
> Mais ore i noët li poissons (*y nage le poisson*).
> Dunc i peust l'en très ben aler,
> Ni esteut jà [1] (*n'est besoin jamais de*) crendre la mer,

---

1. *Estot, Estou*, est nécessaire. Francisque Michel. *Glossaire.* — « *Estuet*, il faut. » Charrière. *Idem.* — « *Ne l'esteust*, n'est besoin de... » Littré, *Dictionnaire*, vo, *Être*, XIe siècle.

D'Avrenches dreit à Poëlet [1],
A la cité de Ridolet [2].

VI. — Dans sa préoccupation de donner un fondement à la fable de « la fatale marée de l'an 709 », l'abbé Manet, latiniste et professeur émérite cependant, traduit ou plutôt trahit ainsi qu'il suit la phrase capitale du chroniqueur de la grande abbaye : « La mer qui *en* était à une longue distance, ayant enflé graduellement ses vagues, abattit avec impétuosité ces bois dans toute leur étendue *qu'elle* réduisit à l'état d'une vaste grève. »

Laissons de côté ce français douteux, et ne nous occupons que de l'interprétation en elle-même.

Pour le vénérable abbé, en dépit du texte formel du saint moine, l'action providentielle est non avenue. Sans qu'il s'en doutât, il était bien de son temps, du temps des Voltaire-Touquet et des tabatières à la Charte. A l'occasion, il a, comme les beaux esprits de 1828, date de son livre, le mot pour rire sur les légendes : voir, pour exemple, la manière spirituelle dont il raille les deux corbeaux qui servaient de pourvoyeurs, dans le désert de Césembre, au bon Pierre le Solitaire. « Ce sont là, d'après le digne abbé, des contes propres à amuser les bonnes, contes que nous laissons, ajoute-t-il avec un dédain du meilleur goût, au crédule François de Gonzague, général des Cordeliers, dans l'*Histoire des couvents* de son ordre, et à *Monsieur* de Quercy (c'est avec cette pointe de belle humeur qu'il désigne le Révérend Père Thomas de Quercy, membre de la Compagnie de Jésus), dans son livret de 111 pages sur *l'Antiquité de la ville d'Aleth.* » Dulaure, dans son bon temps, n'aurait pas mieux dit, et les hommes d'État qui venaient à ce moment même de prononcer la dispersion de l'ordre célèbre, ne pouvaient manquer d'applaudir à l'à-propos de cette fine ironie.

Après cela, on s'étonnera moins d'apprendre que, pour l'abbé Manet, la destruction de la forêt de Scissey ne tienne en rien du miracle. Dans son *Mémoire sur l'état ancien de la baie du Mont-Saint-Michel,* publié quatre ans après son *Histoire de la Petite-Bretagne,*

1. Le Pou-Alet.
2. Pour *Quidalet,* nom de la cité d'Aleth au moyen âge (Saint-Servan moderne).

il concède que « la fatale marée » n'a pas tout fait, et qu'il y a eu des degrés, une progression dans le mal. Il revient ainsi sur l'opinion absolue qu'il avait émise et que nous avons rapportée plus haut. Cependant, le mot caractéristique de l'annaliste, le mot « *paulatim* » le gêne, et il le remplace par un flasque pléonasme, une vaine redondance. En revanche, la mer prend sous sa main un caractère et des allures que le texte n'a jamais connues.

Si tel se présentait aux yeux du vénérable abbé l'aspect des événements physiques dans cette mémorable année 709, comment ne s'est-il pas demandé ce qu'étaient devenus dans le cataclysme, ce cataclysme au sein duquel saint Autbert prenait si bien son temps pour fonder la grande abbaye, comment ne s'est-il pas demandé ce qu'étaient devenus et les anachorètes qu'il nous montrait quelques pages auparavant comme peuplant de leurs cellules les profondeurs de la forêt, et ces nombreux monastères qui, d'après lui, en sanctifiaient les solitudes, et les agglomérations qui, comme toujours, se pressaient autour des lieux saints, et ces villas qui, pareilles à celle du prince domnnoéen Riwallo, en faisaient l'ornement, tout, jusqu'à ces tribus mêmes de bêtes fauves qui y avaient trouvé de si propices refuges, *aptissima latibula*, et avec lesquelles les solitaires chrétiens, revenus à la vie d'innocence et de nature, vivaient souvent dans une affectueuse communauté et un échange touchant de services.... Quoi ! pas un retour ému vers tant de misères, pas un mot de pitié pour les innombrables victimes d'un si grand désastre... Plutôt que de le croire insensible, qu'on nous permette de regarder le docte abbé comme peu convaincu et comme reculant devant l'approfondissement de son thème.

VII. — Un autre passage de la même chronique a servi avec moins d'excuse encore à égarer l'opinion sur la submersion de nos rivages ; il se rapporte à la fondation de l'abbaye et à la dédicace de sa première église.

En l'année 708 de notre ère, le Mont avait remplacé ses anciens noms de « Mont-Gargan »[1], le plus vieux de tous sans doute, de

---

1. Fulgence Girard, *Histoire du Mont-Saint-Michel*, page 37. — Note C.

Mont-Bélen [1], de Mons-Jovis [2], de Port-d'Hercule [3] (*Port*, dans le sens de *Passage*), par le nom générique de « Mont-Tombe ». De nombreux cénobites l'habitaient, lui et l'éminence jumelle de Tombelène [4]. L'ensemble de leurs cellules formait cette cité monastique que l'on trouve désignée dans les titres sous le nom de « Monasterium *ad* Duas-Tumbas, monastère *de la contrée des* Deux-Tombes. » Comme dans l'île-modèle d'Iona [5], ces grandes agglomérations contenaient parfois jusqu'à 3,000 moines. Les anachorètes de la forêt voisine avaient dû s'y réfugier et venir y occuper les ruines de l'ancienne station romaine, à mesure que le progrès de la mer rendait leurs demeures inhabitables. C'est ainsi que les sauvages habitants de la Batavie, pris entre la mer et les fleuves, trouvaient refuge sur les tertres artificiels formés par les blocs erratiques, ces mystérieux *Hunne-beds* qui sont restés si longtemps à l'état d'énigmes pour l'histoire comme pour la géologie. Des auteurs ont pensé, et rien n'est en effet plus vraisemblable, que saint Pair et saint Scubilion, deux des grands solitaires de la baie, avaient eu sur les Monts-Tombe un ou plusieurs de leurs grands établissements monastiques. Deux chapelles, sous l'invocation de saint Étienne, le premier martyr de la Judée, et saint Symphorien d'Autun, l'un des premiers martyrs de la Gaule, y existaient encore en 708 [6]. Une fontaine qui se perd sur le revers oriental du Grand-Mont, rappelle le souvenir et sans doute la place de la seconde.

C'est à cette époque (708) que saint Michel apparut pour la première fois à Autbert, évêque d'Avranches, comme il était apparu deux cent seize ans auparavant, en 492, près d'un autre Mont-Gargan, à Siponte, en Apulie. Dans les deux manifestations du chef de la milice céleste, il s'agit d'ériger un sanctuaire sur une émi-

1. *Histoire du Mont-Saint-Michel*, par les PP. de Saint-Edme, page 9.

2. Nennius, *Historia Britonum*.

3. Nous ne retrouvons pas pour le moment le document où ce titre est rapporté.

4. Note D.

5. De Montalembert. *Les moines d'Occident*, 5 vol. in-8°, Paris, 1860.

6. « *Inibi olim inhabitasse compertum monachos, ubi etiam usque nunc duæ extant ecclesiæ priscorum more constructæ.* » Manuscrit déjà cité du Mont-Saint-Michel.

nence littorale qui a porté le même nom chez des peuples de même race [1]. Par une coïncidence non moins frappante, un taureau est choisi par l'archange comme l'un des instruments de ses desseins.

Lisons dans Dom Huisnes le naïf récit du saint évêque d'Avranches. « Il y a quelque temps, m'estant mis au lit le soir pour prendre quelque repos, je vis en songe devant moi l'archange saint Michel, lequel me dit que je lui édifiasse un temple sur le Mont-Tombe, et qu'il voulait être là honoré et réclamé ainsi qu'il estait au Mont-Gargan. »

C'est en effet ce qui, depuis l'ordre donné à l'évêque de Siponte par le même archange, était en voie de s'accomplir, non seulement sur le Mont-Gargan d'Italie, mais sur les autres hauts lieux qui avaient retenu la trace, aujourd'hui le plus souvent perdue, de ce même nom (*Gar-gan, Gar-rot, Men-gar,* etc.), et, en général, sur les pics isolés, tous anciennement consacrés aux divinités profanes. Ici, l'entreprise n'était pas sans difficulté, peut-être à raison du droit de première occupation du monastère des Deux-Tombes, certainement à cause des obstacles qu'opposait la condition matérielle des lieux. Il fallut une seconde et même une troisième injonction de l'archange, cette dernière accompagnée d'un signe terrible de sa présence réelle, la perforation du crâne de l'évêque sous la pression du doigt de saint Michel [2], pour qu'Autbert prît enfin le parti d'obéir. « Il n'y eut pas moyen, fait observer à ce sujet le savant abbé Expilly avec plus d'esprit que de respect, il n'y eut pas moyen de résister à une inspiration aussi sensible [3]. »

L'édifice s'éleva sur un sol miraculeusement indiqué vers le sommet du Mont par les pas d'un taureau, et qu'un immense concours de paysans avait auparavant essarté et nivelé. Deux roches

1. Les habitants de l'Apulie appartenaient aux plus anciennes migrations celtiques. Voir les *Origines de la langue française,* par Granier de Cassagnac. Un vol gr. in-8o compacte — Un hagiographe grec Métaphraste (Voir Surius, vo *Saint-Michel*) prend, à son tour, le Pyrée pour un homme, et donne le nom de Gargan au maître du taureau qui est l'occasion du miracle.

2. On nous a montré à l'église Saint-Germain, d'Avranches, le crâne tenu pour être celui troué par le doigt de l'archange.

3. *Dictionnaire des Gaules,* vo *Mont-Saint-Michel.* 6 vol. in fo. Paris, 1762.

énormes, sans doute deux de ces monuments mégalithiques, de ces *Chaises* ou *Chaires* (*Curia gigantis*) auxquelles est resté attaché le nom du géant et demi-dieu préhistorique Gar-gan-tuâ [1], avaient résisté aux efforts faits pour les renverser : le pied innocent d'un enfant au berceau put seul en avoir raison [2].

Le nouveau temple fut inauguré solennellement, le seizième jour d'octobre 709. Notons-le pour faire ressortir ici une monstrueuse invraisemblance : la cérémonie eût été accomplie six mois après le cataclysme qui, suivant l'abbé Manet, et les écrivains de cette école, aurait abîmé sous les eaux toute la région en avant et autour du Mont-Saint-Michel. Ce rapprochement seul, s'il était venu à leur esprit, leur en eût appris autant sur l'inanité de la fable en crédit, qu'auraient pu le faire les raisonnements fondés sur les documents et sur les faits réels. Comment Dieu qui montrait tant de sollicitude pour le culte de son archange, à ce point de vouloir aplanir sous les pas des futurs pèlerins l'accès du nouveau sanctuaire, comment Dieu aurait-il permis qu'une telle catastrophe vînt traverser par son milieu même (708-709) l'entreprise imposée d'en haut à Autbert, et marquer d'un sceau fatal les premières effusions du nouveau culte ?

Ce jour-là même, par une coïncidence trop heureuse pour avoir été entièrement fortuite, trois messagers, hauts dignitaires de l'église d'Avranches, *summi nuntii*, que l'évêque avait envoyés, l'année précédente, au Mont-Gargan d'Italie pour chercher des gages « *pignora* », mot étrange, en rapport sans doute avec les longues hésitations d'Autbert ou de ceux qui devaient collaborer à son œuvre [3], des gages de l'apparition de l'archange en l'année 492, ces messagers étaient de retour de leur long voyage, portant à l'évêque les témoignages impatiemment attendus.

Le but de l'archange était atteint : il avait voulu « que Celui dont la commémoration vénérable est célébrée *dans le Mont-Gargan,*

---

1. Saint Suliac, Tancarville, etc.

2. On fait voir ce pied imprimé sur l'une des roches, au pied du revers occidental du Mont, près la Fontaine Saint-Aubert.

3. « *Autberto episcopo remanente anxio, proinde qui à cernebat* SIBI DEESSE *sancti archangeli pignora* ».

ne fût pas célébrée avec moins de tressaillement *dans la mer* : « *ut Cujus celebratur veneranda commemoratio in Monte Gargano, non minori tripudio* [1] *celebraretur in pelago* [2]. » Ce sont les paroles mêmes que les chroniques de l'abbaye mettent dans la bouche de l'archange ; elles sont répétées presque dans les mêmes termes par saint Sigebert de Gemblours. Ce dernier y ajoute ces mots précis, que nous notons pour notre présent point de vue : « *in loco maris,* » c'est-à-dire dans un lieu entouré à certains temps par la mer, mais non dans une île proprement dite. Nous ne pouvons comprendre autrement ces mots d'une allure si embarrassée.

L'affectation que trahit ce passage, dans l'opposition de la terre ferme et de la mer, est rendue plus frappante encore par la presque identité des deux situations. Le Mont visé par l'archange est une région de l'ancienne Apulie, qui s'avance dans l'Adriatique comme le bastion d'un fort à la mer :

Appulus adriacas exit Garganus in undas. (LUCAIN).

Il a reçu ce nom du Titan qui y a marqué comme dans tant d'autres lieux l'empreinte de son pas. On veut voir dans cette avancée « l'éperon de la botte » à laquelle a été comparée la péninsule italique. Sur le front oriental du massif se détache « *exit in undas* » suivant la pittoresque image du poète latin, l'éminence qui porte depuis le VIe siècle le nom de « Mont-Saint-Ange ». Le sanctuaire célèbre qui la couronne, fait face à la mer et domine les flots [3].

Il faut qu'à la date de 708, lors de l'apparition angélique, et avant le départ des messagers envoyés au Mont-Gargan d'Italie, le mont qui, à l'imitation de ce dernier, allait être consacré au culte de saint Michel, fût bien nettement et sans équivoque possible, non seule-

1. Note E.
2. Surius, *Vies des Saints*, 6 vol. in f⁰, 1570.
3. Vers la même époque, l'aiguille volcanique du Puy-en-Velay (hauteur 93 mètres) se couronnait d'une chapelle en l'honneur de saint Michel, qui remplaçait un édicule romain consacré à Mercure, lequel édifice avait bien probablement pris, comme en Savoie, la place d'un monument du Géant préhistorique.

ment sur le bord de la mer, mais déjà entouré par la mer, « *in pelago, in loco maris* ». L'expression de Raoul Glaber, historien anglais du XII⁰ siècle, qui dit en parlant de l'abbaye « qu'elle est établie sur un certain promontoire du rivage de l'Océan, *quæ scilicet constituta est in quodam promontorio littoris Oceani* », n'a pu être exacte à aucune époque, en raison de l'isolement de l'éminence.

La mer était donc de retour au pied du Mont avant la fameuse année 709, avant « la fatale marée », et la forêt de Scissey qui l'avait autrefois « *primum* » enveloppée de ses ombres, « *opacissima sylva* », cette forêt n'était plus qu'un lointain souvenir.

C'est du reste ce que confirme expressément saint Sigebert quand il représente l'évêque Autbert se rendant en bateau, avec les fidèles et le clergé, au pied du Mont pour poser les fondements de l'édifice : « *ad locum navigio accesserunt* ».

Que deviennent alors cet étonnement, cette stupéfaction même, si complaisamment prêtés par les historiens de l'abbaye aux messagers d'Autbert, quand, à leur retour, ils se trouvent en présence de la mer faisant au Mont une ceinture de flots et de sables désolés ?

En fait, disons-le maintenant avec assurance : si les messagers ont éprouvé à cet instant solennel un sentiment, une émotion, c'est l'admiration et non l'horreur qui les a fait naître : « *Summi interea nuntii repedantes, post multa itineris spatia, ad locum quo digressi fuerant, ipso die quo fabrica completa est in monte jam dicto in occiduis partibus, quasi novum ingressi sunt orbem, quem primum veprium densitate reliquerant plenum.* » — « Cependant les hauts messagers, de retour après tant d'espaces parcourus, au lieu d'où ils étaient partis et cela le jour même où la construction venait de s'achever sur le Mont précité, du côté du couchant, entrèrent comme dans un monde nouveau, tant était changée une place qu'ils avaient laissée pleine d'épaisses broussailles [1]. »

Voilà ce qu'un véritable aveuglement a transformé en preuve, preuve unique, notons-le bien, absolument unique, du cataclysme de l'année 709 !... « Le monde nouveau, *quasi novum orbem* » dans

---

1. Note F.

lequel entrent les messagers, ce n'est plus le revers occidental du
Mont, côté sur lequel s'ouvrait, suivant le symbolisme chrétien, la
façade de l'église ; ce n'est plus ce rocher qu'ils avaient connu
couvert de broussailles, et que l'évêque avait fait essarter par les
paysans d'alentour (*rusticorum magnâ multitudine*) ; ce n'est plus le
parvis où l'évêque Autbert inaugure, au sein du concours des fidèles
à l'éclat des lumières, à la fumée de l'encens, au chant des saints
cantiques, le nouveau sanctuaire, à cet endroit qui, l'année précédente, était encore un hallier sauvage, un escarpement abrupte ; ce
n'est plus le Mont-Tombe, ce Mont sur lequel s'élevait le temple
sorti si rapidement du sein de la solitude, ce lieu, *locus*, si limité, si
nettement et si itérativement particularisé [1] ; non, c'est la vaste
étendue des grèves de sable qui sont venues engloutir sous les ruines
d'un désastre que l'on ne préciserait pas autrement, les habitations,
les monastères, la forêt !

Une telle interprétation est absolument insoutenable, et, n'eus-
sions-nous pas déjà, dans l'ordre physique et matériel, les preuves
les plus décisives à lui opposer, nous la repousserions encore au nom
du seul sens commun, au nom de la plus élémentaire intelligence
des textes.

Nous pouvons donc regarder comme établi que, dans l'année 708,
au moment des premiers travaux de saint Autbert, ses trois messagers
avaient laissé le Mont baignant déjà de toutes parts, lors des vives
eaux, dans la mer. Pour faire ainsi du Mont une île, au moment de
la tension bi-journalière maximum du flot, il faut absolument que
les hautes mers se soient, au VIIIe siècle, élevées au moins de
quatre mètres au-dessus des mers moyennes, mers dont la trace se
marque aujourd'hui au pied des murailles les plus basses du Mont ;
en d'autres termes, il faut qu'elles aient atteint la cote de 11 mètres 70
environ. Elles ne pourraient, d'autre part, être montées plus haut,

---

1. Hic *locus* vocitatur Tumba... Occano undique cinctus *locus*... Summi nuntii repedantes *ad locum quo digressi fuerant*... Toutes expressions qui ne laissent aucun doute sur la
pensée de l'écrivain d'identifier *le lieu* couvert de broussailles avec celui où un temple
et une inauguration solennelle se présentaient, à leur retour, aux regards charmés des hauts
messagers.

sans que se trouvassent infirmés les nombreux témoignages que donnent les voies et les établissements gallo-romains des mêmes plages. Le cercle peut donc être considéré comme fermé.

A cette hauteur de 11 mètres 70, le flot couvre plus de la moitié de la grève actuelle entre le Mont et la terre ferme ; il s'élève, au contact des digues de Dol, à 5 mètres 86 sur le radier du pont de Saint-Bénoit, autrement, de Blanc-Essai [1], et, sans l'obstacle de ce pont éclusé, il s'étendrait librement en une nappe mince sur toute l'étendue de la vallée des Marais Noirs, et rouvrirait l'accès jusque sous Dol à des bateaux de plus de deux mètres de tirant d'eau [2]. A cette même hauteur, le sommet de l'ancien isthme (*Chaussée des Bœufs*) qui avait uni Jersey au continent, d'une manière permanente, ne découvre plus qu'à mi-marée seulement, et le passage des piétons n'est plus possible même dans les grandes basses mers par suite des ravinements qui continuent à s'approfondir. Le plateau rocheux des Louvras, à mi-distance entre Césembre et la côte, est surmonté d'une hauteur d'eau de 3 mètres 37, le rocher d'Aron est, comme les Bés, entouré de toute part, excepté à la jonction de la langue de sables, bien plus large alors qu'à présent, qui devait former un jour le Sillon de Saint-Malo ; la Rance maritime blanchit de son écume le soubassement du coteau des Corbières, à Solidor, et inonde le cimetière gallo-romain d'Aleth dans le Port-Saint-Père ; la Tour Solidor, défense de l'une des portes de la cité d'Aleth, est déja devenue un fort à la mer [3].

L'obstacle des îles anglaises, des Minquiers, de Chausey, des Herpins, de Césembre, cet obstacle que l'école de l'abbé Manet représente comme surmonté par la mer pour la première fois dans « la fatale marée de 709 » était donc franchi à cette époque, et franchi certainement depuis bien des siècles. La forêt de Scissey n'existait plus que dans la mémoire des hommes, et c'est à ce titre

1. La carte de l'État-major écrit ce nom : « Blanc-Mai ».
2. Se souvenir que la couche de tourbe (*deux à cinq mètres*) qui couvre cette vallée est moderne, et qu'il ne doit pas en être ici tenu compte.
3. Dans une autre série des présentes *Études*, nous montrerons cette Tour existant déjà à l'époque gallo-romaine et faisant partie de l'enceinte de la ville. Le duc Jean IV, à qui on en attribue la construction en 1382, n'a fait que la relever et la réparer.

seul et sur ouï-dire, que l'annaliste nous en a transmis la description. « La fatale marée, aussi fatale qu'extraordinaire, » suivant le
vénérable abbé, cette marée pourrait enfler ses vagues ; « un vent
du nord » aussi terrible que l'imagination surexcitée du même
historien et de ses auteurs arrivait à le rêver, n'avait qu'à pousser
les lames contre le rivage : vent et marée ne trouvaient plus rien
à détruire en l'année 709, si ce n'est quelque lambeau de bois
attardé, comme on en trouve de cités pour la dernière fois, en l'année 860, quelqu'un de ces marécages par lesquels la mer prépare
sa prise de possession définitive des estuaires, quelques grèves herbues sur les banches et les baussaines, quelques langues de terre,
telles que les anciennes prairies entre Saint-Malo et Césembre, pro-
tégées par des abris naturels. Déjà le vent de la mer était maître de
la plaine. Quelques siècles encore, et l'Océan, dans son avance
lente mais implacable, allait faire rentrer dans son domaine la
plaine tout entière, et l'homme ne devait plus avoir qu'à lui en
disputer les derniers débris.

NOTES DU CHAPITRE XXII.

Note A, page 343. « ... ont brodé des variations. »

M. Pégot-Ogier est le plus récent écrivain qui ait soutenu le système de « la fatale marée de l'an 709 » [1]. Pour être exposées sous une forme plus littéraire, ses raisons ne sont pas meilleures ni plus fondées en titres historiques que celles de l'abbé Manet. Voir pages 4 et 58 de son ouvrage.

La récapitulation serait longue des auteurs qui, depuis cinquante ans, ont reproduit sous une forme ou une autre cette fable de la marée de 709. Citons seulement, à cause de la gravité de leur source officielle, les *Notices* des ports de Carentan, de Granville, du Vivier, de la Houle, de Saint-Malo, de Saint-Servan, de Saint-Briac et de Saint-Brieuc, dans le grand ouvrage sur *Les ports maritimes de la France* [2]. Ces *Notices* donnent écho à l'opinion dominante. Exemple : « Leur emplacement (celui des Marais de Dol) était compris jusqu'au VIIIe siècle de notre ère, dans la forêt de Scissey, qui s'étendait, dit-on, jusqu'aux Iles Chausey, qui en ont conservé le nom. Toute la contrée fut submergée en mars 709, époque à laquelle le Mont-Saint-Michel devint une île. » Tome II, page 207.

Note B, page 347. « ... préambule de la loi salique. »

Voir le début de ce préambule : « ... *Quis* (Gens Francorum) *inclyta, auctore Deo condita, corpore nobilis et incolumis, candore et forma egregia, velox et aspera,* etc.... »

Note C, page 355. « ... ses anciens noms de « Mont-Gargan... »

Gargan, celte, de *Gar*, jambe, enjambée, et *Gan*, génie, demi-dieu, être supérieur. En ajoutant la syllabe *Tua* pour *Tuâta*, irl., père du peuple, ancêtre (Cf. *Teutatès*, même radical) on obtient le nom du géant préhistorique dont le souvenir a pris tant de place dans les plus anciennes traditions et dans les monuments mégalithiques. Telle est, du moins, l'étymologie que nous nous hasardons à proposer, après en avoir lu plusieurs autres, qui ne nous ont pas satisfait.

Gargantua est représenté dans toutes ses légendes comme sans cesse en mouvement, franchissant d'une éminence à une autre de grands espaces, du Garrot de Pleudihen à celui de Saint-Suliac, par exemple. On lui attribue l'origine de nombreux accidents du sol, dépressions et soulèvements. M. H. Gaidoz [3] l'identifie avec la première forme d'Hercule, dieu solaire; il le retrouve dans ce dieu Rot, divinité éponyme de Rouen (*Rot-o-mag*, plaine de Rot), dans les *Graulli* (Garaulli ?) de Metz, les Caroles de Paris, les Gargans de Rouen, les Gayants de Douay, le Gargant, fils de Belinos (Belenus ?) de la Grande-Bretagne. Nous le retrouvons nous-même dans le nom de la ville de Redon (*Rot-onum*), dans celui de Roténeuf (*Rot-anaf*, serpent de Rot), dans les nombreux Mont-Garrot, Vau-lès-Rot, Mengan, Mengar de la péninsule armoricaine, dans les divers Monts-Gargan dont le nom s'est conservé jusqu'à nos jours : Mont-Gargan de l'Apulie, de Rouen, de Nantes, de Guérande, de Rambouillet, de Houdivillers (Oise), de Saint-Seine-

---

1. *Histoire des Iles de la Manche.* Un vol. in-8°. Paris, 1881.

2. Imprimerie nationale. En cours de publication.

3. *Revue archéol.* septembre 1868. — Cf. *Notice sur Gargantua,* par F. Bourquelot. *Antiquaires de France.* 1844. — *Le vrai nom de Gargantua,* dans la *Revue celtique,* 1873, page 136.

en-Montagne (Côte-d'Or), etc. ; dans le *Giant's leg*, la jambe du Géant qui enjambait d'un seul pas la distance des Shetlands aux Orcades ; dans le géant, haut de vingt pieds, qui se précipite à prodigieuses enjambées (*With wondrous strides* [1]) sur l'évêque de Dol saint Magloire, lors de son débarquement à Jersey ; enfin, dans la pointe de Caroles, près Avranches, dont une partie porte le nom de Gargantua et qui est située dans une paroisse du nom relativement moderne de Saint-Michel.

Souvent dans le moyen âge, les formes devenues de plus en plus vagues du géant préhistorique se sont confondues avec celles du Satan biblique et du Lucifer chrétien, tous deux habitués comme lui des hauts lieux. L'empreinte du pied du géant est devenue, comme au Mont-Dol, tantôt celle de la griffe du Diable tantô celle du pied de saint Michel.

Chose plus étrange : il n'est pas jusqu'au paladin Roland, personnage très peu historique, du reste [2], que l'imagination populaire n'ait fait entrer dans le cycle de Gargantua ; M. Gaidoz, d'accord avec l'érudition allemande, donne pour première racine à ce nom « Rodr, Roth ou Ruth », rouge. Tous deux, comme l'Héraclès grec, pourfendent les montagnes. Près de Saint-Malo, entre Saint-Suliac et Pleudihen, Gargantua effondre le sol d'un coup de pied, et laisse comme témoins de son passage sa chaise, quelques-unes de ses dents et les graviers de ses sabots ; à Montautour, près de Fougères, le Saut-Roland rappelle un des exploits du paladin et, plus probablement, quelque haut fait du géant préhistorique.

Note D, page 356. « ... l'éminence jumelle de Tombelène. »

Le monticule nord seul a conservé le nom de l'Apollon gaulois, « Tumba Beleni ». — D'après une tradition recueillie par M. de Pomereul, le Mont-Saint-Michel de Carnac aurait porté jadis le nom de « Tum-Bélen [3] ». Les alignements de menhirs de cette localité célèbre, ont été les fuseaux de la femme de Gargantua (Abbé Manet, *Histoire de la Petite-Bretagne*) avant que la légende chrétienne les eût transformés en soldats du tribun saint Corneille.

Note E, page 359. « ... *non minori tripudio*. »

Tripudium, mot du Rituel des augures, exprimant primitivement l'agitation fatidique des poulets sacrés. C'était, d'après M. Gustave Boissier, une sorte de mouvement à trois temps (*Tri-pudium*), comme celui du vigneron qui presse le raisin. Ce *Tripudium* était devenu la danse religieuse et nationale des vieux Romains, celle des Frères arvales et des prêtres saliens.

Note F, page 360. « ... pleine d'épaisses broussailles. »

La *Neustria pia* du P. Du Monstier (1671) page 372, paraphrase ainsi ce passage : « *Dum dicti nuntii, itinere perficiendo, annum impenderent, Deo permittente, mare sylvam, quantacumque esset, superavit ac prostravit.* Reversi autem XVI octobris, *saltus* arena refertos adeo mirati sunt, ut novum orbem se ingressi putaverint. » Il n'y a pas un mot des passages soulignés qui ne soit une invention ou un contresens. L'auteur n'a pas voulu voir dans les mots de l'annaliste du VIII[o] siècle la seule chose qu'ils contiennent, l'enthousiasme de la transformation qui venait de s'opérer, d'un hallier sauvage en un lieu consacré à la prière et resplendissant de toute la pompe des cérémonies catholiques.

1. C. J. Metcalfe, *The Channel Islands*, London, 1852.
2. Il n'est mentionné qu'une seule fois dans l'histoire (Voir Eginhard, *Annales*), à l'occasion de sa mort à Roncevaux. On lui donne le titre de « Duc des Marches de Bretagne ».
3. Jehan de Saint-Clavien. *La Bretagne*. Un vol. in-8°, Tours, 1863.

CHAPITRE XXIII

I. — Si résolument que nous repoussions des cataclysmes sau causes communes et sans lien entre eux, comme explication de la perte de nos anciens rivages, nous sommes loin de contester, on l'a vu, les catastrophes nées des grands ébranlements atmosphériques, qui sont venues à certains moments aggraver et précipiter un mal provenant d'une cause permanente et générale. Ce n'est pas à nous, habitant de l'un des parages qui ont eu de tout temps de plus à souffrir de la violence des vents et des flots, que l'on pourra jamais reprocher de n'avoir pas tenu compte de leurs redoutables pressions. Les calamités de ce genre, aussi impossibles à conjurer, dans l'état des ressorts sociaux, que difficiles à prévoir sans l'état de la science, sont justement ce qui, seul, a fixé l'attention émue des populations, et les a détournées de remonter à l'action lente et voilée des grandes lois physiques.

La subsidence de notre sol normanno-breton est la manifestation locale de l'une de ces lois. Commencée avec la période géologique moderne, elle se poursuit avec des phases diverses, tantôt s'accélérant comme aux premiers siècles historiques de la Gaule, tantôt se ralentissant jusqu'à devenir insensible, ainsi qu'elle se montre depuis près de trois cents ans. Dans le même intervalle, la Hollande elle-même a vu considérablement se ralentir le mouvement de subsidence qui l'entraîne.

Deux exemples bien constatés de ces mouvements inégaux et en sens contraire du sol à travers de longs siècles, sont propres à donner une idée de leur direction et de leur intensité variables dans le temps et dans l'espace : au sein des régions circompolaires, le cap Nord se relève, depuis la fin de la période quaternaire, d'une quantité que des observations précises portent à 1 m. 60 par siècle ; en Italie, le littoral du fond de l'Adriatique s'est affaissé de 0 m. 10 seulement par siècle depuis l'époque romaine.

II. — Le rapport sans cesse changeant de la terre avec la mer fournit le principal élément des premières relations de l'histoire et de la géologie. C'est par là que s'interprète l'œuvre mythique d'Hercule frappant de sa massue les rochers de Calpé et d'Abyla, et ouvrant passage aux eaux de l'Océan vers la Méditerranée [1]. Avant cet événement, les grands dolichocéphales africains, ancêtres des hommes du Néanderthal, de Cro-Magnon et de Menton, remontaient librement vers le nord. A l'aide du même critère, et quand on voit pendant le pliocène et le quaternaire inférieur la Sibérie descendre sous les eaux, on se rend compte de l'apparition dans notre far-west européen, des brachycéphales laponoïdes, des hommes de Furfooz et de la Truchère obligés de reculer, comme les Cimbres et les Teutons au IIe siècle avant notre ère, devant le progrès des flots. A leur tour, vers la fin de la période quaternaire, les steppes caspiennes et euxines soulevées, comme l'était au même moment, sous les mêmes latitudes, le centre européen, viennent à souder, une fois de plus, l'Europe à l'Asie. Sur cette voie encore non frayée, une pression qui se fait sentir de proche en proche, jette l'une après l'autre les innombrables tribus de la Haute-Asie, rejetées vers le nord et vers le sud, par le soulèvement mio-pliocène de l'Himalaya et des chaînes subordonnées

1. La largeur du détroit de Gibraltar a plus que quadruplé depuis l'ouverture des temps historiques.

à ce vaste massif [1]. Ainsi encore, sans remonter à la submersion d'une Atlantide tertiaire jusqu'à présent mal définie mais désormais incontestée, ainsi encore se confirme la notion conservée dans les temples égyptiens avec tant d'autres secrets de l'ancien monde, d'un état géographique de la vallée du Nil, datant seulement de la période géologique moderne, d'où le delta était absent, et que les alluvions du fleuve, secondant le mouvement ascensionnel du nord africain, sont venues si gravement altérer [2].

Dans les contrées maritimes comme la nôtre, l'étude du sol mise à ce point de vue présente parfois dans le cadre le plus resserré en durée et en étendue un intérêt saisissant. Pour ne parler que du golfe normanno-breton, l'exploration géologique et paléontologique des rivages, menée de front avec les questions relatives aux origines ethniques et avec l'approfondissement des textes, peut conduire aux rapprochements les plus utiles et les plus inattendus.

Donnons-en quelques exemples, ne fût-ce que pour encourager le genre de recherches.

III. — Un document dont nous avons déjà parlé, la Carte des envahissements de la mer autour du Mont-Saint-Michel, nous a conservé un tracé *par à peu près* du littoral de Caen à Saint-Brieuc, à une époque que l'on peut reporter aux premiers temps de la conquête romaine, et mieux, aux derniers siècles de l'indépendance de la Gaule. Comme travail graphique, ce document ne remonte qu'au milieu du moyen âge, au XIIe siècle probablement ; mais il est l'expression de souvenirs puissamment empreints, bien que nécessairement très vagues dans leurs contours, d'une situation maritime et hydrographique différente du présent. Le témoignage des lieux, pages soulevées, bancs émergés de coquilles marines, forêts lit-

---

1. Voir dans le *Vendidad-Sané*, fragment des livres sacrés de la Perse (cité par M. F. Le normand. *Les civilisations primitives*), un souvenir de ce grand événement géologique. D'après l'antique tradition conservée, les tribus iraniennes qui habitaient les plateaux de l'Asie centrale, avaient été contraintes à émigrer par la détérioration progressive du climat. Dans cette détérioration nous voyons l'effet du soulèvement de la région himalayenne et celui de la survenance de l'époque glaciaire.

2. Note A.

torales devenues sous-marines, ruines antiques submergées, et par-dessus tout, le calcul des oscillations du sol, dissipent bientôt la première impression de défiance dont on ne peut se défendre en face de la précision qu'affecte une évocation si lointaine du passé. (Voir la *Planche N° XII*, ci-contre) [1].

La dernière de ces concordances ne pouvait pas même être soupçonnée, en 1714, quand l'ingénieur Deschamps-Vadeville, qui a laissé un nom et des descendants honorés dans le Cotentin, mit pour la première fois au jour une copie de ce document. Il l'avait prise, dit-il dans un mémoire de la même date [2], sur une vieille carte en lambeaux, trouée par les vers et l'humidité, qui lui avait été présentée au Mont-Saint-Michel par le R. P. Saint-Amand.

La carte originale portait la date de 1406, mais on y avait employé des caractères propres au XIII° siècle, ce qui faisait croire qu'elle était la copie d'une carte plus ancienne. Poussant plus loin l'induction, nous sommes conduit par la considération du mélange confus qui y est fait des vocables celtiques, latins, latins-celtisés et scandinaves, à reporter au IX° siècle la rédaction primitive. C'est la seule époque où aura pu se produire un tel et si bizarre accouplement de formes ethniques. Le latin était encore la langue des lettrés ; le celtique, dans le Cotentin, cette ancienne Terre des Bretons, *Terra Britonum*, était en pleine retraite vers l'ouest de la péninsule armoricaine ; en ce qui touche les langues du nord, l'occupation northmanne des îles et de plusieurs points de la côte marquait sa brûlante empreinte sur la langue française à son berceau.

Du temps de Deschamps-Vadeville, on n'avait pas le scrupule tout moderne de la reproduction minutieuse des monuments et des textes. Le détail des rives a été visiblement remanié ; tel n'est pas le trait hésitant des plus anciennes mappemondes, de la Carte de Peutinger et des plus vieux portulans espagnols et génois. Addition moderne aussi, bien probablement, tout ce luxe de tracés, de

---

1. Nous ne prenons dans la carte originale, telle que l'ont publiée M. Quénault, puis M. l'abbé Hamard, que ce qui est utile pour notre sujet, et nous la colorions pour en faire mieux ressortir la donnée fondamentale.
2. Cité par M. Quénault.

Page 370.

PLANCHE Nº XII.

Carte
des envahissements
de la mer,
d'après un titre ancien
du Mont-St-Michel
publié par ling. Deschamps-Vadeville,
en 1714.

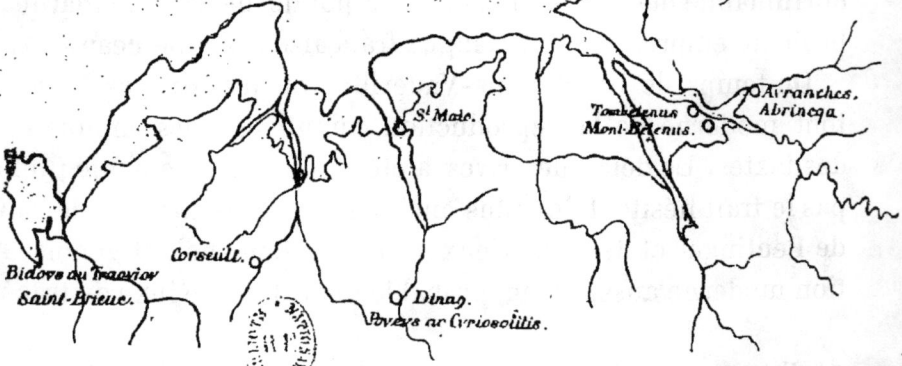

Aurigny

Corbilo

Gouri
C. Novallessts

Barfleur
Barflod

Cherbourg
Kaёrborg

Valognes
Alpeavina

S.t Côme
Crociato nam

Grannona
Porthail

Jersey
Angia Fanaff

La Planche

Guernesey
Sarnia Fanaff

Coulances
Costeria

Plateau des Minquiers
Salsveff.

Chausey
Fanaff Scissy

Saint-Pair
Fanaff Mers.

Avranches
Abrincqa

Tombelenus
Mont-Belenus

S.t Malo

Corseuil

Bidove du Tracvior
Saint-Brieuc.

Dinan
Povers ac Curiosolitis.

Myriamètres   1   2   3   4

voies romaines, de camps romains et de vestiges d'habitations sur'
le littoral submergé. L'écriture ne doit pas égarer le jugement sur la
date de l'œuvre : à notre avis, elle accuse seulement une recension
non du XIII°, mais de la fin du XII° siècle, un *vidimus* du temps du
célèbre abbé Robert de Thorigny (1154-1186), qui fit rétablir les
Chartes et les chroniques de la grande abbaye, et lui valut d'être
appelée « la cité des livres.[1] ».

Il ne peut donc s'agir ici de l'une de ces supercheries littéraires
ou scientifiques, qui mettent sous un nom et un vêtement anciens
des aperçus ou des rêveries tout actuels. Si l'œuvre, prise en elle-
même et dégagée de sa végétation parasite, c'est-à-dire ramenée
au fait seul de l'existence d'un ancien rivage comprenant dans son
périmètre la plus grande partie des îles et des plateaux rocheux du
golfe ; si cette œuvre n'est pas le fruit d'une tradition vivante et sincère, la divination seule semble pouvoir la revendiquer, tant elle
représente dans ses traits essentiels ce que devaient être nos
rivages normanno-bretons lorsqu'ils reçurent pour la première fois,
un demi-siècle avant notre ère, la trace des pas des légions romaines [2].

Pour se rendre compte de la conservation d'un souvenir aussi
formel, il convient de se rappeler que bien des écrits aujourd'hui
perdus de l'antiquité païenne existaient encore aux temps héroïques de l'abbaye du Mont-Saint-Michel, et même jusqu'à cette époque de renaissance monumentale et littéraire du XI° siècle, si bien
jugée par J. Ampère [3]. L'invention encore récente du parchemin,
l'emploi d'une écriture plus cursive, le remplacement du pinceau
par le calame, l'érection de grands et riches monastères sous la
même règle bénédictine, l'esprit d'ordre et de suite, une certaine
sécurité rétablie dans l'Église et dans l'État, le mouvement civilisateur
des Croisades et le contact intime qui s'en suivit pour un temps en-

---

1. M. Edouard le Héricher. *L'Avranchin monumental et historique*, tome 11, page 129.
Avranches, 1846.
2. Nous avons fait ressortir dans notre chapitre IV, § 19, les principales erreurs dans lesquelles était tombé l'auteur de cette carte.
3. *Histoire littéraire de la France avant le XII° siècle*, 3 vol. in-18.

tre le monde occidental et la Grèce, tout un concours heureux de
circonstances avait ramené le goût de l'étude et déterminé la reproduction sur une grande échelle des monuments de l'antiquité. Un
Italien, Suppo, élu abbé du monastère, en 1048, n'avait pas cru pouvoir mieux payer son don de joyeux avènement qu'en y apportant
de son pays de nombreux volumes [1].

Il y a lieu aussi de rappeler que la mer a donné de tout temps
un plan de nivellement général, le seul auquel se rapportent avec
sécurité tous les autres, soit que, comme l'a fait le *Nivellement
général de la France,* on prenne pour base le niveau moyen de la
Méditerranée à Marseille, soit que, pour plus d'exactitude dans une
aire limitée des bords de l'Océan, on s'attache à la ligne des plus
hautes ou des plus basses marées observées, ou encore à la ligne
moyenne des marées sans distinction [2].

On comprend donc qu'il ait suffi aux annalistes du Mont, appuyés
sur une tradition vivante et contrôlée à la lueur d'écrits anciens
et de titres publics ou privés, de savoir d'une manière certaine, par exemple, que l'île de Jersey tenait encore au continent
quelques siècles auparavant, pour trouver à coup sûr, en se servant
de ce seul repère, la hauteur dont les côtes voisines devaient
émerger synchroniquement. Quant à leur avance dans la mer, des
notions empiriques, telles que les pêcheurs et les mariniers pouvaient en donner sur la profondeur de l'eau à diverses distances du
rivage, suffisaient amplement à la faire reconnaître pour les points
les plus importants. Comme tous les géographes l'ont fait jusqu'aux
temps modernes, on se contentait d'à-peu-près pour le reste. Des
hommes qui, non loin du même siècle, construisaient la merveilleuse église du Mont (1024), ne devaient pas être embarrassés pour
si peu.

C'est de ce procédé graphique tout élémentaire qu'a dû se

---

1. « Libris bibliothecam locupletavit. » *Gallia christiana.* — On sait par Eginhard que
Charlemagne avait formé une bibliothèque nombreuse, malheureusement dispersée après
sa mort : « Similiter et de libris, quorum magnam in bibliothecâ suâ copiam congregavit. »

2. La ligne moyenne de l'Océan est celle que présenterait le niveau de cette mer si le
phénomène des marées ne s'y montrait pas.

servir Lyell pour tracer ses cartes idéales des Iles britanniques dans les périodes insulaires et continentales alternatives. A l'aide du même procédé, l'auteur premier de la Carte des envahissements de la mer autour du Mont-Saint-Michel et ceux qui l'ont retouchée successivement après lui, ont pu donner aux souvenirs fixés dans la mémoire des générations une expression presque scientifique et assurément historique. L'époque romaine n'a été prise pour date que comme la plus frappante parmi celles auxquelles se rapportait la tradition. C'est ainsi qu'à l'époque de la Renaissance tous les vestiges de retranchements et de fortifications antiques devinrent des camps et des tours de César, comme aux XIIe et XIIIe siècle, sous le coup des Croisades, ils avaient passé pour l'œuvre des Sarrasins. Le nom de l'honorable ingénieur qui a retrouvé ce monument mérite d'y demeurer attaché, et cela au même titre que la Table Théodosienne s'est appelée et continue à s'appeler dans la gratitude des savants « Table de Peutinger ».

Le tracé de ce document a été vrai, croyons-nous, dans son ensemble, à un moment donné, moment fugitif comme l'oscillation elle-même du sol. Si nous possédions en même temps que ce tracé une mesure de la hauteur de quelques points des terres au dessus de la mer, à l'époque donnée, l'observation moderne trouverait dans le calcul le plus simple la loi générale du mouvement pour tout le golfe normanno-breton. A défaut de cet élément, il faut chercher, si l'on veut s'en rendre quelque compte, les faits et même les simples indices qui peuvent mettre sur la voie de la vérité.

IV. — Les faits les plus topiques et les plus probants que nous ayons pu réunir au sujet des limites de nos rivages à l'époque romaine, sont les suivants :

1° Rencontre, en 1846, dans les fouilles faites pour la construction des quais du Port-Saint-Père, à Saint Servan, d'un cimetière gaulois et gallo-romain, caractérisé par des objets de parure et de nombreuses médailles. Ce cimetière était superposé à des sépultures préhistoriques, reposant à 6 mètres au-dessous de la haute mer.

2° Ruines gallo-romaines explorées dans la baie de Saint-Brieuc par M. de Geslin de Bourgogne, en 1872. Le lieu porte encore le nom de Port-Aurèle, *Portus Aurelius*.

3° Établissements romains de l'anse des Quatrevaux, dans l'estuaire de l'Arguenon [1], — de l'anse du Garrot, dans la Rance maritime, de Reginea (Erquy) [2], de Cherbourg [3], de Vale-Castle (Guernesey) [4] en tout ou partie descendus sous les eaux.

4° Amorces et tronçons de la voie romaine d'Aleth à Ingena, et de celle de Condate à Alaunium, encore reconnaissables aux deux rives opposées de la baie du Mont-Saint-Michel, à Roz-sur-Coesnon et à Vains. « Le rédacteur de l'*Opinion des propriétaires du marais de Dol sur la dérivation du Coesnon* (1806) se rend garant qu'on en aperçoit encore les vestiges, surtout à l'entrée de la baie dans les basses-eaux [5]. » L'abbé Manet, à qui, comme né à Pontorson, le lieu était familier, dit *avoir vu* le dos d'âne de la voie sur la grève. C'était sans doute après l'un de ces abaissements des sables, si fréquents à l'embouchure du fleuve.

5° Près de Saint-Brieuc, dans la commune de Plestin, tranche d'une voie romaine dans la falaise, à 5 mètres de hauteur, au point où cette voie descendait dans une plaine basse, devenue la grève actuelle [6]. Rapprocher ce fait et le précédent de la submersion permanente des voies romaines aux abords de l'ancienne cité d'Is, près Douarnenez.

6° Nombreuses poteries, mosaïques et médailles romaines trouvées au Mont-Saint-Michel [7]. Ce Mont paraît avoir été le point de rencontre de plusieurs voies ; M. le Héricher l'appelle « Le Mille doré de l'Avranchin » [8]. Le passage, dans cette direction, a dû longtemps rester suivi dans les basses mers, après l'invasion de la

---

1. *Ar-guen-avon*, celte, la Blanche Rivière.
2. Baude. *Les côtes de la France*.
3. Asselin. *Notice* sur la découverte d'une habitation romaine dans la mielle de Cherbourg.
4. M. Lukis, cité par M. Quénault.
5. Abbé Manet, page 55.
6. Ogée. *Dictionnaire de Bretagne*, v° *Plestin*.
7. MM. Maximilien Raoul et Mangon-Delalande.
8. *L'Avranchin monumental*.

baie : au X⁰ siècle, peut-être, il est vrai, comme tradition d'un état de choses ancien, plus que comme intérêt effectif et présent, le duc Richard de Normandie (année 966) fait encore figurer parmi ses libéralités à la grande abbaye, le droit de péage sur les marchands et passants. « *Teloneum totius abbatiæ et de mercatoribus et* PERTRANSEUNTIBUS *monasterium.* »

7° Mise au jour, en 1822, à la suite d'une tempête qui avait profondément affouillé le sol autour du Mont-Saint-Michel, d'une chaussée située au pied même de l'entrée principale, à dix pieds au-dessous du niveau habituel des sables[1]. La chaussée était pavée en grosses pierres plates caractéristiques ; ce devait être le fragment de l'une des voies romaines aboutissant au Mont. Si l'on suppose trois pieds seulement de relief à la chaussée, dans la traverse du sol marécageux de la forêt voisine, on trouve que le sol était, à l'époque romaine, de 4 m. à 4 m. 50 plus élevé qu'à présent par rapport à la mer.

V. — La solidarité que crée pour tous les rivages le plan d'eau moyen de l'Océan, et l'ensemble avec lequel, malgré des diversités locales, le mouvement de subsidence du sol s'est opéré dans les péninsules bretonne et normande, nous autorisent à affirmer qu'à l'époque romaine nos baies, bien que déjà gravement entamées, étaient encore, dans leurs parties les plus reculées, hors de l'atteinte du flot. Les faits que nous venons de rapprocher ne doivent pas être considérés comme isolés : ils se relient entre eux par cette succession presque ininterrompue de forêts sous-marines composées de genres et espèces semblables à ceux vivant encore dans le pays, dont nous relevons les vestiges ; l'observation de ces forêts tend à faire considérer comme un phénomène général l'affaissement des rivages de l'Europe nord-occidentale, à partir de la période géologique moderne, au moins.

La haute importance qui s'attache à la démonstration que nous poursuivons, nous porte à ne pas reculer devant l'aridité de ces recherches.

1. Blondel. *Notice historique*, page 90. Avranches, 1823.

Au point où nous sommes parvenu, deux faits peuvent être regardés comme acquis :

UN FAIT NÉGATIF, la mer n'atteignait pas encore notre littoral actuel au moment de la conquête de la Gaule par César ;

UN FAIT POSITIF, elle l'avait atteint à l'époque où Saint-Autbert entreprenait ses travaux sur les Mont-Tombe (année 708).

Pouvons-nous aller plus loin et préciser les pas faits, la marche suivie par la mer dans cet intervalle de sept à huit siècles ? Nous allons l'essayer. L'entreprise est ardue ; les informations sont rares, les faits à peine effleurés. Mais « en pareil terrain, dit excellemment notre éminent compatriote M. Alexandre Bertrand [1], toute exploration faite de bonne foi est profitable à la science. Sans doute, on sera longtemps encore en danger de s'égarer sur des routes non encore frayées ; mais *oser s'exposer à se tromper !* est une des vertus de l'archéologue ; nous en donnons l'exemple. »

Prenons la liberté d'ajouter que les aperçus géologiques dont nous avons tout d'abord éclairé notre marche, n'ont pas été sans influence pour déblayer le terrain historique, écarter des fables en crédit, remettre à leur place des assertions sans bases et des systèmes imaginaires. A l'aide de ces études, nous possédons un moyen assuré de contrôle sur certains textes, et nous avons la clef de quelques autres.

Jusqu'à présent, sauf notre examen des manuscrits du Mont-Saint-Michel, nous avons demandé aux sciences naturelles surtout le secret des révolutions de nos rivages ; le moment est venu de nous attacher aux textes et de rechercher ce que les monuments peuvent nous apprendre sur le dernier retour de la mer, celui que les plus anciens temps historiques ont trouvé déjà en pleine action. Parmi les textes, nous ne pouvons guère compter que sur ceux des hagiographes ; en les considérant non plus au point de vue où ils ont écrit, celui de l'édification des fidèles, mais sous le seul rapport des révélations inconscientes qu'ils ont pu laisser échapper sur l'état contemporain du littoral, théâtre des événements qu'ils

1. *Archéologie gauloise*, page 32. Paris, 1876.

Les mouvements du sol.

PLANCHE N.º XIII.

Page 377.

APERÇU DU TRACÉ DES VOIES ROMAINES

aux abords de la baie

du MONT SAINT MICHEL

Scessiacum (Chausey)

Fan Martis

Grannenum ? (Granville)

Fanum Martis (Saint Pair)

Ancien rivage aux temps géologiques

Pointe de Carolles

Camp romain

Ligne des fonds de 20 mètres

Ligne des fonds de 10 mètres

Cancale

Laisse actuelle de la Mer

Pointe du Grouin

ABRINCATI (Avranches)

(Ingéna ou Legedia)

S.t Héléna

ALETUMUS (Saint Servan)

St Etienne

l'Hôpital

tros de l'Epine

Mont S.t Michel

Pont-Aubault

Digue de Dol

Finès

(Huisnes)

Les Pas

(Passus)

Gardonne

de Dol

l'Hôpital

Dinanneuf

Marais

Mont-Dol Hospice

Rey La Rive

La Chaussée

Pontorson

Limite intérieure

Dol

des marais

La Maudion

Le Aulos

Le Castel

O Pans.

FANUM MARTIS.

(Corseul)

Dinan

Combourg

Rocheuges la Rouzre

Lehon

Marcillé

O Romauv

Le Quion.

O Reins (Finès)

O Sens

Nota. Les lignes bleues pleines

indiquent les fragments de voie dont

on a reconnu les vestiges, les hachures

bleues, les traces d'établissements romains,

le long des voies, d'après le Dr Toutmanche.

Echelle de 1 où 500,00

Antrignè

Vendel.

(Croquis pris sur la carte du Dépôt des fortifications.

St Aubin

Feuille IV)

Montfort

Betton

CONDATE (Rennes).

racontent, peut-être en tirerons-nous quelques données du plus réel, du plus vivant intérêt. Quant aux monuments, nous plaçons en première ligne les voies romaines aux abords de nos rivages.

VI. — Rien ne semble mieux fait pour donner un point de départ assuré à la recherche de la date à laquelle la mer est arrivée en contact avec les rivages modernes, que le désarroi, jusqu'à présent inaperçu, jeté par cet événement dans le système des communications entre les deux rives actuelles de la baie du Mont-Saint-Michel. A mesure que l'océan, obéissant au mouvement de subsidence du sol, entame plus profondément le fond de l'indentation, on voit reculer vers l'intérieur les voies d'une rive à l'autre (*Planche n° XIII* ci-contre).

Aucune trace ne reste de ce qui a dû constituer le système des relations matérielles de peuple à peuple antérieurement aux Romains. La mer a tout nivelé sous le plan monotone de sa grève, suivant l'énergique expresssion de l'annaliste du VIII° siècle : «*in arenæ suæ formam cuncta subegit*». Mais il est hors de doute, malgré le peu de densité de la population gauloise, un sixième à peine de la population actuelle, qu'au temps où la ligne rocheuse des Herpins, de Chausey, des Minquiers servait encore de protection à l'ancien littoral, entre Cancale et les îles anglaises, des sentiers directs, comme ceux dont on retrouve, sur certains points de la France, tout un ensemble [1], desservaient à travers la forêt les endroits habités de ces lisières.

Dès leur prise de possession de la péninsule armoricaine, les Romains s'occupèrent d'y tracer, comme dans le reste de la Gaule, de grandes voies stratégiques. Le docte Victor Leclerc montre dans un de ses mémoires le service des postes impériales fonctionnant jusqu'aux extrémités les plus reculées du territoire récemment conquis, dès le temps d'Auguste. On connaît la borne milliaire de Kérscao, signalée pour la première fois par M. Miorcec de Kerdanet et transportée depuis au musée de Quimper. Cette borne ja-

---

1. Auguste Challamel. *Mémoires du peuple français.* Tome 1er, page 91. Paris, 1873.

lonnait la voie de *Vorgium* à *Vorganium* (Carhaix à Castel-Ac'h) ;
elle date authentiquement du troisième consulat de l'empereur
Tibère, année 46 après la naissance de Jésus-Christ [1].

Deux voies, les seules que nous ayons à considérer ici, doivent
être à peu-près de ces mêmes temps : celle de *Condate* à *Alaunium*
(Rennes à Valognes) et celle d'*Aletum à Ingena* (Saint-Servan à
Avranches) [2]. Toutes deux rentraient éminemment dans le plan d'occupation conçu par Agrippa : l'une, comme lien des deux péninsules armoricaines (Bretagne et Cotentin) avec le réseau général
dont le centre venait d'être fixé à *Lugdunum* (Lyon) ; l'autre,
comme section de la grande voie littorale.

Les deux routes se rencontraient à l'ouest du bourg de Roz-sur-
Coesnon, sur le revers septentrionnal du dôme granitique au
pied duquel est venu se briser le progrès de la mer. Le point précis de bifurcation était placé à la Haltière [3], au débouché du ruisseau de la Lande, où la voie descendait de Monlieu (mot hybride
venu de *Mons loci ; Loc,* celt., monastère, sanctuaire du Mont) [4].
Tout près de là était une station de la voie littorale, dont l'emplacement est indiqué par le nom qu'a gardé le village de l'Hôpital
(*Hospitium*).

On sait, en effet, qu'à la chute de la puissante organisation romaine, les Mansions et Mutations (*étapes* et *relais*), échelonnées sur
chaque voie pour servir de lieux de repos, de ravitaillement et d'abri,
conservèrent au moins cette dernière destination ; elles restèrent désignées, comme le Caravansérail qui les a remplacées dans
l'Orient, sous le nom générique de « *Hospitium* » qui rappelait

1. Voir un estampage de cette borne dans un mémoire de M. Robert Mowat, inséré, en
1875, dans la *Revue archéologique*.
2. La même que celle de *Condate* à *Coriallo* de la carte de Peutinger.
3. Remarquer le sens de ce mot et la persistance des traditions. Tout près sont les ruines
d'un ancien château (*Castellum*, le Châtellier), d'origine probablement romaine. « Ces noms
Chastel, Chastelet, Chastelier, lisons-nous dans un mémoire de Bizeul sur les voies romaines
du Poitou, annoncent toujours des enceintes fortifiées, et les voies en étaient souvent avoisi-
nées. » La Haie, les Haies, La Barre, Châtillon, la Motte, la Garde, tous termes employés
dans le sens de « fortification » au cours du moyen âge, sont des indices du même genre.
4. On trouve à Monlieu des tuiles à rebord, restes d'un ancien établissement gallo-
romain.

« l'hospitalité », leur première et fondamentale attribution. Ce titre
devient, au moyen âge, « l'Hospice, l'Hôpital, l'Hôtellerie » et,
quand l'isolement les eut rendus propres à recevoir des lépreux,
les anciens bâtiments prirent le nom de « Saint-Lazare, la Madeleine »,
des vocables sous lesquels se plaçaient la plupart des maladreries.
Beaucoup de ces vieilles stations romaines étaient encore, en 1789,
la propriété des évêques, ou avaient été cédées par eux aux institu-
tions de charité chrétienne, avec les terres qui, du temps des Romains, leur étaient attachées pour l'entretien des relais. C'est ainsi
que la station dont nous parlons était devenue un prieuré de l'ordre du Temple, et qu'une station suivante, celle de l'Hôpital, en
Vains (Manche), sur l'autre rive de la baie, était restée dans la
mense épiscopale d'Avranches. Nous nous souvenons avoir vu dans
les dépendances de l'Hôtel-Dieu d'une ville du Midi une grande
porte que l'on fait dater du VI° siècle, et où une tête de bœuf,
sculptée en grand relief sur la clé du cintre, avait servi d'enseigne à
l'Hôtellerie qui, transitoirement, avait pris place, d'après les traditions, entre la station romaine et l'Hôtel-Dieu chrétien.

De la Haltière, en Roz, la route de *Condate* à *Alaunium* descendait à Paluel sur le bourrelet littoral, émergé au cours de la période
géologique précédente, mais dès lors en voie d'affaissement. Quand
le progrès de la mer vint à menacer la suite vers *Alaunium* de
ce premier tracé, qui se dirigeait à pleins jalons par les grèves
actuelles sur *Constancia* (Coutances), il fallut appuyer sur la droite
et se rapprocher de terrains moins menacés. La nouvelle direction
traversait le bourg aujourd'hui submergé de Saint-Étienne, prenait
pour but la pointe de Caroles, au sud de Granville[1], contournait
cette éminence ; puis, par l'emplacement de la mare de Bouillon,
que la légende fait le site d'une ville submergée, gagnait le village
de Saint-Pair. La carte antique des envahissements de la mer place
sur ce dernier point un Fanaff (*Fanum mevs* (Drus?), qui paraît
être le même que le *Fanum Martis* de l'Itinéraire d'Antonin.

1. On trouve sur cette pointe des traces de fortification, que l'on croit être celles d'un
camp romain.

La direction primitive semblerait avoir continué à être pratiquée de mer basse jusque dans les premiers siècles du moyen âge ; des chartes du XIIᵉ siècle de l'abbaye de Mont-Morel, citées par M. de Gerville [1], en parlent comme de « la voie qui est sous la mer, *Via de sub mari* », placent sur son tracé, dans la partie restée émergée, « la Pierre de Rennes, *Petra de Redonis* », sans doute quelque pierre milliaire, et donnent au bourg de Paluel, où se trouvait cette pierre, le nom de « Bourg pavé, *Vicus petrosus* ». Mais dès que la mer l'eut coupée dans les grandes marées, ce qui ne peut avoir eu lieu plus tard que le IIIᵉ siècle, il fallut pourvoir à la circulation permanente des voitures, et même à l'intermittence de celle des piétons, à l'aide de dispositions nouvelles.

C'est à cette situation que répondit un tracé provisoire qui consista, pour la voie de *Condate* à *Alaunium*, à emprunter la voie d'*Aletum* à *Ingena* par le *Mons Jovis* (le Mont-Saint-Michel), et à rejoindre la côte du Cotentin, d'abord par la pointe de Genest, la coulée de Saint-Léonard, la Chaussée, la Rue et le Châtel (ces trois derniers noms, caractéristiques de la voie) ; puis ou concurremment, à se diriger plus au sud, vers le Gué de l'Épine, sur la Sélune, à la Pointe du-Val-Saint-Père, sous Avranches.

Nous attribuons à ce parti les fragments de voie reconnus : 1° au village de la Rue, en Roz, et plus loin, en pleine grève ; 2° au Mont-Saint-Michel, près de l'entrée de la petite ville ; 3° au port de Genest ; 4° dans le-Val-Saint-Père, à l'Hôpital.

La carte de Peutinger (*Voir l'extrait ci-contre, Planche n° XIV*) a eu certainement en vue cette direction, et même une autre plus reculée à l'est, par Pontorson, quand elle a tracé, contrairement à toutes ses habitudes, une courbe si prononcée à la hauteur même où la voie avait dû s'infléchir devant la baie naissante du Mont-Saint-Michel.

Le progrès incessant de la mer devait conduire l'édilité romaine à prendre bientôt un parti plus décisif. Abandonnant, dès la sortie

---

1. Mémoire et Supplément à ce mémoire, sur les villes et voies romaines de la Basse-Normandie, 1828-1830.

Annexe de la page 380

PLANCHE N°. XIV.

Extrait de la Table de Peutinger

(Edition donnée par M. Ernest Desjardins.)

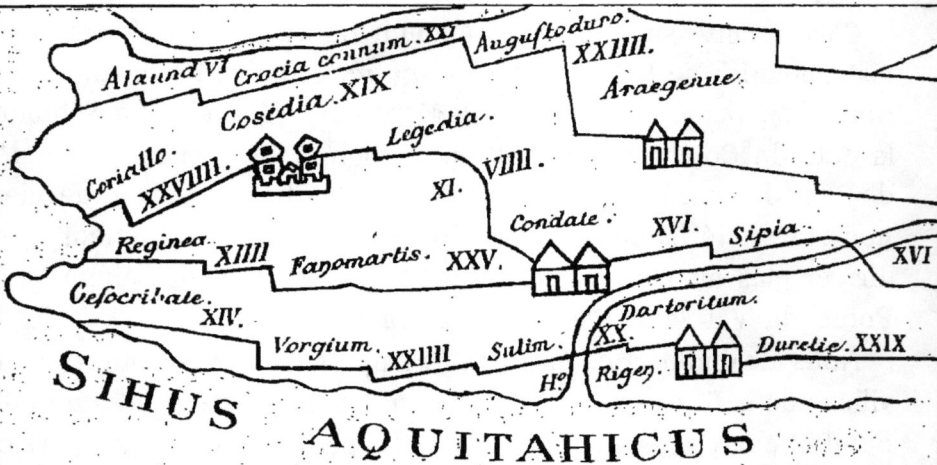

Alaund VI · Crocia connum XXI · Augustoduro · XXIIII.

Cosidia XIX

Araegenue

Coriallo · XXVIIII.

Legedia ·

XI. · VIIII ·

Reginea · XIIII · Fanomartis · XXV.

Condate · XVI. Sipia

XVI

Gesocribale · XIV.

Vorgium · XXIIII · Sulim · Dartoritum ·

H°. Rigen · XX · Durelie · XXIX

SIHUS AQUITAHICUS

de *Condate* (Rennes) la voie tracée sur la rive droite de l'Ille, elle fit construire sur la rive gauche, sous un angle de 15° à peine avec la première, une nouvelle route presque parallèle, tendant comme la précédente à *Ingena*, mais contournant à plus grande distance les nouveaux rivages.

On trouve, dans le Midi de la France, une même anomalie apparente, motivée cette fois par l'avance de la terre au lieu de celle de la mer.

« L'accroissement du delta du Rhône dans les huit derniers siècles, écrit Lyell[1], est démontré par plusieurs monuments antiques très curieux. Le plus remarquable d'entre eux est le grand et bizarre détour de l'ancienne voie romaine qui allait d'*Ugernum*[2] à Béziers (*Bætterræ*), en contournant Nismes (*Nemausus*). Il est évident qu'à l'époque où ce chemin fut construit, on ne pouvait, comme on fait à présent, traverser le delta en ligne droite, et que la mer ou des marais occupaient alors un espace qui consiste aujourd'hui en terre ferme. Astruc remarque aussi que toutes les localités situées dans les basses terres, au nord de l'ancienne voie romaine qui conduisait de Nismes à Béziers, ont des noms d'origine celtique qui leur ont été évidemment donnés par les premiers habitants du pays, tandis que les villes et villages placés au midi de cette route, du côté de la mer, portent des noms dérivés du latin, et furent fondés sans aucun doute après l'introduction de la langue romaine. »

Si nous étions tenté de faire un rapprochement semblable pour notre tracé, nous verrions les noms romains se presser sur la nouvelle ligne : Les Millardières (*Milliaria*), Pontorson *(Pons-Ursonis)*[3], les Pas (*Passus*), Huisnes (*Fines*), le Val-Saint-Père (*Vallis Sancti Petri*[4]), sur une longueur de cinq lieues, par opposition aux noms celtiques d'Ardilly, Ardevon, Gargan, Tum-Bélen, Genest, Caroles,

1. *Principes de géologie*, tome 1er, page 562.
2. Ce lieu est cité avec Tarascon pour être sur la voie de Nismes à *Aquæ Sextiæ*, Aix. D'Anville.
3. La ville actuelle de Pontorson a été fondée seulement au XIe siècle, mais elle a été certainement construite, comme le Pont-Aubault, de la Sélune, au passage romain du Coesnon.
4. La forme « Père » pour Pierre doit remonter à l'époque gallo-romaine.

les Minquiers, Sessiac'h, que l'on voit ou que l'on voyait sur la ligne envahie ou menacée de près par la mer.

Des fragments de la nouvelle voie construite sur la rive gauche de l'Ille, sont encore visibles et parfois sur d'assez grandes longueurs : en Bretagne à Betton, à Saint-Aubin-d'Aubigné, à Sens et à Romazy, d'après le Docteur Toulmouche[1] ; dans l'Avranchin, à la Chaussée (Pontorson), aux Pas, à Huisnes et dans le Val-Saint-Père, d'après M. Le Héricher[2]. Nous ne croyons pas qu'il y ait deux exemples de voies romaines aussi rapprochées, rapprochées à ce point, que les antiquaires, depuis Caylus jusqu'à Bizeul, se sont refusés à les regarder comme distinctes.

Il fallait qu'une nécessité bien impérieuse dominât les traditions de l'administration romaine : cette nécessité, nous la trouvons dans la marche progressive de la mer, qui a emporté l'une après l'autre, dans une accélération visible et rapide du mouvement de subsidence, la section de Roz à Carolles et celle de Roz au Gué de l'Épine par le Mont-Saint-Michel. Ce que nous marquons avant tout dans ces faits, c'est la date des IIIe, IVe et Ve siècles, à laquelle se placent les bouleversements de tracés dont nous venons de parler, date à laquelle se placent de même les envahissements les plus désastreux sur les côtes de la mer du Nord[3].

VII. — Nennius, abbé de Bangor, dans le pays de Galles, auteur de l'*Historia Britonum,* vivait, d'après un grand érudit de l'époque de la Renaissance, Baleus[4], et d'après le docte éditeur de Lebeau, M. de Saint-Martin[5], dans le VIe siècle, à peu d'intervalle de la chute de l'empire d'Occident ; il daterait du commencement du VIIe, suivant l'abbé Desroches et Fulgence Girard ; Bizeul le fait vivre au VIIIe, et M. Arthur de la Borderie, appuyé sur quelques savants anglais et allemands, le rapproche de nous jusqu'au IXe.

1. *Histoire archéologique de Rennes,* 1847.
2. *L'Avranchin monumental.* Trois volumes.
3. Voir notre *Tableau* n° *II,* dans le chap. XXV.
4. *De scriptoribus Angliæ,* 1548.
5. *Histoire du Bas-Empire.* 1824.

Au cours de ses curieuses mais confuses informations, il raconte comment l'empereur Maxime distribua, en l'année 383, de nombreuses terres aux Bretons qui avaient suivi sa fortune dans la Gaule. L'empereur se conformait aux agissements habituels de la politique romaine : toujours elle avait tendu à repeupler les territoires dévastés par les guerres, au moyen de colons pris tantôt, comme du temps de Virgile, parmi les citoyens et les soldats romains, tantôt parmi les Barbares alliés de l'empire, et même à l'aide de tribus presque sauvages violemment arrachées à leurs foyers. Disons plus : Maxime ne faisait qu'entrer plus avant dans le courant toujours actif de relations ethniques et d'échanges, établi entre les deux rives de la Manche [1] depuis leur occupation par des peuplades Kimro-Belges, deux ou trois siècles avant notre ère. Il continuait une pratique déjà séculaire et dont deux exemples nous ont été conservés, le premier, dans la colonisation du Sud-Ouest de la péninsule armoricaine, en 284, par Constance Chlore, au moyen de populations congénères prises dans la Bretagne insulaire ; le second, dans une migration de l'année 364, rappelée par Daru.

On reconnaît cette péninsule dans le débornement du pays où les concessions furent assignées aux Bretons de Maxime : «... *dedit illis multas regiones à stagno quod est super verticem Montis Jovis usque ad civitatem quæ vocatur Cantguic* [2], *et usque ad cumulum occidentalem, id est Cruc-Ochidient* [3]. — Il leur concéda beaucoup de régions (terres ?), à compter de la mare qui est au delà de la cime du Mont-Jupiter, jusqu'à la cité qui est appelée Cantguic, et jusqu'au promontoire occidental, c'est-à-dire au Cruc-Ochidient. » Ce sont bien là les limites que l'on peut donner à une péninsule de forme triangulaire : trois points, dont chacun est pris au sommet d'un angle [4].

Reconnaissons particulièrement ici, et c'est la seule chose qui nous intéresse dans la présente série de nos *Études*, reconnaissons

1. Voir les *Commentaires* de César et l'historien Procope.
2. Note B.
3. *Cruc, Tum* monceau, éminence. Le mot *Cruc* n'a pas cessé d'être employé dans ce sens en Bretagne. Voir le *Cartulaire de Redon*, IXe et Xe siècles. Le célèbre tumulus d'Arzon, dans le Morbihan, porte encore le nom de « Cruc-Arzon. »
4. Mons Jovis (le mont Saint-Michel), Cantguic (Candé) et Cruc-Ochidient (le cap Saint-Mathieu).

dans « la mare qui est au delà de la cime du Mont-Jupiter » (l'écrivain insulaire était placé à une grande distance au nord-ouest de ce mont), l'une de ces vastes et nombreuses flaques d'eau saumâtre, de ces plages vaseuses, de ces grèves herbues, de ces marécages fluvio-marins par lesquels les mers à énormes dénivellations comme la nôtre, préludent, dans les contrées littorales basses en voie d'affaissement, à la prise de possession, à l'assimilation définitive des plaines riveraines. Tout le golfe a, de proche en proche, à son heure, présenté une telle condition ; c'est celle de la côte normande au-dessous de Granville ; c'est déjà celle des bords du Coesnon, en aval et même en amont de Pontorson [1] ; ce serait celle de la plaine de Dol si les digues du Marais venaient à se rompre.

Le récit de Nennius a pour nous de la valeur, parce qu'il indique avec une précision suffisante pour ce que nous avons à lui demander, la transition qui s'opérait, de son temps, autour du *Mons Jovis* entre le régime terrestre et fluviatile et le régime marin. C'est le moment où les nombreuses rivières qui se déversent dans le golfe voient leur cours passer sur ce point de l'état de méandres marécageux à l'état d'estuaires. Les espaces que Nennius apercevait en imagination au delà du Mont, « *super verticem* » (le mouvement qui fait franchir la cime est indiqué par l'accusatif), ces espaces qui commençaient seulement à descendre sous la mer, n'étaient pas encore la mer : ils constituaient cette situation intermédiaire et ambiguë, faite dans le fond des estuaires à toutes les terres basses, « *pœnè terra* » suivant l'expression de Pline, *in loco maris*, d'après Sigebert de Gemblours (XIIᵉ siècle), ce qui exprime la même chose, par le refoulement des eaux douces et par les visitations intermittentes du flot marin. C'est cette même situation que l'on n'a pas cessé de caractériser dans le pays par le mot même qu'emploie Nennius : « *stagnum*, mare, marais ». Exemples : la Mare de Bouillon, la Mare Saint-Coulman.

Au cours de cet état transitoire, qui embrassait le pourtour de la

---

1. Marais de Sougéal et du Mesnil.

péninsule armoricaine, cette péninsule était appelée « *Britannia in paludibus,* Bretagne en Marais[1] », au lieu de « *Britannia in sylvis,* Bretagne en forêts », nom qu'on aurait pu si justement lui donner quelques siècles plus tôt. Une telle appellation n'a pu entrer dans le langage des écoles qu'à une seule époque de son histoire physique, celle où la mer tendait à reprendre possession de son dernier littoral géologique.

Deux siècles après le *Géographe anonyme de Ravenne* et Nennius, les abords du *Mons Jovis* comptaient encore de nombreuses places où les eaux restaient stagnantes dans l'intervalle des grandes marées. Louis le Pieux désigne expressément deux de ces marais sous les noms de « *Maresci primi* et *Maresci secundi* » dans une charte de l'année 817, où il fait à l'abbaye du Mont-Saint-Michel donation de deux monastères qui étaient situés dans ces marais, et que le progrès de la mer devait commencer à rendre inhabitables. On ne les voit plus, en effet, figurer nulle part dans les pouillés et cartulaires de l'abbaye. Rien de semblable ne se montrera désormais dans le voisinage du Mont. Au XIIe siècle, tout y est déjà « meir et arène, » comme le représente dans sa *Chronique rimée du Mont* le moine-trouvère Guillaume de Saint-Pair.

Dès le temps de Saint-Autbert, en 708, ainsi que le peignent si bien les expressions « *in loco maris, in pelago, in periculo maris* », employées dans les plus anciens documents, le Mont était entouré par la mer, mais c'était seulement aux vives-eaux et à peu de distance du côté de terre. Les derniers bois qui, de ce côté, le joignaient au continent, ne furent emportés qu'en 811, quelques années seulement avant la concession au Mont-Saint-Michel des deux monastères dont nous venons de parler, et qui devaient y toucher, s'ils n'en étaient pas enveloppés[2]. La mer était loin de s'élever

---

1. *Géographe anonyme de Ravenne.* Son ouvrage a été publié la première fois en 1688, par Dom Porcheron, sous ce titre : *Anonymi Ravennatis qui circà seculum eptimum vixit, de geographiâ libri quinque.* »

2. Il ne faut pas se figurer un monastère du VIe au Xe siècle comme un établissement comparable aux puissants et splendides établissements qui leur ont succédé. Ce n'étaient le plus souvent que des assemblages de huttes en branchages et en pisé autour d'une chapelle en bois. Quand les cellules étaient bâties en pierre, elles devaient ressembler aux grossières

comme aujourd'hui à près de 8 mètres au-dessus du pied des murailles du Mont ; les dix pieds de sables qui recouvrent en cet endroit le sol romain, ne s'y étaient pas encore accumulés. C'est seulement au cours du XIIIe siècle, à cette époque si fatale pour les côtes de la Manche et de la mer du Nord, qui vit la formation du Zuyderzée, et où, d'après un chroniqueur français, la mer aurait envahi sept lieues du littoral de la baie du Mont-Saint-Michel, que le flot transforma définitivement en grèves la majeure partie du fond de cette baie. Les siècles suivants ont fait le reste, et l'ont fait peu à peu, *paulatim,* et lentement comme toujours, de manière que les contemporains ne vissent dans le progrès incessant de la mer que l'effet seul de la violence des flots.

Concluons. Le Mont était, au commencement du VIIIe siècle, le centre dominant d'une contrée que l'avance des eaux salées et la stagnation correspondante des eaux douces avaient transformée en plages marécageuses. On pouvait, à la rigueur, l'appeler « île, » ce nom étant alors donné à des éminences qui, comme le promontoire d'Aleth et le rocher d'Aron, sur la Rance, ne sont, en réalité, que des dresqu'îles. Aucune mesure précise du progrès de la mer n'existe pans les textes ; deux d'entre eux nous permettront cependant, au cours du chapitre suivant, d'en inférer une assez rapprochée de la vérité pour inspirer quelque confiance. La connaissance du jeu des marées dans la baie et l'examen des cartes marines conduisent à penser que, pour obtenir les effets signalés historiquement : circuit maritime du Mont, mares permanentes en arrière, monastères encore habités parmi ces mares, il fallait que la ligne des plus hautes marées s'élevât, en l'année 709, à 12 mètres environ au-dessus de la laisse actuelle des plus basses-mers. Elles surmontent maintenant ce niveau de 15 mètres 40 [1] : la mer aurait donc gagné en hauteur verticale, depuis le commencement du VIIIe siècle, 3 mètres 40, ou, plus exactement, le littoral de la baie se serait

---

constructions du monastère dont M. Miln a retrouvé les substructions au pied du Mont-Saint-Michel de Carnac, faites avec les débris d'un établissement romain du voisinage.

[1]. A onze kilomètres du Mont, l'observatoire du Pont-Aubault a enregistré des marées de 15 mètres 91.

affaissé de cette même quantité dans l'espace de douze siècles, ce qui donne un mouvement moyen de 28 centimètres par siècle.

Nous arrêterons-nous à réfuter les plaisanteries du vénérable Bizeul au sujet de « l'étang » que Nennius aurait placé « à la cime d'un mont » ? On en connaît de tels et de très nombreux, ne fût-ce que celui du Mont-Cenis, large de plus d'un kilomètre [1]. Mais ce n'est pas ainsi seulement que nous aurions à répondre : il faudrait, et cela nous répugne, renvoyer purement et simplement le trop spirituel écrivain au dictionnaire et à la grammaire [2]. Du temps de Bizeul, on pouvait être, et il l'a bien prouvé par son exemple, un antiquaire de mérite, sans rien entendre aux révolutions du globe. Ce serait plus difficile aujourd'hui ; mais il fallait dès lors, nous l'aurions cru du moins, n'avoir pas trop oublié le latin. Bizeul, bien que le point de vue auquel il se plaçait fût trop exclusif, et que sa polémique se ressentît parfois de l'irritabilité de son caractère, a rendu trop de services à l'histoire de notre pays pour que nous devions insister sur une erreur passagère. Le besoin impérieux de sauvegarder l'autorité de l'un des textes si rares d'où l'on peut inférer quelques données sur les conditions de notre littoral vers les temps qui ont suivi l'ère gallo-romaine, a pu seul nous porter à relever cet incident.

VIII. — Dans les dernières années du IVe siècle ou les premières du Ve, la *Notice des dignités de l'empire d'Occident* nous montre une garnison romaine établie dans la ville d'Aleth : *Præfectus militum martensium, Aleto.*

La barrière du Rhin allait être ou venait d'être franchie et forcée à jamais (années 395 à 406). Quelques débris de l'organisation légionnaire et de nombreux corps auxiliaires furent reportés sur la frontière maritime pour protéger au moins cette frontière contre les insultes des pirates de la Saxe, de la Frise et de l'Écosse qui l'infestaient déjà depuis cent cinquante ans. Des troupes indigènes furent recrutées et maintenues sur place, le long

---

1. *Éléments de géol. et d'hydrogr.*, par H. Lecoq. 2 vol. in-8°, tome Ier, page 109.
2. Note C. — Voir le mémoire de Bizeul, *Antiquaires de France*, année 1847.

des rives de l'Océan, pour la défense de leurs foyers. A Aleth, c'était les *Martenses* [1], levés dans l'ancienne cité curiosolite qui avait pour chef-lieu *Fanum Martis*, et qu'une disposition encore récente du gouvernement impérial avait dû fusionner avec la cité des Diablintes [2] dont Aleth avait dépendu avant d'être élevée au rang de chef-lieu commun des deux peuples congénères.

On peut inférer du choix d'Aleth pour l'emplacement de ce corps, que la ville avait, dès cette époque, un port sous ses murailles mêmes. C'est dans des conditions analogues qu'avaient été disposés les corps de troupes gardes-côtes voisines : à *Veneti* (Loc-Maria-ker), à *Blabia* (Port-Louis), à *Osismii* (*Vorganium*, embouchure de l'Aber-Vrach), à *Mannatiæ* (Coz-Guéodet), à *Grannonum* (Port-Bail). Quand des troupes sont cantonnées sur des points qui, comme *Abrincatæ* et *Constantia* (Avranches et Coutances) ne touchent pas immédiatement la mer, on trouve en regard de ces points sur le rivage, des vestiges de camps, les *Castra Constantia*, par exemple, qui ont dû les recevoir au moins en partie. S'il en avait été autrement, si l'autorité romaine n'avait pas cherché à utiliser les apti-tudes maritimes des populations groupées autour d'Aleth, cette ville dont un annaliste du VIIe siècle dit : « *antiquissima civitas* » *Aleta, populis navalibusque commerciis frequentata* » elle au-rait renoncé à l'avantage de l'offensive, ce qui est contraire à la vraisemblance et à ce que nous savons de l'organisation des flottes romaines sur la Manche et ailleurs.

La cité d'Aleth avait donc son port actuel dès la fin du IVe siècle, et la mer remontait déjà au pied de ses murailles quoi qu'aient pu en écrire de contraire le chanoine Déric et l'abbé Manet.

IX. — Sept cents ans plus tard, vers le milieu du XIIe siècle, le progrès de la mer, bien que très marqué, laissait encore la Rance, de basse-mer, à l'état de chenal guéable sur tout son parcours ; de haute-mer, les plus grands navires de l'époque arrivaient jusqu'au

1. Note D.
2. Voir Hadrien de Valois.
3. Bily, évêque d'Alet, 670-672.

rocher de Bizeu, en avant du Port-Solidor; ils y trouvaient un mouillage très étroit et peu profond, comme on va le voir, mais bien abrité. De très importants passages du *Roman d'Aquin*, chanson de geste composée, croyons-nous [1], avant 1140, ne laissent aucun doute à ce sujet. Nous ne nous prévaudrons pas de ce que les événements racontés se passent vers la fin du VIIIe siècle : la couleur locale, cette heureuse invention de nos maîtres contemporains, était alors chose inconnue ; le trouvère décrivait donc, on peut le penser, la scène de son drame telle qu'il l'avait sous les yeux, et non telle qu'elle avait pu être aux temps de Charlemagne. Nous citons seulement les passages les plus décisifs.

Vers 1336.
> Quand le castel (*de Dinar*) [2] ont destruit et quassé,
> Vers Quidalet (*Aleth, Saint-Servan*) s'en sont toz arroté.
> Parmy la grefve se sont acheminé,
> La meir retrait et vait à son chané (*chenal*).
> Petite estait Rence au pié la cité,
> Mais plutôt bruit que fouedre ne oré,
> En dreit la ville il i avait de lé
> Plus d'un arpent à qui l'ot mesuré.

Au lieu d'une mesure de largeur que l'on pouvait s'attendre à trouver ici sous la plume du trouvère, on voit une mesure de surface. La première est heureusement facile à déduire de la seconde : l'arpent, soit 48 ares, a environ 69 mètres de côté. Telle était la largeur du fleuve, à mer-basse, entre Dinard et Aleth. Or, entre les deux mêmes points, la Rance a maintenant, au plus bas flot, près de 1,100 mètres !

Vers 1390.
> Dreit vers la meir a li ber (*le baron*) regardé :
> Void XXX barge et un dromon ferré (*navire de guerre*).
> Par la meir vienent a haut sigle (*voile*) levé...
> Si com ils furent toz au port arrivé,
> La meir retrait et vient en son chané.
> Notre arcevesque (*de Dol*) lour est en contre alé,
> Fort les assaille environ et en té (*sur les côtés et en tête*);
> Ceulx se défendent environ le roué (*sur le pourtour*),
> Et li paën qui sont en la cité,
> Meint javelot ont à nos Francs rué...
> De la navie n'en est nul eschapé,

1. Note E.

2. *Dun-ar*, celte, dune haute. Le métaplasme de *l'u* en *i* est encore aujourd'hui très fréquent dans le langage populaire du pays. L'*u* a le son de l'*i* en allemand.

> Fors un qui est dedans la meir floté,
> Près un rocher qui est près la cité ;
> Bizeul estait cil rocher apelé.
> Contreval Rence est li vessel torné....

La flotte païenne qui devait ravitailler la cité assiégée, était venue tout entière à l'échouage, sauf le dromon qui lui servait d'escorte. Ce dernier, seul, avait trouvé assez de fond pour rester à flot de mer basse. Les barges (navires de charge) échouées auprès du dromon avaient toutes été prises d'assaut par les chrétiens. Or, dans l'état actuel, la seule rade de Solidor, sans compter les mouillages de Dinard et de Saint-Malo qui ont, en 1692, sauvé vingt-deux des grands vaisseaux de ligne de Tourville, et qui recevaient naguère encore l'escadre cuirassée de la Manche, eût tenu à flot tous ces navires à mer basse, et l'attaque conduite par l'archevêque de Dol fût devenue impossible[1]. On voit combien, dans l'intervalle de sept cents ans, le sol marin s'est déprimé, et combien la mer a gagné tant en profondeur qu'en surface.

Vers 1430.	Sire, dit Nesme (le duc de Bavière), saichez de vérité...
	Demain irai tout contreval (en aval) le gué.
	Dedans cette île feray tendre mon tref (ma tente)
	O moy menray (avec moi mènerai) chevaliers a plenté (en grand nombre).
1460.	En l'île vont toz rangé et serré ;
	Césembre estait iceste île apelé....
1468.	Nesme le duc s'étend devant son tref.
	·Grande est moult l'esve vers la nostre cité 2...
1521.	A mesnuict sont paën acheminé,
	Jusques à l'île ne se sont arêté....
1548.	Fier fut l'estor (le combat) et merveilleux et grand,
	Dedans Césembre sur l'herbe verdéant...
1681.	A donc s'en sont li Sarrasin torné 3
	Isnellement (vite) s'en vont à la cité....
1726.	Dreit à la grefve (de l'île) ilz (Nesme et Fagon 4) se sont dévalé ;
	Viennent au gué, i sont dedans entré.
	La meir montait, jà est entrée au gué ;
	Jusqu'ès ceincture i sont dedans entré,

---

1. Le mouillage de Solidor a maintenant 80 m. de largeur sur 600 m. de longueur avec 4 ou 5 m. de profondeur aux plus basses-mers.
2. La mer avait monté.
3. Après leur victoire.
4. Fagon, écuyer de Nesme.

Car paën ont le vessel adiré (*mis à dérive*).
Nesme chancèle, à pouay (*peu*) n'est jà versé.
Et jà ne fust osté de hors du gué,
Ne fust Fagon qui hors l'en a gecté,
Hors de la rive l'a à peyne porté...

Vers 1577.   Dedans la grefve est remaint près du gué...
Jusqu'au duc Nesme ne se soit arêté,
Qui oncques puis ne s'estait relevé.
S'un soul petit (*si un seul instant*) feussent plus demoré,
Noyé fust Nesme et à sa fin alé.
Li flots de l'esve fust à lui arivé...
La meir lui bat au flanc et au côté.

L'impression que produit ce tableau, peint par un témoin oculaire et qui ne se doutait assurément pas de l'instabilité de son
modèle, cette impression ne laisse guère de vague dans l'esprit
sur ce que pouvait être, au XII° siècle, et, à plus forte raison,
au VIII°, le vaste espace occupé aujourd'hui par l'estuaire de la
Rance. A mer basse, entre Aleth et Césembre (huit kilomètres),
et entre Aleth et Dinard (1100 m.), un chenal guéable à mer
basse, même pour un grand corps de troupe, occupait le thalweg
de la vallée. Ce chenal existe encore aujourd'hui : on peut le
suivre pas à pas, à l'aide des cotes de profondeur, sur les cartes
marines ; mais nulle part, dans les basses mers, il ne contient
moins de 9 à 12 m. d'eau. Il s'est creusé, à mesure de l'affaissement du sol, dans les argiles fixes laissées par le retrait de la
mer, à la fin de la 2° époque glaciaire.

Nous avons ici l'avantage bien rare de repères datant de sept ou
huit cents ans, et donnant à eux seuls une conclusion décisive.

Au même temps, le Sillon de Saint-Malo, cette langue de sable
qui joint le rocher d'Aron à la terre ferme, devait avoir une grande
largeur au pied des murailles de la ville naissante. La mer bat-
tait son plein à 2 m. plus bas qu'à présent. Le fait vient de recevoir une confirmation inattendue dans les fouilles faites pour
la construction du nouvel *Hôtel de France*, sur la place Chateaubriand, en novembre 1881. On a mis au jour le rez-de-chaussée
d'une maison masquée par le mur d'enceinte du XII° siècle, et par
conséquent antérieure à ce mur. La façade, qui donnait immédiatement sur le rivage, au nord, avait été construite avec une solidité

exceptionnelle, 1 m. 10 d'épaisseur. Deux portes, avec encadrement en pierres de taille, donnaient accès du Sillon dans la maison : l'une, cintrée, d'une hauteur de 2 m. 50, et d'une largeur de 1 m. 20 avec un chanfrein pour tout ornement ; l'autre, à linteau horizontal et à jambages unis, d'un peu moins de 2 m. de hauteur. Le seuil de ces portes était à environ 50 c. seulement au-dessus des hautes mers actuelles. Une telle condition conduit à supposer que la mer était, à l'époque où la maison fut construite, à la fois beaucoup plus éloignée et plus basse ; autrement, sur un littoral où la vague déferle avec une telle violence, la maison eût été absolument inhabitable.

X. — Au XIVᵉ siècle, la situation avait changé. La Tour Solidor, qui est représentée dans le *Roman d'Aquin* comme le château d'Aleth et la défense d'une des portes, était devenue un ouvrage à part sur un roc désormais isolé par la mer. Le duc Jean IV en 1382 relevait ses vieux murs romains, en dépit des foudres de l'évêque. A l'aide de cette tour, et du rocher de Bizeu solidement occupé, il dominait le havre (Port Solidor) où était encore concentrée la principale force maritime du pays. C'est ainsi seulement que peut se comprendre l'intention du duc d'empêcher l'arrivage à Saint-Malo des bateaux de la Rance ; car, avec la faible portée des armes de trait et de l'artillerie contemporaines, il n'aurait pu interdire le ravitaillement de la ville par le grand bras du fleuve à l'ouest de Bizeu.

On n'entrait encore à cette époque, de la mer dans la Rance, que par une seule passe, celle des Portes, à l'ouest de Césembre ; onze chenaux y donnent accès aujourd'hui à divers états de la marée. Le traité de 1325, passé entre le duc de Bretagne et la Seigneurie ecclésiastique pour le partage des droits d'entrée n'impose que les seuls navires donnant dans cette passe ; les autres, si elles commençaient à se dessiner, n'étaient pas encore navigables.

La mémorable année 1378 nous met en présence d'une situation analogue à celle dépeinte dans le *Roman d'Aquin*. Cette fois, le rocher d'Aron et la ville de Saint-Malo qui le couronne sont l'objec-

tif de l'ennemi. Les Français sont les assiégés, et les nouveaux
« Norreins », les Anglais, bloquent la place et tiennent la campagne
sur la rive droite de la Rance. Du haut de leurs murs, les Malouins
peuvent voir « gaster, ardre et marrir » toute la presqu'île du vieux
Plou-Alet : comme les guerriers païens de la cité d'Aleth, au
VIIIe siècle, les défenseurs de la ville mettent leur espoir dans les
forces amies qui se réunissent sur la rive gauche de la Rance,
autour de Dinard. De mer haute, le vaste estuaire sépare les deux
armées ennemies ; à mer basse, un gué qui se prolonge dans tout
le thalweg du fleuve, les remet deux fois par jour en contact.
Jamais peut-être les deux nations rivales n'avaient eu recours à un
déploiement aussi imposant : d'un côté, le duc de Lancastre, prince
régent du royaume, avec la noblesse anglaise tout entière ;
de l'autre, les deux frères du roi de France, ses oncles, les grands
seigneurs féodaux, la chevalerie bretonne, alors sans rivale, et
par dessus tout, le Bon Connétable, le grand Du Guesclin.

Laissons la parole à Jehan Froissart, l'historien de ce siège
comme de tant d'autres faits d'armes de la Guerre de cent ans [1],
en ne prenant dans ce récit que les seuls traits qui peuvent éclairer
la situation topographique de ce temps [2].

« Le duc de Lancastre, le comte de Cantebruge (*Cambridge*) et
leurs routes (*troupes*) qui étaient grandes, car là étaient tous les
nobles d'Angleterre,... s'en vinrent férir (*donner dans*) le havre
de Saint-Malo-de-l'Isle, et là ancrèrent et prirent terre [3] ... Le roi
de France qui se tenait pour le temps en la cité de Rouen, avait
bien entendu comment les Anglois avaient assiégé puissamment la
ville de Saint-Malo ; si ne voulait mie (*pas*) perdre ses gens et sa
bonne ville... Et s'avalèrent (*descendirent en aval*) atout (*avec*) très
grand'puissance de gens d'armes ses deux frères ... et grand'foison
de barons, de chevaliers... Et étaient sur les champs plus de cent

---

1. Froissard (1337-1410), *Chroniques*. Édition Buchon, tome II, p. 29 et suiv. Paris, 1837.

2. Nous donnons en italique quelques courtes notes nécessaires pour l'intelligence du
texte.

3. Par « le havre de Saint-Malo » on entendait alors l'ensemble de l'établissement maritime existant à l'embouchure de la Rance, tel que la seigneurie ecclésiastique le possédait
encore en 1789. Voir le *Manuscrit* de Porée-Duparc, 1713, *Archives municipales*.

mille chevaux. Si se logèrent tous ces gens d'armes de France au plus près de leurs ennemis ... mais il y avait entre eux un flun (*pour* flum, flumen, *flux*) de mer et une rivière. Et vous dis que, quand la mer était retraitée, aucuns jeunes chevaliers et écuyers, qui aventurer se voulaient, s'abandonnaient (*se lançaient au grand galop*) sur cette rivière plate (*sur l'estran, plage découverte par le jusant, d'une surface contemporaine de deux ou trois kilomètres carrés*), et y faisaient de grandes apertises d'armes (*exploits*) ... Et s'ordonnaient par batailles (*corps d'armée*), et venaient sur la rivière et montraient par semblant (*par gestes provoquants*) que ils se voulaient combattre. Et le cuidaient (*croyaient*) les Anglois en disant ainsi : « Vecy nos ennemis qui tantôt à basse mer passeront la rivière pour nous combattre ! »... Le connétable qui savait d'armes ce qui en est, et qui sentait les Anglois chauds, bouillants et aventureux, ordonna une fois toutes ses batailles (*rangea son armée entière*) sur le sablon, et au plus près de la rivière qu'il put, et tous à à pied. Le comte de Cantebruge qui était d'autre part, en ouït la manière (*comprit la manœuvre*) et dit : « Qui m'aime si me suive, car je m'en irai combattre ! » Adonc se frappa en l'eau qui était au plat ; mais le flot revenait, et se mirent au droit fil de la rivière sa bannière et toutes ses gens, et commencèrent archers à fort traire (*tirer*) sur les François. Adonc retrait le connétable de France et fit retraire ses gens sur les champs (*sur les hauteurs de la rive gauche*), qui cuida lors véritablement que les Anglois dussent passer ; et volontiers eût vu que ils eussent passé, et qu'il les eût pu tenir dans l'eau (*grâce à sa position dominante*). Le duc de Lancastre atout (*avec*) une grosse bataille était, de son côté, tout appareillé pour suivre son frère ... les Anglois d'un lez, et les François d'un autre étant près de combattre. Le flot commença à monter. Si se retirèrent les Anglois hors de la rivière et s'en vinrent à leur logis, et les François se retrairent aussi aux leurs ... Les François gardaient si bien leur frontière, que les Anglois n'osaient passer la rivière ... Si avint-il par plusieurs fois que amont sur le pays aucuns chevaliers et écuyers bretons qui connaissaient les marches, chevauchaient par compagnies et passaient la rivière à gué, et rencontraient les fourrageurs anglois... Les Anglois avaient bien quatre cents canons qui jetaient nuit et jour dedans la forteresse... Et volontiers (*les François*) eussent combattu les Anglois à leur avantage, s'ils pussent. Et les Anglois aussi eux en avaient grand désir, ce pouvez bien le croire [1], si ils vissent leur plus bel ; mais ce qui leur brisait leur propos (*leur dessein*) et brisa par trop de fois, c'était que il y avait une rivière grande et grosse quand la mer retournait entre les deux osts (*armées*), pour quoi ils ne pouvaient advenir l'une à l'autre. »

Ainsi, en 1378, comme vers 1140, la Rance était encore guéable de mer basse, à son embouchure ; l'estuaire du fleuve, une fois mis à découvert par le jusant, devenait le champ clos des belles « apertises » où se mesurait la vaillance des esprits les plus aventureux des deux armées, en attendant la mêlée générale et décisive. Cette mêlée ne vint pas. Une sortie heureuse de la garnison, du côté du Gros-Sillon [2], dans laquelle furent ruinés les travaux d'approche, amena un dénouement plus vulgaire : le siège fut levé, et les Anglais reprirent la mer sans être gravement inquiétés dans leur retraite.

Depuis des siècles, rien de semblable à ce déploiement de forces adverses dans nos grèves n'est plus possible : la Rance, à mer basse, opposerait à l'ardeur des combattants son infranchissable fossé. Impossible d'attribuer à l'érosion seule du plafond et des rives du chenal l'approfondissement qui s'est produit. Si rien n'avait changé dans le rapport général de la terre et des eaux, si le mouvement descendant du sol n'avait pas amené l'une après l'autre les tranches meubles du sol dans la sphère active de la lame, le niveau des grèves serait resté stationnaire, si toutefois il n'eût pas tendu à s'exhausser par des alluvions. Une accélération du mouvement de subsidence amenait, un demi-siècle après le siège, en 1437, l'ablation par les flots de ces prairies qui s'étendaient encore entre Saint-Malo et Césembre, de même qu'entre Aleth et Dinard [3], de ces terrains mêmes

---

1. Froissart était du parti anglais et au service de l'Angleterre.

2. On distinguait alors un Gros et Petit-Sillon. Le Petit-Sillon a depuis longtemps disparu sous les eaux.

3. Cf. Ogée, *Dict. de Bret.*, vᵒ Saint-Malo, 1777.

sur lesquels s'étaient livrés les assauts des preux de Charlemagne
et des frères d'armes de Du Guesclin.

Croirait-on, en présence du texte si formel, si précis et si plein
d'autorité[1] de Froissart, croirait-on que des historiens et érudits,
qui ont reproduit en substance le récit du siège de 1378, aient pu
placer le théâtre des escarmouches entre les deux armées, non dans
la vallée de la Rance, mais dans celle d'un de ses plus humbles affluents, dans l'anse où coule le Routhouan, dans le bassin si
resserré dont le port de Saint-Malo occupe la laise septentrionale?
Ce n'est plus la rive gauche du fleuve qu'occupe l'armée de secours,
c'est Saint-Servan. La « grande et grosse rivière » qui sépare les
combattants, c'est un ruisseau qui, de mer basse, a quelques pieds
de large et quelques pouces de fond, un obstacle qui n'eût pas
arrêté les rats et les grenouilles du vieil Homère[2]. Les impossibilités
militaires, maritimes et topographiques, les contradictions s'accumulent dans cette hypothèse. Ce ne sont pas seulement des étrangers au pays, qui ont commis cette lourde méprise : depuis Dom
Lobineau qui, croyons-nous, l'a le premier imprimée, d'autres
écrivains bretons, y compris Dom Morice, l'ont répétée à la file jusqu'à l'abbé Manet et à Charles Cunat (1846). Comme pour la forêt
sous-marine de la baie du Mont-Saint-Michel, on ne pouvait croire
à une vicissitude de l'assiette du continent et de la mer, et on se
trouvait conduit, faute d'avoir cette clé des révolutions du sol, à un
contre-sens historique et géographique comme celui que nous venons de signaler.

XI. — A part les pirogues monoxyles du Mesnil[3], pirogues qui
se rapportent même bien probablement à une période antérieure

---

1. « Les Chroniques de Froissart sont le plus souvent vraies et pleines de détails qu'on
ne peut avoir recueillis que sur le lieu des événements que l'on raconte. On peut dire que
Froissart écrivait ses chroniques sur les grands chemins, et c'est après s'être rendu en Italie, en Angleterre, en Allemagne, et après avoir parcouru toutes les provinces de la France
qu'il prit la plume. » E. Boinvilliers. *Éléments d'histoire de France.* Paris, 1856.

2. *La Batrachomyomachie,* poème attribué au chantre de l'*Iliade.*

3. En Sougéal, près Pontorson.

au dernier retour de la mer, nous ne connaissons que peu de découvertes qui puissent nous mettre directement sur la voie d'une date précise de la destruction dernière de la forêt littorale et de la rentrée du marais de Dol sous les eaux marines.

Dans les Iles anglo-normandes, on a bien trouvé, au sein de la tourbe et à des profondeurs diverses sous la mer, des instruments en pierre polie, des amas de poteries celtiques, des monnaies romaines, le tout en compagnie de dents de chevaux et de porcs, de glands, de noisettes et de noyaux d'une grande prune différant de toutes espèces connues parmi les îles, et indiquant un climat plus chaud[1]. Des trouvailles de ce genre ont eu lieu dans le marais de Dol ; M. Durocher en a cité dans son mémoire sur les forêts littorales. Il nous est arrivé à nous-même d'en faire une analogue dans l'anse du Garrot[2]. S'étendant, comme le font ces découvertes, du second âge de la pierre à l'ère moderne, elles ne servent que très imparfaitement à la détermination cherchée.

Deux circonstances récentes font avancer un peu plus la question, mais ne la résolvent pas avec la précision voulue.

Un honorable propriétaire, ancien maire de Saint-Guinoux, M. Durocher, nous a déclaré avoir trouvé, il y a quinze ans, au fond d'une fosse ouverte pour l'extraction d'un chêne fossile de dimensions exceptionnelles, destiné à la charpente de l'église, une médaille romaine en or. L'arbre reposait sur une mince alluvion marine, et la tourbe l'avait enveloppé. La médaille était sous-jacente à l'arbre. Portée chez un orfèvre, elle fut achetée pour dix francs et jetée au creuset, sans qu'on eût pris soin de la faire déchiffrer. On peut néanmoins retenir de ce fait une preuve que la forêt du bassin de Dol, c'est-à-dire l'extrême lisière de la forêt de Scissey, a succombé pendant l'ère romaine sous les coups de la mer et du vent.

Le second témoignage montre la même forêt en exploitation à une époque où le fer était devenu commun et employé à des usages vulgaires. Cette époque n'a guère commencé pour la Gaule qu'avec

1. David Ansted. *The Channel Islands*, 1862.
2. *Aliàs*, des Onchais ou des Jonchais.

l'occupation romaine. Un cantonnier de cette même commune de Saint-Guinoux, travaillant, il y a douze ans, à l'extraction des bois fossiles près le village de Langle-en-Miniac, mit à découvert, à près de deux mètres de profondeur, un chêne dans lequel un coin en fer était resté engagé. A quelques pas, enfouies sous la tourbe, et réduites comme lui à l'état fossile, étaient entassées régulièrement des attèles (bûches), déjà sciées et débitées. Dans notre opinion, l'arrivée de la mer aura fait abandonner le travail ; avec le barrage de la vallée, vers le IXᵉ siècle au plus tard [1], la tourbe aura commencé à se former sur l'ancien chantier, et les bois, obéissant à une loi dont la Hollande et le Wash anglais, comme le marais de Dol, fournissent la preuve, le bois aura monté avec la croissance de la tourbe, soulevé lentement et à la longue par la nappe d'eau inférieure.

Autre exemple, invoqué par analogie : dans la Frise, les chaussées en troncs d'arbres (*Les Pontes longi* de Tacite) sont ensevelies dans la tourbe à près d'un mètre de profondeur, et seraient sous les eaux de la mer sans les digues puissantes qu'on a opposées à l'Océan. « On a découvert dans la tourbière de Hatfield (non loin de l'embouchure de la Tamise) des routes romaines à la profondeur de huit pieds. Les pièces de monnaie, les haches, les armes et autres objets trouvés dans les tourbières d'Angleterre et de France sont aussi d'origine romaine, ce qui prouve que la formation d'un grand nombre des tourbières d'Europe n'est pas antérieure à Jules César [2]. »

On a trouvé, en 1844, au Pont-Aubault, sur la Sélune, à l'endroit où la voie romaine de *Condate* à *Ingena* traversait cette rivière, une très grande quantité de monnaies romaines d'une excellente conservation ; elles étaient répandues confusément dans les alluvions du lit, et furent ramenées au jour avec les déblais que l'on faisait pour l'élargissement des arches [3].

1. Voir le chapitre ci-dessus.
2. G. Cuvier. *Discours sur les révolutions du globe.* Edition Hœfer. Notes, page 244.
3. D. Toulmouche, *Histoire de Rennes à l'époque gallo-romaine.* Un vol. in-io, Rennes, 1847.

Deux autres monnaies romaines ont été trouvées de même et sur un point très rapproché de la même rivière, lors de la fondation du viaduc du Pont-Aubault, en 1877. Il faut dire cependant que la date est loin d'avoir ici la précision qu'affectent d'autres trouvailles du même genre. Ce terrain n'est plus, comme dans les marais de la Lys[1], celui d'une plaine où les phénomènes s'épanouissent librement et sans secousses ; c'est l'embouchure d'un fleuve où le conflit des eaux douces et des eaux salées a amené des perturbations graves dans la stratification de dépôts : confusion de matériaux divers, interversions inattendues. Des vestiges de l'occupation romaine, qui n'a cependant eu que quatre à cinq cents ans de durée, se sont trouvés dans le lit de la Sélune, tantôt dans des couches marines superposées à des couches ou plaques d'argile tourbeuse ou de tourbe, tantôt dans des poches d'argile tourbeuse sous-jacentes aux couches marines. Pour juger de la puissance des remaniements possibles, il faut se rappeler que l'embouchure de la Sélune est de tous les rivages européens, la Severn exceptée, le point où la dénivellation des marées atteint la mesure la plus élevée (15 mètres 91) ; d'autre part, que le bassin supérieur de la même rivière paraît avoir été, aux temps géologiques et peut-être jusque dans les débuts de l'ère moderne, le théâtre d'écoulements torrentiels, ruptures de seuils, débordements diluviens. La tourbe n'a pu se former sur un sol aussi tourmenté ; nous croyons que celle qu'on y rencontre appartient non au lit mais aux rives du fleuve, à quelque distance de son embouchure. Ce serait donc un terrain de transport ou remanié.

Remarquons à l'appui de cette opinion la circonstance suivante : le propre de la tourbe, dans un même bassin, est de se développer sur des lignes horizontales ; or, voici les altitudes auxquelles la sonde a rencontré la tourbe dans le lit de la Sélune :

Distances comptées à partir d'Avranches : 7,425 m. 7456 m. 7514 m. 7543 m. 7574 m.
Altitude au-dessus des mers moyennes : 3 m. 77. 4 m.63 .5 m. 66. Lacune. Lacune.

---

1. Marais de la Flandre où ont été trouvées, entre la tourbe ancienne et l'alluvion marine survenue, des monnaies de Marc-Aurèle et de Posthume et autres vestiges du Haut-Empire.

Ainsi, à des distances seulement de 31 et de 58 m., la surface de la tourbe ou de l'argile tourbeuse diffère de 0 m. 86 et de 1 m. 39. Dans une telle condition, on jugera qu'il serait peu prudent de prendre la situation respective des débris romains et des couches du fleuve où ces débris ont été trouvés, pour base d'une chronologie de ces couches. Heureusement, on vient de le voir, d'autres éléments y suppléent, laissant à ceux de la Sélune leur valeur comme appoint dans le raisonnement et le calcul.

NOTES DU CHAPITRE XXIII.

Note A, page 369 « ... si gravement altérer. »

Pendant le soulèvement quaternaire supérieur de l'Europe centrale et nord-occidentale, le Nord-Africain paraît avoir été immergé dans toute l'étendue du littoral méditerranéen. Des calcaires, des grès coquilliers et des coquilles marines de cette époque ont été trouvés au seuil de Chalouf (isthme de Suez), dans les Chotts de Tunis, dans le Sahara algérien, dans la province d'Oran et au Maroc. La constatation la plus récente est celle des Chotts; M. Hébert en a entretenu l'Académie des sciences à l'occasion de la mission du commandant Roudaire (*Comptes rendus* de la séance du 6 juin 1881).

Tout ce même littoral est en soulèvement depuis l'époque géologique moderne, obéissant au mouvement de bascule qui entraîne l'Europe centrale sur la voie de la subsidence. « La même oscillation du sol qui a vidé la Méditerrannée lybienne, écrivait dès 1865 M. Elysée Reclus, a peut-être aussi, par contre-coup, déprimé les fondements des Alpes pour les rapprocher du niveau de l'Océan[1]. » C'est en effet à la limite méridionale des Alpes que, nous fondant sur des observations postérieures au Mémoire du savant géographe, nous plaçons la ligne de passage du soulèvement à la subsidence, ligne que, dans une autre partie du même mémoire, il reculait jusque vers la Loire.

Note B, page 383. « ... *quæ vocatur Cantguic.* »

M. de Saint-Martin, dans ses notes sur l'*Histoire du Bas-Empire*, de Lebeau (1823), donne la version « Cantiguic ». Les deux formes répondent aux radicaux « Cant-gwic » Ville des *Cantii*, cette peuplade galate-belge qui, établie d'abord dans le Ponthieu, avec les « *Britanni* » ses congénères, colonisa comme ces derniers la côte opposée de l'Angleterre, et donna son nom au comté moderne de Kent et à la ville de Cantorbéry. A son départ de la Gaule, elle laissait sa trace dans « La Canche (*Cantia* » avec le chuintement et la chute de la désinence, *Canche*), dans la Canche et le Canson normands, dans la ville de Quentovic, du Ponthieu, et dans celle de Candé-sur-Erdre, chef-lieu primitif des Namnètes, d'après certains érudits, la même que le *Cant-guic* de Nennius. Après l'émigration des Ve et VIe siècles, qui ramena sur le littoral de la Gaule, vers les lieux où avait été leur premier établissement, les débris des peuplades belges insulaires, nous trouvons sur la côte de Cancale une forêt de « Cantias[2] » et un village de Cantorbière « qui rappellent le souvenir des réfugiés Cantiens. Le lien ethnique persistant des Cantiens et des Bretons primitifs se révèle jusque dans ces rapports que les *Vies des Saints*, et particulièrement celle de saint Judoce, établissent entre le Ponthieu et la nouvelle Bretagne.

Note C, page 387. « ... au lexique et à la grammaire. »

Voir le « *Super Garámantas*, » au delà des peuples Garamantes, de Virgile, et pour notre pays même, le « *Britannos super Ligerim sitos*, » les Bretons établis

---

1. *Les oscillations du sol terrestre*, dans la *Revue des Deux-Mondes*, livr. du 1er janvier 1865.

2. *Cantias*, accusatif de Cantia. C'est la forme de l'accusatif pluriel qui, au XIVe siècle, après l'abandon définitif de la déclinaison latine, a servi le plus souvent à former les noms de lieux dérivés du latin. Cf. Les natas (*Aluctas*), les Louvras (*Luparias*), etc.

au delà de la Loire, de Sidoine Apollinaire (au delà, par rapport à l'Auvergne, séjour de l'écrivain). Cicéron, d'après Nisolius, s'est servi trois fois de la préposition « *super* » pour exprimer « au delà ».

Note D, page 388. «... c'étaient les *Martenses* ».

　　Les *Arouioi*, de Ptolémée, pour *Areioi*, de *Arès*, Mars, nom qui correspond à *Fanum Martis*[1]. Ce dernier nom paraît avoir été, pour un temps substitué à celui de « *Vagoritum*, » nom probable de Corseul à l'époque gauloise, et aurait été, à son tour, vers le IVe siècle, remplacé par l'appellation ethnique de « *Coriosolites*», d'où le Corseul moderne[2].

Note E, page 389. «... composée, croyons-nous, avant 1140, »

　　De nombreuses raisons, qui ne seraient pas ici à leur place, viennent à l'appui de cette conjecture; nous les renvoyons à nos *Études sur la cité d'Aleth*.

Note F, page 392. «... où était encore concentrée la principale force maritime du pays.

　　Le port, sous Saint-Malo, a été grandissant, et le port, sous Aleth, dépérissant, à mesure que la première ville a plus absorbé la seconde, c'est-à-dire du XIIIe siècle au XVIIIe, époque où un mouvement rétrograde a commencé à se produire. La seigneurie ecclésiastique avait gardé l'autorité sur l'ensemble des ports et havres de l'embouchure de la Rance ; jusqu'en 1789, Saint-Malo, du chef de ses évêques, nommait encore les Baillis des eaux, c'est-à-dire les maîtres de port de Solidor, et avait la police de l'établissement maritime. Une preuve de la modernité relative du commerce et des armements maritimes à Saint-Malo a été donnée par les grands travaux du bassin à flot en construction. Le plafond du port a été descendu à plusieurs mètres au-dessous de son niveau précédent ; or, dans ces immenses déblais, les seuls vestiges intéressant l'histoire du pays, que l'on ait trouvés, sont des bombes, des boulets et autres projectiles d'armes à feu sont les plus anciens ne peuvent remonter au delà du siège de l'année 1378.

---

1. Voir Ernest Desjardins, *Géographie de la Gaule romaine*, tome Ier.

2. Un fragment d'inscription en marbre, récemment trouvé dans les ruines de Corseul par M. le conseiller Fornier, et qui fait partie de ses riches collections, rappelle le nom de la cité gallo-romaine.

CHAPITRE XXIV

MÊME SUJET *(suite)*.

I. — Au cours de sa *Vie de saint Patern*[1], le célèbre Venantius Fortunatus, évêque de Poitiers, contemporain du bienheureux, nous montre Patern et son fidèle compagnon Scubilio[2], disant adieu à la cité des Pictaves, leur patrie, et au monastère d'Ansion, leur première retraite. Sous la pression de ce besoin de solitude qui dévorait tant d'hommes distingués parmi les débris de la société gallo-romaine, ils se sentent attirés par le renom de sainteté des anachorètes de la forêt de Scissey, et s'avancent jusqu'aux bords déjà bien dévastés de cette forêt. Sur le point de se fixer comme ermites dans une certaine île, *in quâdam insulâ,* île sans importance puisqu'elle n'avait pas même de nom et restait inhabitée, ils sont retenus sur le rivage pour y prêcher l'Évangile, par un chrétien du pays, nommé Amabilis. Venantius donne à l'endroit où s'arrêtent les deux saints le nom de « *Scessiacum* » Scessiac'h, « *in fano scessiaco* ». L'antithèse de ce lieu et de l'île montre que

---

1. Vulgò, saint Pair. Voir les *Actes des saints de l'ordre de saint Benoît*, par Mabillon, tome Ier, page 132, et *Supplément*, tome II, page 1100.
2. Vulgò, Escouvillon.

« *Scessiacum* » devait alors être en terre ferme ou du moins n'était pas encore définitivement séparé du continent.

C'est un premier point à retenir, car Scessiac n'est autre que l'archipel actuel de Chausey. L'île que nos pieux émigrants avaient en vue ne pouvait être que l'un des sommets du plateau rocheux, vers l'ouest, déjà détaché de la masse à marée haute, et qui avait sans doute conservé jusqu'alors quelque terre végétale, quelque verdure, sur lesquelles pussent vivre les deux solitaires. Cette identification importe au but que nous poursuivons : avant d'aller plus loin, mettons-la hors de conteste.

Un charmant épisode de l'œuvre de Venantius, épisode auquel nous regrettons de n'avoir à emprunter ici qu'un seul et froid détail, nous fait voir Patern, dans l'un des nombreux voyages qu'il avait à faire à la cité d'Avranches. La distance à parcourir entre le monastère et la ville épiscopale était de 28 milles romains (42 kilomètres) dans notre hypothèse. Le village de Saint-Pair, près Granville, dans lequel on a voulu voir Scessiac, se présentait juste à mi-route, à 14 milles du vrai Scessiac, et à la limite des terrains déjà fortement minés par la mer, qui s'étendaient entre le monastère et la terre ferme. Or, d'après Venantius, Patern, le second jour de son voyage, a parcouru 18 milles (26 kilomètres), et il n'est pas arrivé au terme. Si Saint-Pair-sous-Granville avait été le point de départ, le terme aurait été dépassé de 4 milles. Voudrait-on voir dans la mesure itinéraire employée par Venantius la lieue gauloise de 2,222 mètres, celle qui, par une concession assez étrange de l'édilité romaine, avait servi sous l'empire, dans le centre et le nord de la Gaule, au calcul officiel des distances : la démonstration ne serait pas moins décisive. Dans ce cas, la distance de Scessiac à Avranches est de 20 milles. Patern qui, le second jour de son voyage, est à 18 milles de son monastère, aurait été bien au delà de son terme, s'il fût parti de Saint-Pair-sous-Granville, qui est à moins de 10 milles gaulois d'Avranches.

Ce village doit donc être exclu des lieux parmi lesquels on doit chercher le monastère de saint Patern. Le docte Adrien Baillet ne doute pas que ce monastère ne fût à Chezai, comme on écrivait de son temps le nom de l'archipel[1]. Il en est de même du P. Giry[2]. C'est aussi ce qu'indique expressément la Carte antique des envahissements de la mer (voir notre *Planche n° XII*), quand elle place sur Chausey, sous le nom de « Fanaff Scissy[3] » le « *Fanum* » ou temple païen dont parle Venantius Fortunatus. Un autre « *Fanum* » est bien donné par la carte à un endroit de la côte actuelle qui ne peut être que le village de Saint-Pair, mais il y est porté sous le nom de « Fanaff Mevs (Drus ?) », probablement le *Fanum Martis*, de l'itinéraire d'Antonin.

Le monastère de Scessiac ou de Chausey, occupé par les Northmans et devenu, comme certaines îles de la Loire, l'un des repaires fortifiés de leurs incursions, fut remplacé avec le temps par la succursale que Patern lui-même avait dû établir à Saint-Pair-sous-Granville, dans l'intérêt des communications menacées de son principal séjour avec la terre ferme. Les saintes reliques qui avaient fait de Scessiac un sanctuaire si vénéré, revinrent en petite partie à la succursale, devenue maison-mère, après les ravages des Northmans. L'ancien et le nouveau monastère étaient si bien restés inséparables dans la pensée de tous, que, dans la charte de 1022 où le duc Richard de Normandie donne Saint-Pair-sous-Granville aux moines du Mont-Saint-Michel, il a soin d'y joindre Chausey, alors entièrement séparé de Saint-Pair par plusieurs lieues de mer, et déchiqueté déjà en îlots désolés.

Scessiac est donc bien le Chausey actuel, et nous pouvons reprendre le texte de Venantius pour en tirer au point de vue du retour de la mer sur notre ancien littoral, les conséquences auxquelles il se prête.

Des années se sont passées. Patern, arraché à sa solitude, est devenu évêque d'Avranches. Arrive le lundi de l'octave pascale de l'année 565. La solennité de Pâques était tombée, cette année-là, le 5 avril. La grande fête des chrétiens une fois célébrée dans sa

---

1. *Vies des Saints*. 2 vol. in-f°. Paris, 1701.

2. *Vies des Saints*. Un vol. in-f°. Paris, 1703.

3. Prononcez « *Fanann* », forme rapprochée de « *Fanum* », conformément à la prononciation celtique.

cathédrale, Patern est parti une fois de plus pour son cher Scessiac. Lautus (*Saint-Lô*), évêque de Coutances, de qui relevait le monastère, l'y a rejoint. Scubilio est à Mandane, succursale fondée près d'Aleth, sur un emplacement que nous croyons avoir retrouvé près du Minihi, sur la côte de Paramé [1].

Une vision avertit au même moment les deux amis de leur mort prochaine; aussitôt tous deux sont pris d'un même et intense désir de se revoir « avant de sortir du siècle » [2]. Ils se mettent en marche [3], ou plutôt se font transporter l'un vers l'autre avec les précautions que demandent et leur âge et la maladie qui les a subitement envahis. Des messagers expédiés de chaque part s'efforcent vainement de hâter le funèbre voyage.

Au temps où se place le récit, les communications établies à travers les grèves actuelles de la baie du Mont-Saint-Michel par les voies romaines d'*Alet* à *Ingena* et de *Condate* à *Alaunium* n'étaient pas encore à jamais coupées. La mer restait à 4 mètres environ au-dessous du niveau qu'elle atteint à présent. On prenait, de mer basse, la plus grande partie de l'ancienne chaussée. Quant aux bacs qui servaient au passage des rivières de la baie [4], ils suivaient sans doute dans leur service le mouvement de la mer, comme le font encore les bateaux de l'embouchure de la Rance, entre Saint-Malo et Dinard.

Dans l'urgence de leur rencontre, Patern et Scubilio avaient dû chercher la voie la plus courte pour l'époque. L'ancien tracé direct de Roz à Caroles ne devait plus être praticable ni surtout desservi à la hauteur des rivières. C'était dès lors la « *Via de sub mari* » la voie sous la mer, la route submergée dont parlent des chartes de l'abbaye de Montmorel. La circonstance du bras de mer de trois milles, que nous allons rencontrer tout à l'heure, ne s'accorde ni

---

1. L'abbé Manet place ce monastère dans la grève de Rochebonne-sous-Paramé, en un point qui, du temps de Scubilio, était depuis bien des siècles rentré dans le domaine de la mer.

2. « *Ut priusquàm de sæculo discederent, se viderent.* »

3. « *Dirigunt ad se invicem.* »

4. Dans la baie des Veys (*Vadi*, Vés, Gués) près de Carentan, un endroit qui correspond à la voie romaine porte encore le nom, à physionomie toute latine, de « La nef-du-Pas. »

avec ce tracé si avancé, ni avec celui si reculé du fond de la baie par Pontorson ; elle ne convient qu'au seul tracé intermédiaire par Roz, le Mont-Tombe et le Gué de l'Épine. Encore, ce tracé n'était-il suivi qu'à la condition d'un trajet plus ou moins long soit dans des grèves soit en bateau, suivant l'état de la marée.

Le mercredi 15 avril [1], Patern est arrivé au bord de la mer, à l'embouchure de la Sélune. Brisé de fatigue et d'émotion, en proie à la fièvre, il interroge du regard la plage brumeuse et désolée que la mer montante envahit, et la côte armoricaine qui se perd déjà dans les premières ombres du couchant. Scubilio vient de toucher à cette côte : il a franchi avec autant de hâte que l'âge et la souffrance le lui ont permis, les 34 milles romains (50 kilomètres) qui s'étendent entre elle et Mandane. De ce côté, comme sur l'autre rive, était l'un de ces « *Hospitia* » qui accompagnaient les stations des voies romaines. Après l'avoir dépassé, Scubilio se trouve en face d'un bras de mer de près de trois milles (4 kilomètres et demi), qui le sépare seul de son ami. La nuit tombe et ne lui permet pas de le franchir : « *Sed brachio maris opposito, non valuit nocturno tempore transfretare... cùm à se Sancti ferè tria millia interessent.* » La mort, pressée de se saisir d'une si noble proie, refuse d'attendre, et, pour emprunter les paroles mêmes de Venantius, « dans la même nuit, le bienheureux Patern, ensemble avec son saint frère, d'un glorieux élan, au sein du chœur des anges, fortifiés par le viatique divin, exhalèrent des régions de la terre dans la céleste assemblée leurs âmes pieuses vers le Christ ».

Le lieu respectif de leur mort semble indiqué comme appartenant à des diocèses différents par le rôle attribué à deux évêques dans les cérémonies très distinctes des deux convois funèbres. L'estuaire naissant de la baie et son principal affluent, le Coesnon, étaient la limite séparative des ressorts religieux et des cités de l'Armorique et du Cotentin. Ce sont bien ce fleuve et cette baie que Venantius a entendu désigner, lorsqu'il a parlé du bras de mer de

---

1. L'Église place la mort des deux saints dans la semaine qui suit l'octave de Pâques et dans la nuit du 15 au 16 avril.

trois milles qui fut l'obstacle à l'échange des effusions suprêmes entre les deux amis. Les humbles murs des deux « *Hospitia* » qui jalonnent les rives opposées, et qui marquent encore aujourd'hui sous leur nom moderne de « L'Hôpital » la place des stations romaines de la voie, ces humbles murs ont été témoins du dernier combat et de la céleste agonie de Patern et de Scubilio.

L'évêque Lautus, de Coutances, vint prendre la direction des funérailles de Patern qui avait voulu reposer, non sous les voûtes de la cathédrale d'Avranches, mais dans le modeste ermitage, sous l'abri de la caverne, « *in receptaculo cavernæ* » [1] de son cher Scessiac. De son côté, l'évêque Lascivius qui, à en juger par cette dévolution, occupait alors le siège d'Aleth [2], fit, comme supérieur ecclésiastique de Mandane, la levée du corps de Scubilio, et le conduisit à Scessiac. Il n'est rien dit de saint Samson, pour qui, quelques années auparavant, un siège épiscopal venait d'être créé à Dol ou dans le monastère de Dol, par Childebert, roi des Francs. Bientôt, sans que l'on se soit donné le mot, les convois se rejoignent, sans doute à mer basse, dans les grèves [3] ; car il n'est pas question d'embarquement, circonstance qui n'aurait pas échappé à Venantius, et qui aurait prêté à quelque description emphatique dans le goût de son temps. Les cortèges et les chants se confondent, et les deux saints que la mort même n'aura pu séparer, sont déposés à Scessiac (*Chausey*) dans un seul et même sépulcre.

Ou nous nous trompons fort, ou nous avons, dans ce touchant tableau tracé par un témoin peut-être oculaire, comme une vue, et, qu'on nous pardonne cet anachronisme, comme une photographie de la baie du Mont-Saint-Michel, en l'an de grâce 565, à la veille de la mort de saint Samson et du vivant de saint Malo. C'est pour le VIe siècle et pour le fond du golfe, l'équivalent de ce que nous a donné le Roman d'Aquin pour le XIIe et pour l'embouchure de la

---

1. La caverne, demeure primitive des deux saints, caverne dont on chercherait vainement la place et même la possibilité à Saint-Pair-sous-Granville, avait sans doute été, comme la caverne du Mont-Gargan, comme la grotte du Calvaire, convertie en crypte de l'église.

2. Note A.

3. Vers le bas de l'eau, les rivières de la baie se perdent dans les sables et l'on peut à peine distinguer leur lit.

Rance. A nous maintenant d'interpréter, dans l'intérêt de la thèse géologique que nous soutenons, les données de ce tableau.

On se rappelle que nous sommes au mercredi 15 avril 565. Personne ne se hasarde à voyager autrement que de jour à cette époque d'insécurité universelle. Le bienheureux Hellier, patron de Jersey et d'une des paroisses de Rennes, vient d'être assassiné par des brigands non loin de ces parages. La litière qui porte Scubilio avance bien lentement au gré de l'impatience du mourant. Il faut que ce soit seulement vers le soir qu'elle parvienne à la rive, puisque le service du passage a cessé, et qu'aucun batelier ne veut s'exposer à traverser dans le crépuscule qui approche ou qui même commence à s'épaissir, un bras de mer de plus d'une lieue, au sein de courants de foudre comme sont, surtout à mi-marée, ceux de la baie du Coesnon.

A cette heure du soir, la mer ne faisait que commencer à baisser : elle se trouvait, en effet, dans sa période bi-mensuelle des vives eaux, et le plein de la mer tournait pendant quelques jours autour de six heures tant du soir que du matin[1]. C'est ce que permettent de constater les Tables de la lune, rapprochées de celles de l'établissement des ports[2]. Le 15 avril 565, à la marée du soir, la lune touchait à son vingt-neuvième jour, c'est-à-dire à la néoménie ou nouvelle lune. La tension maximum de la marée devait avoir lieu trente-six heures après la syzygie, c'est-à-dire le 17 mars au matin. Le soleil se couchait à sept heures, et la nuit tombait promptement en l'absence des rayons lunaires.

Si, dans ces conditions météorologiques, la mer n'avait alors à l'embouchure du Coesnon, sur la ligne de Roz au Gué de l'Épine, qu'une largeur de trois milles à peine *(ferè tria millia)* ou un peu plus de 4 kilomètres (1481 m.×3), il faut, et nous arrivons au cœur même de la question, il faut que, dans l'intervalle des 1315 années qui se sont écoulées jusqu'au temps où nous écrivons (1880),

---

1. Consulter l'*Annuaire* Chazalon et l'*Encyclopédie nouvelle*, vᵒ *Marées*.

2. « C'est la troisième marée qui suit la pleine et la nouvelle lune qui est la plus grande (différence de 36 heures ou un jour et demi). » *Le monde physique*, par Guillemain, tome Iᵉʳ, page 296. Paris, 1881.

de bien graves altérations se soient produites dans l'état physique
de la contrée et dans le rapport de la terre à la mer sur ce point
particulier du globe. En effet, mesuré de notre temps dans des
conditions analogues, le bras de mer qui forme l'estuaire commun
du Coesnon, de la Sélune et de la Sée, entre les deux rives de la
Bretagne et de la Normandie, n'a pas moins de douze kilomètres
au lieu de quatre[1]. L'espace horizontal gagné par la mer en treize
siècles, paraît en correspondance avec une hauteur verticale de
3 m. 50 à 4 mètres, autant du moins que permettent de le reconnaître les masses alluvionales de l'appareil littoral actuel. Cet
espace horizontal ne concorde pas moins bien avec la hauteur
verticale de 3 m. 40 dont la mer se serait élevée depuis l'année 708
jusqu'à nos jours, comme nous l'avons déduit plus haut du texte de
Nennius et de divers autres documents. En effet, un siècle et demi
sépare les deux dates de 565 et 708 ; dans cet intervalle, le sol de
la baie, d'après nos calculs, a dû s'affaisser d'environ 42 centimètres, à raison d'une moyenne de 28 centimètres par siècle ; soit
la cote de 3 m. 82 pour le niveau de l'année 565.

Nous sommes loin assurément de donner ces résultats comme
des mesures précises. Les textes sur lesquels nous avons cherché
à les établir ont trop de vague, de si près qu'on les serre, et il
reste encore, quoi que nous fassions, de trop graves inconnues,
pour conduire à des formules mathématiques assurées. Mais ce
que l'on ne pourra nier, et nous n'avons en vue de leur demander
rien davantage, c'est qu'ils se rapprochent d'autant plus de la vérité morale qu'on les voit plus en accord avec les solutions fournies
par les sciences naturelles. Ces dernières n'ont donc pas été seules
à répondre à nos questions : l'histoire dans ce qu'elle a de plus
sincère, dans ses témoignages les plus inconscients, peut être appelée, nous venons d'en donner quelques exemples, à déposer à
son tour des vicissitudes dont nos rivages ont été le théâtre, et de
l'affaissement progressif du sol, qui, pour l'époque géologique
moderne, en a été le principe.

1. Note B.

II — Les titres de l'église de Coutances, église de laquelle dépendait l'archipel anglo-normand, s'accordent avec les traditions du pays pour assurer l'ancienne union matérielle de Jersey avec la côte opposée du Cotentin jusque dans les premiers siècles de l'ère chrétienne. Depuis que la géologie a si bien établi que l'Angleterre elle-même a eu sa période et même ses périodes continentales, une pareille affirmation ne rencontre plus d'incrédules ; la date ultime de l'union reste seule à débattre [1].

On lit dans les histoires de Jersey [2] et dans celles du diocèse de Coutances [3] qu'au temps de saint Lô, mort le 21 septembre 565, Jersey n'était encore séparé du Cotentin que par un simple ruisseau. Un écrivain tout récent prolonge même jusqu'en l'année 670 [4] cette situation. Les habitants de l'île étaient tenus de fournir une planche à l'archidiacre de l'église mère, quand il allait y porter les secours religieux et remplir les devoirs de son ministère. Nul doute que la population fût alors très clairsemée. La première paroisse constituée dans l'île, celle de Saint-Brelade, date seulement des premières années du XIIe siècle.

L'insularisation de Jersey, en pleins temps historiques, rappelle celle de la Sicile :

> *Zancle quoque juncta fuisse*
> *Dicitur Italiæ, donec confinia pontus*
> *Abstulit, et mediâ tellurem reppulit undâ.*

(OVIDE. *Métamorphoses*, livre XV, n° 6.)

« On dit aussi que Zancle *(aujourd'hui Messine)* tint elle-même à l'Italie jusqu'à l'époque où la mer rompit cette contiguïté, en interposant ses eaux entre les deux terres [5]. »

Nous sommes porté à voir dans le prétendu droit de planche une forme excessive de l'ancienne tradition d'union, ou du moins de la

1. C'est sur cette date et cette date seule, que nous avons le regret d'être en désaccord avec M. Alfred Maury.
2. Note C.
3. Voir l'ouvrage de l'abbé Desroches et le manuscrit de l'abbé Lefranc, à la bibliothèque de Coutances.
4. M. Pégot-Ogier. *Histoire des îles de la Manche.* Un vol. in-8. Paris, 1881.
5. Traduction de l'abbé Manet.

transition qui marqua pendant de longs siècles le passage de l'état de presqu'île à l'état d'île. Si cette situation avait été permanente et normale, nul doute qu'un pont fixe, du genre de celui qui donnait son nom à une ville voisine (*Petreus Pons*, Port-Bail), aurait été construit à l'époque romaine. On comprend mieux la planche sous les pas de l'archidiacre, s'il ne s'agissait que de franchir, comme nous le croyons, un ravinement fait dans un isthme par le progrès de la mer, ou même d'un passage, à mer basse, sur un chenal d'écoulement des eaux salées. Rien dans les conditions topographiques ne permet de croire qu'il y ait eu sur ce point une rivière ou même un simple ruisseau.

L'examen des cartes marines, pierre de touche de telles traditions, donne à celle de l'union de Jersey au Cotentin jusque vers le VI° siècle, une certaine confirmation. Il fait discerner sous la mer un isthme par lequel Jersey a dû conserver pendant un temps, temps assez rapproché de nous, son dernier lien avec la terre ferme. Nous avons pu suivre cet isthme, bien que fortement démantelé par les courants, dans la direction de Saint-Germain (Cotentin) à Graville (Jersey). Sur cette direction (Voir notre *Planche n° 1*, frontispice), dans une longueur de 32 kilomètres, une série de plateaux rocheux sous-marins permet de reconstruire sans lacunes le passage que la subsidence du sol a fait descendre sous la mer, et que les courants ont, grâce à cette subsidence lente et mesurée, profondément ravinés et séparés les uns des autres.

Ainsi, on relève sur la direction indiquée les cotes suivantes à partir de la terre ferme :

Havre de Saint Germain, 0 pieds au-dessous des plus basses eaux.

    Chaussée des Bœufs[1] 9 — au-dessus   —

    Les Arconies. . . . 8 — au-dessous   —

    Les Agus. . . . . . 10 — au-dessus   —

Les intervalles de ces plateaux répondent aux ablations des courants se frayant passage à travers des terres meubles et des roches désagrégées, amenées tranche par tranche dans la sphère

---

1. Note D.

active des eaux agitées. C'est ainsi que, d'après un titre irrécusable, cité dans le paragraphe suivant, la communication qui s'était maintenue plusieurs siècles après celle de Jersey, entre la grande terre des Écrehous et le continent, a été coupée en plein moyen âge, et se trouve remplacée aujourd'hui par le *Passage de la Déroute*[1], chenal de 6 à 12 mètres de profondeur. C'est ainsi encore que l'île d'Aix, en face de Rochefort, séparée aujourd'hui par plusieurs kilomètres de mer de la rive voisine, était encore rattachée au continent, vers l'année 1400, par un isthme sur le parcours duquel deux villes s'étaient établies et maintenues jusqu'à cette époque malgré le progrès de la mer.

Au VIe siècle, l'isthme des Bœufs n'était plus depuis longtemps praticable de mer haute ; il n'avait même jamais dû l'être à l'époque romaine. Pour qu'on y passât, de mer basse, dans le plus grand nombre des marées, il fallait que, comme nous croyons l'avoir démontré, les fonds fussent de trois à quatre mètres plus élevés qu'ils ne le sont de notre temps ; il fallait aussi que le flot n'eût pas encore entraîné les matériaux meubles qui remplissaient les dépressions actuelles, matériaux qui y avaient été déposés pendant la submersion précédente du golfe, c'est-à-dire pendant la 2e époque glaciaire, moyens temps quaternaires. Dans ces conditions, des communications précaires, comme celles que suppose la tradition du droit de planche, ont pu se maintenir pendant un temps entre l'île et le continent, au même titre qu'elles ont existé jusqu'au XVe siècle entre Saint-Malo et Césembre, entre Saint-Servan et Dinard.

Nous sommes ainsi toujours ramenés vers ce chiffre de trois à quatre mètres comme mesure de l'affaissement depuis la fin de l'ère gallo-romaine.

III. — Le plateau des Écrehous, au nord-est de Jersey, a passé depuis les temps historiques par les mêmes alternatives que celui

---

1. Aucun événement historique, tentative de débarquement, combat naval, poursuite d'un ennemi vaincu, ne peut être allégué pour expliquer le nom de ce passage ; nous ne sommes pas éloigné d'y voir le souvenir, comme dans celui de la *Crevée de Saint-Guinou*, d'une première irruption de la mer, de quelque raz de marée qui serait venu surprendre les populations aisibles de l'isthme unissant Jersey aux Écrehous.

plus connu des Minquiers, au sud : d'abord terre ferme, puis presqu'île couverte de cultures et d'habitations, marais, archipel et enfin
masse d'écueils [1]. Mais ici nous avons la bonne fortune d'un titre authentique qui nous a conservé la date de cette dernière transformation. « Au nord de la Forêt de Scissy, dit M. Lecerf dans son ouvrage
sur l'archipel anglo-normand [2], s'étendait un vaste marais portant
le même nom, et qui rejoignait la partie orientale de Jersey. Les
points culminants de ce marais étaient à l'endroit marqué sur la
carte sous les noms de « *Les Écrehous* » et « *Les Drouilles* ». Mais
en l'année 1203, les Écrehous se trouvèrent séparés de la France
par l'invasion de la mer, qui tendait à se frayer un passage dans
l'endroit nommé plus tard « *Le Passage de la Déroute* ». Le lit de la
mer n'a dans cet endroit qu'une profondeur de six à douze mètres.
Cette île, alors très peuplée, fut donnée par Jean-sans-Terre au seigneur du Pratel, lequel la donna à son tour aux moines du Val-Richer
pour y bâtir une église, « *attendu*, dit la charte de fondation, *que
les habitants ne peuvent plus venir entendre la messe à l'église de
Port-Bail-en-Cotentin* ». Il ne reste plus de cette île si peuplée
qu'un amas de rochers qui laissent voir, *à marée basse*, les ruines de
la vieille chapelle. » D'après M. Pégot-Ogier [3], on distingue aussi sur
l'ancien rivage, à mer basse, comme dans le port Solidor, de Saint-
Servan, les ornières creusées dans le rocher par les roues des chars.

On a ici la répétition de ce qui s'est passé quelques siècles plus tôt
entre Jersey et le Cotentin, et de ce qui arriva quelques siècles plus
tard entre l'île d'Aix et la terre-ferme, entre l'île de Césembre et
la côte de Saint-Malo, entre Saint-Servan et Dinard.

Ainsi, pour nous borner seulement à considérer ici le plateau des
Écrehous, la subsidence du sol sur certains points du golfe s'est
accusée à ce point depuis l'année 1203, les érosions des courants lui
venant en aide, pour qu'une île importante se soit formée aux dépens
du continent ; que cette île soit devenue inhabitable ; que l'édifice

---

1. Il est désigné dans un portulan du XVIᵉ siècle, sous le nom de « *Rocalroua* » Roche au
Roi (au roi d'Angleterre).
2. Cité par M. Quénault.
3. *Histoire des Iles de la Manche.* Un volume in-8°, Paris, 1881.

religieux construit après l'insularisation soit descendu sous les eaux ; enfin, qu'on ne voie plus en face de soi, comme aux Minquiers, à Tommen et aux Herpins, que des sommets décharnés et blanchis par la vague.

IV. — On connaît par la *Vie de saint Suliac,* œuvre de l'un de ses contemporains, le tracas que les ânes de Rigourdaine donnèrent au bon solitaire. Un tableau très ancien en gardait le souvenir dans la curieuse église du village, il y a moins de cinquante ans.

Débarqué vers le milieu du VIe siècle à Aleth, le prince gallois Suli-ac'h (*Enfant du Soleil*) [1], sans doute issu de l'un de ces immigrants du « *Pays de l'été* » dont parlent les Triades, remonte la vallée, alors couverte de bois et déserte, de la Rance. Il se bâtit une cellule sur la rive droite, dans l'anse du Garrot. Les jardins où se passe l'épisode de Rigourdaine occupent la pente méridionale de la montagne, et portent encore, bien que toute trace de culture maraîchère ou florale ait disparu, le nom de « Jardins de Saint-Suliac ». Ce nom est inexplicable autrement que par le choix de ce lieu pour la demeure du saint ; le bourg du même nom, que l'on a considéré comme la place de son ermitage, est situé sur le revers opposé de la montagne. Un établissement romain, dont nous avons reconnu les traces [2], avait dû être l'origine de ces jardins. C'est également au milieu de vestiges romains que saint Samson et saint Pol Aurélien fondaient, au même temps, leurs monastères.

Notons, en passant, que les ruines de l'anse du Garrot, comme celles de la villa des Quatre-Vaux dans la baie de l'Arguenon, comme celles de Port-Aurèle, dans la baie de Saint-Brieuc, comme certaines parties des voies romaines du littoral, sont déjà atteintes par la mer ou même entièrement submergées par elle.

La Rance avait dès lors sur ce point presque toute sa largeur actuelle, mais la profondeur, à mer haute, y était bien moins

1. Même étymologie pour Samson (*Sam-son*) compatriote et contemporain de Suli-ac'h, dans un autre dialecte celtique.

2. Nous en avons extrait de belles briques, de ces briques larges et épaisses, moulées pour faire, par assemblage, des fûts de colonne ; on trouve de ces briques à Pompeï.— Note E.

grande ; à mer basse, le fleuve n'était plus qu'un ruisseau. Les ânes d'un troupeau de la rive gauche en profitaient pour la traverser, et, pendant que le bienheureux était en oraison, broutaient impitoyablement les légumes de son jardin. Mal leur en prit à la fin : surpris un jour par le saint, ils reculèrent, et désormais aucune force humaine ne put leur faire prendre une autre allure. De là le proverbe local dans lequel s'est incarnée la tradition [1].

Un trait analogue se lit dans la *Vie de saint Hélier*, contemporain de saint Suliac et apôtre de Jersey : des lièvres impudents viennent à sa barbe se repaître de ses légumes ; plus patient, moins nerveux, et l'âme plus ouverte à ce naturalisme si touchant des solitaires de nos thébaïdes, le saint se borne à faire la part à ces créatures du bon Dieu, et leur assigne une portion de son enclos pour y marauder à leur aise.

Il est bien évident qu'une légende comme celle de Rigourdaine n'a pu prendre naissance qu'à une époque où le fleuve était constamment guéable. De nos jours, l'eau se maintient habituellement dans le chenal à une profondeur de plusieurs mètres ; même aux plus basses mers d'équinoxe, on y trouve encore en face de la montagne du Garrot plus d'un mètre d'eau. Si le sol, comme plusieurs indices concordants viennent de nous le montrer, s'est affaissé de quatre mètres environ depuis le VIe siècle, ainsi que nous le supposons, le fond du chenal était alors beaucoup au-dessus de la ligne des basses mers moyennes, et les ânes de Rigourdaine n'ayant à compter qu'avec une mince tranche d'eau douce, avaient beau jeu, malgré leur horreur bien connue de l'humide élément, pour venir agacer le pauvre anachorète.

La situation se prêtait mieux encore à cette audacieuse maraude dans les siècles bien autrement reculés où la légende s'est réellement formée. Cette légende remonte, en effet, à l'être mystérieux et étrange dont nous avons déjà parlé à propos du Mont-Dol et du Mont-Saint-Michel, être fait d'un vague souvenir des géants dolichocéphales de la préhistoire et d'une conception solaire des

---

1. « Aller à reculons, comme les ânes de Rigourdaine. »

vieux cultes proto-celtiques [1]. Le dieu Rot, divinité éponyme des divers Monts-Garrot échelonnés sur notre littoral, ce dieu dont l'évêque de Rouen (Rouen, *Rot-o-mag*, Plaine de Rot), saint Romain, renversa l'autel au VII° siècle, en est le véritable héros. C'est lui qui, le premier, a maudit les ânes de Rigourdaine du haut de la *Chaire* ou *Chaise* qui dominait la vallée [2], et qui, d'un seul coup de sa botte irritée, a enfoncé le sol antique, théâtre innocent des entreprises de nos baudets, et donné ainsi naissance aux dépressions de Saint-Suliac et de Mordreuc. Son nom est resté aux deux hauteurs qui bordent ces dépressions : le Garrot de Saint-Suliac et le Garrot de Pleudihen (*Gar-Rot*, celt., Enjambée de Rot); il est resté de même, sous ses autres formes, Gargan et Gargantua [3], aux nombreuses pierres-fiches, chaires, sabots, palets, boules, fuseaux, graviers, tombeaux en énormes pierres brutes qui, du fond de la Savoie, viennent s'étager jusque sur nos côtes.

L'explication originale que donne la légende, d'un grand déchirement géologique, a été longtemps en faveur dans le pays. Retenons-la ici, de même que la mésaventure des ânes de Rigourdaine, à un seul titre : celui de montrer combien est restée vivace à travers tant de siècles la tradition d'un état de choses, d'un milieu physique si différent de celui dans lequel les populations ont été habituées à vivre.

V. — Un problème géographique de la baie de Dol, qui a dû paraître jusqu'à présent insoluble, est celui qui se rapporte à la position de ce port de Winiau, désigné dans la *Vie de saint Samson* comme le lieu de son débarquement quand il arriva dans la Petite-Bretagne.

Ce port est donné comme étant situé sur un fleuve nommé « *Gubiolus* ». Nul doute que ce soit le Guyoul actuel, ou plutôt l'an-

---

1. Cf. mémoire de M. Bourquelot, inséré dans le Recueil de la *Société des antiquaires de France*, année 1844. — *Gargantua, essai de mythologie celtique*, par M. J. Gaidoz, 1876.

2. Le moulin de la Chaise, au sommet du Garrot, a conservé le souvenir du mégalithe, aujourd'hui détruit, qui portait le même nom.

3. Voir ci-dessus, page 364, la note C du chapitre XXII.

cien Guyoul, avant qu'il eût été dérivé de son cours naturel, et alors qu'il suivait encore, comme nous l'avons montré, le thalweg de l'*Ancienne Rivière*, le long des coteaux de Dol jusqu'à Cancale (anciennement, *Canc-aven,* anse du fleuve). « *Portus Winiau,* » dit le manuscrit, « *qui est in flumine Gubioli* ». VIIe siècle. « *Portu in flumine Gubiolo capto* », port qui est *dans* le fleuve Guyoul ; c'est-à-dire sur le cours du Guyoul, comme l'étaient la plupart des ports des anciens, et non à l'embouchure. L'abbé Manet (*page* 9), après avoir proposé l'anse Duguesclin, en Saint-Coulomb, à grande distance de tout tracé possible du Guyoul, revient à cette rivière, ajoutant sans doute comme objection à cette hypothèse, que « tous les vieux titres jusqu'à l'an 1032 qu'on n'en parle plus, s'accordent à dire que ce port n'était pas éloigné de Cancaven *(Cancale).*

Cette indication est en effet précise et répétée, et ne peut être négligée. Il faut donc chercher le port de Winiau à quelque distance de l'embouchure du Guyoul, qui devait être, à l'époque de saint Samson, ramenée par le progrès de la mer, bien au sud de Cancaven. Inutile de rappeler que l'embouchure actuelle, au Vivier-sur-Mer, est moderne et faite sur une dérivation du fleuve.

Un ange avertit le Bienheureux, à peine débarqué, que, le jour suivant, il trouvera *dans le fond du désert* un vieux puits comblé, et que là il doit bâtir une église et sa demeure. Dès l'aube du jour, les disciples se dispersent dans les lieux voisins pour chercher cet indice. Samson, en compagnie de deux religieux, « Dieu le guidant, *Deo duce* », trouve le puits, et jette aussitôt les fondements de son monastère [1].

Le bourg actuel de Saint-Guinou, situé au bord du Guyoul, de l'*Ancienne Rivière*, nous semble réunir bien des conditions pour avoir été le lieu du débarquement de saint Samson. Il est, non seulement sur le vieux lit de Guyoul, mais aussi au fond de l'ancienne anse de marée, dite des Nielles, et sur les confins du territoire de Dol, comme l'exige le passage suivant d'une *Vie de saint Samson :* « *Mare transfretavit, properans finibus territorii dolensis* ».

---

1. D. Lobineau, *Vies des SS. de Bretagne*, v° S. Samso n.

Le nom du bourg moderne rappelle de très près celui du port en question. Par l'un de ces métaplasmes si habituels dans les langues celtiques, on écrit et prononce indifféremment « Winiau » et « Guiniau » [1]. Du moule latin, la prononciation du moyen âge a tiré « Guiniou », et les scribes français « Guinoux ». On lit dans une très ancienne litanie en l'honneur des saints insulaires de Bretagne : *Sancte Guiniau, ora pro nobis* [2] ! » et, dans le cartulaire de Redon, « *Treb Winiau* », Trève ou succursale de Winiau. *Charte XCII*).

La place où Samson rencontre le puits miraculeusement désigné, débris sans doute de quelque agglomération gallo-romaine [3], cette place n'est guère qu'à deux lieues et demie de Saint-Guinou, distance qui s'accorde avec les textes.

Mais, si le bourg de Saint-Guinou représente le site du port de Winiau, il faut reconnaître que la progression de l'affaissement du sol avait, dès le milieu du VIe siècle, ramené le flot marin assez avant dans le lit du Guyoul pour qu'un port propre à recevoir les navires à très faible tirant d'eau de l'époque, pût exister, au moins dans les marées de vive-eau, à la hauteur de Saint-Guinou. Les parties les plus basses des prairies situées sur le parcours de *l'Ancienne Rivière* dans l'anse des Nielles ou Mielles, sont à 5m. 17 au-dessous des hautes mers d'équinoxe. Il faut y ajouter trois mètres pour la tourbe, très épaisse sur ce point, formée depuis la fermeture du marais de Dol aux eaux salées ; mais il faut, d'autre part, déduire 4 mètres pour l'affaissement du sol, que nous avons reconnu s'être produit depuis le VIe siècle. Reste 4 m. 17 pour la tranche d'eau en face de Saint-Guinou, c'est-à-dire dans le port de Winiau, dans les vives-eaux, sans compter l'approfondissement contemporain du chenal par les courants d'eau douce et par les ma-

1. Cf. Wilhelm et Guillaume, Guithel et Withel, etc.

2. Manuscrit de la Bibliothèque nationale, cité par la *Revue celtique*, tome III, page 450, année 1878.

3. On a trouvé, il y a trente ans, à Dol, des poteries romaines et une très belle médaille moyen bronze de Jules César, portant l'exergue « *Dictator perpetuo* » Cette médaille fait partie des collections du musée de Saint-Malo.

rées. Cette tranche d'eau était bien suffisante pour le mouillage des plus grandes barquesgalloises.

VI. — Les trois versions que nous possédons de la *Vie de saint Malo*, sont unanimes à représenter le saint comme prenant terre, à son arrivée dans la contrée d'Aleth, sur une île : « *ad quamdàm applicavit insulam.* »

Ces textes ne sont pas tous des temps qui ont suivi immédiatement l'apôtre ; mais ils montrent qu'à partir du plus ancien, celui attribué à Bily, évêque d'Aleth (670-672), moins d'un demi-siècle après la mort de saint Malo, la tradition de l'état insulaire du rocher sur lequel il débarqua, est restée constante.

La levée en pierres qui sert maintenant, de mer basse, au passage des piétons entre Saint-Malo et Saint-Servan (le rocher d'Aron et le rocher d'Aleth), couvre de 9 m. 37 dans les marées d'équinoxe. Si l'on retranche les 4 mètres qui représentent l'affaissement présumé du sol depuis le VI⁰ siècle, il reste 5 m. 87, hauteur suffisante pour que le rocher d'Aron fût alors entouré de toute part dans ces mêmes grandes mers, sauf toutefois le point où la ligne des dunes le rattachait à la terre ferme.

A marée basse, l'éminence se montrait à nu au milieu des grèves, et la mer marquait sa laisse beaucoup plus bas qu'aujourd'hui. C'était exactement la condition contemporaine du rocher de Césembre à deux lieues plus avant dans la mer. Ce rocher, habité par des solitaires dont deux au moins ont laissé leur nom dans la légende sacrée, Festivius et saint Brendan, communiquait à mer basse avec le continent, comme il a continué à le faire jusque vers l'année 1437 ; il n'en portait pas moins le nom d'île : « *Insula September* » . C'est encore là condition des Bés et du Fort-national qui, tous, du consentement universel, sont regardés comme des îles. Le progrès de la subsidence n'a fait que leur confirmer un titre depuis longtemps mérité, et que la suite des siècles leur assurera tout à fait quelque jour. Du temps de saint Magloire, successeur de saint Samson au siège de Dol, on le donnait déjà à Jersey ; on le donnait de même dès l'année 709 au Mont Saint-Michel : « *Angus-*

tum admirabilis insulæ spatium », l'étroit espace d'un île admirable. Or, de nos jours, malgré l'énorme avance qu'elle a prise, la mer se retire encore, dans les grandes marées, à trois lieues du mont, et, dans les marées de morte-eau, elle n'arrive pas jusqu'à lui.

VII. — Après la fondation du sanctuaire de l'archange sur le Mont-Tombe, on s'aperçut un peu tard que l'eau potable « *elementum aquæ* » allait y faire cruellement défaut. Ce dénûment n'est pas facile à comprendre dans un lieu où les Romains avaient eu l'une des stations de leurs voies, où des monastères avaient précédé le nouveau sanctuaire, et où de grands travaux exigeant l'emploi d'une multitude d'hommes [1], venaient d'être exécutés. Quoi qu'il en soit l'évêque Autbert eut recours à l'Archange, et une source miraculeuse apparut. Pendant bien des siècles, elle fournit aux besoins de la grande abbaye, de la petite ville qui s'était agglomerée autour d'elle, et de la foule de pèlerins accourue de tous les points de la chrétienté. Une autre source, celle qui a gardé le nom du premier oratoire du mont, la fontaine Saint-Symphorien, devait exister dès lors au pied de la face orientale. C'est seulement en 1508 que l'on prit le parti, sans doute parce que l'affaissement continu du sol avait amené la mer à pénétrer dans la fontaine, de la remplacer par de vastes citernes construites sous les collatéraux du nouveau chœur de l'église.

Dès le moyen âge, il était devenu nécessaire de la défendre contre le flot ; elle fut enfermée dans une tour étanche qui se reliait aux murs de l'abbaye par un long degré fortifié. Tout ce massif de constructions est en ruine ; la fontaine n'est plus abritée que par un petit bâtiment en voûte. Quand nous l'avons visitée, l'eau était à peine apparente à travers les pierres de démolition : son goût était saumâtre. A marée basse, elle se maintenait à environ 0 m. 60 au-dessous de la ligne des hautes mers qui, dans leur mouvement ascendant l'environnent de toute part.

Il n'est pas admissible que la fontaine, lorsqu'elle vint, comme les

1. « *Congregatá rusticorum magná multitudine.* » Manuscrit contemporain.

eaux de l'Horeb biblique sous la verge de Moïse, à sourdre sous le bâton d'Autbert, ait été à un niveau où les eaux salées devaient fatalement se mêler aux siennes. L'indication angélique ne pouvait s'égarer à ce point. D'ailleurs, une eau saumâtre n'aurait pas suffi pendant des siècles aux besoins des moines, des habitants, des foules pieuses et enfin « des sitibons et des infirmes [1] » qui venaient de tous côtés demander la santé ou des forces à la source miraculée. Elle était bien certainement, lors de son apparition, hors de portée de la mer. On l'a entourée de murs épais quand le flot a commencé à l'atteindre. Dans l'*Histoire du Mont-Saint-Michel,* écrite en 1876 par les religieux qui occupent le vénérable monument, on peut lire:

« *D'après une ancienne légende,* la Fontaine Saint-Aubert *a cessé de couler* depuis que... [2] »

Les phases de la Fontaine Saint-Aubert mettent donc dans tout leur jour la subsidence du sol et le progrès correspondant de la mer.

VIII. — Un autre fait ne paraîtra peut-être pas moins significatif.

Il existe dans la Cité d'Aleth un sentier, devenu une rue, qui fait communiquer le plateau du promontoire avec la Rance. Appelons-le à ce titre « le chemin de l'Aiguade ». Au sortir de l'enceinte gallo-romaine dont certaines parties sont encore debout sur ce point, la rue débouchait par la porte Solidor, soigneusement fortifiée, dans le vallon qui est devenu le Port Solidor, et allait rejoindre à distance le lit du fleuve. Dans les temps préhistoriques, à l'ère jovienne ou période quaternaire supérieure, et même bien probablement assez avant dans la période géologique moderne, ce lit ne donnait encore passage qu'aux eaux douces. Des ornières profondes creusées par le passage des chars ont entamé le roc vif; ces ornières sont continues et sans lacunes, atteignant parfois jusqu'à 0m. 25 de profondeur [3]. Pour avoir laissé de telles empreintes, il faut que la

---

1. Dom Huisnes. *Histoire générale du Mont.*

2. Page 37.

3. On en voit de toutes semblables, à mer basse, sur le plateau sous-marin des Écrehous, ancienne presqu'île du Cotentin, séparée de la terre ferme, puis submergée au commencement du XIII° siècle.

circulation remonte à l'antiquité la plus reculée, d'autant plus que l'avance de la mer a rendu depuis des siècles le passage impraticable.

Les ornières se perdent sous les vases et les algues à une soixantaine de mètres de l'antique enceinte de la Cité. Dès leur début, elles sont à 3 m. environ au-dessous des hautes mers. Il est bien évident qu'une porte de ville, seule communication avec le fleuve, n'a pu être établie dans de telles conditions. Le sol a donc été s'affaissant depuis l'époque romaine au moins, et sans doute même depuis l'époque où les populations préhistoriques et gauloises, dont nous relevons sur place les vestiges, se sont retranchées sur le plateau.

NOTES DU CHAPITRE XXIV.

Note A, page 408. «... le siège d'Aleth ».

Nous renvoyons à nos *Etudes sur la cité d'Aleth* les témoignages que nous avons recueillis à diverses sources sur l'évêque Lascivius, et les indices du siège qu'il occupait.

Note B, page 410. «... douze kilomètres au lieu de quatre. »

On continue ici, dans la traduction des mesures antiques de longueur en mesures nouvelles, à prendre pour type du mille le mille romain de 1481 mètres. Si l'on devait appliquer aux « tria millia » de Venantius Fortunatus la lieue gauloise de 2,222 mètres, le bras de mer aurait eu de son temps six kilomètres et demi, et la largeur de ce bras n'aurait augmenté, de cette époque à nos jours, que du double au lieu du triple.

Note C, page 411. «... dans les histoires de Jersey ».

Citons seulement l'extrait ci-après de la plus récente, celle de M. Pégot-Ogier [1] :

« Page 56. Vers l'an 670 [2], Port-Bail, l'ancien *Petreus Pons* des Romains, situé dans une petite baie de la côte cotentine, n'était séparé de Jersey que par une rivière étroite coulant sur cette côte basse et marécageuse. Cette rivière était si resserrée en quelques points, aux heures du reflux, que la tradition s'est conservée, d'une planche sur laquelle les évêques de Coutances passaient pour aller faire leurs tournées pastorales à Jersey. »

Note D, page 412. « .. . chaussée des Bœufs ».

Les historiens de Jersey considèrent généralement le plateau et la chaussée des Bœufs comme donnant la direction du dernier isthme qui ait rattaché l'île au continent. Le nom sous lequel l'un et l'autre sont restés connus semble indiquer que ce fut le dernier passage praticable aux grands troupeaux.

---

1. *Histoire des Iles de la Manche.* Un volume in-8º. Paris, 1881.
2. Un siècle après la date que nous référons dans notre texte (565).

CHAPITRE XXV

LE LITTORAL DU GOLFE AU VIe SIÈCLE ET DE NOS JOURS.

I. Le VIe siècle de notre ère pris pour point de départ des comparaisons. — II. La cité d'Aleth. — III. Le Marais de Dol. — IV. Sondages de la Sée et de la Sélune. — V. Repères pris à Dol en 1793. — VI. Tableau synoptique des tempêtes, ouragans et tremblements de terre à date certaine, éprouvés sur le littoral de l'Europe moyenne depuis les temps historiques. — *Notes.*

I. — En rapprochant les faits que nous avons successivement invoqués au cours de cette laborieuse enquête, et en partant toujours de la donnée du niveau invariable de la mer depuis les dernières époques géologiques, on peut arriver à se représenter l'aspect général de nos rivages vers le milieu du VIe siècle de notre ère.

La date que nous choisissons pour point de départ des rapprochements qui vont suivre n'est pas absolument arbitraire : c'est celle vers laquelle converge la masse des témoignages. Elle mérite, en outre, d'être notée particulièrement, et en elle-même et au point de vue spécial où nous allons nous placer. C'est le temps où Mac-Law (*saint Malo*), quittant son siège épiscopal du Pays de Galles, aborde à l'embouchure de la Rance (562) ; saint Samson l'avait précédé de quelques années dans la partie de la cité gallo-romaine qui portait depuis longtemps déjà le nom de « territoire dolois ». Mac-Law (*saint Magloire*) va succéder à saint Samson sur le siège de Dol (565). A Coutances et à Avranches, saint Lô et saint Patern gouvernent les diocèses et les populations congénères (Galates-Belges) des Unelles et des Abrincates. Nous sommes là, à vrai dire, dans

l'âge héroïque de nos églises. Depuis plus d'un siècle, l'autorité
directe de l'Empire ne s'exerce plus dans le pays ; la délégation
elle-même dont s'était étayé le chef frank Chlodowig, a fait place
chez ses fils à une suzeraineté personnelle des cités armoricaines.
Avec le progrès de l'émigration insulaire, la race bretonne a pris
définitivement le dessus sur les anciens éléments celtiques et cel-
tiques-latinisés de la population, et s'est fondue avec les éléments
de même origine ethnique gallo-belges, qu'elle avait retrouvés
tout le long du littoral armoricain. De Vannes à Kemper, et de
Kemper à l'embouchure de Coesnon, elle est en possession des
avenues du pouvoir tant civil que religieux. Une nouvelle Dom-
nonée s'est constituée avec sa dynastie propre, dans le vaste cadre
de l'ancienne cité d'Aleth, telle que l'avait laissée la conquête franke
de sa région orientale. L'évangile triomphe des dernières résistances
du paganisne latin ; le monde moderne commence.

II. — Les abords de la ville principale, restée debout et florissante au milieu des ruines de la vieille société, se présentaient déjà,
dans leurs traits principaux, à peu près tels qu'on les voyait encore,
il y a un demi-siècle, avant les grands travaux maritimes qui en ont
si gravement modifié les aspects.

La mer baignait, au couchant, le promontoire sur lequel Aleth
était assise ; elle commençait même à pénétrer assez avant dans les
anses de la Montre [1] et de Solidor [2] qui l'enceignent aujourd'hui·
Le port, placé jadis sur la rive gauche de la Rance, en un lieu alors
continental qui a conservé le nom de « Harbour », Havre [3], avait dû
être abandonné lorsque ce lieu était devenu une île ; pas assez anciennement cependant pour que les chrétiens n'eussent été à temps
d'y avoir une chapelle (*oratoriolum*) sous le vocable de saint Antoine,
le fondateur des monastères de la Thébaïde (IVᵉ siècle). En même
temps, que le progrès de la mer faisait disparaître sous les eaux
l'ancien établissement maritime de la cité, il lui en préparait un autre

1. Note A.
2. Note B.
3. Note C.

plus rapproché en gagnant le vallon de Solidor et en transformant peu à peu ce vallon en anse du fleuve. Même opération s'accomplissait dans le val contigu de Saint-Père, lieu des sépultures de la cité. Nous avons vu dans le chapitre précédent que le chemin qui conduisait de la ville à la Rance était maintenant à plusieurs mètres au-dessous des hautes mers.

Au nord de la plaine littorale ou *Hogue d'Aleth*, la chaîne rocheuse de Césembre était depuis des siècles forcée par la mer. Toutefois, le haut plateau de la grande grève, entre Césembre et le rocher d'Aron [1], bien que miné et traversé de part en part par les courants de mer haute, tenait bon, grâce à ses accores granitiques et à des abris naturels. Les derniers sols émergés de ce plateau, réduits à l'état de grèves herbues, ces *Prairies de Césembre* dont le domaine public et le chapitre seigneurial se disputaient la possession [2], n'ont été définitivement surmontés et dénudés par le flot que vers l'année 1437 où on les trouve une dernière fois affermés par le chapitre. Le souvenir de ces prairies ou plutôt de ces marécages s'est conservé dans le nom de « les Herbiers » que porte une partie de cet emplacement.

Dans son ensemble, l'aspect de l'estuaire en formation, de la pointe de Saint-Cast au Groin de Cancale, était celui du golfe actuel du Morbihan, de ce golfe aux trois cents îlots de verdure, îlots qui tendent, comme l'ont fait les nôtres, à s'abîmer dans la mer.

III. — Au même temps, la baie du mont Saint-Michel, la forêt de Scissey et le marais de Dol étaient déjà en très grande partie sous les eaux. Les derniers lambeaux de bois, les plus rapprochés du rivage, attaqués et pris à revers à l'orée des chenaux servant à l'écoulement des eaux douces, ne devaient pas tarder à être à leur tour renversés par le vent du large ou emportés par le flot. On n'en trouve plus de traces après l'année 860, si ce n'est autour de Saint-Pair, dans la partie du territoire demeurée au-dessus de la mer.

Dans ce mouvement ascensionnel apparent, l'Océan avait gagné

1. Note D.
2. D'Argentré, *Hist. de Bret.*, 1581. Ogée, *Dictionnaire de Bretagne*, 1777.

de plus en plus de terrain dans cette vaste échancrure formée par la
rencontre des deux grandes péninsules françaises. Grâce à l'amélioration climatale qui eut son apogée dans les derniers temps quaternaires, la végétation avait pris, sur les parties du golfe encore respec-
tées par la mer et les vents du large, un essor remarquable. C'est, nous
avons déjà eu l'occasion de le dire, c'est l'époque de cette flore des
chênes qui a laissé dans l'Europe occidentale de si prodigieux débris, accompagnée qu'elle était, vers le nord, de grands et puissants
arbres conifères. A Yseux, près d'Abbeville, on a découvert dans les
tourbières sous-marines un chêne de quatre mètres et demi de diamètre ; dans celle de Hatfield, non loin de l'embouchure de la Tamise, des sapins de 90 pieds de long ont été extraits, puis vendus
pour faire des mâts et des quilles de vaisseaux [1]. Bien que sur la
pente d'une détérioration sensible dès l'ouverture de l'époque géologique moderne, cette vigoureuse végétation se soutenait encore
vers le début des temps proto-historiques de l'Occident (XX[e]siècle
avant J. C.), quand le fond du golfe commença à être atteint, à son
tour.

IV.— Si nous nous étions proposé d'étudier la baie du Mont-Saint-
Michel, non seulement dans son ensemble, mais dans toutes ses
parties, nous aurions eu à tenir compte des sondages opérés comme
celui de Dol et à la même époque, sous la direction du même ingénieur, dans les vallées de la Sélune et de la Sée, vers le point où ces
vallées vont aboutir à la mer sous la ville d'Avranches [2]. L'altitude
notablement supérieure du bassin de chaque rivière a empêché les
phénomènes maritimes de s'y développer avec l'importance qu'ils
ont prise jusque sous Dol même. Ajoutons que la complication d'apports fluviatiles plus considérables et la débâcle plusieurs fois répétée de masses d'eau douce, accumulées dans les parties hautes du
bassin, le bouleversement et parfois jusqu'à l'interversion partielle

1. G. Cuvier. *Discours sur les révolutions du globe.* Edition Hœfer. *Notes.*
2. Nous devons connaissance de ces sondages, comme de ceux du Guyoul et du Meneuc,
à l'honorable M. Mazelier.

des couches supérieures, jettent des nuages sur les faits de la période géologique la plus récente.

Retenons ici cependant que le dernier retour de la mer, celui-là même qui continue sa marche progressive dans les temps modernes, est reconnaissable, en somme, à des cotes qui diffèrent très peu de celles de Dol. La montée inégale de la mer aux embouchures de la Sélune et du Guyoul (15 m. 910 pour 13 m. 804 ; différence, 2 m. 106, à 32 kilomètres seulement de distance) rend difficile toute comparaison précise.

V. — Dans la recherche des repères plus ou moins anciens pouvant servir à contrôler les mouvements du sol dans le passé et à déterminer les mouvements de l'avenir, nous ne devons pas négliger ceux pris, au cours de l'année 1793, dans le *Nivellement général* exécuté sur la surface des Marais de Dol. Cette grande opération fut confiée à deux hommes expérimentés de l'ancien corps des Ponts et Chaussées de Bretagne, MM. les ingénieurs en chef Anfray et Gagelin. Les cotes sont rapportées à un plan parallèle à la courbure de la terre, supposé élevé à 100 pieds au-dessus de la haute mer d'équinoxe, en un point pris dans la baie du Mont-Saint-Michel.

On n'indique pas ce point. Il serait cependant nécessaire qu'il fût connu ; la dénivellation de la mer dans la baie varie de plus de deux mètres, nous venons de le voir, suivant que l'on considère la rive de Dol ou la rive d'Avranches. Il y aurait lieu aussi de s'entendre sur ce que les deux honorables ingénieurs ont voulu dire par « la haute mer d'équinoxe dans les vives eaux ». Ici encore la puissance de variation, bien que moins grande, n'est pas à négliger. On retrouverait sans doute dans les archives de l'État le travail original avec les développements omis dans le Tableau inséré au premier volume de la collection des délibérations de l'assemblée des propriétaires. Le double élément d'incertitude que nous signalons une fois écarté, on transformerait les cotes de deux ou trois des repères regardés comme les plus fixes, de manière à les rapporter à la marée-type qui sert aux calculs du Bureau des longitudes, celle qui se produit dans les syzygies équinoxiales quand la lune vient à se trouver à sa distance moyenne entre la Terre et le Soleil. Cette marée-type donne, à Saint-Malo, une dénivellation de 11m. 36, dont la moitié, 5m. 68, c'est-à-dire la quantité au-dessus du niveau moyen de la mer, dans les conditions de l'énoncé, est prise pour unité, et représente ($\frac{100}{100^{es}}$) cent centièmes.

Nous prenons la liberté de recommander cette opération à la sollicitude des pouvoirs publics. Elle conduirait à la possession de repères multipliés, datant de près d'un siècle, repères d'une valeur égale sinon supérieure à ceux pris en 1732 par Celsius et par Linné sur les côtes de la Norwège et de la Suède [1].

VI. — La venue de la mer et le recul de nos rivages n'ont jamais été sérieusement, contestés. Seulement, on a voulu y voir l'effet tantôt d'un cataclysme soudain, tantôt du travail incessant des flots contre les roches du littoral. Les faits comme le raisonnement démentent absolument le cataclysme invoqué. Quant à l'érosion par les tempêtes, elle aurait été impuissante à creuser nos baies, si l'affaissement continu du sol n'avait amené de proche en proche les strates ou les tranches des formations riveraines et les alluvions glaciaires qui les avaient recouvertes, en contact avec la lame.

On en jugera par le relevé que nous avons fait *(Tableau n° II* ci-après) des principaux événements naturels constatés sur le littoral de l'Europe moyenne depuis les temps historiques, d'où la configuration des rivages ait pu recevoir quelque modification. Tempêtes, ouragans, marées exceptionnelles ont pu étendre pour un instant le domaine de la mer aux dépens des rives, mais la subsidence seule du sol a rendu définitives les conquêtes précaires, dans ce cas, des eaux salées.

---

1. Les deux savants suédois s'étaient bornés à pratiquer des coches sur certains rochers, au niveau contemporain des hautes mers.

TABLEAU SYNOPTIQUE

DES

PRINCIPAUX ÉVÉNEMENTS NATURELS

CONSTATÉS

SUR LE LITTORAL DE L'EUROPE MOYENNE

DEPUIS LES TEMPS HISTORIQUES,
D'OU LA CONFIGURATION DES RIVAGES AIT PU RECEVOIR QUELQUE
MODIFICATION.

Nᵒˢ	DATES	AUTORITÉS
1	Du VI au IVᵉ siècle avant J.-C.	Timagène, Florus, Ammien Marcellin.
2	IIᵉ siècle avant J.-C.	Les mêmes.
3	Iᵉʳ et IIIᵉ siècles après J.-C.	Médailles de Marc-Aurèle et de Posthume, trouvées en tourbe ancienne et des dépôts marins.
4	IIIᵉ siècle.	Médailles, inscriptions, ruines, autel.
5	Vᵉ siècle.	Lyell. Élysée Reclus.
6	7 juin 547.	Charte du IXᵉ siècle, ancienne coutume de l'île de Boui
7	années 541 et 603	Carte très ancienne des envahissements de la mer (Arch
8	700	Ogée. Dict. de Bret., 2ᵒ Montoire. [Mont-Saint-Mic
9	mars 709.	Chron. du Mont-Saint-Michel. Tapper : Bist. de Guernes
10	800.	Alph. Esquiros : La Néerlande.
11	801.	Bulle du Pape Léon III, ordonnant des prières.
12	811, 817 et 860	L'abbé Manet, Deschamps-Vadeville, E. Reclus.
13	Vers 812 au plus tard	Roman d'Aquin, Chanson de gestes du XIIᵉ siècle.
14	839 et 859.	Élysée Reclus.
15	Du 22 au 29 octobre 842.	Tapper : Histoire de Guernesey.
16	1016.	Lyell.
17	1039-1091.	Ch. Cunat ; Chroniques de Nantes et du Mont-Saint-Mic
18	11 novembre 1099.	Chronique saxonne.
19-20	1112-1117. 20 décembre 1119. 14 avril 1115	Chronique de Robert (du Mont-Saint-Michel). Abbé Ma
21	1066-1118-1221-1511	Charles Grad.
22	1160-1161.	Abbé Manet.
23	1161.	Tapper. Hist. de Guernesey.
24	1ᵉʳ novembre 1171.	Élysée Reclus.
25	1172.	Abbé Manet : Hist. de la Petite Bretagne.
26	1173	Alph. Esquiros.
27	177, 30 novembre	Ogée, Dict. de Bretagne, 2ᵒ Montoire.
28	1203	Charte de l'abbaye du Val-Richer.
29	1240	Lyell.
30	1244	Chronique de Gérard de Flachet, voir Recueil des Histoire France, par N. de Wailly. 21ᵉ volume.
31	Années 1164, 1170, 1172,1178, 1200, 1212, 1221, 1223, 1240, 1242, 1277, 1280, 1284, 1287.	Alph. Esquiros, Ernest Desjardins, Élysée Reclus, Abbé N
32	26 novembre 1282	Henri Lecoq, Hydrographie.
33	19 novembre 1321.	le même.
34	1356.	R. A. Peacock, cité par M. Quénault.
25	1360.	Nombreux historiens.
36	1360 à 1377.	De Quatrefages ; Ernest Desjardins.
37	1379.	Le P. Albert Legrand ; Bertrand d'Argentré.
38	XIVᵉ siècle.	Livre rouge du Chapitre épiscopal de Dol.

ÉVÉNEMENTS

1. Déluge cimbrien ; migration des peuples voisins de l'Océan germanique.
2. Nouvelle invasion de la mer. Les Cimbres et les Teutons, chassés de leurs demeures.
3. Formation du golfe artéso-flamand aux dépens de la contrée marécageuse (*Paludes Marinorum*, qui s'étendait entre Calais, Saint-Omer et Nieuport.
4. En Zélande, le sanctuaire de la déesse Néhalénia descend sous les eaux; l'île Walcher en est séparée du continent.
5. Le golfe de l'Artois continue à se creuser dans les terres.
6. Par un temps calme, l'île de Bouin (Vendée) est submergée; les habitants périssent tous.
7. Grands ravages de la mer dans le golfe normanno-breton.
8. Ouragan furieux sur les côtes de Bretagne ; forêts littorales renversées.
9. Tremblement de terre ressenti au Mont-Saint-Michel et dans l'archipel anglo-normand.
10. L'île d'Héligoland, à l'embouchure de l'Elbe, entamée par les vagues.
11. Tremblement de terre dans toute l'Europe ; villes et montagnes bouleversées.
12. Les derniers lambeaux de la forêt de Scissey, autour du Mont-Saint-Michel, emportés par la mer; déplacement des embouchures du Rhin, en 860.
13. Irruption des eaux océaniennes jusqu'au delà de Dol ; destruction de la ville de Gardoine.
14. Submersion des régions basses de la Flandre.
15. Série de tremblements de terre dans les Iles normandes; bruits souterrains dans toute la France.
16. Commencement du Dollart, à l'embouchure de l'Ems.
17. Secousses désastreuses ressenties dans le golfe normanno-breton, en Angleterre et dans l'Anjou.
18. Inondation générale du littoral de l'Angleterre dans une marée de pleine lune.
19-20. Tempêtes effroyables dans le golfe normanno-breton ; chute des tours et des pinacles des églises, le ciel en feu, la lune couleur de sang. Terrible tremblement de terre dans le golfe normanno-breton ; le monastère du Mont-Saint-Michel incendié par la foudre dont les éclats accompagnent les secousses du sol.
21. Formation progressive du golfe de la Iahde à l'embouchure du Wéser.
22. Les prairies de Césembre, en face de Saint-Malo, une première fois submergées et sans doute entamées.
23. Tremblement de terre dans le Cotentin et les Iles.
24. Le bourrelet naturel du lac Flévo, entamé par la mer.
25. Submersion du littoral de l'évêché de Saint-Pol-de-Léon, dans sa partie orientale.
26. Les dunes de la Flandre et de Walcheren, emportées.
27. Ouragan dans tout l'ouest de l'Europe.
28. Le flot s'ouvre un passage entre le Cotentin et les Écrehous ; insularisation des Écrehous.
29. Empiétements graves de la mer sur le Nord-strand danois.
30. Sept lieues de terrain perdues dans le golfe normanno-breton ; nombreuses victimes.
31. Invasions réitérées de la mer dans les Pays-Bas et le nord de l'Allemagne. En 1212 et 1243,40,000 victimes humaines; dans une autre année, 100,000. En 1231, commencement de la mer de Harlem. Les vastes espaces conquis par l'Océan lui restent acquis. En 1277, destruction définitive de la péninsule de l'Ems et formation du golfe du Dollart. En 1224, vaisseaux submergés dans tous les ports.
32. Le lac Flévo fait place au Zuyderzée.
33. Ouragan en Hollande; 100,000 victimes de l'irruption des flots.
34. A Jersey, les paroisses de Saint-Ouen et de Saint-Brelade, fortement entamées par la mer.
35. Tempête qui détruit la flotte d'Édouard III, sur les côtes de la Normandie ; même tempête se fait sentir dans le golfe de Gascogne : le lit de l'Adour est comblé, Bayonne inondé, et la contrée dévastée.
36. Dans la région d'Ostende, plusieurs villes détruites sur le littoral.   [vastée.
37. Marée extraordinaire sur la côte méridionale de la Bretagne ; oscillations répétées du niveau de l'eau dans le Blavet.
38. L'affaissement du sol se poursuit dans la baie de Cancale : les bourgs de Tomen, Portz-Pican. le Bourg-Neuf, Mauny, Saint-Louis, La Feillette, avec leurs territoires descendent sous les eaux.

Nᵒˢ	DATES	AUTORITÉS
39	18 novembre 1421.	Alph. Esquiros.
40	1427.	Patria (*col.* 167) ; Abbé Manet
41	1437.	Comptes du Chapitre seigneurial de Saint-Malo.
42	1495.	Chroniques locales.
43	1583.	Abbé Manet.
44	Février 1630.	Chanoine Déric.
45	années 1503, 1507, 1531, 1570, 1571, 1601, 1649, 1663, 1565, 1687, 1703, 1705.	Documents divers.
46	1604—1629	Archives du Parlement et des États de Bretagne.
47	25 décembre 1717.	Élysée Reclus ; Ernest Desjardins ; Élie de Beaumont.
48	9 janvier 1735.	Archives locales.
49	1ᵉʳ novembre 1755.	Sources diverses.
50	22 juin 1770.	Ogée.
51	1774 ; 15 novembre 1775.	Ern. Desjardins ; Elysée Reclus.
52	6 février 1791 ; pluviôse an X.	Procès-verbaux officiels.
53	6 mars 1817.	idem.
54	11 octobre 1831.	Lyell.
55	29 novembre 1836.	H. Lecoq.
56	23 décembre 1843.	Tapper.
57	1ᵉʳ avril 1853.	idem.
58	11 janvier 1864	Papiers du temps.
59	16 août 1868, 26 février, 2 et 19 mars 1869.	idem.
60	17 septembre 1813, 16 août 1818, 3 août 1826, 14 septembre 1866, 28 janvier 1878.	idem.

ÉVÉNEMENTS

39. Soixante-douze villages engloutis à l'embouchure de la Meuse ; formation du Biesboch.
40. Tremblement de terre qui se fait sentir de Montpellier en Hollande ; la ville de Nantes, en partie renversée, treize villages engloutis dans la contrée de Dol, et 55 autres en Hollande.
41. Dernier bail des prairies situées entre Saint-Malo et Césembre ; en 1460, elles cessent de figurer même pour mémoire dans les comptes du Chapitre.
42. Grand banc de sable soulevé et porté par la mer sur la côte occidentale de Jersey.
43. Le village de Sainte-Anne, sur la digue de Dol, emporté par la mer.
44. Le Bourg de Saint-Étienne-de-Paluel, en avant de la dgiue de Dol, est envahi par la mer ; ses ruines reparaissent dans la tempête du 9 janvier 1735, qui abaisse les sables de la grève.
45. Nombreux polders envahis ; la mer vient, en 1503, jusqu'à Bruges. En 1507, destruction de Torcum ; en 1570, du Vieux-Schéveningue. Le 1er novembre 1570, rupture des digues de l'embouchure de la Meuse jusqu'à la pointe de Skagan ; 100,000 victimes. En 1531, progrès de la mer de Harlem ; agrandissements de cette mer jusqu'au XVIIe siècle. côte de Brighton entamée. A dater de 1661, mesures vigoureuses prises pour la préservation du marais de Dol.
46. Dans chacune de ces années, rupture du bourrelet littoral, seule défense du marais de Dol.
47. Irruption de la mer en Hollande ; 12,000 victimes. L'affaissement du sol protégé par les digues est devenu tel, qu'on cultive, dans ce pays, des terrains situés à 10 m. au-dessous de la haute mer.
48. Tempête effroyable : la chaussée du Sillon, à Saint-Malo, est coupée de part en part.
49. Tremblement de terre de Lisbonne, ressenti sur tout le littoral de la France et jusqu'en Danemarck.
50. Secousses dans la région de Dol ; le marais subitement envahi par les eaux.
51. En Hollande, violences inouïes de la mer ; milliers de victimes.
52. A deux reprises, le bourrelet littoral de Dol est coupé sur de grandes longueurs.
53. Grande tempête ; hauteur sans exemple atteinte par la mer à Saint-Malo ; le Sillon, de nouveau coupé.
54. Suprême destruction du Nord-Strand danois ; 6,000 victimes.
55. Tempête terrible dont souffrent surtout le nord de la France et les Pays-Bas.
56. Secousse ressentie à Guernesey.
    Idem
57. Grande tempête dans le golfe normanno-breton.
58. Tempêtes dans le golfe normanno-breton ; ravages tels qu'on n'en avait pas vus depuis]trente ans bouleversement des digues de la compagnie Mosselmann dans la baie du Mont-Saint-Michel.
59-60. Secousses ressenties à Saint-Malo du 3 au 4 août 1826, secousses ressenties à Nantes, et accompagnées d'un coup de vent très violent ; l'atmosphère était comme en flammes.

NOTES DU CHAPITRE XXV.

Note A, page 426. « . . . dans les anses de la Montre. »

Anciennement « monstre » de *monstrare*, passer en revue. Ce nom, retenu par la rue qui longe l'anse actuelle, ne peut avoir été donné que quand la mer ne l'occupait pas encore, du moins en entier.

Note B, page 426 « . . . et de Solidor. »

Sul-i-dor, celtique, Porte du Soleil ou du Midi. On trouve ce nom écrit « Soulidor » dans un ancien titre des archives municipales de Saint-Malo. La même porte est désignée dans un monitoire de l'évêque Josselin de Rohan (XIVe siècle) sous le nom de « Stiridor » pour *Steiridor*, celtique, Porte du fleuve. Dans le *Roman d'Aquin,* elle est désignée tantôt sous le nom de « Tour d'Aquin », tantôt sous celui de « château Doreigle » qu'une méprise des scribes avait fait écrire « château d'Oreigle », puis « Oreigle » tout court. C'est ainsi que, de nos jours à Saint-Servan, le « Bois-Dolbel », ainsi appelé du nom du propriétaire, est devenu le « Bois d'Orbe'les. Le mot « Doreigle » se prononçait « Dorighel » comme il se prononcerait encore aujourd'hui en anglais, à titre de mot du vieux français. Ramené à cette forme vocale, il donne le nom celtique ou plutôt l'un des trois noms celtiques de la Tour, savoir : Dorikel « Petite-Porte », par opposition à la « Grande-Porte », celle de l'isthme.

Note C, page 426. « . . . qui a conservé le nom de « Harbour, hâvre. »

Du celtique « *Aber* » prononcez, *Abre ;* dans le Ponthieu, cet ancien pays des *Britanni*, on dit *Hable*, qui a le même sens. Une autre île, en avant de la rade de Portrieux, a de même gardé le nom de « Harbour ». Le mot *Harbour* s'est conservé en anglais avec le même sens.

Note D, p. 427. « . . . et le rocher d'Aron. »

Ar-raon, celt., le Séparé. On croit généralement que c'est un solitaire armoricain [1], (536), qui aurait laissé à ce rocher son propre nom. Il nous paraît bien plus probable que c'est ce solitaire qui a reçu son nom du rocher. L'étymologie de ce nom est si naturelle et cadre si bien avec la situation et les faits, que nous n'hésitons pas à la proposer. Il y a d'ailleurs plusieurs exemples de cette substitution. Vers le IXe siècle, après la dépopulation du pays par les Northmans, les traditions se sont perdues, et une simple consonance aura suffi pour faire prendre *Ar-raon* pour Aaron, nom d'une personne biblique. Même genre de méprise a fait *substituer* saint Servais à saint Servan, et saint Jean à saint Jouan ou Joavan, comme patrons de plusieurs de nos églises bretonnes (Voir Dom Lobineau, *Vies des S. J. de Bret.,* édition Tresvaux, tome 1er, pages LXVIII et 178. Le véritable nom du solitaire sous la discipline de qui saint Malo se plaça à son arrivée en Armorique, et qui vécut sur les îles de Césembre et d'Ar-raon (ces deux îles étaient alors rattachées l'une à l'autre) est bien probablement *Festivius*, comme le dit la Vie de saint Malo, attribuée à Bily (VIIe ou IXe siècle). Le P. Albert Le Grand fait vivre Saint-Aaron sur Césembre. Cet exemple de la confusion de deux localités, alors solidaires, fournit un indice de plus à l'appui de notre conjecture.

---

1. Un gallo-romain sans aucun doute. Voir plus bas l'hypothèse de *Festivius*.

CHAPITRE XXVI

REVUE DES MOUVEMENTS DU SOL SUR LES RIVAGES DE L'EUROPE
MOYENNE DEPUIS LES TEMPS HISTORIQUES.

I. Silence de l'histoire. — II. Exemples d'oscillations modernes du sol. —
III. Mer du Nord. — IV. Manche. — V. Golfe de Gascogne. — VI. Rivages français de la Méditerranée. — VII. Conclusions. — VIII. Résumé.

I. — Les témoignages sur lesquels nous avons fondé nos précédentes données, bien que vagues encore, sont cependant les plus
précis que l'antiquité nous ait conservés sur les progrès de la mer
le long des côtes de la Gaule et de la Germanie.

Préoccupés avant tout d'intérêts politiques, les écrivains tant
historiens que géographes ont omis de nous entretenir des changements contemporains, indice révélateur des mouvements du sol,
que subissait la configuration des rivages. Les grandes catastrophes seules avaient le don de les frapper ; encore, comme elles
se perdaient presque toutes dans la nuit des temps, on les relé-
guait dans le domaine des prêtres, des philosophes et des poètes.
La submersion de l'Atlantide était un secret gardé dans les temples
de l'Égypte avec tant d'autres souvenirs du vieux monde. Il faut
aller chercher dans les traditions de l'école de Pythagore et dans
l'écho lointain que leur donnent les Métamorphoses d'Ovide, la
trace, souvent déjà à demi voilée par la légende, des révolutions
géologiques même les plus récentes. C'est la massue d'Hercule qui
a séparé les monts Calpé et Abila, et précipité les eaux de l'Océan
dans la Méditerranée ; ce sont les soubresauts d'Encelade qui sou-

lèvent l'Etna et détachent la Sicile de l'Italie. Les roches tourmentées du golfe de Corinthe sont les ossements dispersés du géant Scyron, l'un des monstres dont Thésée a purgé le sol de la Grèce. Entassés dans la plaine de la Crau, des fragments de rocs représentent la pluie de pierres qui vint au secours d'Hercule dans sa lutte contre les sauvages peuplades de la Provence. Les météorites tombées sur notre globe sont les carreaux de la foudre forgés par les Cyclopes. Enfin, c'est la guerre des Dieux et des Titans qui a enfanté le chaos des monts de la Thessalie.

Strabon[1], ce génie exact par excellence, ce grand esprit qui, dix-huit siècles avant l'école moderne, nous l'avons rappelé au début de ces études, a professé la théorie des oscillations de l'écorce terrestre[2], Strabon, seul peut-être des géographes de l'antiquité, aurait pu nous renseigner sur ceux de ces phénomènes qui avaient cours de son temps ; mais il ne connaissait par lui même que le bassin seul de la Méditerranée, dont la partie septentrionale est un terrain neutre entre la subsidence moderne de l'Europe moyenne et le soulèvement du Nord africain. Aucun de ses prédécesseurs, même parmi ceux qui, comme Pythéas, avaient remonté dans toute leur étendue les rivages océaniques de la Gaule et de la Germanie, n'avait observé d'assez près ce vaste et sauvage littoral pour y reconnaître les traces des mouvements de l'écorce terrestre. Bien plus : par une inconséquence avec sa doctrine propre, le grand géographe allait jusqu'à nier l'un des phénomènes les plus importants et les mieux constatés par la tradition toute récente alors, celui qui a reçu le nom de « Déluge cimbrien », déluge occasionné par une accélération subite ou du moins rapide des mouvements du sol, et qui avait eu pour effet le déplacement de nombreuses populations barbares.

Il ne faut donc pas trop s'étonner, quand on passe la revue des

---

1. Né 60 ans avant J. Ch., mort 20 ans après l'ouverture de notre ère.

2. Voir le *Journal des savants,* nᵒˢ de mars et avril 1880 ; dans ces deux livraisons, M. Daubrée revendique avec éclat pour notre grand Descartes l'honneur d'avoir soutenu la théorie des oscillations de l'écorce terrestre, et d'avoir attribué ces mouvements à la double action du feu central et de la contraction de la croûte solide du globe.

textes anciens, de les trouver sinon muets sur les anticipations de la mer, du moins trompés sur la cause de ces événements. Tout ce qu'on y découvre est attribué ou à des interventions héroïques ou divines qui dérangent la marche naturelle des choses ou à des tremblements de terre et des tempêtes.

Il n'était rien, on doit le dire, qui ne favorisât à ce dernier point de vue l'illusion : le travail visible de la lame, le choc incessant des galets contre les falaises, la force impulsive du vent. L'affaissement du sol, au contraire, était comme latent ; la lenteur extrême avec laquelle il procédait, le rendait inaperçu de plusieurs générations successives. Vînt-il à s'accélérer et à se révéler par quelqu'un de ces bonds comme il en fait quelquefois accomplir à la mer sur les rivages les moins instables et les plus prospères, on confondait ses effets avec ceux des ébranlements exceptionnels de l'air et des flots. Les marées surtout, quand elles furent connues des anciens, furent rendues responsables des désastres. Ne balayaient-elles pas les sols à leur portée avec une impétuosité d'autant plus funeste que la subsidence avait mieux préparé le travail de la vague ?

II. — Si l'on veut considérer dans son ensemble et pour la période géologique moderne seule, le littoral océanien de la grande aire européenne d'affaissement, on trouvera échelonnés sur la ligne entière des indices décisifs du mouvement qui tend à faire descendre cette aire sous les flots. Le temps et les moyens matériels nous ont également fait défaut pour relever par nous-même les éléments de la démonstration sur un parcours si étendu ; en nous attachant à une région centrale bien déterminée, nous avons servi dans la mesure de nos forces la mise en lumière du fait général.

Ce n'est pas cependant que nous ayons négligé de prendre fréquemment, tantôt sur un point tantôt sur un autre, des termes saillants de contrôle et de rapprochement. Des travaux étrangers, parmi lesquels nous mettons en première ligne ceux de M. Élysée Reclus [1], et quelques observations personnelles ont fourni

1. *Nouvelle géographie universelle*, en cours de publication. — *La Terre*, deux volumes in-8°, nouvelle édition. — *Les oscillations du sol terrestre*, dans la *Revue des Deux*

le fonds de ces concordances. Nous revenons une dernière fois à ce point de vue en le généralisant davantage. On trouvera donc rangés et résumés méthodiquement ci-après pour les trois bassins de la mer du Nord, de la Manche et du golfe de Gascogne, les données de fait que nous regardons comme acquises, sur la réalité du mouvement commun des rivages océaniques dans l'Europe moyenne, au cours de la période géologique actuelle.

III. — MER DU NORD.

a. L'indentation dont l'embouchure de l'Elbe occupe le fond, offre des rapports frappants avec notre golfe normanno-breton. Ainsi que lui, elle a été le théâtre de catastrophes répétées. L'invasion de la mer a dû prendre dans les deux régions, vers le IIe siècle avant notre ère, une allure rapide. C'est à une accélération marquée de la subsidence du sol, telle qu'on en a vu en Hollande à plusieurs reprises et particulièrement au XIIIe siècle, lors de la formation du Zuyderzée, que doit être rapportée cette émigration en masse des peuplades riveraines de la Baltique et de la mer du Nord, chassées de leurs demeures par l'irruption de la mer en courroux « *alluvione fervidi maris* »[1].

Le mouvement du sol dont nous saisissons ici l'un des plus anciens indices dans l'histoire écrite, ne s'est pas un instant arrêté. Depuis ces temps reculés, le littoral occidental du Danemark, lentement descendu sous les flots, en est venu à ne plus offrir aux yeux que le squelette de terres abîmées sous la mer. Jusque dans le détroit des Sunds, contrée où s'opère la transition de la subsidence au soulèvement, certaines rues des villes riveraines du Jutland et de la Suède sont déjà au-dessous de l'Océan, et il a fallu les garantir par des digues.

b. Près de l'estuaire de la Weser, le golfe de Jahde s'est enfoncé

Mondes, livraison du 1er janvier 1865. Nous ne connaissions pas ce dernier travail, travail qui laisse bien loin derrière lui les témérités que l'on nous a reprochées, quand nous avons livré à l'impression le présent ouvrage; sans cela, nous n'aurions pas manqué, dès le début, de nous appuyer par divers côtés sur l'autorité du savant écrivain.

1. Ammien-Marcellin, XV, 5, d'après l'historien grec Timagène, qui avait accompagné César dans les Gaules.

progressivement dans les terres; celui du Dollart, à l'embouchure
de l'Ems, a décuplé de largeur pendant les huit derniers siècles.
La démonstration ne laisse ici aucune équivoque : il s'agit en effet
de petites mers intérieures, sur lesquelles le vent a peu d'action,
et où l'érosion ne peut avoir qu'une très faible part dans l'agrandis-
sement du domaine des eaux salées.

c. Les anciennes bouches du Rhin, de la Meuse et de l'Escaut
ont été bouleversées ; la contrée qu'elles occupaient, contrée basse
et marécageuse, mais qui se défendait encore d'elle-même et sans
le secours de digues à l'époque romaine, est entrée dans le domaine effectif ou virtuel de la mer.

En regard, il est vrai, des pertes que la terre ferme doit, dans
l'ensemble des Pays-Bas, à l'affaissement du sol et à l'érosion des
rivages, se placent aux embouchures mêmes des fleuves certains
atterrissements qui atténuent les pertes. « Ces atterrissements le long
des côtes de la mer du Nord, dit Cuvier [1], n'ont pas une marche
moins rapide qu'en Italie [2]..... Cette lisière, d'une admirable fer-
tilité, formée par les fleuves et par la mer, est pour ces pays un don
d'autant plus précieux que l'ancien sol, couvert de bruyères et de
tourbières, se refuse presque partout à la culture [3]. »

En fait, depuis le treizième siècle seulement, le progrès de la
mer sur toute la côte qui se prolonge du Texel à la pointe du Danemark, a fait perdre au continent, à raison d'une lisière de 5 mètres 50 par an, en moyenne, une surface de 600,000 hectares [4].

d. A partir de la Weser jusqu'à la bouche méridionale de
l'Escaut, une suite d'îles, de bancs de sable et d'amas vaseux représente la ligne, partout démantelée, des anciens rivages. Les

1. *Discours sur les révolutions du globe,* édition Hœfer, page 101.
2. L'Italie, dans la partie au moins qui confine au fond de l'Adriatique, est, comme les Pays-Bas, une contrée en voie d'affaissement, mais l'intensité du mouvement y est très faible. A. C.
3. Le même phénomène de terrains gagnés sur la mer, bien que moins marqué, se remar-que dans la région de l'embouchure de la Seine et dans celle de la Somme. Il est très accentué à l'embouchure du Rhône, dans la Camargue.
4 Prestal, géographe allemand, cité par M. Charles Grad, dans le journal *la Nature,* li-vraison du 27 novembre 1880.

îles elles-mêmes tendent à se réduire en nombre et en surface. Héligoland, la plus avancée en mer, celle dont le relief est de beaucoup le plus saillant, voit ses hautes falaises entamées de plus d'un mètre par année sur toute sa circonférence. Ici l'érosion joue le rôle principal à cause du caractère friable des couches du sol. Pline, au premier siècle, comptait vingt-trois îles entre l'Eider et le Texel : il n'en reste plus que seize.

e. Jusqu'en 1408[1], les polders hollandais, avaient pu écouler leurs eaux douces par des clapets à marée basse. L'affaissement progressif du sol finit, à cette époque, par paralyser ce mode d'asséchement. Des moulins à vent durent être bâtis sur les digues pour suppléer aux clapets qui ne fonctionnaient plus. Deux siècles plus tard, en 1616, grâce à un repère pris en 1452, on put constater que, dans cet intervalle, le sol s'était affaissé de 1 m. 25, ou de 0 m. 75 par siècle. En 1732, l'opération fut renouvelée : elle donna pour 116 années un affaissement de 0 m. 31 seulement, ce qui correspond à 0 m. 26 par siècle pour cette seconde période. En moyenne pour les deux, 0 m. 56, juste le double du chiffre que nous avons trouvé, sur un ensemble de treize siècles, pour le golfe normanno-breton.

f. Une ceinture continue de forêts et de tourbières s'étendait encore, au début des temps historiques, en avant du littoral de l'Europe nord-occidentale ; ces forêts et tourbières sont descendues peu à peu sous la mer. Les dernières formations de tourbe ont accompli cette évolution vers l'époque de la conquête de la Gaule et au cours de l'ère gallo-romaine. C'est en effet le plus souvent près de la surface de la tourbe, et au contact de l'alluvion marine, que se rencontrent les médailles et autres vestiges archéologiques. Quand la tourbe les tient profondément ensevelis, et qu'ils reposent sur la couche marine du sous-sol, comme dans les marais de Montoire et une partie de ceux de Dol, on reconnaît que cette tourbe est récente et s'est formée à l'abri de digues.

---

1. Alph. Esquiros, *La Néerlande,* dans la *Revue des Deux-Mondes,* liv. du 15 juillet 1855, p. 110. M. Bourlot, *Mémoire* cité par M. Quénault dans sa brochure, *Les mouvements de la mer.*

g. Sur le littoral anglais de la même mer, on rencontre en certains points des phénomènes analogues à ceux de la Hollande.. Citons seulement la région du Wash et la contrée marécageuse des Fens.

IV. MANCHE.

a. Dans la Flandre et dans l'Artois, toute une région que César avait trouvée, comme les généraux romains trouvèrent un siècle plus tard celle du Bas-Rhin ou Ile des Bataves, à l'état de plaine tourbeuse, souvent inondée, passe vers la fin du IIIe siècle, sans que l'événement paraisse avoir revêtu le moindre caractère de violence, sous le régime de la mer, et arrive à former le golfe de l'Artois.

Les alluvions marines et fluviatiles, puis l'industrie humaine concourent, avec le temps, à relever le sol dans la mesure même de l'affaissement. Des marais, de riches cultures et jusqu'à des villes populeuses reprennent peu à peu la place usurpée par les eaux saumâtres et salées. « Ces tourbières, écrit M. Debay en parlant du littoral de la Flandre [1], présentent une épaisseur de 2 m. 95, comprise entre le niveau de la haute et basse mer de mortes eaux ordinaires [2]. La couche tourbeuse de 1 m. 10 est surmontée par une couche de 1 m. 35 de dépôts argileux et sablonneux avec coquilles marines. L'âge historique de ces dépôts a pu être démontré, au moins d'une manière générale, par la présence de poteries gallo-romaines recueillies au-dessus de la couche de tourbe, et même parfois à une certaine profondeur au-dessous de la surface [3]. La tourbe, dont les dépôts renferment surtout des restes de l'époque néolithique, était donc complètement formée à l'époque de la domination romaine, et les trouvailles de monnaies permettent d'affirmer que les dépôts supérieurs à celle-ci ne sont pas antérieurs à l'époque à laquelle vivait l'empereur Posthume. On peut par conséquent affir-

---

1. *Revue d'anthropologie*, année 1875, page 497.

2. Fort au-dessous des hautes mers de vives eaux, par conséquent. A. C.

3. De même en Italie, dans les Marais-Pontins, d'après un sondage rapporté par Élie de Beaumont, la Voie appienne repose sur une alluvion à laquelle est sous-jacente une couche de tourbe ; cette couche de tourbe est assise elle-même sur des argiles marines. A. C.

mer qu'au moment de la conquête romaine, cette partie du pays flamand était occupée par des marais tourbeux, et que, postérieurement au règne de Posthume, une inondation de la mer est venue la recouvrir. D'après des documents historiques, l'émersion de ces localités, qui était déjà commencée au VIIe siècle, était presque complète au Xe [1]. Il en résulte que, dans des temps très courts, des dépôts considérables se sont formés, puisqu'ils atteignaient 1 m. 85 d'épaisseur. »

L'explication de ce rapide comblement du golfe de Flandre et Artois est la même que celle du comblement de l'ancien Morbihan de la Loire [2] et du golfe poitevin. Sur ce point spécial de la côte, le grand courant qui longe du nord au sud la rive orientale de l'Angleterre est venu puissamment en aide aux efforts de l'homme, en précipitant les dépôts dans le vide que l'affaissement avait ouvert sur la rive française. Le même courant a contribué à former et entretient de nos jours, entre Boulogne et l'embouchure de la Somme, cette suite de hauts-fonds, dont le principal est connu sous le nom de « Bassure de Bas ». On a été jusqu'à penser que les dépôts de ce courant suffiraient à combler, un jour, la Manche tout entière [3].

b. On voit sur le littoral du Boulonnais et particulièrement à Sangatte, des cordons littoraux de sable et de galets très distinctement accusés. Ces dépôts sont parfois à plusieurs mètres au-dessus de la pleine mer. Des géologues sont partis de ce phénomène, si contraire en apparence au mouvement de subsidence de tout le reste du littoral, pour établir que, sur ce point, la côte se soulève au lieu de s'abaisser. Le même raisonnement a été fait pour les terrasses de galets de Cayeux, dans l'estuaire de la Somme, et celles du Tréport à l'embouchure de la Bresle ; pour les bancs de galets de Roscoff, près de Morlaix, et pour le banc de coquilles émergé de Saint-Michel-en-l'Herm, dans le Poitou ; et en général pour tous les dépôts

---

1. Grâce à des endiguements, car M. Debay vient de constater quelques lignes plus haut que les alluvions marines ont leur surface dans le niveau compris entre les hautes et basses mers de mortes eaux ordinaires. A. C.

2. L'espace qui s'étendait entre le continent et les îles Vénétiques.

3. *Revue britannique*, avril 1882.

marins émergés le long du littoral. L'universalité de la subsidence
dans l'Europe nord-occidentale aurait dû tenir en garde les auteurs
de cette conjecture contre une interprétation erronée. Sans doute,
des oscillations locales, dans un sens inverse du mouvement général,
sont possibles, en raison des pressions latérales et de la différence
de résistance et de ténacité des terrains ; mais c'est une exception,
et, de même que toute exception, celle-ci doit être mise hors de
conteste par des preuves empruntées à des concordances d'ordre
divers : modernité du dépôt, résultant de la nature et de la stratification des roches, et de leur comparaison avec les formations en
cours ; observation des cours d'eau et de leur pente ; détermination
de l'aire spéciale du soulèvement ; recherches des plissements du
sol qui pourraient mettre sur la voie de pressions de bas en haut ;
enfin, examen des fossiles et des vestiges archéologiques.

Aucune de ces sources d'information ne paraît avoir été inter-
rogée ; on s'en est tenu au fait de dépôts marins existants à un niveau
supérieur à celui de la mer. Or, sur d'autres points que nous allons
citer un peu plus loin, de ce même littoral de la Manche tant en
Angleterre qu'en France, tous en pleine aire incontestée d'affaissement moderne, on trouve des dépôts du même genre, que leur
altitude presque constante et leur disposition mécanique doivent
faire attribuer à la 2ᵉ époque glaciaire, phase d'immersion générale
pour le littoral, suivie d'un soulèvement également universel de
l'Europe du nord-ouest. C'est à ces mouvements anciens, et non à
un mouvement anormal en cours, que nous paraissent dus les
dépôts émergés du Boulonnais et de l'embouchure de la Somme.

Tout en rejetant expressément l'hypothèse d'un soulèvement
local pour les terrasses de Cayeux, M. Stanislas Meunier [1] attribue
à la force vive du flot transportant à chaque vague un convoi de
galets, la formation étagée de ces terrasses. Une telle action, tant que
le rapport de la mer avec la terre reste le même, nous paraît impossible, surtout sur une côte plate où les marées ont une dénivellation
aussi faible et une étale aussi prolongée. « Là, dit M. J. Durocher

1. *Excursions géologiques.* Un vol. in-8°, page 64 et suiv., Paris, 1882.
2. *Société géologique de France*, 1849, page 206.

dans un Mémoire où il a exposé d'une manière magistrale la théorie
de la constitution des levées de sable et de galets [2], là où les plages
de galets se prolongent beaucoup au-dessus des points où peut
atteindre la mer aujourd'hui, il a dû y avoir émersion du littoral. »
Cette émersion, nous la reportons pour les terrasses de Cayeux
comme pour les autres plages soulevées de la Manche, à l'époque
quaternaire supérieure.

Il en est de même pour les dépôts émergés que l'on remarque
en Écosse, à l'embouchure de la Clyde et en aval d'Édimbourg. On
a bien rencontré dans la couche supérieure des vestiges de l'époque
romaine et du moyen âge en compagnie de sables et coquillages
marins, mais ces sables et coquillages, s'ils étaient attentivement
examinés, seraient sans doute reconnus pour appartenir à une époque beaucoup plus ancienne que les restes d'industrie humaine ;
il doit y avoir là simple superposition et non intime mélange et
contemporanéité.

Pour ce qui touche spécialement les bancs émergés de l'estuaire
de la Somme, on a la preuve de l'extrême antiquité à laquelle ils
remontent, dans la marche de l'ensablement de l'estuaire. Tous
sont visiblement antérieurs à cet ensablement ; ils formaient, à
l'époque quaternaire supérieure, dans une plaine basse, des monticules et de longs relais d'une mer antérieure, celle de la 2ᵉ époque glaciaire. Au retour moderne du flot, ils ont constitué des îles
et des terrasses. Quand les alluvions sablonneuses vinrent combler
la baie et les rattacher entre eux et à la terre-ferme, les îlots devin
rent, comme plus élevés et plus solides que le reste du sol, le site
choisi par les premières colonies littorales.

Les bancs de galets émergés proviennent, comme les bancs immergés que déplacent les courants de rive, de l'érosion des falaises
crayeuses ; mais à la différence de ces derniers, ils ont été roulés
par une mer plus vaste et plus profonde que la Manche actuelle, la
mer de la 2ᵉ époque glaciaire, et sont des témoins du soulèvement
général qu'a suivi cette époque.

c. Comme sur les rives de la mer du Nord, on voit tout le long des
côtes de la Manche, des forêts submergées et des couches de tour-

bes sous-marine, attestant, la subsidence du sol. Il existe de ces forêts et de ces tourbières jusque dans le nord de Guernesey, sur des points exposés aujourd'hui à tout l'effort des flots, et que bordent des fonds marins de 50 mètres. Nulle part ailleurs on ne trouve une évidence plus frappante du peu d'influence de l'érosion et de la prédominance de l'affaissement : les couches végétales ont gardé leur horizontalité, l'humus végétal a été à peine dérangé dans les endroits abrités, par la montée extrêmement lente de la mer.

« Les tourbières des dunes de Hollande, écrit Alphonse Esquiros, se prolongent très avant sous la mer *(comme celles de Guernesey)*. Dans la Manche, entre Boulogne et Douvres, il existe un banc de tourbe bocagère qui passe pour être formée de noisetiers. Près de l'île de Texel, il est un bois sous-marin composé de grands arbres, et dans les branches desquels les pêcheurs embarrassent quelquefois leurs filets. »

La flore de ces forêts et de ces tourbières assigne pour date à la puissante végétation d'où elles émanent, les temps post-glaciaires.

d. En Bretagne, sur la côte septentrionale, mêmes traces de rivages d'abord soulevés, puis affaissés. Nous signalons tant d'après nos propres observations que celles de divers naturalistes, 1° le grand banc d'huîtres subfossiles du Vivier, qui est, il est vrai, inférieur de 3 à 4 mètres aux grandes marées, mais dont la place actuelle, si l'on considère les conditions de vie de ces mollusques, suppose un soulèvement d'au moins 10 m. ; 2° les bancs de galets et de poudingues de Binic, de Saint-Michel-en-Grève, de Roscoff et de Kerguillé, ces deux derniers à la hauteur exacte de 10 mètres.

e. Le déluge cimbrien (IIe siècle av. J.-Ch.) est, nous l'avons dit, le premier incident historiquement connu du drame de l'affaissement des rivages de l'Europe moyenne. Dans le golfe normanno-breton, à en juger par la marche générale du phénomène, ce déluge, produit par une accélération de la subsidence, a dû être précédé à de longs siècles de distance par l'insularisation des groupes les plus avancés de l'archipel anglo-normand : les Casquets, Aurigny, et Guernesey, qui plongent leurs assises dans des fonds de 50 m.

à mer basse. Il en a été de même, à des stades divers, pour les groupes de Triagoz, des Sept-Iles, de Saint-Quay, de Bas, d'Ouessant et de Sein, sur les côtes nord et ouest de la Bretagne. Quant à l'île de Wight *(Vectis insula)* [1], sur la côte anglaise, elle tenait encore à la grande terre du temps de Pline. L'isolement de Jersey lui-même n'est devenu complet que dans la seconde moitié du VIᵉ siècle ; jusque vers cette époque, l'isthme qui a longtemps relié l'île au continent était encore praticable, au bas de l'eau, dans les grandes marées. De même, et, cette fois, non plus d'après une tradition fortifiée par l'examen des cartes marines et le calcul de l'oscillation du sol, mais d'après une charte du Cartulaire de l'abbaye du Val-Richer, le vaste plateau rocheux des Écrehous, au nord de Jersey, plateau alors en culture et couvert de populations, a tenu au continent par l'isthme de Port-Bail jusqu'en l'année 1203.

f. On connaît l'état actuel de l'archipel Chausey, en face de Granville. Ce n'est plus qu'un massif granitique, en grande partie submergé, et dont une cinquantaine de sommets seulement sont restés au-dessus des eaux, à mer haute. Le massif, après avoir été détaché de la terre ferme, événement qui a dû se produire peu de siècles avant la conquête romaine, était resté à l'état de presqu'île, puis d'île assez compacte, jusqu'au milieu du VIᵉ siècle. On y trouve plusieurs monuments mégalithiques [2], et l'on y a recueilli, en 1836, de beaux spécimens de l'âge de la pierre polie, et de nombreuses monnaies gauloises anépigraphes, c'est-à-dire des plus anciennes. Ces circonstances diverses supposent une population industrieuse et agglomérée. A défaut de navigation maritime dans les temps préhistoriques, tels que l'ère des dolmens, cette population, comme celles qui ont élevé les monuments de l'îlot de Quémenez, entre la pointe de la Bretagne et le groupe d'Ouessant, de l'île de Groix, de Belle-île et des îles du Morbihan, devait être en rapport fixe et permanent avec la terre-ferme. Ces îles et îlots sont la plupart sans

---

1. *Withel,* celt., la détachée. Cf. dans la Petite-Bretagne, *Guithel* (Belle-Ile) même sens.
2. *Les Bonshommes,* sur l'îlot du même nom.

culture et sans habitants, et, dans les tempêtes, balayés par les vagues. Est-il admissible que les populations dolméniques y aient
élevé, dans ces conditions, des monuments religieux, commémora-
tifs ou tumulaires ? N'est-il pas évident, au contraire, qu'ils étaient
alors les sommets de collines continentales, sommets que l'affaissement du sol a insularisés, d'abord, puis tend à ramener sous les
eaux, comme il a déjà ramené en entier l'ancien îlot d'Orlanic,
dans le golfe du Morbihan, et le crom-lech qui le couronne, tous
deux à cinq mètres maintenant sous les flots ? Saint Patern, lorsque
le groupe de Chausey était déjà devenu presque désert, y avait
fondé, vers 540, le célèbre monastère de Scessiac. Après les ravages des Northmans, ce monastère fut rattaché à l'abbaye du Mont-
Saint-Michel. En 1343, on trouve encore sur Chausey un couvent
de Cordeliers ; les religieux l'abandonnèrent pour aller s'établir sur
la côte voisine ; le progrès de la mer qui émiettait de plus en plus
les îlots de l'archipel, fut sans doute la cause de ces désertions
successives. Aujourd'hui la maîtresse-île a seule quelques hôtes :
ce sont des douaniers, des carriers, des cultivateurs et des brûleurs
de varech ; à peine un petit nombre d'entre eux peuvent-ils être
considérés comme sédentaires.

g. La condition de Césembre était la même par rapport à Saint-
Malo jusque dans la première moitié du XII⁰ siècle. Un bras de
mer guéable à mer basse séparait l'île de la terre ferme. De nos
jours, il ne reste pas moins de 5 à 6 mètres d'eau, dans les plus
basses mers, sur les grandes passes, et il en est une, celle de la
Grande-Porte, qui ne compte pas, dans cette situation, moins de
10 mètres. Ici, comme dans le passage de la Déroute, entre Jersey
et le Cotentin, l'érosion par les courants, une fois que la subsidence
du sol leur a permis de se faire un premier jour à travers les terres
friables déposées entre les rocs par l'immersion quaternaire, a eu
dans le résultat final une part proéminente. C'est surtout à eux
qu'a été due l'ablation définitive, vers le milieu du XV⁰ siècle, des
derniers grands plateaux argileux qui se fussent maintenus à l'a-
bri de certaines crêtes entre Césembre et la terre.

En l'année 1325, l'estuaire de la Rance était encore si peu profond qu'il n'existait qu'une seule passe praticable aux navires pour remonter la rivière jusqu'à Saint-Malo. On doit tirer cette induction du traité solennel passé, au cours de cette même année, entre le duc de Bretagne et la Seigneurie ecclésiastique pour le partage des droits d'entrée et de sortie, traité qui ne connaît d'autre passe que celle de la Grande-Porte. Aujourd'hui on en compte onze, toutes praticables à divers degrés de la marée, suivant le tirant d'eau des navires.

h. Élie de Beaumont constate [1] que la côte de Saint-Pol-de-Léon a éprouvé quelque changement dans les temps les plus modernes. « La mer, dit-il, vient présentement dans le fleuve une demi-lieue en deçà de certains rochers qu'elle ne passait pas autrefois. » Cette remarque, qui ne laisse place à aucune ambiguïté, est en concordance parfaite avec la submersion moderne de l'oratoire de Saint-Kirec, dans la grève voisine de Plou-Manach, et de la Croix de Saint-Efflam, dans celle également voisine, de Saint-Michel. Dans les mêmes parages, à l'embouchure de la rivière de Morlaix, M. de la Fruglaye [2] ayant opéré le desséchement d'un ancien lit de cette rivière, trouva à plusieurs pieds au-dessous du niveau actuel de la mer une fontaine en forme de baignoire, composée de pierres brutes énormes, rappelant les monuments mégalithiques. A l'époque romaine cette fontaine, avait été surmontée d'un monument dont les ruines dominaient encore de six pieds les hautes mers. La fontaine était donc, aux premiers siècles de notre ère, accessible et en plein usage pour les besoins domestiques.

i. Nous avons rappelé précédemment, d'après le chanoine Déric (1777), que l'on avait trouvé des vestiges de forêts et d'habitations dans certains intervalles de l'archipel d'Ouessant. La *Notice* consacrée à cet archipel dans *Les Ports maritimes de la France* [3], confirme le fait. « Il est certain, lit-on dans cette *Notice*, que ces îles étaient autrefois beaucoup plus grandes qu'aujourd'hui. On a trouvé des

1. *Leçons de géologie pratique*, tome Ier, page 203.
2. Lettre à l'abbé Manet du 19 juin 1833, publiée dans l'*Histoire de la Petite-Bretagne*.
3. Tome IV, page 39. Imprimerie nationale, 1877. La *Notice* d'où ce passage est extrait a été écrite par l'honorable M. Mangin, ingénieur en chef des ports de Saint-Malo.

titres de propriété applicables à des terrains couverts à présent par la mer. L'opinion générale est que tout l'archipel, y compris le plateau de la Helle et la Chaussée des Pierres-Noires, formait à une époque relativement peu ancienne, une seule et même terre, qui était probablement reliée au continent. Quant à l'île d'Ouessant, la profondeur des fonds aux abords fait présumer qu'elle a toujours formé une île, au moins, dans les temps historiques. »

Mêmes constatations pour l'île et la Chaussée voisines de Sein : « Il est probable, dit la même *Notice,* qu'autrefois, par exemple au temps des Romains, *et peut-être beaucoup plus tard,* l'île était bien plus étendue qu'aujourd'hui. Lorsqu'on a fondé la digue du sud en 1867, on a trouvé, enfoncés dans le galet, des vestiges d'habitation. L'action de la mer a successivement enlevé *toutes les terres,* et réduit l'île à ce qu'elle est aujourd'hui. Ce qu'il y a de certain, c'est que l'île n'existerait plus depuis longtemps et serait remplacée par des rochers isolés comme ceux du Pont-des-Chats et du Four-de-Sein [1], si les habitants, acculés, n'avaient arrêté par des digues ce mouvement de destruction. Il est donc naturel, en remontant par la pensée le cours des âges, de se représenter sur ce point une grande île comprenant la plus grande partie de la Chaussée de Sein.»

Allons plus loin que la *Notice,* et, nous reportant à l'apogée du soulèvement quaternaire, regardons comme assuré qu'au même temps où les Iles Britanniques et les Iles anglo-normandes étaient devenues des dépendances, ou plus exactement, des parties intégrantes de la terre ferme[2], les deux grands plateaux de Sein et d'Ouessant formaient, en place des caps Saint-Mathieu et du Raz, la pointe la plus avancée de l'Europe centrale vers l'ouest. Ne nous arrêtons pas à l'objection de profondeurs, allant jusqu'à plus de cinquante mètres, de certains chenaux qui séparent les groupes de l'archipel. Sans doute, l'effort des vagues et des courants serait absolument impuissant à creuser, dans l'intervalle d'une phase géologique à une autre, un sol granitique sur de telles surfaces et à de telles profondeurs ; mais nous rappelons que, dans notre opinion, la mer n'a eu, lors de son dernier

1. Comme l'ont été aussi les massifs de Chausey et des Minquiers. A. C.
2. Note A.

retour, qu'à déblayer les matériaux déposés dans les anfractuosités et les dépressions antérieures des roches dures par la mer glaciaire.

k. Si l'on remonte vers le nord de la Manche, on trouve partout des vestiges romains à un niveau inférieur à celui de la mer. Nous en avons signalé à Boulogne, à Cherbourg, à Jersey, au Mont-Saint-Michel, dans la Rance, à l'embouchure de l'Arguenon, dans la baie de Saint-Brieuc et à Morlaix. Il y en a sans doute beaucoup d'autres, et notamment ceux de ces cités, de ces ports connus des historiens, des géographes de l'antiquité, et dont on cherche trop souvent en vain la place [1]. Il en est de même des oppides maritimes décrits par César dans le récit de la guerre contre les Vénètes, et qui étaient situés « *in extremis lingulis promontoriisque* », sur les langues de terre et les promontoires les plus avancés du rivage.

V. — Golfe de Gascogne.

a. De même que sur la côte septentrionale de Bretagne, une suite d'îles et d'archipels, tous compris dans les fonds marins de 50^m, dessine, sur la côte méridionale, la ligne de l'ancien rivage. Nommons l'île de Sein et son vaste plateau rocheux, dont une partie dirigée vers la terre ferme, porte le nom significatif de « *Pont de Sein* » ; les Glénans, qui rappellent les îlots de Chausey ; l'île de Groix, où l'on trouve un monument mégalithique dont les roches énormes ont dû être extraites des rochers du littoral actuel à l'époque où l'île faisait encore partie du continent ; l'île de Quiberon (anciennement *Ker-bé-raon*, village des habitations rompues, c'est-à-dire coupées du continent par le flot), dont les sables, portés par le grand courant de rive, ont fait depuis l'époque romaine une presqu'île ; Belle-Ile (anciennement *Guithel* [2], Séparée), la masse la plus imposante de ces divers groupes, et plusieurs îlots voisins. Ernest Desjardins incline à croire que, comme celle de Wight, l'île de Groix était encore rattachée à la côte pendant l'ère des conquérants latins ; elle est maintenant distante de huit kilomètres en mer, et des fonds de dix à vingt mètres la séparent du continent.

1. M. René Kerviler. *Etude critique de la géographie de la péninsule armoricaine à l'époque romaine,* Quimper, 1873.
2. Aliàs *Guidel, Guizel.* Dans les langues celtiques, le *d* prend souvent le son du *z*.

« Les ravages que la mer a faits sur cette côte, écrit Édouard Richer [1], l'ont rendue méconnaissable depuis l'époque à laquelle nous nous attachons (l'époque romaine)... Loc-Maria-Ker, à moitié submergée, quoique en dedans du Morbihan, bâtie longtemps sans doute après les villes des Vénètes, nous montre ce que nous devons penser de ces villes .... Depuis l'embouchure de la Loire jusqu'au Finistère, il n'est pas une côte où l'on ne rencontre des villes submergées ; il n'est pas une grève au fond de laquelle on ne retrouve des vestiges d'habitations. »

« En 1820, lisons-nous dans un mémoire de M. le colonel de Penhouet, me trouvant à Piriac (Loire-Inférieure), j'appris de M. Lallemand, alors octogénaire, que, de son vivant, il avait connaissance que la mer s'était avancée de 60 toises (120 mètres); il m'ajouta que sa mère lui avait dit avoir vu la terre se prolonger au delà d'un rocher actuellement à 120 toises (240 mètres) en mer. Comme cette dame est morte aussi octogénaire, on peut dire que, dans la durée de 160 ans, la mer s'est avancée à Piriac d'environ 120 toises; et, si l'on remonte à 20 siècles, on trouvera que c'est à peu près 1600 toises (3,200 mètres) d'envahissement. — Passant de la côte de la Loire-inférieure à celle du Morbihan, j'observe la Tour de Pénerf. J'apprends qu'elle fut bâtie *dans un champ*, sous François Ier; qu'on en possède le titre, et je vois qu'aujourd'hui la base de cette tour est entourée par la mer [2]. — Je m'avance à la Pointe de Saint-Jacques (presqu'île de Sarzeau); j'y vois les restes d'une église de Templiers. J'ai vu le clocher encore debout ; *la mer en s'avançant l'a fait tomber*. La tradition rappelle des terres à une demi-lieue au sud. — La presqu'île de Quiberon et les îles d'Houat et Hœdic ne faisaient qu'une même langue de terre qui s'avançait dans l'océan au sud-est. Il existait autrefois une île au sud de Quiberon, qui s'appelait «Bernito»; elle n'existe plus, mais un titre conservé dans les archives de Quiberon la rappelle [3]. »

1. *Voyage pittoresque dans la Loire-Inférieure.* Un vol. in-4o, 1323.
2. Dans une carte du *Neptune français* (1675), la Tour est indiquée comme occupant le centre d'une presqu'île, représentée de basse-mer. Sur la carte de l'État-Major (1860), elle est au bord d'un chenal qui a troué de part en part la presqu'île. A. C.
3. Président de Robien. Manuscrit de 1737, à la Bibliothèque de Rennes.

b. On connaît les ruines submergées de la ville d'Is *(Chris* p. *Ker-Is)* dans la baie de Douarnenez : « In quâ Britanniâ aliquantas *fuisse* civitates, ex quibus ex parte designâre volumus, id est Chris » *Géographe anonyme de Ravenne,* VIIe siècle. Les fables dont l'histoire de cette ville est entourée, ne font pas que ces ruines ne soient très réelles, et qu'elles n'aient été reconnues par de nombreux explorateurs. On fixe à l'année 444 l'invasion de la mer dans cette ville, mais on voit par la légende que le flot l'assiégeait de longtemps déjà' puisqu'il avait fallu la couvrir par des digues ; de même elle a dû subsister longtemps encore après l'assaut du Ve siècle, d'une existence de plus en plus précaire et réduite. De vieux murs que la mer basse met à découvert, portent le nom de « *Mogher-Gréghi* » Murailles des Grecs [1]; d'autres, ceux de « *Mogher-an-Is* » muraille d'Is. Dans l'anse voisine de Penscarff, lors des basses mers d'équinoxe, des murs construits en petit appareil *(De minuto lapide),* avec cordons de briques, se remarquent sortant de dessous les sables.

c. Nous regardons comme établi que le golfe du Morbihan, au moins pour la plus grande partie de sa surface, a une origine postérieure à la conquête romaine de la Gaule [2]. La solidarité que crée pour les rivages le plan d'eau moyen de l'Océan, regardé comme invariable depuis les dernières époques géologiques, cette solidarité nous porte à placer l'événement dans le même intervalle de temps, du IIe siècle av. J.-C. au VIe siècle de notre ère, qui a vu s'accomplir la submersion des anciens rivages de l'Océan germanique, l'insularisation des groupes et des plateaux rocheux du golfe normanno-breton, et la formation des golfes de l'Artois et du Poitou. Le phénomène, dans sa généralité, a ses racines beaucoup plus loin dans le passé, et il suit partout son développement dans le présent.

d. La construction des anciens quartiers de Nantes donne, comme celle de certaines rues des villes de la Suède méridionale, un nouvel exemple du progrès moderne de la mer, amené par l'affaissement du sol. Ces quartiers, tels que ceux de la Saussaie, la rue du

1. Non loin de là, autre souvenir des relations avec la Grèce, dans un menhir portant inscrit le mot *Ieros,* sacré, gravé sur la pierre en caractères grecs.
2. Voir Ernest Desjardins, *Géogr. de la Gaule rom.* Passim.

Bois-Tortu, etc. ont leurs édifices envahis par les moindres crues de la Loire maritime. On a dû cependant, lors de leur établissement, les tenir à un niveau supérieur au moins au niveau maximum des marées, et aux débordements moyens [1].

e. De l'embouchure de la Loire à celle de la Bidassoa, le phénomène de l'affaissement devient plus obscur ; il prend même dans certains parages des apparences contradictoires, sans que pour cela il soit moins constant. L'intensité du mouvement s'affaiblit à mesure que l'on s'avance vers le midi. Le mouvement lui-même n'en est que plus facilement masqué par le jeu des terrains de transport qui reconstituent sur un autre point des niveaux et des sols que la subsidence et l'érosion détruisent ou modifient sur le point que l'on considère. On voit ici l'œuvre du puissant courant de rive qui, de la côte sud de Bretagne, se prolonge le long des côtes du Poitou et de la Saintonge. « En Saintonge, écrit M. de Quatrefages, partout l'Océan attaque et démolit pièce à pièce les saillies de la côte, partout il remblaie les parties rentrantes [2]. » Dans notre opinion, ce double travail reconnaît pour cause principale la subsidence constante et progressive du sol.

f. C'est ainsi que le lit du Brivet, près Saint-Nazaire, rencontré par la sonde à 27 mètres au-dessous de la mer [3], a été lentement comblé à mesure que la subsidence l'entraînait plus bas. La Grande-Brière (*Bruyère*), cet ancien Morbihan de la Loire, est de même presque entièrement sortie des eaux en dépit de son affaissement continu. A raison de sa position au fond de l'ancien estuaire de la Loire, sur le point de rencontre à angle droit des côtes de Bretagne et du Poitou, elle est devenue le dépôt des sables et des vases apportées tant par le courant de rive que par le fleuve. C'est ainsi encore que les Iles Vénétiques des anciens, le Croisic, Batz et Saillé, qui, comme un rideau couvraient cette partie de l'estuaire ligérique, ont été rattachées au continent. Les îles de Bouin et de Noirmoutier prolongeaient ce rideau dans le sud ; à leur tour, elles tendent incessamment à se re-

1. Athénas. *Lycée armoricain*, 1823.
2. *Souvenirs d'un naturaliste*, 1853.
3. M. René Kerviler. *L'âge du bronze et les Gallo-Romains à Saint-Nazaire*. Broch. avec plans. Paris, 1877.

joindre à la terre ferme. Enfin, la baie de Bourgneuf et le golfe du Poitou (45,000 hectares aujourd'hui à 2 mètres seulement au-dessous des hautes mers), creusés dans des milieux géographiques différents, se sont transformés dès qu'ils sont devenus accessibles au courant de rive breton ; tous deux ont dû tant au travail spontané de la nature qu'à la main de l'homme de se voir, dans le cours de dix siècles seulement, convertis en fertiles polders avec leurs îlots devenus chacun, comme les plages de l'embouchure de la Somme, le berceau et le point de ralliement d'une population active et industrieuse.

g. Par contre, les langues de terre avancées auxquelles vient butter le courant de la rive bretonne, langues de terre qui favorisaient du côté du nord l'envasement des grandes anfractuosités de la côte poitevine, ont fini à la longue par être entamées à leurs racines, et enfin coupées de leurs communications avec la terre [1]. Elles sont devenues des îles, îles que l'époque romaine n'a pas connues : Noirmoutier, Aix, Ré, Cordouan, toutes nées comme Césembre, Chausey, Jersey et les Écrehous, en pleins temps historiques.

h. De même que pour les cordons de galets émergés de Sangatte, dans le Boulonnais, on a voulu voir dans les amas de coquilles d'huîtres et de moules de Saint-Michel-en-l'Herm [2], ancien îlot du golfe poitevin, la preuve d'un soulèvement moderne du sol. Nous y retrouvons, quant à nous, un lambeau des rivages glaciaires échappé à la destruction, et, en même temps, une trace du soulèvement quaternaire. [3] Ces amas, par une coïncidence frappante, atteignent cette hauteur de 10 mètres à 13 mètres au-dessus des grandes marées, que nous avons constatée dans les formations synchroniques de la Manche. L'oscillation avait donc donné dans les deux mers la même mesure.

i. Toute la région littorale de la Loire aux Pyrénées faisait partie, à l'époque miocène, d'un golfe en communication avec la Méditerranée, où la mer des Faluns a laissé, par places, de puissants

1. *Géographie de la Gaule romaine*, tome Ier.
2. *L'Herm*, désert, nom générique souvent donné aux contrées gagnées sur la mer ou séparées par elle du continent de manière à devenir difficilement habitables. Exemple de ce dernier cas : l'Herm, îlot du groupe de Guernesey. — Note B.
3. Voir plus haut chap. XII, 5.

dépôts de sables, de marnes et de coquilles brisées, toutes roches demeurées friables ou demi friables. Les oscillations postérieures du sol ont porté les terres émergées à une faible hauteur par rapport à la mer ; cette hauteur elle-même a été sans cesse diminuant pendant l'ère géologique moderne.

k. Dans la rade des Basques, au nord-ouest de Rochefort, une suite de hauts fonds qui convergent à l'île d'Aix, est tout ce qui reste d'une terre qui a existé entre le Pertuis d'Antioche et Rochefort. Deux villes existaient encore au moyen âge sur cette terre : Monmeillan et Châtelaillon. L'île d'Aix qui est maintenant séparée du continent par une passe de 6,000 mètres, communiquait alors librement au moyen d'un isthme avec ce dernier ; la communication ne semble avoir été définitivement coupée qu'au XIVe siècle.

l. Entre Bordeaux et Bayonne, des forêts couvraient autrefois le littoral, empêchaient le vent de soulever et disperser les sables du sous-sol et brisaient l'effort des souffles du large. Elles sont tombées sous les coups de la mer à mesure que la subsidence du sol les a fait entrer dans la portée de la lame ; l'imprévoyance et la cupidité ont fait le reste.

Le mal était encore inconnu à l'époque romaine, et jusque vers la fin du moyen âge il était encore assez limité ; il a pris dans les trois derniers siècles des proportions désastreuses.

En avant des dunes, de nombreux instruments en silex éclaté, trouvés sous les sables et parmi les bois fossiles, ne laissent aucun doute sur l'affaissement du sol préhistorique. Des indices de ce même mouvement ont été observés dans le bassin d'Arcachon. Il n'est pas rare que *des arbres encore en place* y soient vus au-dessous de la mer et que des fragments en soient rapportés par les dragues [1].

m. Le rocher de Cordouan, seul débris subsistant de la terre d'Antros, a fait partie du continent, comme l'île d'Aix, à l'époque romaine, et même au moyen âge il n'en était pas encore entièrement séparé. Un bras de mer de plus de cinq kilomètres s'étend maintenant entre ce rocher et la côte de Graves. Avant les travaux

1. Cf. Elie de Beaumont, *Leçons de géologie pratique*, tome Ier page 210, et Vivien de Saint-Martin, *Nouveau dictionnaire universel de géographie*.

de consolidation qui y ont été exécutés de nos jours, la Pointe a reculé, dans l'intervalle de 1818 à 1840, de 720 mètres vers le sud-est[1].

n. On estime à plus de trois mètres par an le mouvement rétrograde des rivages sur le littoral de Biarritz. Un peu plus au sud, dans la baie de Saint-Jean-de-Luz, des signes irrécusables de subsidence se montrent sur la plage. Des rues entières ont été emportées par la mer, et, ce qui montre l'affaissement en action avec l'érosion, c'est que les fondations des anciens édifices se montrent sous les sables de l'estran ; les édifices eux-mêmes ont disparu peu à peu. La margelle d'un puits se distingue encore à cinquante pas en avant du musoir de la jetée actuelle du port.

VI. — Bien que l'examen des rives françaises de la Méditerranée ne soit pas compris dans le programme de nos travaux, rappelons ici pour mémoire et pour concordance, que les mêmes phénomènes s'y laissent reconnaître. Ils y sont plus lents dans leur marche que nulle part ailleurs ; cela tient à la position de ces rivages à l'une des extrémités de l'aire d'oscillation qui nous occupe, extrémité qui semble marquée par la limite méridionale du golfe miocène de la mollasse dans la région des Pyrénées. Au delà, vers l'ancien golfe de l'Èbre, la péninsule espagnole entre dans l'aire de soulèvement de l'Afrique du nord, dont elle est restée au point de vue physique partie intégrante, malgré l'abîme que la dislocation et l'effondrement des terres de Gibraltar ont mis entre les deux régions. Il en est de même des îles de la Corse, de la Sardaigne, des Baléares de Malte et de la Sicile, de la plus grande partie de l'Italie et de la Grèce, et de tout l'Archipel[2].

Comme dans le golfe de Gascogne, les dépôts du littoral obscurcissent le fait de l'affaissement, et lui prêtent même souvent des

---

1. Élysée Reclus. *La Terre*, tome II, page 257.

2. « Il n'est pas contestable que, dans la dernière phase de la période tertiaire (*à une époque où l'Europe moyenne était en plein soulèvement. A. C.*), il y ait eu un affaissement général du sol de la Grèce sur le sud; car on voit dans cette contrée de nombreux dépôts pétris de fossiles marins, qui attestent cet affaissement. » Albert Gaudry. *Une mission géologique en Grèce,* 1857. — Des sondages faits récemment pour les études du canal de l'isthme de Corinthe ont fait reconnaître de même que le sol jusqu'à la profondeur de 15 à 20 mètres est composé des formations marines pliocènes.

apparences contraires. Néanmoins, il est un phénomène qui donne un caractère assuré au mouvement du sol, quelque lent qu'il puisse être : les ruines des ports phéniciens, grecs et romains de la côte sont généralement descendues au-dessous du niveau de la mer. Tel est le cas des anciens travaux maritimes de *Carsici* (Cassis), *Tauroentum* (l'Arène) et *Pomponiana* (Carqueroche)[1].

Une constatation toute récente vient donner un nouvel argument à l'appui de notre thèse. Dans une séance du 13 avril 1882, M. Collot a lu devant la réunion des délégués des Sociétés savantes un mémoire dont le procès-verbal fait ainsi l'analyse :

« M. Collot indique comme suit l'origine de l'étang de Berre et les phases par lesquelles a passé cette baie à peu près entièrement séparée de la Méditerranée. Sur la plaine à peine ondulée provenant de l'émersion du fond de la mer miocène, la rivière de l'Arc et ses affluents ont creusé leurs vallées dans les terrains les plus faciles à désagréger de la région. L'étang de Caronte, qui établit la communication de l'étang de Berre avec la mer, était l'embouchure de l'Arc dans la mer. Lorsque, par un affaissement du sol, la mer a pénétré dans ce réseau de vallées, elle a élargi son domaine en corrodant les bords. Plus tard, un exhaussement du sol a reporté les eaux à un niveau inférieur (c'est le niveau actuel) et en a diminué l'extension. On trouve, en effet, des sables de l'étang, avec *Cardium edule*, entre 5 mètres et 9 mètres d'altitude. Ce mouvement a eu lieu avant l'époque romaine. Des alluvions de l'Arc et des torrents, qui recouvrent ces anciens dépôts marins, sont, en même temps qu'eux, coupés en falaises à pic, démontrant l'érosion des berges qui se continue toujours. En même temps, l'Arc et les torrents qui aboutissent à l'étang ont profondément creusé leurs anciennes alluvions pour descendre au niveau actuel de la mer ».

Les concordances que fournit ainsi l'étang de Berre avec les mouvements de l'Europe moyenne, tels que nous les concevons, s'établissent d'elles-mêmes, comme suit :

1. M. Ch. Lenthéric, *La Provence maritime ancienne et moderne*. Un vol. format anglais. Paris, 1880.

1° Le littoral de la France émerge synchroniquement au surgissement des Alpes et à la dépression que vient occuper la Méditerranée, à l'époque mio-pliocène.

2° Un lac se forme sur l'emplacement de l'étang actuel de Berre, par l'afflux des eaux du bassin de l'Arc, pendant l'époque quaternaire inférieure.

3° Vers l'époque quaternaire moyenne, l'oscillation du sol se renverse ; la mer remonte dans les vallées et dépose dans l'ancien lac les sables à *Cardium edule*.

4° Nouveau renversement de l'oscillation du sol au cours du quaternaire supérieur (ère Jovienne) ; les sables à *Cardium edule* sont portés à un niveau encore indéterminé. De nouvelles alluvions de l'Arc recouvrent les dépôts marins.

5° Vers les débuts de la période géologique moderne, le soulèvement cède la place à la subsidence. Les eaux de la mer succèdent aux eaux douces, et obéissant au mouvement du sol, corrodent les tranches marines des falaises. Au point où l'affaissement en cours a fait descendre la région, ces tranches marines se présentent à 5 et 9 mètres au-dessus des eaux salées actuelles ; avec le progrès du mouvement, elles descendront sous le niveau de l'étang de Berre, ainsi que les dépôts fluviatiles qu'elles supportent.

VII. — De l'ensemble des faits dont nous venons de présenter le relevé sommaire, nous sommes autorisé à conclure à la constance d'un mouvement universel d'affaissement des côtes océaniques sur tout le littoral qui s'étend de la péninsule danoise au fond du golfe de Gascogne. A notre avis, ce mouvement remonte aux origines de la période géologique actuelle, sans qu'on doive inférer de cette concordance une relation nécessaire entre les caractères, climat, flore et faune, qui ont servi à la définition des périodes géologiques, et les oscillations générales de l'écorce terrestre. La mesure du mouvement moderne de l'Europe moyenne et nord-occidentale a présenté de larges inégalités dans le temps et dans l'espace : dans le temps, on voit la subsidence s'accélérer vers les derniers siècles de l'indépendance de la Gaule et vers le milieu du moyen âge ; dans l'espace, des parties de la côte ont été plus affectées que les autres, et, parmi ces dernières, le littoral de la mer germanique et le golfe normanno-breton. Le danger est resté imminent pour les contrées que baignent les embouchures de l'Elbe, de la Weser, du Rhin, de la Meuse et de l'Escaut ; il semble suspendu par une phase de repos, depuis le XVᵉ siècle, pour notre littoral armoricain. Nous avons été conduit à reconnaître que la subsidence générale, pour cette dernière région, a mesuré environ quatre mètres depuis la fin de la domination romaine (Vᵉ siècle), c'est-à-dire, pour quatorze cents ans, vingt-huit centimètres par siècle. La situation de cette région, au centre des rivages océaniques de la France, permet d'autant mieux d'y prendre une moyenne, que des signes concordants, remontant à la 2ᵉ époque glaciaire et au Quaternaire supérieur, tendent à établir, pour ces deux périodes du moins, une remarquable conformité dans les mouvements du sol.

VIII. — Au cours des présentes études, nous avons suivi pas à pas à l'aide des témoins que nous avons retrouvés, les mouvements du sol dans le golfe normanno-breton, mouvements qui ont à deux fois depuis les derniers temps miocènes jusqu'à nos jours, confondu les deux grandes presqu'îles françaises avec le continent, et, à deux fois aussi, ont menacé de les en séparer. A l'imitation d'un illustre géologue anglais, quand il dressait d'une main si assurée les cartes idéales de son pays aux dernières grandes époques de la la terre, nous pourrions donner aux états si divers par lesquels le golfe a passé dans le même intervalle, les qualifications de « première et deuxième périodes insulaires, première et deuxième périodes continentales », toutes qualifications bien justifiées pour les îles anglo-normandes et les nombreux plateaux rocheux qui font partie de l'archipel.

C'est l'une de ces dernières périodes que nous, habitants de la presqu'île aléthienne [1], riverains de cette même partie de mer aux

---

1. Le *pagus aletensis* ; au moyen âge, le *Pou-alet* ou *Poëlet* ; de notre temps, le *Clos-Poulet*, composé des cantons de Saint-Malo, Saint-Servan, Châteauneuf et Cancale.

vicissitudes si marquées, nous sommes en voie de traverser, et que nous traverserons sans doute jusqu'à son terme, dans l'époque géologique actuelle. Comme les Grecs de l'antique Leucade, nous avons, dans un temps, tenu de tous côtés à la terre ferme, et comme eux aussi, de tous côtés le flot amer nous assiège :

> *Leucada continuam veteres habuére coloni,*
> *Nunc freta circumeunt* [1].

Bientôt, car que comptent quarante siècles à l'horloge du temps ! bientôt l'étroite et basse langue de terre qui, de même que le câble d'un navire, tient nos Quatre-Cantons amarrés au continent, sera surmontée par les vagues. L'isthme de Châteauneuf aura le même sort qu'a eu, il y a deux mille ans, la chaussée des Bœufs entre Jersey et le Cotentin ; il entrera sous les eaux, les baies de Dol et de la Rance se rejoindront, et le Plou-Alet, cette presqu'île dans une autre presqu'île, dont nos deux cités ont fait longtemps leur domaine, inaugurera à son tour sa deuxième période insulaire. Bien avant ce temps, la frêle attache du Sillon de Saint-Malo et celle plus impuissante encore du remblai fait en 1829 sur l'isthme de la Cité, à Saint-Servan, auront été rompues ou submergées. Comme Tyr et Sidon, les villes-sœurs de la Phénicie, comme Hélice et Buris, les villes-sœurs de l'Achaïe, nos éminences jumelles d'Aleth et d'Aron seront de nouveau devenues des îles, et se seront pliées avec les cités qu'elles portent sur leurs cimes, à de nouvelles destinées. « Le sol qui nous porte aujourd'hui, nous et nos cités, écrit un savant géographe, ce sol disparaîtra comme ont déjà disparu totalement ou en partie les continents des époques antérieures, et les espaces inconnus que recouvrent les eaux surgiront à leur tour pour s'étendre à la lumière en masses continentales, en îles et en péninsules [2]. »

Les alternatives du climat n'ont pas été moins frappantes que celles de la mer. Les vestiges que nous avons rapprochés des flores

---

1. Ovide, *Métamorphoses*, XV, 6.
2. Élysée Reclus. *L'Océan*, 1868.

et des faunes successives les ont reproduites en raccourci sous nos yeux. Tout se meut, tout se transforme incessamment dans le monde de la matière. Malgré son appellation pompeuse de « terre ferme », le sol que nous foulons n'échappe pas à cette loi : il est aussi instable que le reste. Entre les explications diverses de ses révolutions, nous nous sommes arrêté à celle qui se montre dans le rapport le plus étroit avec les faits, la seule qui soit conforme aux leçons de l'école moderne.

Le phase d'affaissement aujourd'hui en cours n'a été accompagnée jusqu'à présent que d'une détérioration modérée dans la température. L'abaissement de la chaleur est destiné à se poursuivre dans les siècles sans nombre que demande l'évolution complète du phénomène. On jugera de la durée de cette évolution si l'on se représentte qu'à son terme le sol de la Scandinavie aura été soulevé assez haut pour se couvrir, comme pendant la seconde époque glaciaire, d'un manteau de neiges et de glaces perpétuelles ; que les Iles Britanniques ne laisseront plus paraître au-dessus des flots, comme à la même époque, qu'un petit nombre de pics isolés, seuls témoins de l'existence d'une grande terre aujourd'hui si florissante ; enfin, que le golfe normanno-breton, accru en étendue aux dépens de ses îles et de ses rivages, n'aura plus pour rompre la monotone uniformité de sa surface que les cimes désolées du Mont-Dol, du Mont-Saint-Michel et des Iles anglo-normandes.

En proposant le bassin de Dol comme type, en raccourci, des fluctuations du sol sur les côtes océaniques de l'Europe moyenne, nous avons affirmé une fois de plus notre opinion que, sauf des diversités locales dans l'intensité du mouvement, tout ce vaste littoral et la partie du continent qui y confine, ont obéi en commun depuis les temps mio-pliocènes à une seule loi d'oscillation du sol. Portant nos regards plus loin, nous avons étendu les limites de cette même aire vers le nord, à la Scanie, aux Iles britanniques, au Groënland oriental, et, vers le midi, aux Pyrénées et aux Alpes. Des faits spéciaux, peu nombreux encore et insuffisamment reliés entre eux, ne font que préparer cette généralisation en ce qui concerne la moitié méridionale de l'aire ; mais en ce qui touche la moitié septentrionale, les témoignages se pressent déjà pour attester la solidarité du mouvement. Ce qui, à nos yeux, tend plus que tout autre élément à la confirmer, c'est l'analogie que nous avons fait ressortir entre les révolutions de la côte orientale de l'Angleterre et celles du golfe normanno-breton, en d'autres termes, entre la forêt sous-marine de Cromer et le bassin de Dol.

Depuis l'ouverture de l'ère géologique moderne, cette solidarité semble de plus en plus étroite entre toutes les parties du rivage océanique de la France. Les sciences naturelles nous en ont fourni de nombreux indices, et, à partir de la conquête romaine, l'histoire est venue nous en donner des preuves. Partout la subsidence est à l'œuvre, intermittente et inégale, mais constante. Des soulèvements locaux, en opposition avec la loi générale, sont possibles comme effet de pressions verticales ou latérales limitées, mais aucun d'eux, à notre connaissance, n'a été mis jusqu'à présent en pleine lumière; les exemples que l'on en cite, nous l'avons fait voir, ou tombent à faux ou s'expliquent par des oscillations antérieures à l'époque géologique actuelle, ou bien encore ne sont que des apparences nées des afflux alluvionaux le long des rivages. En somme, ce que M. Ernest Desjardins a dit avec tant d'éclat et de vérité pour la seule péninsule bretonne, est vrai pour l'ensemble de notre littoral océanique :

Sur toute son étendue, le sol s'affaisse, et les rives reculent devant l'océan.

Le programme de tout travail public ou privé, entrepris au contact de la mer sur les côtes occidentales de la France, doit désormais compter avec cette loi, s'il est fait en vue, non des besoins de quelques générations, mais en vue des siècles à venir.

NOTE DU CHAPITRE XXVI.

Note A, page 451. « ... des parties intégrantes de la terre ferme ».

« Les nombreux sondages opérés dans les mers qui baignent l'Europe occidentale ont révélé l'existence d'un plateau sous-marin qui, au point de vue géologique, doit être considéré comme partie intégrante du continent. Entouré d'abîmes de plusieurs milliers de mètres de profondeur et recouvert, en moyenne, de 50 à 200 mètres d'eau, ce piédestal de la France et des Iles Britanniques n'est autre chose que la base des terres anciennes démolies par le travail continu des vagues : c'est la fondation ruinée d'un édifice continental disparu. »

(ÉLYSÉE RECLUS. *Géographie universelle*, tome Ier, page 12.)

C'est cette fondation, ce soubassement que nous avons appelé « l'empatement du continent européen » (Pages 57 et 64 du présent livre).

Note B, page 456 « ... les amas de coquilles d'huîtres et de moules de Saint-Germain-en-l'Herm... »

M. de Quatrefages, à la suite de la trouvaille d'objets d'industrie humaine au sein de ces amas, est revenu sur l'opinion qu'il avait adoptée d'abord dans ses *Souvenirs d'un naturaliste*, du caractère naturel de cette formation. M. Rivière, au contraire, a persisté à y voir les restes d'une colonie huîtrière ayant vécu sur place [1]. Nous voyons, de notre côté, dans la trouvaille signalée, une circonstance analogue à la rencontre de monnaies et de poteries romaines dans les tumulus et les dolmens ; l'introduction de ces objets dans des monuments préhistoriques nous paraît due à des violations anciennes ou à des superpositions de sépultures, et à des remaniements du sol. Les amas de Saint-Germain-en-l'Herm ont dû être occupés comme lieux de refuge, lorsqu'ils formaient des îlots dans le golfe du Poitou ; rien de plus naturel, dès lors, que la pénétration d'objets industriels dans le sol de ces amas.

1. *Comptes-rendus* de l'Académie des sciences, 1862, 1er semestre, page 1065.

ADDENDA [I]

Page 23. « La nouvelle école incline à croire que la croûte solide (*du globe*) enveloppe, non un noyau de matières en fusion dans toute son épaisseur, mais seulement une nappe liquide reposant sur un noyau pâteux. »

M. Durocher pense, au contraire, que la zone pâteuse est superposée à la zone fluide.

« Toutes les roches ignées, écrivait-il en 1857 [1], les plus modernes comme les plus anciennes, ont été produites simplement par deux magmas qui coexistent au-dessous de la croûte solide du globe et y occupent chacun une position déterminée... La croûte solide du globe repose donc sur une zone fluide composée de deux couches distinctes : la supérieure, qui est la plus réfractaire, est seulement demi liquide ou pâteuse, par suite de la silice qui se caractérise par sa viscosité ; la seconde couche, qui contient beaucoup moins de silice et qui se rapproche davantage d'un bisilicate, est beaucoup plus fluide et plus dense. »

L'hypothèse qui tend à dominer est résumée ainsi qu'il suit dans un mémoire de M. R. Radau : « En admettant que la croûte solide n'a qu'une faible épaisseur et qu'elle enveloppe une nappe liquide reposant sur un noyau pâteux, on facilite l'explication d'une foule de phénomènes [2]. »

Page 61. «... dans l'anse actuelle, alors prairie marécageuse, du Garrot, près de la Ville-ès-Nonais, vallée de la Rance. »

Depuis la rédaction de ce passage, M. Vannier a continué le déblaiement du sol, sur l'emplacement que doivent occuper ses parcs à huîtres. Du niveau de six mètres au-dessous des plus hautes mers, où s'étaient rencontrés en si grand nombre les surmoulés ou concrétions argileuses dont nous avons parlé, il est descendu, sur certains points, à la cote de neuf mètres. Dans cet intervalle, il a eu à traverser une nouvelle formation fluviatile caractérisée par un humus sableux, auquel il donne le nom de « terre de bruyère ». Sous cet humus, à la profondeur d'environ neuf mètres, des vestiges humains, outils de la forme la plus primitive, ossements brisés d'animaux, foyers, cendre et plaques de suie, ont commencé à se montrer. Au nombre des fragments d'os nous avons remarqué une très belle mâchoire que nous croyons avoir appartenu à un grand cervidé.

Nous discuterons cette découverte, au point de vue préhistorique, dans nos *Études sur la cité d'Aleth ;* nous la consignons seulement ici comme nouveau

---

1. Nous donnons sous ce titre quelques *Notes justificatives* que nous avions d'abord renoncé à joindre à notre texte, ou certains faits survenus pendant l'impression de l'ouvrage.

2. *Constitution intérieure de la terre. Revue des Deux-Mondes,* 1879, 5e volume, page 912.

témoignage des alternances marines et fluviatiles du sol, à rapprocher de celles dont ont déposé l'estuaire de la Rance et les marais de Dol. Notons aussi que la découverte d'un sol forestier et de vestiges humains, séparés de la première couche fluviatile par une couche marine de deux à trois mètres d'épaisseur, montre que le niveau des concrétions argileuses est moins ancien que nous ne l'avions supposé, et, au lieu des derniers temps tertiaires, date probablement des temps quaternaires.

Page 62. « Il est plus probable qu'elles (*les coquilles du calcaire grossier*) aient été arrachées par les flots à quelque dépression voisine, contemporaine du terrain parisien.»

L'honorable M. Lebesconte s'est rencontré avec nous dans cette conjecture. Voir son mémoire : *De l'apport par la mer, sur les plages bretonnes, de roches et fossiles du calcaire grossier et du crétacé*. Société géol. de Fr., 3e série, tome X, séance du 21 novembre 1881.

Page 82. « ... les traces de ces troglodytes, nos premiers ancêtres... »

Ajoutons, à la suite de la découverte récente de M. l'abbé Herbert, la grève de Rochebonne à la liste des stations humaines de l'époque la plus primitive, trouvées jusqu'à présent sur le littoral nord du golfe.

Page 141. « ... Aux rivages contemporains de cette mer. »

« M. Durocher a été conduit à distinguer deux périodes essentiellement différentes dans le phénomène erratique :

» La première aurait été celle qui se trouve représentée par l'ensemble énigmatique des rochers polis, des sillons, des stries d'érosion et des longues traînées de débris nommées *œsar* (sing. *ose*) [1];

» La seconde serait celle de la dispersion rayonnante des blocs erratiques dans l'intérieur de ce vaste demi-cercle dont Stockholm est le centre, et dont la circonférence passe aux environs de Moscou et de Leipzig [2]. »

Le progrès réalisé, depuis 1842, date de ces lignes, dans la connaissance des époques glaciaires, nous permet d'attribuer la première période du phénomène erratique du Nord à la première époque glaciaire, phase de submersion pour toute cette grande région, et d'émersion pour l'Allemagne du Nord et la Russie; la seconde, à la deuxième époque, phase d'émersion de la Scandinavie et d'immersion pour les régions qui l'entourent au sud, pendant laquelle les radeaux glaciaires ont dispersé au loin sur les rivages de la mer du Nord démesurément agrandie les blocs arrachés dans les débâcles aux sommets et aux flancs des montagnes.

Page 160. « ... le tracé de la mer jurassique à plusieurs de ses phases ».

Dans un mémoire intitulé : *Recherches sur les oscillations du sol de la France septentrionale pendant la période jurassique* [3], mémoire présenté par M. Hébert, professeur de géologie à la Sorbonne et membre de l'Académie des sciences, nous lisons :

1. Cf. Mémoire de M. Daubrée sur le striage des roches dû au phénomène erratique, *C. R.*, tome 44, page 977.
2. Élie de Beaumont. *Comptes rendus* de l'Académie des sciences, 1842, 1er sem., p 100.
3. *Comptes rendus*, tome 43, page 853.

« Des positions successives occupées par la mer on déduit aisément le mouvement du sol. Je démontre d'ailleurs que les mouvements particuliers du bassin (de Paris) sont insuffisants pour l'explication des faits, et qu'il est absolument indispensable d'admettre que toutes les régions montagneuses qui entourent le bassin, c'est-à-dire l'Ardenne, les Vosges, le plateau central, la Vendée et la Bretagne, participaient aussi bien que le bassin lui-même au mouvement général du sol. Ce mouvement général qui entraînait ainsi la plus grande partie de la France, est, pendant l'époque jurassique, très simple et très régulier dans son ensemble, relativement au niveau de la mer, supposé fixe. Le sol s'exhausse depuis le commencement de cette époque jusqu'à la fin de la grande oolithe ; à partir de ce moment, il s'abaisse progressivement, et le bassin est complètement émergé au moment où se termine la série jurassique.

» Si l'on cherche à coordonner les mouvements du sol pendant les diverses époques qui se sont écoulées depuis la formation du bassin parisien, on arrive à cette conclusion que le sol de la France septentrionale a exécuté une série de grandes oscillations dont chacune comprend un terrain, les limites des terrains correspondant aux maxima d'exhaussement du sol.

» J'ai montré ces maxima entre le trias et le terrain jurassique, entre le terrain jurassique et le terrain crétacé, entre ce dernier et le terrain tertiaire, et à la fin de cette dernière période. »

C'est ce dernier exhaussement auquel nous avons donné le nom de « soulèvement mio-pliocène » et qui a servi de point de départ à nos propres études des côtes occidentales de la France. Complétant jusqu'à nos jours la coordination reconnue entre la période du trias et la période quaternaire par le savant professeur de la Sorbonne, nous avons montré un nouveau maximum d'exhaussement entre le quaternaire moyen et la période géologique moderne, en d'autres termes, dans le quaternaire supérieur, et un affaissement au cours de la période moderne. La série des grandes oscillations générales du sol de la France est ainsi complète depuis l'ouverture de la période secondaire jusqu'à nos jours. Restait à chercher la concordance de ces mouvements avec ceux des grandes régions naturelles voisines : c'est ce que nous avons tenté de faire.

Pages 166, ligne 23. « ... des restes organiques végétaux comme dans le tripoli (*Diatomées siliceuses marines et lacustres*). »

On voit que nous renonçons avec de nombreux naturalistes à reconnaître dans le tripoli des carapaces agglomérées d'animaux microscopiques (Voir le *Dictionnaire universel du XIXᵉ siècle*, vᵒ Tripoli).

Page 169. « ... le mammouth et le *rhinoceros tichorhinus*, si on les y a trouvés (*dans le limon brun ou argile rouge du bassin falunier du Quiou*) n'ont dû figurer que dans les couches supérieures. »

Cette conjecture est confirmée dans un mémoire de M. Marie Rouault, ancien conservateur des collections géologiques du musée de Rennes, mémoire dont nous venons seulement d'avoir connaissance [1]. Au sein de la formation fluvia-

1. *Comptes rendus* de l'Académie des sciences, 1858, 2ᵉ sem., page 99. — On peut lire

tile quaternaire qui recouvre les couches coquillières tertiaires, M. Rouault a trouvé, en compagnie de restes du *Meles taxus* et de l'*Equus caballus fossilis*, des ossements appartenant à l'*Elephas primigenius* ou mammouth. Le proboscidien qui figure 'seul parmi les faluns est le mastodonte, représenté dans les vestiges de la faune du Quiou par le *Mastodon angustidens*.

Page 194, ligne 9. « ... qui a détaché du rivage la masse rocheuse du « Décollé » en Saint-Lunaire, nom tout moderne comme l'événement qu'il constate. »

Les insularisations plus anciennes portent des noms celtiques : Ar-raon, Ker-bé-raon, Guithel, Wight, etc., etc., tous noms équivalant à celui de « Décollé ».

Page 198, ligne 23. « C'est au sein des marnes de la Grande-Grève, dans la partie qui tire son nom du village de Rochebonne... »

M. l'abbé Herbert, de Paramé, à qui la géognosie de nos rivages devait déjà la première constatation du sol forestier recouvert par les sables marins de l'anse de Rochebonne, vient de relever, à l'embouchure du ruisseau du même nom, d'imposants vestiges d'une station humaine. En quelques mois, il a pu recueillir plus de trois mille silex, fragments de quartz, diorite et autres pierres, portant l'empreinte du travail auquel ils ont été soumis pour les rendre propres à servir d'armes et d'outils. La façon est la plupart du temps des plus élémentaires, et telle qu'on pouvait l'attendre à la fois de la période très reculée de l'âge de la pierre, à laquelle nous reportent ces vestiges, et de la dureté de matériaux roulés par la mer, et qui avaient perdu de longtemps, quand ils ont été ouvrés, leur eau de carrière. Nous croyons que ces instruments n'ont pas été trouvés à leur place primitive : ils ont dû être répandus d'abord, puis roulés sur les rives du fjord qui remontait vers Saint-Ideuc, lors de la submersion de la 2e époque glaciaire (Quaternaire moyen). Nous laissons à l'honorable et heureux auteur de cette découverte le soin de la mettre dans tous ses détails sous les yeux du public.

Page 263, ligne 21. « ... On cite (*sur la côte moyenne du Cotentin*) des postes de douane que l'on a été obligé de reculer à l'intérieur jusqu'à deux fois dans l'espace des cinquante dernières années. »

Comme contre-partie, rappelons ces *exploratoria* romains de la côte d'Afrique, qui, élevés sur le rivage contemporain, sont maintenant à plusieurs kilomètres dans les terres. Affaissement du sol, d'un côté, soulèvement, de l'autre.

Page 266. « Nous sommes donc porté à éloigner de plusieurs siècles dans le passé (*avant le XI*e) la construction du premier barrage à clapets, principe de la défense du Marais (*de Dol*) contre l'avance lente de la mer. »

Le barrage dont nous parlons serait ainsi reporté jusque vers le VIe ou le VIIe siècle, et plus loin peut-être. Le peuple qui occupait alors la région de Dol descendait de ces *Diablintes*, de César, de ces *Diablindi*, de Pline, de ces *Diaulitæ*, de Ptolémée, qui faisaient partie de la puissante confédération

dans le mémoire la liste des mammifères amphibies, des sauriens et des poissons tertiaires fossiles du Quiou, de Saint-Grégoire, de la Chaussairie et de Gahard, dont M. Marie Rouault a déterminé les restes.

galate-belge des Aulerques, établie d'abord dans la Flandre, le Hainaut et la Picardie, puis par elle-même ou ses colonies, en Angleterre, en Normandie, dans le Maine, dans la Bourgogne et jusque dans la péninsule italique.

Quelques années avant l'ouverture de notre ère, nous trouvons une fraction de nos Diablintes, sous le nom de Diabintes, occupant la région de Dunkerke, et, chose curieuse, s'y livrant comme autour de Dol à des combats contre la mer, contre un élément qui devait être familier à des peuplades littorales comme celles-ci [1]. Vers les dernières années de l'empereur Auguste, ils construisaient déjà des écluses fermant les issues réservées entre les dunes pour l'écoulement des eaux [2]. « Parmi ces écluses, dit Faulconnier [3], les unes consistaient en une porte à coulisses, qu'on levait pendant la basse marée pour faire écouler pendant quatre heures les eaux de la mer dans leur lit naturel, et qu'on abaissait à haute mer pour empêcher leur passage dans les terres; les autres étaient comme deux battants de porte, qui s'ouvraient par le courant des canaux et qui se fermaient d'eux-mêmes par l'effort du reflux. » La tradition de ces deux genres d'écluses avait été sans doute apportée dans la contrée de Dol par les Diablintes : toutes deux y ont été employées quand l'avance de la mer dans la vallée des marais noirs en a imposé l'usage; on les voit encore aujourd'hui concurremment en service.

Page 304, ligne 27. « Pas une seule des grandes dérivations, aucun des biez, gouttes, essais et canaux (du Marais de Dol) ne sont encore entrepris. »

L'épisode de l'archevêque Baldérinous a mis au courant du programme des améliorations que l'on cherchait à réaliser, au début du XIIe siècle, pour la mise en valeur du Marais (deserta inculta, solitudo) : tout se borne à des défrichements (agris exossandis) et à des plantations d'arbres fruitiers (oleis plantandis). Il n'est question ni des terres à dénoyer ni de mares saumâtres (salsugines) à écouler et assécher. On semble sans inquiétude du côté de la mer, alors contenue par le bourrelet seul. Et, quant aux eaux douces, quelque mal réglées qu'elles pussent être, il ne semble pas que leur écoulement naturel ou artificiel fût alors gravement contrarié par le niveau des eaux salées. Un tel régime, une telle sécurité sont inconciliables avec le rapport actuel de la terre et de la mer.

Page 316, ligne 26. « Le prix du blé a juste doublé depuis 1732. Si on le prend comme régulateur des valeurs, on voit que la monnaie a perdu, dans cet intervalle, la moitié de sa valeur d'échange. »

---

1. Di-an-litaw ou lidaw, Vers le rivage, Littoraux (a), nom que nous regardons comme donné à la fraction des Aulerques armoricains qui touchait à la mer (oceanum attingunt, dit César), par opposition à la fraction de la même peuplade, les Aulerques cénomans (ceno-man, hommes éloignés, éloignés par rapport à la mer, élément favori des tribus belges. Cf. Mor-man — Mur-mann dans Ermold-le-Noir, — Mor-van et Mor-dan, hommes de mer). Les Mor-ini, de César, et le Tractus ar-mor-icanus de la Notice de l'Empire, confinaient aux Diabintes du Dunkerke moderne.

2. Ports maritimes de la France, tome 1er, page 14. Imprimerie nationale, 1876.

3. Description historique du port et de la ville de Dunkerke. 1830.

(a) Diaulitæ. Le b et l'n dans la forme latine Diablintes sont des lettres adventives, motivées par la prononciation nasale des Gaulois et surtout des Celtes. Cf. Am-rha, nom gaulois des Ambrons et Am-b-ia-num, nom latin de l'Amiens français.

La dépréciation, par rapport au XVᵉ siècle, est bien autrement considérable. En 1438, 10 livres, chacune de 25 sols, avaient le même pouvoir d'achat que 537 fr. 50 d'aujourd'hui. Voir *les Menus du prieur de Saint-Martin-des-Champs*, par Siméon Luce. *Comptes-rendus* de l'Académie des inscriptions et belles lettres. Mai 1882.

Page 321, ligne 11. « ... la rive ancienne lui eût de nouveau opposé sa barrière. »

« On ne fait pas assez attention, en général, qu'une côte supposée parfaitement fixe, vis-à-vis d'une mer qui la bat, ne peut pas être démolie indéfiniment. Dès que la destruction aura été poussée jusqu'au point atteint par la mer dans les marées les plus hautes, elle devra s'arrêter. Pour qu'elle continue, il faut : ou bien qu'un courant suffisamment rapide enlève au fur et à mesure les matériaux provenant de la démolition, de façon que le pied de la falaise soit toujours baigné ; ou bien que l'affaissement général de la côte donne lieu au même effet. Or, au fond de la grande baie d'Avranches, le courant rapide n'existe évidemment pas, et, d'un autre côté, l'affaissement a été constaté d'une manière directe [1] ».

Page 389, note 2. *Dun-ar, celte;* lisez *Dun-ard.* Même rectification pour *Tal-ar* (employé précédemment, lequel doit s'écrire *Tal-ard,* de *ard,* celte, élevé. Même radical dans les mots latins *Ard-ea* (nom d'une ville du Latium), *Ard-uus, Ard-or,* etc.

Page 398, ligne 1. « ... un chêne dans lequel un coin en fer était resté engagé. »

Un fait analogue est rapporté par Jean Raynaud pour la forêt sous-marine de Beauport, près de Pontrieux. *Comptes rendus,* 1848, 1ᵉʳ semestre, p. 219.

Page 464, ligne 14. « ... aucun d'eux (*aucun soulèvement local, en opposition avec la loi générale*), à notre connaissance, n'a été mis jusqu'à présent en pleine lumière. »

Faisons exception pour celui que nous trouvons signalé dans le rapport fait à l'Académie des sciences (*Comptes-rendus.* 1882, 1ᵉʳ semestre, page 1449) sur un mémoire de M. Bouquet de la Grye, intitulé : *Étude sur les ondes à longue période dans les phénomènes des marées.* Ce long travail a mis en évidence le fait important que pendant les années 1834 à 1878, le niveau moyen de l'Océan (*dans le port de Brest*) a baissé, ou que le sol de Brest s'est élevé. Pour résumer les données obtenues, et en adoptant, faute de mieux, la supposition commune que le mouvement de surélévation du sol, bien établi d'ailleurs, est strictement proportionnel au temps, notre auteur a trouvé que, depuis 1834 et dans les quarante années suivantes, cette hausse a été d'un millimètre par an. »

Si le phénomène constaté pour Brest n'est pas l'effet d'anomalies passagères dans les marées, si, d'autre part, on écarte l'alternative peu vraisemblable d'une diminution du niveau moyen de l'Océan, il ne reste qu'à admettre un soulèvement local du sol. On ne saurait, en effet, faire reposer sur une seule observation aussi étroitement limitée comme temps et comme espace, la supposition d'un renversement contemporain de l'oscillation générale moderne du sol sur l'ensemble des côtes occidentales moyennes de l'Europe.

1. Stanislas Meunier. *Excursions géologiques.* Un vol. in-8º, page 166. Paris, 1882.

ERRATA

Pages 10, ligne 8. « ce sont plus » ; *lisez* « ce ne sont plus ».
— 33, note 1. « accotés » ; *lisez* « accolés ».
— 76, — 1. « sadé » ; *lisez* « sané ».
— 77, ligne 15. « elle est confondue » ; *lisez* « elle s'est confondue ».
— 117, — 13. « nymphaœ » ; *lisez* « nymphœa ».
— 125, — 32. « feorx » ; *lisez* « ferox ».
— 179, — 1. « sus ées » ; *lisez* « usées ».
— 199, — 1. « empâtements » ; *lisez* « empatements ».
— 224, note 2. « carobes » ; *lisez* « carabes ».
— 246, ligne 5. « véritable » ; *lisez* « vénérable ».
— 280, dernière ligne. « 19, 83, » ; *lisez* « 19, 88 ».
— 299, note 1. « les Fleurs ou Fleurs » ; *lisez* « les Fleurs ou Fieurs ».
— 334, lignes 3 et 4. « Golfe du Lion » ; *lisez* « Golfe de Lyon ».
— 355, — 18. « domnoéen » ; *lisez* « domnonéen ».
— 363, — 3. « pourrait » ; *lisez* « pouvait ».
— 369, dernière ligne. « pages » ; *lisez* « plages ».
— 401, note 2. « Aluctas » ; *lisez* « Alnetas ».
— 425, ligne 22. « Mac-Law » ; *lisez* « Mac-Lawr ».
— 433, — 3. « Marinorum » ; *lisez* « Morinorum ».

TABLE DES MATIÈRES

FIN DE LA TABLE DES MATIÈRES

Châteauroux. — Typ. et Stéréotyp. A. MAJESTÉ.